The Java EE 6 Tutorial
Advanced Topics
Fourth Edition

Java EE 6 开发手册
高级篇（第4版）

[美] Eric Jendrock
Ricardo Cervera-Navarro
Ian Evans
Devika Gollapudi
Kim Haase
William Markito
Chinmayee Srivathsa
著

张若飞
丁永玲　译
李　青

电子工业出版社
Publishing House of Electronics Industry
北京·BEIJING

内 容 简 介

《Java EE 6 开发手册·高级篇（第 4 版）》是一本面向实战、以示例为驱动、在 Java 平台企业版 6（Java EE 6）上开发企业级应用的指南。该指南基于 The Java EE 6 Tutorial: Basic Concepts，Fourth Edition 中的基础概念，涵盖了一些更高级的内容，其中包括对一些更复杂的平台特性的详细介绍，以及如何使用最新版 NetBeans IDE 和 GlassFish Server 开源版的说明。在本书的最后部分，提供了三个新的案例研究，展示了多种 Java EE API 的使用方法。

对于每一位在 Java EE 6 平台上开发和部署应用程序的开发人员来说，《Java EE 6 开发手册·高级篇（第 4 版）》都是一本案头必备的参考手册。

Authorized translation from the English language edition, entitled The Java EE 6 Tutorial, advanced topics, 4e, by JENDROCK, ERIC; CERVERA-NAVARRO, RICARDO; EVANS, IAN; GOLLAPUDI, DEVIKA; HAASE, KIM; MARKITO, WILLIAM; SRIVATHSA, CHINMAYEE, published by Pearson Education, Inc., publishing as Addison-Wesley Professional, Copyright © 2013 Pearson Education, Inc.

All rights reserved. No part of this book may be reproduced or transmitted in any form or by any means, electronic or mechanical, including photocopying, recording or by any information storage retrieval system, without permission from Pearson Education, Inc.

Chinese simplified language edition published by PEARSON EDUCATION ASIA LTD., and PUBLISHING HOUSE OF ELECTRONICS INDUSTRY Copyright © 2014

本书简体中文版专有出版权由 Pearson Education 培生教育出版亚洲有限公司授予电子工业出版社。未经出版者预先书面许可，不得以任何方式复制或抄袭本书的任何部分。

本书简体中文版贴有 Pearson Education 培生教育出版集团激光防伪标签，无标签者不得销售。

版权贸易合同登记号　图字：01-2014-2205

图书在版编目（CIP）数据

Java EE 6 开发手册：第 4 版. 高级篇 /（美）珍兆科（Jendrock,E.）等著；张若飞，丁永玲，李青译.
北京：电子工业出版社，2014.5
书名原文：The Java EE 6 tutorial:advanced topics, 4e
ISBN 978-7-121-22911-4

Ⅰ．①J… Ⅱ．①珍… ②张… ③丁… ④李… Ⅲ．①JAVA 语言－程序设计－手册 Ⅳ．①TP312-62

中国版本图书馆 CIP 数据核字（2014）第 067184 号

策划编辑：张春雨
责任编辑：刘　舫
印　　刷：北京丰源印刷厂
装　　订：三河市皇庄路通装订厂
出版发行：电子工业出版社
　　　　　北京市海淀区万寿路 173 信箱　邮编：100036
开　　本：787×980　1/16　　　　印张：29.75　　　　字数：700 千字
印　　次：2014 年 5 月第 1 次印刷
定　　价：89.00 元

凡所购买电子工业出版社图书有缺损问题，请向购买书店调换。若书店售缺，请与本社发行部联系，联系及邮购电话：（010）88254888。

质量投诉请发邮件至 zlts@phei.com.cn，盗版侵权举报请发邮件至 dbqq@phei.com.cn。
服务热线：（010）88258888。

译 者 序

"师夷长技以制夷",100 多年前当魏源提出这句话的时候,正是中国动荡不堪、软弱受欺的时代。虽然中国这些年 IT 行业的发展,已远远超过了早些年的速度,也涌现了像淘宝、腾讯这样的科技巨头,但总体上在技术发展方面还是落后于西方发达国家很多。不管是我们在开源界回报甚少,还是在自主研发方面坑蒙拐骗,都很难完全脱离于西方世界所创造的基础。在中国,还有大量英语不好、没办法了解最新技术,但是对技术又抱有无上热情的开发人员。但是,他们才是中国 IT 的中坚力量,就如同一个文明的程度,不在于是否出过一两个大智者,而在于普通人民的整体素质。选择翻译外文的技术书籍,就犹如当初试着将西方先进知识和体制传播到中国来的有志之士一样,心中犹然充满着对光明的渴望。

电视上娱乐节目总是会时不时搬出"传话"的节目以博一笑,但我总对此抱着一丝沉重的心情,因为我们不是在传递一句玩笑话,而是知识。小时候看到老师眼睛里的血丝,只是会有些许的心疼,但当翻译第一个字的时候,才体会到老师身上那沉甸甸的、无形的责任。纵然远远无法与之相比,但是一旦发现翻译的有错误,总会有无法释怀的负罪感。这也不比发表个博客文章之类几乎无成本、无责任的行为,总要尽力对得起图书馆中站着读书的读者、通宵审校的编辑、印刷厂的工人师傅,甚至是被砍伐造纸的树木,以及对知识本身的尊重。

本书作为 J2EE 方面的官方教科书,具有相当的权威性,因此我们在强烈希望将本书翻译成中文的同时,也无时无刻不诚惶诚恐、如履薄冰,生怕与原文有一点不准确的地方。即便经常熬夜到凌晨两三点查资料、斟酌语句,只是为了翻来覆去力求每一个字准确无误,每一句话既能保持原汁原味,又能让读者理解起来更加容易。对于现在的我们来说,很难再去想象,在 2013 年的愚人节接到这份重任时的激动心情,也很难再去想象,在电脑前是怎样啃着手指头绞尽脑汁地斟酌。现在唯一愿意去想象的,就是当读者捧起此书仔细思考时揪起的眉头,以及调试示例通过后茅塞顿开的欣喜。

感谢电子工业出版社给了我们这次机会,让本书得以与广大读者见面。感谢策划编辑张春雨的支持,虽未曾蒙一面,但多年以来,与他已经合作出版了五、六本书,我们之间的信任胜过多年的好友。感谢本书的责任编辑刘舫,她不仅对本书进行了细致入微的审校,而且提出了很多中肯的修改意见。感谢周俊、张波、王垲炎对本书提出的建议,感谢刘娜、孙军军、胡鹏、初海东对本书示例代码的整理和测试工作。感谢刘迎春、陆凤各、董海军、丁永利、杜鹃、陈星橦、李沛含参与了本书的校对工作。最后,感谢我们身边所有的家人,是他们在我们熬夜的时候为我们披上一件衣服,留好一杯热茶,正是他们对我们深深的爱,让大家看到了现在这本书。

由于译者水平有限,书中难免有翻译不当的地方,恳请读者批评指正。

张若飞

2014 年 3 月 17 日

前　言

本书是使用 GlassFish Server 开源版开发 Java 平台企业版 6（简称 Java EE 6）企业级应用程序系列指南的第二卷。

Oracle GlassFish Server 是一个兼容 Java EE 的应用程序服务器，基于 GlassFish Server 开源版（一个领先的开源和开放社区平台）开发，用来构建和部署下一代应用程序和服务。GlassFish Server 开源版由 GlassFish 项目开源社区（http://glassfish.java.net）开发，是第一个兼容 Java EE 6 平台规范的实现。GlassFish Server 开源版以其轻量、灵活以及开源的特点，不仅使企业能够使用 Java EE 6 规范引入的新特性，而且能够通过更快、更流水线化的开发和部署周期，来扩展企业已有的功能。不管是 Oracle GlassFish Server（企业版）还是 GlassFish Server 开源版，在本书之后的章节中都统一称为 GlassFish Server。

在阅读本书之前

在阅读本书之前，你应该阅读本教程的第一卷 *Java EE 6 Tutorial：Basic Concepts*[①]。这两卷都假设你对 Java 编程语言已经有了一定的了解。如果你尚不了解 Java 语言，请阅读 http://docs.oracle.com/javase/ 上的 Java 教程。

相关文档

GlassFish Server 文档集合介绍了如何制定部署计划以及安装系统。要获得 GlassFish Server 开源版的文档，你可以访问 http://glassfish.java.net/docs/。Oracle GlassFish Server 的产品文档请参考 http://docs.oracle.com/cd/E26576_01/index.htm。

你可从以下地址获取关于 GlassFish Server 中各个包的 Javadoc 文档。

---

① 国内译著为《Java EE 6 权威指南：基础篇（第 4 版）》，由人民邮电出版社出版，ISBN 为 9787115290434。

- Java EE 6 的 API 规范位于 http://docs.oracle.com/javaee/6/api。
- GlassFish Server 的 API 规范，包括 Java EE 6 平台的各包以及专属 GlassFish Server 的非平台包，均位于 http://glassfish.java.net/nonav/docs/v3/api/。

此外，http://www.oracle.com/technetwork/java/javaee/tech/index.html 上的 Java EE 规范也许能为你提供一些帮助。

关于如何在 NetBeans 集成开发环境（IDE）中创建企业级应用的信息，请参考 http://www.netbeans.org/kb/。

关于如何在 GlassFish Server 中使用 Java DB 数据库的信息，请参考 http://www.oracle.com/technetwork/java/javadb/overview/index.html。

GlassFish Samples 项目由一系列示例程序组成，展现了 Java EE 技术的各个方面。你可以通过 Java EE 软件开发包(SDK)获得与其绑定的 GlassFish Samples，或者从 http://glassfish-samples.java.net/上下载。

排版约定

表 P-1 列举了本书中使用的排版约定

表 P-1　排版约定

字体	意义	示例
AaBbCc123	命令、文件和目录的名字，以及显示在计算机上的输出	编辑你的.login 文件 使用 ls -a 来列出所有的文件 machine_name%你有邮件
AaBbCc123	你输入的内容，相对于显示在计算机上的输出而言	machine_name% **su** Password:
AaBbCc123	占位符，会被实际的名字或值替代；书名、新的术语，或者是需要被强调的术语（注意一些被强调的数据会以粗体显示）	删除文件的命令是 rm *filename*

默认路径和文件名

表 P-2 列举了本书中使用的默认路径和文件名。

表 P-2　默认路径和文件名

占位符	描述	默认值
as-install	表示 GlassFish Server 或其所属 SDK 的基本安装目录	在 Solaris、Linux 或者 Mac 操作系统上的安装路径为：用户 *home* 目录/glassfish3/glassfish

续表

占位符	描述	默认值
as-install-parent	表示 GlassFish Server 基本安装目录的父目录	在 Windows 操作系统上的安装路径为： *SystemDrive:*\glassfish3\glassfish 在 Solaris、Linux 或者 Mac 操作系统上的安装路径为： 用户 *home* 目录/glassfish3 在 Windows 操作系统上的安装路径为： *SystemDrive:*\glassfish3
tut-install	表示安装完 GlassFish Server 或者 SDK 并运行 Update Tool 之后，Java EE 教程所安装的基本目录	*as-install*/docs/javaee-tutorial
domain-root-dir	表示创建默认域的目录	*as-install*/domains/
domain-dir	表示存储域配置的目录	*domain-root-dir/domain-name*

第三方网站参考

本书会引用第三方的 URL 地址来提供额外的相关信息。

> **注意**：Oracle 并不对本文中提到的第三方网站的可用性负责。Oracle 不会认可、也不会为这些网站或资源所提供以及通过这些网站或资源可以访问到的任何内容、广告、产品承担任何责任和义务。Oracle 不会为由这些网站或资源所提供以及通过这些网站或资源可以访问到的任何内容、物品或者服务所造成的直接、间接或相关损失承担任何负责。

感谢

Java EE 教程团队感谢 Java EE 规范的领导者们：Roberto Chinnici、Bill Shannon、Kenneth Saks、Linda DeMichiel、Ed Burns、Roger Kitain、Ron Monzillo、Binod PG、Sivakumar Thyagarajan、Kin-Man Chung、Jitendra Kotamraju、Marc Hadley、Paul Sandoz、Gavin King、Emmanuel Bernard、Rod Johnson、Bob Lee 以及 Rajiv Mordani。还要感谢 Alejandro Murillo 为连接器示例提供了最初的版本。

我们还要感谢 Java EE 6 SDK 团队，尤其是 Carla Carlson、Snjezana Sevo-Zenzerovic、Adam Leftik 和 John Clingan。

关于介绍 JavaServer Faces 技术的几章，我们从 Manfred Riem 以及规范领导者们的建议中受益良多。

EJB 技术、Java 持久化 API 以及 Criteria API 等章节，离不开 EJB 和 Persistence 团队的巨大投入，其中包括 Marina Vatkina 和 Mitesh Meswani。

我们还要感谢 Sivakumar Thyagarajan 对 CDI 章节的审查，以及 Tim Quinn 对应用程序客户端容器的帮助。同时感谢 NetBeans 的工程师和文档团队，尤其是 Petr Jiricka、John Jullion-Ceccarelli 和 Troy Giunipero，他们为本书的代码示例提供了 NetBeans IDE 方面的支持。

感谢 Chang Feng、Alejandro Murillo 和 Scott Fordin，他们帮助我们将 Duke's Tutoring 案例研究进行了国际化。

我们要感谢我们的经理——Alan Sommerer 的帮助，他稳定了我们的军心。

我们还要感谢 Jordan Douglas 和 Dawn Tyler 开发并更新了示例程序。Sheila Cepero 为我们解决了许多难题。Steve Cogorno 为我们的工具提供了宝贵的帮助。

最后，我们想要表达对 Greg Doench、John Fuller、Elizabeth Ryan、Steve Freedkin 和 Addison-Wesley 产品团队深切的感激之情，他们终于看到我们的手稿出版了。

目　　录

第 I 部分　简介

第 1 章　概述 ... 2

- Java EE 6 平台的亮点 ... 3
- Java EE 应用程序模型 ... 4
- 分布式多层应用程序 ... 4
  - 安全 ... 5
  - Java EE 组件 ... 5
  - Java EE 客户端 ... 6
  - Web 组件 ... 8
  - 业务组件 ... 8
  - 企业信息系统层 ... 9
- Java EE 容器 ... 9
  - 容器服务 ... 9
  - 容器类型 ... 10
- Web Service 支持 ... 11
  - XML ... 12
  - SOAP 传输协议 ... 12
  - WSDL 标准格式 ... 12
- Java EE 应用程序的装配和部署 ... 12
- 打包应用程序 ... 13
- 开发角色 ... 14
  - Java EE 产品提供方 ... 14

工具提供方··15
　　应用程序组件提供方··15
　　应用程序装配方··15
　　应用程序部署方和管理方··16
Java EE 6 API ···16
　　Enterprise JavaBean 技术··19
　　Java Servlet 技术··19
　　JavaServer Faces 技术··20
　　JavaServer Pages 技术··20
　　JavaServer Pages 标准标签库··21
　　Java 持久化 API ···21
　　Java 事务 API ···21
　　支持 RESTful Web Service 的 Java API ··21
　　Managed Beans ··22
　　Java EE 平台上下文和依赖注入（JSR 299）··22
　　Java 依赖注入（JSR 330）··22
　　Bean Validation ··22
　　Java 消息服务 API ···23
　　Java EE 连接器架构··23
　　JavaMail API ··23
　　Java Authorization Contract for Containers ··23
　　Java Authentication Service Provider Interface for Containers··24
在 Java 平台标准版 6 和 7 中的 Java EE 6 API ··24
　　Java 数据库连接 API ···24
　　Java 命名和目录接口 API ···24
　　JavaBeans Activation Framework ···25
　　Java XML 处理 API ···25
　　Java XML 绑定架构··25
　　SOAP with Attachments API for Java ··26
　　Java API for XML Web Services ··26
　　Java 认证和授权服务···26
GlassFish Server 工具···26

第 2 章　使用本教程的示例程序 ··· 28

所需软件 ··· 28
    Java 平台标准版本 ··· 28
    Java EE 6 软件开发工具集 ··· 29
    Java EE 6 教程组件 ·· 29
    NetBeans IDE ·· 30
    Apache Ant ··· 31
启动及停止 GlassFish Server ·· 32
启动管理控制台 ··· 33
启动和停止 Java DB 服务 ·· 33
构建示例程序 ·· 34
本教程示例程序的目录结构 ·· 34
获取示例程序的最新更新 ··· 35
调试 Java EE 应用程序 ··· 35
    使用服务器日志 ·· 35
    使用调试器 ··· 36

第 II 部分　Web 层

第 3 章　JavaServer Faces 技术：高级概念 ·································· 38

JavaServer Faces 应用程序的生命周期 ··· 38
    JavaServer Faces 生命周期概述 ·· 39
    恢复视图阶段 ·· 41
    应用请求值阶段 ·· 42
    处理校验阶段 ·· 42
    更新模型值阶段 ·· 43
    调用应用程序阶段 ··· 43
    渲染响应阶段 ·· 43
局部处理和局部渲染 ··· 44
Facelets 应用程序的生命周期 ··· 44
用户界面组件模型 ·· 45
    用户界面组件类 ·· 45
    组件渲染模型 ·· 47

转换模型 48
　　　事件和监听器模型 49
　　　校验模型 50
　　　导航模型 51

第 4 章　在 JavaServer Faces 技术中使用 Ajax 54
　Ajax 概述 55
　在 JavaServer Faces 技术中使用 Ajax 功能 55
　在 Facelets 中使用 Ajax 56
　　　使用 f:ajax 标签 56
　发送一个 Ajax 请求 58
　　　使用 event 属性 58
　　　使用 execute 属性 59
　　　使用 immediate 属性 59
　　　使用 listener 属性 59
　监视客户端事件 60
　处理错误 60
　接收 Ajax 响应 61
　Ajax 请求生命周期 62
　对组件进行分组 62
　以资源形式加载 JavaScript 63
　　　在 Facelets 应用程序中使用 JavaScript API 63
　　　在 Bean 类中使用@ResourceDependency 注解 64
　ajaxguessnumber 示例应用程序 65
　　　ajaxguessnumber 源文件 65
　　　运行 ajaxguessnumber 示例程序 67
　更多有关 JavaServer Faces 技术中 Ajax 的信息 68

第 5 章　复合组件：高级主题及示例程序 69
　复合组件的属性 69
　调用 Managed Bean 70
　校验复合组件的值 70
　compositecomponentlogin 示例程序 71
　　　复合组件文件 71

用到的页面 72
　　　Managed Bean 72
　　　运行 compositecomponentlogin 示例程序 74

第 6 章　创建自定义 UI 组件以及其他自定义对象 76
　　决定你是否需要一个自定义组件或者渲染器 78
　　　何时使用自定义组件 78
　　　何时使用自定义渲染器 79
　　　组件、渲染器和标签的组合 80
　　理解图像映射示例程序 80
　　　为什么使用 JavaServer Faces 技术来实现图像映射 81
　　　理解渲染的 HTML 81
　　　理解 Facelets 页面 82
　　　配置模型数据 83
　　　Image Map 应用程序类总结 85
　　创建自定义组件的步骤 85
　　创建自定义组件类 86
　　　指定组件类族 88
　　　执行编码 89
　　　执行解码 91
　　　允许组件属性接受表达式 91
　　　保存及恢复状态 93
　　将渲染工作委托给渲染器 94
　　　创建渲染器类 94
　　　标识渲染器类型 96
　　实现事件监听器 96
　　　实现值改变监听器 97
　　　实现动作监听器 98
　　处理自定义组件的事件 98
　　在标签库描述符中定义自定义组件标签 100
　　使用自定义组件 101
　　创建和使用自定义转换器 102

创建自定义转换器 ··· 103
　　　使用自定义转换器 ··· 105
　创建和使用自定义校验器 ··· 107
　　　实现校验器接口 ··· 108
　　　指定自定义标签 ··· 110
　　　使用自定义校验器 ··· 111
　将组件值和实例与 Managed Bean 属性绑定 ···································· 112
　　　将组件值与 bean 属性绑定 ··· 113
　　　将组件值与隐式对象绑定 ··· 114
　　　将组件实例与 bean 属性绑定 ·· 115
　将转换器、监听器以及校验器与 Managed Bean 属性绑定 ··············· 116

第 7 章　配置 JavaServer Faces 应用程序 ··· 118
　使用注解来配置 Managed Bean ··· 119
　　　使用 Managed Bean 作用域 ·· 119
　应用程序配置资源文件 ··· 120
　　　应用程序配置资源文件的顺序 ·· 121
　配置 Managed Bean ·· 123
　　　使用 managed-bean 元素 ·· 123
　　　使用 managed-property 元素来初始化属性 ································ 126
　　　初始化 Map 和 List ·· 131
　注册应用程序消息 ··· 132
　　　使用 FacesMessage 来创建消息 ·· 133
　　　引用错误消息 ··· 133
　使用默认校验器 ·· 134
　注册自定义校验器 ··· 135
　注册自定义转换器 ··· 135
　配置导航规则 ··· 136
　　　隐式的导航规则 ··· 139
　使用渲染套件来注册自定义渲染器 ·· 139
　注册自定义组件 ·· 141
　JavaServer Faces 应用程序的基本要求 ··· 142

使用 web 部署描述符来配置应用程序 ··············143
配置项目阶段 ··············146
包含类、页面和其他资源 ··············147

第8章 使用 Java Servlet 技术上传文件 ··············148
@MultipartConfig 注解 ··············148
getParts 和 getPart 方法 ··············149
fileupload 示例程序 ··············150
fileupload 示例程序的架构 ··············150
运行 fileupload 示例 ··············153

第9章 国际化和本地化 Web 应用程序 ··············155
Java 平台本地化类 ··············155
提供本地化的消息和标签（label） ··············156
建立语言环境 ··············157
设置资源绑定 ··············157
获取本地化消息 ··············158
日期和数字格式化 ··············159
字符集和编码 ··············159
字符集 ··············159
字符编码 ··············160

第Ⅲ部分　Web Service

第10章 JAX-RS：高级主题和示例 ··············162
用于资源类字段和 Bean 属性的注解 ··············162
提取路径参数 ··············163
提取查询参数 ··············164
提取表单数据 ··············164
提取请求或响应中的 Java 类型 ··············165
子资源和运行时资源解决方案 ··············165
子资源方法 ··············165
子资源定位符 ··············166
整合 JAX-RS、EJB 技术和 CDI ··············167

条件性 HTTP 请求 168
运行时内容协商 169
在 JAX-RS 中使用 JAXB 171
    使用 Java 对象为数据建模 172
    从已有的 XML schema 定义开始 174
    在 JAX-RS 和 JAXB 中使用 JSON 176
customer 示例程序 177
    customer 示例程序概述 177
    Customer 和 Address 实体类 178
    CustomerService 类 181
    CustomerClientXML 和 CustomerClientJSON 类 184
    修改示例，根据已有的 schema 生成实体类 186
    运行 customer 示例 188

第Ⅳ部分　Enterprise Beans

第 11 章　Message-Driven Bean 示例 196

simplemessage 示例概述 196
simplemessage 应用程序客户端 197
Message-Driven Bean 类 197
    onMessage 方法 199
运行 simplemessage 示例程序 200
    simplemessage 示例的被管理对象 200
    删除 simplemessage 示例的被管理对象 202

第 12 章　使用嵌入式 Enterprise Bean 容器 203

嵌入式 enterprise bean 容器概述 203
开发嵌入式 enterprise bean 应用程序 203
    运行嵌入式应用程序 204
    创建 enterprise bean 容器 204
    查找 session bean 引用 205
    关闭 enterprise bean 容器 206
standalone 示例程序 206

第 13 章　在 Session Bean 中使用异步方法调用 208

异步方法调用 208
　　创建异步的业务方法 209
　　从 enterprise bean 客户端调用异步方法 210
async 示例程序 211
　　async 示例程序的架构 211
　　运行 async 示例 212

第 V 部分　Java EE 平台上下文和依赖注入

第 14 章　Java EE 平台上下文和依赖注入：高级篇 218

在 CDI 应用程序中使用替代类 218
　　使用特例 219
在 CDI 应用程序中使用生产者方法、生产者字段以及清理方法 220
　　使用生产者方法 221
　　使用生产者字段来生成资源 222
　　使用清理方法 222
在 CDI 应用程序中使用预定义的 Bean 223
在 CDI 应用程序中使用事件 224
　　定义事件 224
　　使用观察者方法来处理事件 224
　　触发事件 225
在 CDI 应用程序中使用拦截器 226
在 CDI 应用程序中使用装饰器 228
在 CDI 应用程序中使用模板 229

第 15 章　运行上下文和依赖注入的高级示例程序 231

encoder 示例：使用替代类 231
　　Coder 接口和实现 232
　　encoder 示例中的 Facelets 页面和 managed bean 232
　　运行 encoder 示例 234
producermethods 示例：使用生产者方法来选择 bean 实现 236
　　producermethods 示例的组件 237

运行 producermethods 示例 238
producerfields 示例：使用生产者字段来生成资源 239
　　　producerfields 示例的生产者字段 239
　　　producerfields 实体和 session bean 241
　　　producerfields 示例的 Facelets 页面和 managed bean 242
　　　运行 producerfields 示例 244
billpayment 示例：使用事件和拦截器 246
　　　PaymentEvent 事件类 246
　　　PaymentHandler 事件监听器 247
　　　billpayment 示例的 Facelets 页面和 managed bean 247
　　　LoggedInterceptor 拦截器类 250
　　　运行 billpayment 示例 251
decorators 示例：装饰 bean 252
　　　decorators 示例的组件 253
　　　运行 decorators 示例 254

第 VI 部分　持久化

第 16 章　创建并使用基于字符串的条件（Criteria）查询 258
基于字符串的 Criteria API 查询概述 258
创建基于字符串的查询 259
执行基于字符串的查询 260

第 17 章　使用锁来控制对实体数据的并发访问 261
实体锁和并发概述 261
　　　使用乐观锁 262
锁模式 262
　　　设置锁模式 263
　　　使用悲观锁 264

第 18 章　在 Java 持久化 API 应用程序中使用二级缓存 266
二级缓存概述 266
　　　控制实体是否可能被缓存 267
　　　指定缓存模式设置以提高性能 268

设置缓存读取和存储模式 268
　　　用编程方式控制二级缓存 270

第Ⅶ部分　安全

第 19 章　Java EE 安全：高级篇 274
　使用数字签名 274
　　　创建服务器证书 275
　　　将用户添加到证书域中 277
　　　在 GlassFish Server 中使用不同的服务器证书 277
　认证机制 278
　　　客户端认证 279
　　　双向认证 279
　在 JavaServer Faces Web 应用程序中使用基于表单的登录 283
　　　在 JavaServer Faces 表单中使用 j_security_check 283
　　　在 JavaServer Faces 应用程序中使用 managed bean 进行认证 284
　使用 JDBC 域进行用户认证 286
　保护 HTTP 资源的安全 290
　保护应用程序客户端的安全 293
　　　使用登录模块 294
　　　使用编程式登录 294
　保护企业信息系统应用程序的安全 295
　　　由容器管理的登录 295
　　　由组件管理的登录 295
　　　配置资源适配器安全 296
　使用部署描述符来配置安全选项 298
　　　在部署描述符中指定基本认证 298
　　　在部署描述符中覆盖默认的用户-角色映射 299
　关于安全的更多信息 299

第Ⅷ部分　Java EE 的其他技术

第 20 章　Java 消息服务概念 302
　JMS API 概述 302

什么是消息传递 ·· 302
什么是 JMS API ·· 303
什么时候可以使用 JMS API ·· 303
JMS API 如何与 Java EE 平台一起工作 ·· 304
JMS API 基础概念 ·· 305
JMS API 架构 ·· 305
消息传递域 ·· 306
消息接收 ·· 308
JMS API 编程模型 ·· 308
JMS 管理对象 ·· 309
JMS 连接 ·· 310
JMS 会话 ·· 311
JMS 消息生产者 ·· 311
JMS 消息消费者 ·· 312
JMS 消息 ·· 314
JMS 队列浏览器 ·· 316
JMS 异常处理 ·· 316
创建健壮的 JMS 应用程序 ·· 317
使用基础的可靠性机制 ·· 318
使用高级的可靠性机制 ·· 321
在 Java EE 应用程序中使用 JMS API ·· 325
在 enterprise bean 或 web 容器中使用 @Resource 注解 ·· 325
使用 session bean 来生产和同步接收消息 ·· 326
使用 Message-Driven Bean 来异步接收消息 ·· 326
管理分布式事务 ·· 329
在应用程序客户端和 web 组件中使用 JMS API ·· 330
关于 JMS 的更多信息 ·· 331

第 21 章 Java 消息服务示例 ·· 332

编写简单的 JMS 应用程序 ·· 333
同步消息接收的简单示例 ·· 333
异步消息接收的简单示例 ·· 343
浏览队列中消息的简单示例 ·· 348

在多个系统上运行 JMS 客户端 ·································· 353
　　　取消部署并清理 JMS 示例 ·································· 359
　编写健壮的 JMS 应用程序 ······································· 359
　　　消息应答示例 ·· 359
　　　可持续订阅示例 ··· 362
　　　本地事务示例 ·· 364
　使用 JMS API 和 Session Bean 的应用程序 ··················· 370
　　　为 clientsessionmdb 示例编写应用程序组件 ············· 370
　　　为 clientsessionmdb 示例创建资源 ······················· 372
　　　运行 clientsessionmdb 示例 ································ 372
　使用 JMS API 和实体的应用程序 ································ 374
　　　clientmdbentity 示例程序概述 ····························· 374
　　　为 clientmdbentity 示例编写应用程序组件 ··············· 375
　　　为 clientmdbentity 示例创建资源 ·························· 378
　　　运行 clientmdbentity 示例 ·································· 378
　从远程服务器接收消息的应用程序示例 ······················· 381
　　　consumeremote 示例模块概述 ······························ 382
　　　为 consumeremote 示例编写模块组件 ····················· 383
　　　为 consumeremote 示例创建资源 ··························· 383
　　　为 consumeremote 示例使用两个应用程序服务器 ········ 383
　　　运行 consumeremote 示例 ···································· 384
　在两个服务器上部署 Message-Driven Bean 的应用程序示例 ··· 387
　　　sendremote 示例模块概述 ···································· 388
　　　编写 sendremote 示例的模块组件 ··························· 389
　　　为 sendremote 示例创建资源 ································· 390
　　　运行 sendremote 示例 ··· 392

第 22 章 Bean Validation：高级主题 ·································398

　创建自定义约束 ··· 398
　　　使用内置约束来创建新的约束 ······························· 398
　自定义校验器消息 ·· 399
　　　ValidationMessages 资源绑定 ······························· 399

约束分组 ··· 400
    自定义组校验顺序 ··· 400

第 23 章 使用 Java EE 拦截器 ··· 402

拦截器概述 ··· 402
    拦截器类 ··· 403
    拦截器的生命周期 ··· 403
    拦截器和 CDI ·· 403
使用拦截器 ··· 403
    拦截方法调用 ·· 404
    拦截生命周期回调事件 ··· 406
    拦截超时事件 ·· 407
interceptor 示例程序 ·· 408
    运行 interceptor 示例 ··· 409

第 24 章 资源适配器示例 ·· 410

资源适配器 ··· 410
Message-Driven Bean ·· 411
Web 应用程序 ·· 411
运行 mailconnector 示例 ·· 411

第 IX 部分　案例研究

第 25 章 Duke's Bookstore 案例研究示例 ··· 416

Duke's Bookstore 的设计和架构 ··· 416
Duke's Bookstore 的接口 ·· 417
    Java 持久化 API 实体 Book ·· 417
    Duke's Bookstore 中使用的 Enterprise beans ······························· 418
    Duke's Bookstore 中使用的 Facelets 页面和 Managed Beans ········· 418
    Duke's Bookstore 中使用的自定义组件和其他自定义对象 ············· 420
    Duke's Bookstore 中使用的属性文件 ·· 420
    Duke's Bookstore 中使用的部署描述符 ······································· 421
运行 Duke's Bookstore 案例研究应用程序 ·· 422

第 26 章 Duke's Tutoring 案例研究示例·······424

Duke's Tutoring 的设计和架构·······424

主界面·······426

 主界面中使用的 Java 持久化 API 实体·······426

 主界面中使用的 enterprise bean·······426

 主界面中使用的 Facelets 文件·······427

 主界面中使用的辅助类·······428

 属性文件·······429

 Duke's Tutoring 中使用的部署描述符·······429

管理界面·······430

 管理界面中使用的 enterprise bean·······430

 管理界面中使用的 Facelets 文件·······430

运行 Duke's Tutoring 案例研究应用程序·······431

 设置 GlassFish Server·······431

 运行 Duke's Tutoring·······432

第 27 章 Duke's Forest 案例研究示例·······434

Duke's Forest 的设计和架构·······435

 events 项目·······437

 entities 项目·······438

 dukes-payment 项目·······440

 dukes-resource 项目·······440

 Duke's Store 项目·······440

 Duke's Shipment 项目·······445

构建并部署 Duke's Forest 案例研究应用程序·······447

 前提条件·······447

运行 Duke's Forest 应用程序·······450

第 I 部分

简介

第 I 部分介绍了平台、教程以及示例程序。本部分包含以下章节：

- 第 1 章　概述
- 第 2 章　使用本教程的示例程序

第 1 章

概述

当今,越来越多的开发人员逐渐认识到,他们需要利用服务器端技术的速度、安全性和可靠性的应用程序,来提供分布式、事务性和可移植性。企业应用程序为某个企业提供业务逻辑。它们被集中管理,并且经常与其他的企业应用程序进行交互。在如今的信息技术世界中,我们必须能够通过更少的花费、更快的速度以及更少的资源,来设计、搭建并生产企业应用程序。

在 Java 平台企业版(Java EE)出现之前,Java 企业应用程序的开发从没有过如此简单和快速。Java EE 平台的目标就是为开发人员提供一个强大的 API 集合,同时减少开发时间,降低应用程序复杂度并提高性能。

Java Community Process(JCP)负责开发 Java EE 平台以及所有的 Java 技术。专家组由几个组织组成,通过制定 Java Specification Requests(JSRs)来定义不同的 Java EE 技术。在 JCP 指导下开展 Java 社区的工作,有助于保证 Java 技术标准的稳定性和跨平台兼容。

Java EE 平台使用一个简化的编程模型,XML 格式的部署描述符不再是唯一选择。与之前的开发不同,开发人员只需简单地输入信息,例如直接在 Java 源文件中使用注解(Annotation),Java EE 服务器就会在部署和运行时对组件进行配置。与之前使用部署描述符来描述的方式不同,这些注解一般会被嵌入到编程数据中。通过使用注解,你只需将规范信息写在代码中程序元素的旁边,就可以改变它们的行为。

在 Java EE 平台中,你可以通过依赖注入注入组件所需的全部资源,这样可以在应用程序代码中有效地隐藏资源创建及查找的过程。依赖注入可以用于 EJB 容器、web 容器以及应用程序客户端。通过依赖注入,Java EE 容器可以使用注解自动引用其他所需的组件或资源。

本教程将会通过一些示例程序,来介绍开发企业级应用程序的各种 Java EE 平台特性。不管你是一个新的开发人员,还是一个经验丰富的开发人员,都能从示例程序和讲解中获得有价值的知识，并创建自己的解决方案。

如果你刚刚开始学习如何开发 Java EE 企业级应用程序，那么本章是一个很好的起点。在这里，你将会回顾开发的基础知识，了解 Java EE 的架构和各种 API，熟悉重要的术语和概念，并最终掌握如何开发、组装以及部署 Java EE 应用程序。

本章会介绍以下内容：
- Java EE 6 平台的亮点
- Java EE 应用程序模型
- 分布式多层应用程序
- Java EE 容器
- Web Service 支持
- Java EE 应用程序的装配和部署
- 打包应用程序
- 开发角色
- Java EE 6 API
- 在 Java 平台标准版 6 和 7 中的 Java EE 6 API
- GlassFish Server 工具

Java EE 6 平台的亮点

Java EE 6 平台最重要的目标，就是为 Java EE 平台各组件提供一个通用的基础，简化开发的过程。开发人员通过使用更多的注解、更少的 XML 配置、更多的 Plain Old Java Objects（POJOs）以及简化的打包过程，来提高开发的效率。Java EE 6 平台包括以下新特性。

- Profile：为应用程序中某些类指定的 Java EE 平台进行配置。具体来讲，就是 Java EE 6 针对于下一代的 web 应用程序，引入了一个轻量级的 Web Profile，而针对于企业级的应用程序，则提供了一个包含所有 Java EE 技术、对 Java EE 6 提供完全支持的 Full Profile。
- Java EE 6 中的新技术包括如下几项：
  - 支持 RESTful Web Services 的 Java API（JAX-RS）。
  - Managed Beans。
  - Java EE 平台上下文与依赖注入（JSR 299），通常也称为 CDI。
  - Java 依赖注入（JSR 330）。
  - Bean Validation（JSR 303）。
  - Java Authentication Service Provider Interface for Containers（JASPIC）。

- 为 Enterprise JavaBean（EJB）组件提供的新特性（详细内容请参考本章后面的"Enterprise JavaBean 技术"一节）。
- 为 servlet 提供的新特性（详细内容请参考本章后面的"Java Servlet 技术"一节）。
- 为 JavaServer Faces 组件提供的新特性（详细内容请参考本章后面的"JavaServer Faces 技术"一节）。

Java EE 应用程序模型

Java EE 应用程序模型起源于 Java 编程语言和 Java 虚拟机。它们所提供的便捷性、安全性以及开发效率都已经得到了证明，并构成了应用程序模型的基础。设计 Java EE 的初衷，是为了支持企业级的应用程序，为顾客、雇员、供应商、合作伙伴以及对企业起决策作用或者有贡献的人提供企业级服务。这种应用程序天生的特性就是复杂，很可能需要从不同的来源获取数据，并且需要进行分布式部署来为不同的客户端提供服务。

为了更好地控制和管理这些应用程序，用来支持这些不同用户的业务功能被放到了中间层。中间层指的是一个由企业内部信息技术部门紧密控制的环境。通常，中间层运行在专门的服务器硬件上，并且能够访问企业内的所有服务。

Java EE 应用程序模型定义了一个为了实现服务的多层应用程序架构，它能够为企业级应用程序提供所需的可伸缩性、可访问性以及可管理性。这个模型将实现多层服务的工作分成了以下几个部分：

- 由开发人员实现的业务和展现逻辑。
- 由 Java EE 平台提供的标准系统服务。

Java EE 平台为开发多层服务过程中所面临的困难的系统级问题提供了解决方案。

分布式多层应用程序

针对于企业应用程序，Java EE 平台使用一个分布式的多层应用程序模型。应用程序逻辑根据功能划分为多个组件，根据它们在多层 Java EE 环境中所属的层，被安装在不同的虚拟机上。

图 1-1 描绘了两个多层的 Java EE 应用程序，它们被划分为了以下所描述的多个层次。图 1-1 中所示的 Java EE 应用程序部分会在本章后面"Java EE 组件"一节中进行介绍。

- 在客户端机器上运行的客户层组件。
- 在 Java EE 服务器上运行的 web 层组件。
- 在 Java EE 服务器上运行的业务层组件。
- 在 EIS 服务器上运行的企业信息系统（EIS）层软件。

虽然一个 Java EE 应用程序可以包含图 1-1 中所示的所有层，但是 Java EE 多层应用程序通常都只有三层结构，因为它们分布于三个地方：客户端机器、Java EE 服务器端机器以及后端的数据库或遗留机器。通过在客户端应用程序和后端存储之间放置一个多线程的应用程序服务器，从而使得三层应用程序扩展了标准的两层模型（即客户端-服务器模型）。

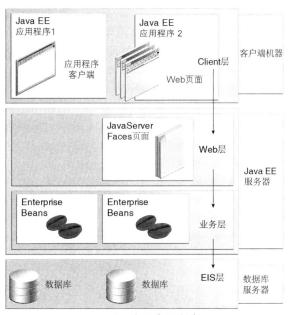

图 1-1　多层应用程序

安全

虽然其他的企业应用程序模型要求在每个应用程序中使用平台特定的安全措施，但是 Java EE 安全环境允许在部署时定义安全约束。Java EE 平台使得应用程序可以在多种多样的安全实现之间移植，同时避免了由应用程序开发人员去实现复杂的安全功能。

Java EE 平台提供了标准的声明式访问控制规则，这些规则由开发人员定义，并当应用程序在服务器上部署时被解释执行。Java EE 同时也提供了标准的登录机制，因此开发人员不需要在应用程序中再次实现这些机制。不需要更改源代码，同一个应用程序就可以在不同的安全环境下工作。

Java EE 组件

Java EE 应用程序由组件组成。一个 Java EE 组件是一个自包含的功能软件单元，它可以将与自己相关的类和与其他组件相联系的文件，一同装配到某个 Java EE 应用程序中。Java EE 规范中定义了以下几种 Java EE 组件：

- 应用程序客户端和 applet 是运行在客户端的组件。
- Java Servlet、JavaServer Faces 以及 JavaServer Page（JSP）等技术组件是运行在服务器上的 web 组件。
- Enterprise JavaBeans（EJB）组件（也称为 enterprise beans）是运行在服务器上的业务组件。

Java EE 组件均由 Java 语言编写，并且按照与其他 Java 程序一样的方式编译。Java EE 组件和"标准"Java 类之间的区别是，Java EE 组件被装配到某个 Java EE 应用程序中，它们需要进行格式校验以确保符合 Java EE 规范中的定义，并且当它们被部署到生产环境时，由 Java EE 服务器来运行和管理。

Java EE 客户端

Java EE 客户端通常是一个 web 客户端或者一个应用程序客户端。

web 客户端

一个 web 客户端由两部分组成：

- 包含各种标记语言（HTML、XML 等）的动态网页，由运行在 web 层的 web 组件生成。
- 一个 web 浏览器，用来渲染从服务器端接收的页面。

web 客户端有时也被称为瘦客户端。瘦客户端通常不会查询数据库、执行复杂的业务规则，或者连接到遗留的应用程序。当你使用瘦客户端时，这种重量级操作会转移到在 Java EE 服务器上执行的 enterprise beans，以便能够利用 Java EE 服务器端技术提供的安全、速度、服务以及可靠性。

应用程序客户端

应用程序客户端运行在某个客户端机器上，为用户提供了比标记语言更丰富的用户界面。应用程序客户端通常拥有一个由 Swing 或者 Abstract Window Toolkit（AWT）API 创建的图形化用户界面（GUI），当然也可能是一个命令行界面。

应用程序客户端会直接访问运行在业务层中的 enterprise beans。但是，如果需要的话，应用程序客户端也可以打开一个 HTTP 连接，与运行在 web 层中的 servlet 建立通信。由于用非 Java 语言编写的应用程序客户端也可以与 Java EE 服务器交互，这使得 Java EE 平台能够与遗留系统、客户端以及非 Java 语言之间相互操作。

Applets

从 web 层接收到的网页可以包含一个嵌入的 applet。applet 是一个由 Java 编程语言编写的、小巧的客户端应用程序，可以在 web 浏览器中安装的 Java 虚拟机上执行。但是，要成功地在

web 浏览器中执行 applet，客户端系统很可能需要安装 Java 插件，以及一个用于 applet 的安全策略文件。

web 组件更适合于创建 web 客户端程序，因为客户端系统中不需要插件或者安全策略文件。同样，web 组件还能带来更干净、更具有模块化的应用程序设计，因为它们将应用程序编程与 web 页面设计分离开来。这样，参与 web 页面设计的人员不需要了解 Java 编程语言的语法，就可以进行他们的工作。

JavaBeans 组件架构

服务器和客户端层也可能包括基于 JavaBeans 组件架构（JavaBeans 组件）的多个组件，来管理以下组件之间的数据流：

- 应用程序客户端或者 applet 和运行在 Java EE 服务器上的组件。
- 服务器组件和一个数据库。

在 Java EE 规范中，JavaBeans 组件不属于 Java EE 组件。

JavaBeans 组件拥有多个属性，以及用来访问这些属性的 `get` 和 `set` 方法。在设计和实现中，这种 JavaBeans 组件使用起来非常简单，但是应当遵守 JavaBeans 组件架构中规定的命名和设计约定。

Java EE 服务器通信

图 1-2 描绘了可以组成客户端层的各个元素。客户端可以直接与运行在 Java EE 服务器上的业务层通信，或者当客户端运行在浏览器中时，通过运行在 web 层的 web 页面或 servlet 与之通信。

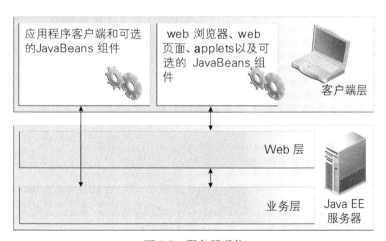

图 1-2　服务器通信

Web 组件

Java EE web 组件可以是 servlets，或者是使用 JavaServer Faces 技术及 JSP 技术（JSP 页面）创建的 web 页面。servlets 是一些由 Java 语言编写的类，可以动态处理请求并构造响应。JSP 页面是基于文本的文档，可以作为 servlets 执行，但是允许开发人员以一种更自然的方式来创建静态内容。JavaServer Faces 技术建立在 servlets 和 JSP 技术之上，为 web 应用程序提供了一个用户界面组件框架。

虽然在应用程序装配时，静态 HTML 页面和 applet 会与其他 web 组件绑定到一起，但是 Java EE 规范并不认为它们属于 web 组件。服务器端工具类同样也可以与 web 组件（例如 HTML 页面）绑定在一起，但是它们也不属于 web 组件。

如图 1-3 所示，web 层与客户端层类似，也可以包含一个 JavaBean 组件来管理用户输入，并将输入发送到运行在业务层的 enterprise beans 进行处理。

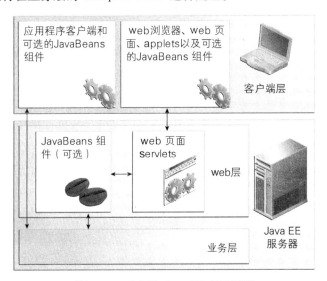

图 1-3　web 层和 Java EE 应用程序

业务组件

业务代码，也就是解决或者满足特定业务领域（例如银行、零售或者财务）需求的逻辑，由运行在业务层或者 web 层中的 enterprise beans 来处理。图 1-4 描绘了一个 enterprise bean 如何从客户端程序获取数据、进行处理（如果有必要的话），并将它发送到企业信息系统层进行存储的过程。一个 enterprise bean 同时也可以从存储中获取数据，进行处理（如果有必要的话），并将它发回给客户端程序。

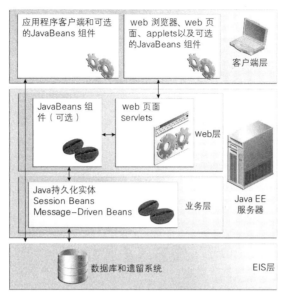

图 1-4 业务和 EIS 层

企业信息系统层

企业信息系统层处理 EIS 软件，包括了各类企业架构的系统，例如企业资源计划（ERP）、大型机事务处理、数据库系统以及其他遗留信息系统。例如，Java EE 应用程序组件可能需要访问企业信息系统来连接数据库。

Java EE 容器

通常，瘦客户端多层应用程序很难编写，因为他们需要许多行复杂的代码来处理事务和状态管理、多线程、资源池以及其他复杂的底层细节。基于组件和平台独立的 Java EE 架构使得 Java EE 应用程序很容易编写，因为业务逻辑被组织为可重用的组件。此外，Java EE 服务器以容器的方式为每个组件类型提供了底层的服务。因为你不需要自己开发这些服务，所以可以集中精力来解决手头的业务问题。

容器服务

容器是组件和用来支持组件的底层平台相关功能之间的接口。一个 web、enterprise bean 或者应用程序客户端组件必须被装配到某个 Java EE 模块并部署到容器中后，才能被执行。

装配过程包括为 Java EE 应用程序中的每个组件以及 Java EE 应用程序自身指定容器设置。容器设置可以对由 Java 服务器底层提供支持的服务进行自定义配置，包括安全、事务管理、Java

命名和目录接口（JNDI）API 查询以及远程连接等服务。以下是一些亮点：

- Java EE 安全模型允许你配置一个 web 组件或者 enterprise beans，使得只有经过授权的用户才能访问系统资源。
- Java EE 事务模型允许你指定一个单独事务中各方法之间的关系，这样事务中的所有方法都可以作为一个单独的单元来对待。
- JNDI 查询服务为企业中多个命名及目录服务提供了一个统一的接口，以便应用程序组件能够访问这些服务。
- Java EE 远程连接模型用来管理客户端和 enterprise beans 之间的底层通信。如果客户端与创建的 enterprise bean 处于同一个虚拟机上，那么客户端会调用该 enterprise bean 上的方法。

因为 Java EE 架构提供了可配置的服务，所以同一个 Java EE 应用程序中的应用程序组件可以根据不同的部署环境拥有不同的行为。例如，一个 enterprise bean 的安全设置，可能允许它访问某个生产环境中某些级别的数据库数据，又可以访问另一个生产环境中其他级别的数据库。

容器还可以管理不可配置的服务，例如 enterprise bean 和 servlet 的生命周期、数据库连接资源池、数据持久化以及访问 Java EE 平台的各个 API（请参考本章后面的"Java EE 6 API"一节）。

容器类型

部署过程会将 Java EE 应用程序组件安装到 Java EE 容器中，如图 1-5 所示。

- **Java EE 服务器**：Java EE 产品的运行时部分。Java EE 服务器用来提供 EJB 和 web 容器。
- **Enterprise JavaBeans（EJB）容器**：管理 Java EE 应用程序中 enterprise beans 的执行。enterprise beans 及其容器均运行在 Java EE 服务器上。
- **web 容器**：管理 Java EE 应用程序中的网页、servlet 以及某些 EJB 组件的执行。web 组件及其容器均运行在 Java EE 服务器上。
- **应用程序客户端容器**：管理应用程序客户端组件的执行。应用程序客户端及其容器运行在客户端上。
- **applet 容器**：管理 applets 的执行。它由一个 web 浏览器和运行在客户端上的 Java 插件组成。

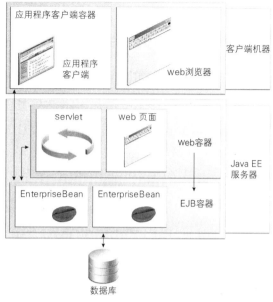

图 1-5　Java EE 服务器和容器

Web Service 支持

web service 是基于 web 的企业应用程序，使用开放的、基于 XML 的标准以及传输协议，在各调用客户端之间交换数据。Java EE 平台提供了一些 XML API 和工具，使得你可以快速设计、开发、测试并且部署 web service 和客户端，并且能够完全与其他运行在 Java 或非 Java 平台上的 web service 和客户端之间互相操作。

要使用 Java EE XML API 来编写 web service，只需要将参数数据传递给方法调用，并处理返回的数据。对于基于文档的 web service，需要在客户端和服务器之间发送包含服务数据的文档。因为 XML API 实现了应用程序数据与 XML 数据流（通过标准化的、基于 XML 的传输协议发送）之间的转换，所以不需要再进行任何底层的编程。这些基于 XML 的标准和协议将会在后续章节中进行介绍。

由于使用了标准化的、基于 XML 的数据流来传输数据，所以使用 Java EE XML API 编写的 web service 和客户端之间能够完全协作。传输的数据中不一定必须包含 XML 标签，因为所传输的数据可以是任意的数据形式，例如普通文本、XML 数据以及任意类型的二进制数据，例如音频、视频、地图、编程文件、计算机辅助设计（CAD）文档等。下一节会介绍 XML，以及业务处理方之间如何使用 XML 标签和 schema 有效地交换数据。

XML

可扩展标记语言（XML）是一个跨平台、可扩展、基于文本的数据展现标准。交换数据的各方可以创建自己的标签来描述数据，通过设定 schema 指定在特定类型的 XML 文档中可以使用哪些标签，以及使用 XML 样式表来管理数据的显示和处理。

例如，web service 可以使用 XML 和 schema 来生成一个价格列表，然后接收该价格列表和 schema 的各公司，可以使用自己定义的样式表，以最符合他们需求的方式来处理数据。下面是一些例子：

- 某公司可能会使用一个程序，将价格信息从 XML 格式转换为 HTML 格式，并将其发布到公司的内网中。
- 某合作公司可能会使用一个工具，用 XML 格式的价格信息来建立营销演示。
- 另外一个公司可能会使用一个应用程序，读取 XML 格式的价格信息并进行处理。

SOAP 传输协议

客户端请求和 web service 响应，是以简单对象访问协议（Simple Object Access Protocal，缩写为 SOAP）的形式通过 HTTP 进行传输的，这使得运行在不同平台和互联网中各个地域的客户端和 web service 之间，都可以完全进行交互。HTTP 是一个大家熟悉的请求−响应标准，用于在互联网上发送消息，而 SOAP 是一个基于 XML 的协议，遵循了 HTTP 的请求−响应模型。

传输消息中的 SOAP 部分包括了以下内容：

- 定义一个基于 XML 的封装（envelop），用来描述消息的内容并解释如何处理消息。
- 包含一些基于 XML 的编码规则，来表示消息中应用程序数据类型的实例。
- 定义一个基于 XML 的约定，来表示发往远端服务的请求和返回的响应。

WSDL 标准格式

web services 描述语言（Web Services Description Language，缩写为 WSDL）是一个用来描述网络服务的标准 XML 格式。该描述包括服务名、服务地址以及与服务进行通信的方式。WSDL 服务描述可以被发布在 web 上。GlassFish Server 提供了一个工具，用来为某个通过远程过程调用与客户端通信的 web service 生成 WSDL 规范。

Java EE 应用程序的装配和部署

Java EE 应用程序可以被打包为一个或多个标准单元，以便部署在任何 Java EE 平台兼容的系统中。每个单元包括：

- 一个或多个功能组件，例如一个 enterprise bean、web 页面、servlet 或者 applet。
- 一个可选的、用来描述其内容的部署描述符。

一旦生成了一个 Java EE 单元，就可以用它来进行部署。在部署时，通常需要使用平台的部署工具来指定与位置相关的信息，例如一个可访问该单元的本地用户列表，以及本地数据库名。一旦应用程序被部署到某个本地平台，就可以准备启动了。

打包应用程序

Java EE 应用程序以 Java 存档文件（JAR）、web 存档文件（WAR）或者企业存档文件（EAR）的格式交付。WAR 或者 EAR 文档也是标准的 JAR（.jar）文件，只不过分别以 .war 或者 .ear 为扩展名。通过使用 JAR、WAR 和 EAR 文件和模块，可以将大量不同的但是又共用某些组件的 Java EE 应用程序装配到一起。这个工作不需要任何额外的编码工作，仅仅是将各个 Java EE 模块装配（或者打包）到 Java EE JAR、WAR 或者 EAR 文件。

一个 EAR 文件（见图 1-6）包括多个 Java EE 模块和部署描述符（可选）。部署描述符是一个以 .xml 作为文件扩展名的 XML 文档，用来描述一个应用程序、模块或者组件的部署设置。由于部署描述符的信息是声明式的，所以对它的修改不需要修改程序的源代码。在运行时，Java EE 服务器会读取部署描述符，并对应用程序、模块或组件进行相应的操作。

部署描述符分为两种，分别是 Java EE 部署描述符和运行时部署描述符。Java EE 部署描述符由 Java EE 规范定义，用来在任何 Java EE 兼容的实现上对部署设置进行配置。运行时部署描述符用来配置与 Java EE 实现相关的参数。例如 GlassFish Server 的运行时部署描述符就包含了 web 应用程序的根目录，以及 GlassFish Server 实现的相关参数，（例如缓存目录）等信息。GlassFish Server 运行时部署描述符被命名为 glassfish-*moduleType*.xml，与 Java EE 部署描述符均位于 META-INF 目录下。

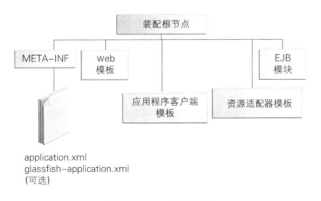

图 1-6　EAR 文件结构

一个 Java EE 模块中会包含一个或多个相同容器类型的 Java EE 组件，以及一个该类型的组件部署描述符（可选的）。例如，enterprise bean 模块的部署描述符可以为该 enterprise bean 声明事务属性和安全认证。Java EE 模块可以被部署为一个单独的模块。

Java EE 模块包括以下类型：

- EJB 模块，包括 enterprise beans 的类文件以及一个 EJB 部署描述符（可选）。EJB 模块会被打包为一个文件扩展名为 `.jar` 的 JAR 文件。
- web 模块，包括 servlet 类文件、web 文件、辅助类文件、图片和 HTML 文件以及一个 web 应用程序部署描述符（可选）。web 模块被打包为一个文件扩展名为 `.war` 的 JAR 文件（web 存档文件）。
- 应用程序客户端模块包含类文件以及一个应用程序客户端部署描述符（可选）。应用程序客户端模块被打包在文件扩展名为 `.jar` 的 JAR 文件中。
- 资源适配器模块包含了所有的 Java 接口、类、本地库以及一个资源适配器部署描述符（可选）。这些文件一起实现了用于某个特殊 EIS 的连接器架构（请参考本章后面"Java EE 连接器架构"一节）。资源适配模块被打包在一个文件扩展名为 `.rar`（资源适配器存档）的 JAR 文件中。

开发角色

通过使用可重用的模块，可以将应用程序开发和部署过程划分为不同的角色，从而由不同的人或公司来处理过程的不同部分。

首先要介绍的是 Java EE 的产品提供方和工具提供方，他们负责购买并安装 Java EE 产品和工具。当购买并安装完软件之后，可以由应用程序组件提供方来开发 Java EE 组件，由应用程序装配方来进行装配，并由应用程序部署人员进行部署。在大型组织结构中，可能会由不同的个人或团队来充当不同的角色。由于之前每个角色都会输出一个可移植的文件，并作为下一个角色的输入，因此劳动进行了分工。例如，在应用程序组件开发阶段，一个 enterprise bean 软件开发人员会交付多个 EJB JAR 文件。在应用程序装配过程中，另一个开发人员会将这些 EJB JAR 文件组合成一个 Java EE 应用程序，并将其保存为一个 EAR 文件。在应用程序部署阶段中，一个客户方的系统管理员会使用 EAR 文件，将 Java EE 应用程序安装到某个 Java EE 服务器中。

并不总是由不同的人员来执行不同的角色。如果你在一个小型公司工作，或者你正在创建一个示例程序的原型，你可能会一个人来操作每个阶段的任务。

Java EE 产品提供方

Java EE 产品提供方是设计并出售 Java EE 平台 API 以及其他 Java EE 规范中定义的功能的

公司。产品提供方通常是根据 Java EE 6 平台规范实现了 Java EE 平台的应用程序服务器供应商。

工具提供方

工具提供方是指为组件提供方、装配人员和部署人员，提供了开发、装配以及打包工具的个人或公司。

应用程序组件提供方

应用程序组件提供方是创建了 Java EE 应用程序所使用的 web 组件、enterprise beans、applets 或者应用程序客户端的公司或个人。

Enterprise Bean 开发人员

一个 enterprise bean 开发人员会通过执行以下任务来交付一个含有一个或多个 enterprise beans 的 EJB JAR 文件。

- 编写并编译源代码。
- 指定部署描述符（可选）。
- 将 .class 文件和部署描述符打包到 EJB JAR 文件中。

web 组件开发人员

一个 web 组件开发人员会通过执行以下任务来交付一个含有一个或多个 web 组件的 WAR 文件。

- 编写并编译 servlet 源代码。
- 编写 JavaServer Faces、JSP 以及 HTML 文件。
- 指定部署描述符（可选）。
- 将 .class、.jsp、.html 文件以及部署描述符打包到 WAR 文件中。

应用程序客户端开发人员

一个应用程序客户端开发人员会通过执行以下任务来交付一个含有应用程序客户端的 JAR 文件。

- 编写并编译源代码。
- 指定用于客户端的部署描述符（可选）。
- 将 .class 文件和部署描述符打包到 JAR 文件中。

应用程序装配方

应用程序装配方是从组件提供人员处获得应用程序组件，并将它们装配到一个 Java EE 应用程序 EAR 文件的公司或个人。装配人员或者开发人员可以直接编辑部署描述符，或者使用工具通过交互式选项正确地添加 XML 标签。

软件开发人员通过执行以下任务，来交付一个含有 Java EE 应用程序的 EAR 文件。

- 将之前阶段创建的 EJB JAR 和 WAR 文件，装配到一个 Java EE 应用程序（EAR）文件中。
- 指定用于 Java EE 应用程序的部署描述符（可选）。
- 校验 EAR 文件的内容格式是否正确，以及是否遵循 Java EE 规范。

应用程序部署方和管理方

应用程序部署人员和管理员是配置和部署应用程序客户端、web 应用程序、Enterprise JavaBeans 组件以及 Java EE 应用程序，管理 Java EE 组件和应用程序运行所在的计算和网络基础设施，以及监控运行时环境的公司或个人。他们的职责包括设置事务控制和安全属性，以及指定数据库连接。

在配置期间，部署方应当遵循应用程序组件提供人员提供的说明，解决外部依赖，指定安全设置并分配事务属性。在安装期间，部署方应当将应用程序组件移动到服务器上，并生成与服务器相关的类和接口。

一个部署方或者系统管理方会通过执行以下任务来安装并配置一个 Java EE 应用程序或组件：

- 为可运行的环境配置 Java EE 应用程序或组件。
- 校验 EAR、JAR 和/或 WAR 文件中内容的格式是否正确，以及是否遵循 Java EE 的标准。
- 将 Java EE 应用程序或组件部署（安装）到 Java EE 服务器中。

Java EE 6 API

图 1-7 描绘了 Java EE 各个容器之间的关系。

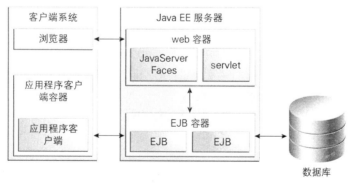

图 1-7　Java EE 容器

图 1-8 描绘了可以在 web 容器中使用的各个 Java EE 6 API。

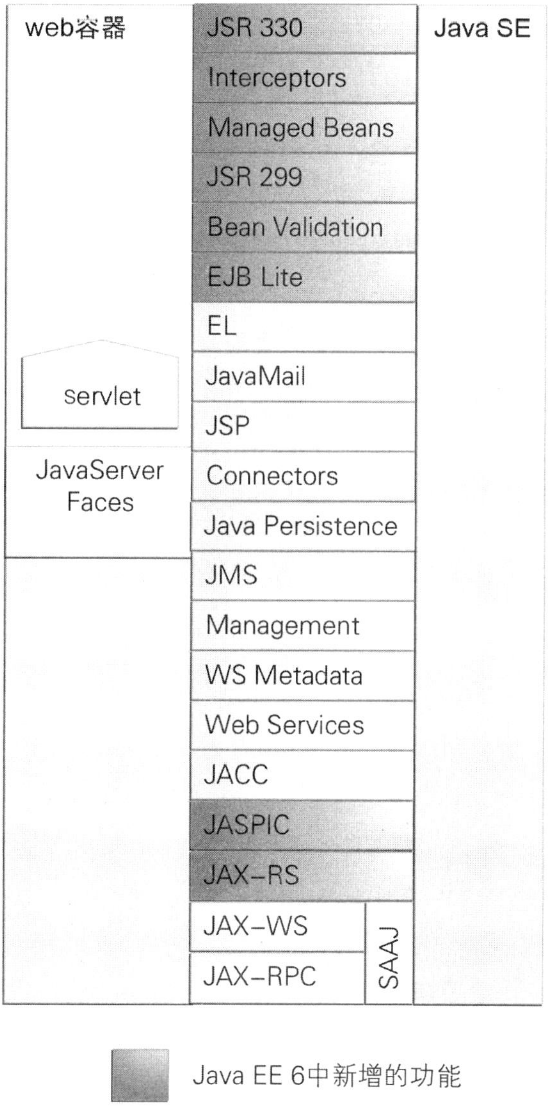

web容器	JSR 330	Java SE
	Interceptors	
	Managed Beans	
	JSR 299	
	Bean Validation	
	EJB Lite	
	EL	
servlet	JavaMail	
	JSP	
JavaServer Faces	Connectors	
	Java Persistence	
	JMS	
	Management	
	WS Metadata	
	Web Services	
	JACC	
	JASPIC	
	JAX-RS	
	JAX-WS	SAAJ
	JAX-RPC	

■ Java EE 6 中新增的功能

图 1-8 web 容器中的各个 Java EE API

图 1-9 描绘了可以在 EJB 容器中使用的各个 Java EE 6 API。

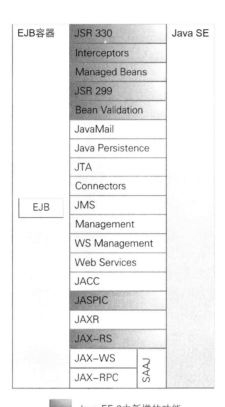

图 1-9 EJB 容器中的 Java EE API

图 1-10 描绘了可以在应用程序客户端容器中使用的 Java EE 6 API。

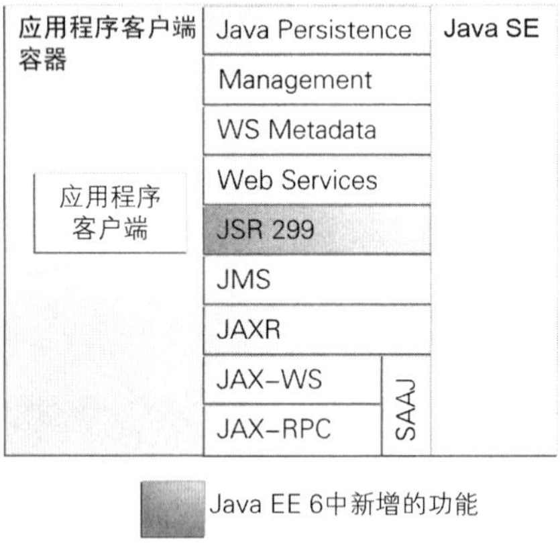

图 1-10 应用程序客户端容器中的 Java EE API

以下章节简单介绍了 Java EE 平台中所需的技术，以及在 Java EE 应用程序中使用的 API。

Enterprise JavaBean 技术

Enterprise JavaBean（EJB）组件或者 enterprise bean，都是一段拥有字段和方法、用来实现业务逻辑模块的代码块。你可以把一个 enterprise bean 想象为一块可以单独使用或者与其他 enterprise bean 一起使用的积木，用来执行 Java EE 服务器上的业务逻辑。

enterprise bean 可以是 session bean，或者是 message-driven bean。

- 一个 session bean 表示与客户端的一段临时会话。当客户端执行完毕时，session bean 及其数据就会被销毁。
- 一个 message-driven bean 将 session bean 和消息监听器的功能组合起来，允许业务组件异步地接收消息。通常，这些都是 Java 消息服务（Java Message Service，缩写为 JMS）消息。

Java EE 6 平台包括以下新的 enterprise bean 功能：

- 将本地 enterprise beans 打包到一个 WAR 包中。
- 可方便访问共享状态的单例 session bean。
- 在 Java EE Profile（例如 Java EE Web Profile）中可以提供一个具有 Enterprise JavaBean 功能的轻量级子集（EJB Lite）。

Java EE 6 平台需要 Enterprise JavaBeans 3.1 和 Interceptors 1.1。Interceptors 规范是 EJB 3.1 规范的一部分，扩展了原先在 EJB 3.0 中定义的拦截器功能。

Java Servlet 技术

Java Servlet 技术允许你定义基于 HTTP 的 servlet 类。servlet 类扩展了服务器的能力，使得客户端可以通过请求-响应的编程模型来访问运行在服务器上的应用程序。虽然 servlet 可以响应任何类型的请求，但是它们通常用来扩展运行在 web 服务器上的应用程序。

在 Java EE 6 平台中，包括了以下新的 Java Servlet 技术特性：

- 支持注解。
- 支持异步。
- 简化配置。
- 增强现有 API。
- 插件化。

Java EE 平台需要 Servlet 3.0。

JavaServer Faces 技术

JavaServer Faces 技术是一个用来创建 web 应用程序的用户界面框架。JavaServer Faces 包含以下几个主要组件：

- 一个 GUI 组件框架。
- 一个能渲染不同类型的 HTML 组件、或者不同标记语言或技术的灵活模型。一个 `Renderer` 对象可以生成渲染组件的标记，并将模型对象中存储的数据转换为能够在视图中展现的类型。
- 用来生成 HTML/4.01 标记的标准 `RenderKit`。

以下是为支持 GUI 组件提供的功能：

- 输入校验。
- 事件处理。
- 模型对象和组件之间的数据转换。
- 创建可管理的模型对象。
- 页面导航配置。
- 表达式语言（EL）。

所有这些功能都使用标准的 Java API 以及基于 XML 的配置文件。

在 Java EE 6 平台中，JavaServer Faces 包含以下新功能：

- 使用注解来代替配置文件，用于指定的 managed beans 和其他组件。
- Facelets，一种使用 XHTML 文件来代替 JavaServer Pages（JSP）技术的展现技术。
- 支持 Ajax。
- 复合组件。
- 隐式导航。

Java EE 6 平台需要 JavaServer Faces 2.0 和 Expression Language 2.2。

JavaServer Pages 技术

JavaServer Pages（JSP）技术允许你将一段 servlet 代码直接放进一个基于文本的文档中。JSP 页面是一个基于文本的文档，包含以下两种类型的文本：

- 静态数据，可以用任何基于文本的格式来表示，例如 HTML 或者 XML。
- JSP 元素，决定了页面如何组织动态内容。

关于 JSP 技术的信息，请参考 http://docs.oracle.com/javaee/5/tutorial/doc/ 的 Java EE 5 教程。

Java EE 6 平台需要 JavaServer Pages 2.2 来兼容之前的版本，但是推荐在新的应用程序中使用 Facelets 作为展现技术。

JavaServer Pages 标准标签库

JavaServer Pages 标准标签库（JavaServer Pages Standard Tag Library，缩写为 JSTL）封装了对许多 JSP 应用程序来说常用的核心功能。你可以使用一个独立、标准的标签集合，而不是在 JSP 应用程序中掺杂大量各种第三方提供的标签。这种标准化使你可以将 JSP 应用程序部署在任何支持 JSTL 的 JSP 容器中，也更容易对标签的实现进行优化。

JSTL 包括用来处理流程控制的迭代器和条件标签、操作 XML 文档的标签、国际化标签、使用 SQL 访问数据库的标签，以及一些提供其他常用功能的标签。

Java EE 6 平台需要 JSTL 1.2。

Java 持久化 API

Java 持久化 API（Java Persistence API，缩写为 JPA）是一个基于 Java 标准的持久化解决方案。持久化通过对象/关系映射的方式，弥补了面向对象模型和关系型数据库之间的差异。Java 持久化 API 还可以脱离 Java EE 环境之外，用于 Java SE 应用程序。Java 持久化包含以下几个方面：

- Java 持久化 API。
- 查询语言。
- 对象/关系映射元数据。

Java EE 6 平台需要 Java 持久化 API 2.0。

Java 事务 API

Java 事务 API（Java Transaction API，缩写为 JTA）为确定事务范围提供了一个标准的接口。Java EE 架构提供了一个默认的自动提交，来处理事务提交和回滚。自动提交意味着任何其他正在查看数据的应用程序，都会看到每次数据库读或写操作更新后的数据。但是，如果你的应用程序分别进行两次相互依赖的数据库访问操作，你将会希望使用 JTA API 来确定整个事务的范围，包括两次操作、开始、回滚以及提交。

Java EE 6 平台需要 Java 事务 API 1.1。

支持 RESTful Web Service 的 Java API

支持 RESTful Web Service 的 Java API（Java API for RESTful Web Services，缩写为 JAX-RS）

为开发"表述性状态转移（Representational State Transfer，缩写为 REST）"风格的 web service 定义了一系列 API。JAX-RS 应用程序是一个 web 应用程序，由多个作为 servlet 的 Java 类组成，它们会与所需库一起被打包为一个 WAR 文件。

JAX-RS API 是新加入到 Java EE 6 平台中的。Java EE 6 平台需要 JAX-RS 1.1。

Managed Beans

Managed Beans 是指具有最小需求、由容器管理的轻量级对象（POJOs），用来支持基础服务的一小部分，例如资源注入、生命周期回调以及拦截器。虽然 Managed Beans 指的是 JavaServer Faces 技术中的 managed beans，但是它们可以用于 Java EE 应用程序的任何地方，而不仅仅是 web 模块中。

Managed Beans 规范是 Java EE 6 平台规范的一部分（JSR 316）。

Managed Beans 是新加入到 Java EE 6 平台中的。Java EE 6 平台需要 Managed Beans 1.0。

Java EE 平台上下文和依赖注入（JSR 299）

Java EE 平台上下文和依赖注入（Contexts and Dependency Injection，缩写为 CDI）定义了一系列由 Java EE 容器提供的上下文服务，使开发人员能够在 web 应用程序中方便地使用 enterprise beans 和 JavaServer Faces 技术。由于 CDI 是按照与有状态的对象一起使用来设计的，所以 CDI 有着更广泛的使用范围以及更好的灵活性，使得开发人员能够以松耦合但是类型安全的方式整合不同类型的组件。

CDI 是新加入到 Java EE 6 平台中的。Java EE 6 平台需要 CDI 1.0。

Java 依赖注入（JSR 330）

Java 依赖注入为可注入的类定义了一系列标准的注解（以及一个接口）。

在 Java EE 平台中，CDI 提供了对依赖注入的支持。特别指出的是，你可以在一个支持 CDI 的应用程序中，只使用 DI 注入点。

Java 依赖注入是新加入到 Java EE 6 平台中的。Java EE 6 平台需要 Java Dependency Injection 1.0。

Bean Validation

Bean Validation 规范定义了一个元数据模型以及校验 JavaBean 组件中数据的 API。使用 Bean Validation 之后，你可以在一个地方定义校验约束并在不同层中进行共享，而不用在多个层（例如浏览器和服务器端）中到处定义数据的校验约束。

Bean Validation 是新加入到 Java EE 平台中的。Java EE 6 平台需要 Bean Validation 1.0。

Java 消息服务 API

Java 消息服务（Java Message Service，缩写为 JMS）API 是一个消息标准，允许 Java EE 应用程序组件创建、发送、接收以及读取消息。它可以用来构建松耦合的、可靠的以及异步的分布式通信。

Java EE 6 平台需要 JMS 1.1。

Java EE 连接器架构

Java EE 连接器架构（Java EE Connector architecture）被工具提供方和系统集成方用来创建各种资源适配器，以访问可插拔式、可安装在任何 Java EE 产品中的企业信息系统。资源适配器是一个允许 Java EE 应用程序组件访问底层 EIS 资源管理器并与其进行交互的软件组件。由于一个资源适配器只能用于其所属的资源管理器，所以通常针对于每种类型的数据库或者企业信息系统，都会存在相应的资源适配器。

Java EE 连接器架构同时也为基于 Java EE 的 web service 和已有的 EIS，提供了一种面向性能、安全、可扩展性以及基于消息的事务性的集成方式，这种方式可以是同步或者异步的。已有的应用程序和 EIS，通过 Java EE 连接器架构集成到 Java EE 平台后，可以被暴露为 Java EE 组件模型以及基于 XML 的 web service（通过 JAX-WS）。因此对于企业应用程序集成（EAI）和端到端业务集成来说，JAX-WS 和 Java EE 连接器架构都是补充的技术。

Java EE 6 平台需要 Java EE Connector architecture 1.6。

JavaMail API

Java EE 应用程序使用 JavaMail API 来发送邮件通知。JavaMail API 包含以下两部分：

- 一个为应用程序组件提供的应用级接口，用来发送邮件。
- 一个服务提供方接口。

Java EE 平台包含了 JavaMail API 和一个允许应用程序组件发送互联网邮件的服务提供方。

Java EE 6 平台需要 JavaMail 1.4。

Java Authorization Contract for Containers

Java Authorization Contract for Containers（缩写为 JACC）规范定义了 Java EE 应用程序服务器和授权策略提供方之间的合约。所有 Java EE 容器都支持这个合约。

JACC 规范定义了用于 Java EE 授权模型的 `java.security.Permission` 等类。该规范

还定义了容器访问决策之间的绑定，以便操作这些权限类的实例。此外，当使用新的权限类来描述 Java EE 平台的授权需求时，该规范还定义了策略提供方应当使用的语义，包括如何定义和使用角色。

Java EE 6 平台需要 JACC 1.4。

Java Authentication Service Provider Interface for Containers

Java Authentication Service Provider Interface for Containers（缩写为 JASPIC）规范定义了一个服务提供方接口（SPI）。通过该接口实现消息授权机制的授权提供方，可以被集成在客户端或服务器端的消息处理容器或运行时中。与该接口集成的授权提供方，可以通过其容器来操作向它们提供的网络消息。然后授权提供方对发出的消息进行修改，使得接收容器可以对每个消息的来源进行授权认证，并且消息的发送方也能够对接收方进行授权认证。授权提供方对每个接收的消息进行认证，并且将建立的身份标识作为消息认证的结果，返回给它们的调用容器。

JASPIC 是新加入到 Java EE 6 平台中的。Java EE 6 平台需要 JASPIC 1.0。

在 Java 平台标准版 6 和 7 中的 Java EE 6 API

Java EE 6 平台所需的一些 API 被包含在 Java 平台标准版 6 和 7（Java SE 6 和 7）中，因此它们也可用于 Java EE 应用程序。

Java 数据库连接 API

Java 数据库连接（JDBC）API 允许你从 Java 编程语言方法中调用 SQL 命令。当你通过一个 session bean 访问数据库时，可以在一个 enterprise bean 中使用 JDBC API。你也可以不通过 enterprise bean，直接从一个 servlet 或者 JSP 页面中使用 JDBC API 来访问数据库。

JDBC API 包含两个部分：

- 一个应用程序级的接口，用于应用程序组件访问数据库。
- 一个服务提供方接口，用来将一个 JDBC 驱动关联到 Java EE 平台上。

Java SE 6 平台需要 JDBC 4.0。

Java 命名和目录接口 API

Java 命名和目录接口（Java Naming and Directory Interface，缩写为 JNDI）API 提供了命名和目录功能，使得应用程序可以访问多种命名和目录服务，例如 LDAP、DNS 和 NIS。JNDI API 为应用程序提供了执行标准目录操作的方法，例如为对象关联多个属性，以及使用属性来查找对象。通过使用 JNDI，Java EE 应用程序可以存储并获取任何类型的已命名 Java 对象，从而使得 Java EE 应用程序可以和多个遗留应用程序和系统一同工作。

Java EE 命名服务为应用程序客户端、enterprise beans 以及 web 组件提供了访问 JDNI 命名环境的功能。通过使用命名环境，我们不需要访问或者修改组件的源代码，就可以对组件进行定制化。容器会实现该组件的环境，并将该环境作为一个 JNDI 命名上下文提供给其他组件。

Java EE 组件可以使用 JNDI 接口来定位它的环境命名上下文。组件可以创建一个 `javax.naming.InitialContext` 对象，并在 `java:comp/env` 名下查询 `InitialContext` 中的环境命名上下文。一个组件的命名环境会被直接存储在环境命名上下文或者其任何直接或间接的子上下文中。

一个 Java EE 组件可以访问由系统提供以及由用户定义的命名对象。系统所提供对象的名称，例如 JTA `UserTransaction` 对象，会存储在环境命名上下文 `java:comp/env` 中。Java EE 平台允许组件为用户定义的对象进行命名，例如 enterprise bean、环境项、JDBC `DataSource` 对象以及消息连接。一个对象应该根据对象的类型，在命名环境的某个子上下文中进行命名。例如，enterprise beans 应当在 `java:comp/env/ejb` 子上下文中命名，而 JDBC `DataSource` 引用应当在 `java:comp/env/jdbc` 子上下文中命名。

JavaBeans Activation Framework

JavaBeans Activation Framework（JAF）用于 JavaMail API。JAF 提供了一些标准的服务，用来确定一段任意数据的类型、封装对它的访问、发现能对其进行的操作，以及创建合适的 JavaBeans 组件来执行这些操作。

Java XML 处理 API

Java XML 处理 API（Java API for XML Processing，缩写为 JAXP）是 Java SE 平台的一部分，通过使用文档对象模型（Document Object Model，缩写为 DOM）、简单的 XML API（Simple API for XML，缩写为 SAX）以及可扩展样式表语言转换（Extensible Stylesheet Language Transformations，缩写为 XSLT）来处理 XML 文档。JAXP 允许应用程序解析和转换 XML 文档时，不必依赖于特定的 XML 处理实现。

JAXP 还支持命名空间，这样你就可以使用 schema 来避免命名冲突。由于 JAXP 设计得相当灵活，因此它不仅支持万维网联盟（Worldwide Web Consortium，缩写为 W3C）schema，而且你可以在应用程序中使用任何遵循 XML 标准的解析器或者 XSL 处理程序。你可以在 `http://www.w3.org/XML/Schema` 处找到关于 W3C schema 的信息。

Java XML 绑定架构

Java XML 绑定架构（Java Architecture for XML Binding，缩写为 JAXB）提供了一个方便的

途径，将一个 XML schema 以 Java 编程语言的形式展现出来。JAXB 可以独立使用或者与 JAX-WS 结合使用，后者为 web service 消息提供了一个标准的数据绑定。所有 Java EE 应用程序客户端容器、web 容器以及 EJB 容器都支持 JAXB API。

Java EE 6 平台需要 JAXB 2.2。

SOAP with Attachments API for Java

SOAP with Attachments API for Java（SAAJ）是一个 JAX-WS 依赖的底层 API。SAAJ 允许产生和接收遵循 SOAP 1.1 和 1.2 规范以及 SOAP with Attachments 记录的消息。大多数开发人员都不会直接使用 SAAJ API，而是使用更高层的 JAX-WS API 作为替代。

Java API for XML Web Services

Java API for XML Web Services（缩写为 JAX-WS）规范对 web service 提供了支持，允许使用 JAXB API 将 XML 数据绑定为 Java 对象。JAX-WS 规范定义了访问 web service 的客户端 API，以及实现 web service endpoint 的技术。"实现企业级 Web Services"规范描述了如何部署基于 JAX-WS 的服务器端和客户端。EJB 和 Java Servlet 规范也描述了该部署过程的几个方面。基于 JAX-WS 的应用程序可以使用这些部署模型中的任意一个进行部署。

JAX-WS 规范描述了如何支持处理消息请求和响应的消息处理程序。一般来说，这些消息处理程序会在同一个容器中执行，并且与相关的 JAX-WS 客户端或终端组件拥有相同的权限和执行上下文。这些消息处理程序与其相关组件可以访问同一个 JNDI `java:comp/env` 命名空间。如果支持自定义序列化器和反序列化器，那也会按照消息处理程序的方式来对待它们。

Java EE 6 平台需要 JAX-WS 2.2。

Java 认证和授权服务

Java 认证和授权服务（Java Authentication and Authorization Service，缩写为 JAAS）支持对运行在 Java EE 应用程序上的某个指定用户或用户组，进行认证和授权。

JAAS 是标准的可插拔式认证模块（Pluggable Authentication Module，缩写为 PAM）框架的 Java 版本，为了支持基于用户的授权，它对 Java 平台安全架构进行了扩展。

GlassFish Server 工具

GlassFish Server 是一个遵循 Java EE 6 平台标准的实现。除了支持之前章节介绍的所有 API，GlassFish Server 还包括大量 Java EE 6 平台以外的 Java EE 工具，为开发人员提供了方便。

本节会简要总结 GlassFish Server 中包含的工具。关于如何启动和停止 GlassFish Server、启动管理控制台，以及如何启动或停止 Java DB 服务器的内容，请参考第 2 章。

GlassFish Server 包括了表 1-1 中列举的各个工具。本书会介绍其中大部分工具的基本使用方法。至于更详细的信息，请参考 GUI 工具的在线帮助。

表 1-1　GlassFish Server 工具

工具	描述
管理控制台	一个基于 web 的 GUI GlassFish Server 管理工具。用来停止 GlassFish Server 并管理用户、资源以及应用程序
asadmin	一个命令行 GlassFish Server 管理工具。用来启动和停止 GlassFish Server，管理用户、资源以及应用程序
appclient	一个命令行工具，用来启用应用程序客户端容器，并调用打包在应用程序客户端 JAR 文件中的客户端应用程序
capture-schema	一个命令行工具，用来提取数据库中的 schema 信息并生成一个 schema 文件，供 GlassFish Server 用于由容器管理的持久化
package-appclient	一个命令行工具，用来打包应用程序客户端容器所需的库文件和 JAR 文件
Java DB 数据库	Java DB 服务器的一个副本
xjc	一个命令行工具，用来对源 XML schema 进行转换，并将其绑定到一组用 Java 语言实现的 JAXB 类
schemagen	一个命令行工具，为 Java 类中每个引用的命名空间创建一个 schema 文件
wsimport	一个命令行工具，根据 WSDL 文件生成 JAX-WS 可移植工件（artifact）。生成之后，这些工件可以与 WSDL、schema 文档以及 endpoint 实现一起被打包到一个 WAR 文件中，然后进行部署
wsgen	一个命令行工具，用来读取 web service endpoint，并为 web service 部署和调用生成全部所需的可移植工件

第 2 章

使用本教程的示例程序

本章会让你了解如何安装、构建以及运行示例程序。以下是本章中的主题：

- 所需软件
- 启动及停止 GlassFish Server
- 启动管理控制台
- 启动和停止 Java DB 服务
- 构建示例程序
- 本教程示例程序的目录结构
- 获取示例程序的最新更新
- 调试 Java EE 应用程序

所需软件

需要以下软件来运行示例程序：

- Java 平台标准版本
- Java EE 6 软件开发工具集
- Java EE 6 教程组件
- NetBeans IDE
- Apache Ant

Java 平台标准版本

为了构建、部署并运行示例程序，你需要安装 Java 平台标准版本 6.0 开发工具集（JDK 6）

或者 Java 平台标准版本 7.0 开发工具集（JDK 7）。你可以从 `http://www.oracle.com/technetwork/java/javase/downloads/index.html` 下载 JDK 6 或者 JDK 7。

下载当前的 JDK 更新并不包含任何其他软件，例如 NetBeans IDE 或者 Java EE SDK。

Java EE 6 软件开发工具集

本教程示例程序使用 GlassFish Server 开源版 3.1.2 作为构建和运行环境。要构建、部署并运行示例程序，你需要安装 GlassFish Server 以及 NetBeans IDE（可选）。要获取 GlassFish Server，你必须安装 Java EE 6 软件开发工具集（SDK）。你可以从 `http://www.oracle.com/technetwork/java/javaee/downloads/index.html` 下载 Java EE 6 软件工具集。请确认你下载的是 Java EE 6 SDK 而不是 Java EE 6 Web Profile SDK。

SDK 安装提示

在安装 SDK 的过程中，请按以下提示操作：

- 允许安装人员下载并配置 Update Tool。如果你通过防火墙来访问互联网，请提供代理主机和端口。
- 配置 GlassFish Server 的管理员用户名并且不需指定密码。这是默认的设置。
- 允许默认的管理端口（4848）和 HTTP 端口（8080）。
- 不要勾选"为域创建一个操作系统服务"复选框。

你可以保留勾选"创建后启动域"复选框，但是这不是必需的。

本教程将使用 *as-install-parent* 变量指向安装 GlassFish Server 的目录。例如，Microsoft Windows 上的默认安装目录是 `C:\glassfish3`，因此 *as-install-parent* 就是 `C:\glassfish3`。而 GlassFish Server 自己会被安装到 *as-install* 变量所指的目录下，也就是 *as-install-parent* 目录的子目录。因此，在 Microsoft Windows 系统上，*as-install* 为 `C:\glassfish3\glassfish`。

当你安装完 GlassFish Server 后，请将以下目录添加到 `PATH` 环境变量中，这样以后使用命令时就不需要再指定全路径了。

as-install-parent/`bin`

as-install/`bin`

Java EE 6 教程组件

本教程的示例程序源文件包含在教程组件中。要获得教程的组件，请使用 Update Tool。

所需软件

▼ 使用 Update Tool 获取教程组件

1. 请选择以下任意一种方式启动 Update Tool。

    - 在命令行中输入命令 `updatetool`。
    - 在 Windows 系统中，从"开始"菜单中选择"所有程序"，然后选择 Java EE 6 SDK，再选择 Start Update Tool 项。

2. 展开 Java EE 6 SDK 节点。

3. 选择 Available Updates（可用的更新）节点。

4. 从列表中选择 Java EE 6 Tutorial 复选框。

5. 单击 Install 按钮。

6. 接受许可协议。

安装完成后，Java EE 6 教程会出现在已安装组件列表中。该工具会被安装到 *as-install*/docs/javaee-tutorial 目录下。该目录包含两个子目录：docs 和 examples。本教程中介绍的每项技术，都以子目录的形式存放在 exapmles 目录下。

接下来的步骤

Java EE 6 教程会周期性地发布更新。如果要获取这些更新的详细内容，请参考本章后面的"获取示例程序的最新更新"一节中的内容。

NetBeans IDE

NetBeans 集成开发环境（IDE）是一个免费、开源的 IDE，用来开发 Java 应用程序（包括企业应用程序）。NetBeans IDE 支持 Java EE 平台。你可以在 NetBeans IDE 中构建、打包、部署并运行本教程的示例程序。

要运行本教程的示例程序，你需要下载 NetBeans IDE 的最新版本。你可以从 http://www.netbeans.org/downloads/index.html 下载 NetBeans IDE 。确认你下载的是含有 Java EE bundle 的版本。

▼ 安装不包含 GlassFish Server 的 NetBeans IDE

当你安装 NetBeans IDE 时，不要安装 NetBeans IDE 自带的 GlassFish Server 版本。要跳过 GlassFish Server 的安装，请按照以下步骤进行操作：

1. 在 NetBeans IDE 安装向导的第一页，取消勾选 GlassFish Server 复选框并单击 OK 按钮。

2. 接受许可协议和 Junit 许可协议。

教程中的一些示例程序会使用 Junit 库，因此你需要安装它。

3．继续安装 NetBeans IDE。

▼ 在 NetBeans IDE 中将 GlassFish Server 添加为服务器

要在 NetBeans IDE 中运行教程的示例程序，你必须按照以下步骤，在 NetBeans IDE 中添加 GlassFish Server 作为服务器：

1. 从 Tools 菜单中选择 Servers 项。
   打开 Servers 向导。

2. 单击 Add Server。

3. 在 Choose Server 下，选择 GlassFish Server 3+并单击 Next 按钮。

4. 在 Server Location 下，选择 Java EE 6 SDK 的位置并单击 Next 按钮。

5. 在 Domain Location 下，选择 Register Local Domain 项。

6. 单击 Finish 按钮。

Apache Ant

Ant 是一个由 Apache Software Foundation (http://ant.apache.org) 开发的、基于 Java 技术的构建工具，可以用来构建、打包以及部署本教程的示例程序。要运行本教程的示例程序，你需要 Ant 1.7.1 或更高版本。如果之前没有安装过 Ant，可以使用 GlassFish Server 的 Update Tool 来安装它。

▼ 获取 Apache Ant

1. 启动 Update Tool。

   - 在命令行中输入命令 `updatetool`。
   - 在 Windows 系统中，选择"开始"菜单，从中选择"所有程序"，然后选择 Java EE 6 SDK，再选择 Start Update Tool 项。

2. 展开 Java EE 6 SDK 节点。

3. 选择 Available Add-ons 节点。

4. 从列表中勾选 Apache Ant Build Tool 复选框。

5. 单击 Install 按钮。

6. 接受许可协议。

启动及停止 GlassFish Server

安装后，Apache Ant 会出现在已安装组件的列表中。该工具会被安装在 *as-install-parent*/ant 目录下。

接下来的步骤

要使用 `ant` 命令，需要将 *as-install-parent*/ant/bin 添加到 `PATH` 环境变量中。

启动及停止 GlassFish Server

要从命令行启动 GlassFish Server，打开一个终端窗口或者命令提示窗口，执行以下命令：

`asadmin start-domain --verbose`

"域（Domain）"是由管理服务器管理的一个或多个 GlassFish Server 实例的集合。与域相关的设置包括：

- GlassFish Server 的端口号，默认是 8080。
- 管理服务器的端口号，默认是 4848。
- 管理员用户名和密码。默认的用户名是 `admin`，默认不需要密码。

在安装 GlassFish Server 时你需要指定这些值。本教程中的示例程序假设你选择使用默认的端口号、默认的用户名并且不使用密码。

由于没有任何参数，`start-domain` 命令会初始化默认的域，即 `domain1`。`--verbose` 标志会将所有的日志和调试输出显示到终端窗口或命令提示窗口上。这些输出同时还会被打印到服务器日志 *domain-dir*/log/server.log 中。

或者在 Windows 中，从"开始"菜单中选择"所有程序"，然后选择 Java EE 6 SDK，再选择 Start Application Server 项。

要停止 GlassFish Server，打开一个终端窗口或者命令提示窗口并执行：

`asadmin stop-domain domain1`

或者在 Windows 中，从"开始"菜单中选择"所有程序"，选择 Java EE 6 SDK，然后选择 Stop Application Server 项。

▼ 使用 NetBeans IDE 启动 GlassFish Server

1. 单击 Services 选项卡。
2. 展开 Servers 节点。
3. 右键单击 GlassFish Server 实例并选择 Start 项。

接下来的步骤

要使用 NetBeans IDE 停止 GlassFish Server，右键单击 GlassFish Server 实例并选择 Stop 项。

启动管理控制台

要管理 GlassFish Server 以及用户、资源和 Java EE 应用程序，请使用"管理控制台"工具。在启用管理控制台之前，必须先运行 GlassFish Server。要使用管理控制台，请打开浏览器并访问 http://localhost:4848/。

或者在 Windows 中，从"开始"菜单中选择"所有程序"，然后选择 Java EE 6 SDK 项，再选择 Administration Console 项。

▼ 使用 NetBeans IDE 启动管理控制台

1. 单击 Services 选项卡。

2. 展开 Servers 节点。

3. 右键单击 GlassFish Server 实例并选择 View Domain Admin Console 项。

注意：NetBeans IDE 会使用系统默认的 web 浏览器来打开管理控制台。

启动和停止 Java DB 服务

GlassFish Server 中包含了 Java DB 数据库服务器。

要从命令行启动 Java DB 服务器，打开一个终端窗口或者命令提示窗口，执行如下命令：

`asadmin start-database`

要从命令行停止 Java DB 服务器，打开一个终端窗口或者命令提示窗口，执行如下命令：

`asadmin stop-database`

关于 GlassFish Server 中 Java DB 的信息，请参考 http://www.oracle.com/technetwork/java/javadb/overview/index.html。

▼ 使用 NetBeans IDE 启动数据库服务器

当使用 NetBeans IDE 启动 GlassFish Server 时，会自动启动数据库服务器。如果需要手动启动数据库服务器，请执行以下步骤。

1. 单击 Services 选项卡。

2．展开 Databases 节点。

3．右键单击 Java DB 并选择 Start Server 项。

接下来的步骤

要使用 NetBeans IDE 停止数据库，右键单击 Java DB 并选择 Stop Server 项。

构建示例程序

本教程示例程序中包含了一个可在 NetBeans IDE 或者 Ant 中使用的配置文件。你可以使用 NetBeans IDE 或者 Ant 来构建、打包、部署并运行示例程序。在每一章中，都会包括构建相关示例程序的步骤。

本教程示例程序的目录结构

为了简化开发的迭代过程，并将应用程序源代码与编译文件分开，本教程的示例程序使用了 Java BluePrints 应用程序的目录结构。

每个应用程序模块都拥有以下目录结构：

- `build.xml`：Ant 构建文件。
- `src/java`：该模块的 Java 源文件。
- `src/conf`：该模块的配置文件，但不含 web 应用程序。
- `web`：web 页面、样式表、标签文件以及图片（只用于 web 应用程序）。
- `web/WEB-INF`：应用程序的配置文件（只用于 web 应用程序）。
- `nbproject`：NetBeans 项目文件。

当一个示例程序的多个应用程序模块被打包到一个 EAR 文件时，它的子模块目录会使用以下的命名约定：

- *example-name*-`app-client`：应用程序客户端。
- *example-name*-`ejb`：enterprise bean JAR 文件。
- *example-name*-`war`：web 应用程序。

与示例程序一起分发的 Ant 构建文件（`build.xml`）中包含了几个 target，分别用来创建一个 `build` 子目录并将编译文件复制到该目录下；创建一个 `dist` 子目录来保存已打包的模块文件；创建一个 `client-jar` 目录来保存生成的应用程序客户端 JAR。

目录 *tut-install*/examples/bp-project/ 下包含了 `build.xml` 文件中 target 需要调用的其他 Ant target。

对于一些 web 示例程序，如果有可用的浏览器，某些 Ant target 会在浏览器中打开示例程序的 URL。在 Windows 操作系统中这是自动的。如果你的环境运行是在 UNIX 系统上，可能需要修改 *tut-install*/examples/bp-project/build.properties 文件中的一行代码。删除 default.browser 一行的注释符，并且指定调用浏览器的命令路径。如果你不做任何修改，可以自行手动打开浏览器并输入 URL。

获取示例程序的最新更新

你可以使用 Java EE 6 SDK 中包含的 Update Center，来检查示例程序是否有任何更新。

▼ 使用 Update Center 来更新示例程序

1. 在 NetBeans IDE 中打开 Services 选项卡并展开 Servers 节点。

2. 右键单击 GlassFish Server 实例，选择 View Update Center 项，显示 Update Tool。

3. 选择树中的 Available Updates，显示可更新的包列表。

4. 查找 Java EE 6 教程（javaee-tutorial）包的更新。

5. 如果教程有更新版本，选择 Java EE 6 教程（javaee-tutorial）并单击 Install 按钮。

调试 Java EE 应用程序

本节会介绍如何确定导致应用程序部署或执行失败的原因。

使用服务器日志

调试应用程序的其中一种方式，就是查看位于 *domain-dir*/logs/server.log 中的服务器日志。该日志包含了 GlassFish Server 以及应用程序的输出。你可以在应用程序的任意 Java 类中使用 System.out.println 和 Java Logging API（相关文档请参考 http://docs.oracle.com/javase/6/docs/technotes/guides/logging/index.html）来记录日志消息，也可以在 web 组件中通过 ServletContext.log 方法来记录日志消息。

如果你使用 NetBeans IDE，日志输出不但会记录在服务器日志中，还会同时显示在 Output 窗口中。

如果你使用--verbose 标记来启动 GlassFish Server，所有日志和调试输出都会显示在终端窗口或命令提示窗口中，并同时被记录在服务器日志中。如果你在后台启动 GlassFish Server，调试信息只会被记录在日志文件中。你可以使用文本编辑器或者管理控制台中的日志查看器来查看服务器日志。

▼ **使用管理控制台的日志查看器**

1. 选择 GlassFish Server 节点。

2. 单击 View Log Files 按钮。
   日志查看器会打开并显示最后 40 条记录。

3. 要显示其他记录，请执行以下步骤操作：

   a. 单击 Modify Search 按钮。
   b. 指定你想要查看的记录的约束条件。
   c. 单击日志查看器顶部的 Search 按钮。

使用调试器

GlassFish Server 支持 Java 平台调试器架构（Java Platform Debugger Architecture，缩写为 JPDA）。通过 JPDA，可以对 GlassFish Server 进行配置，使其能够通过 socket 来传递调试信息。

▼ **使用调试器调试应用程序**

1. 使用管理控制台启用 GlassFish Server 的调试功能：

   a. 展开 Configurations 节点，然后展开 server-config 节点。
   b. 选择 JVM Settings 节点。默认的调试选项是：
   ```
   -Xdebug -Xrunjdwp:transport=dt_socket,server=y,suspend=n,address=9009
   ```
   如你所见，默认调试器的 socket 端口是 9009。你可以将它改为任意没有被 GlassFish Server 或者其他服务使用的端口。

   c. 勾选 Debug Enabled 复选框。
   d. 单击 Save 按钮。

2. 停止 GlassFish Server 并重新启动。

第 II 部分

Web 层

第 II 部分介绍 web 层中的高级主题，包括以下章节：

- 第 3 章 JavaServer Faces 技术：高级概念
- 第 4 章 在 JavaServer Faces 技术中使用 Ajax
- 第 5 章 复合组件：高级主题及示例程序
- 第 6 章 创建自定义 UI 组件以及其他自定义对象
- 第 7 章 配置 JavaServer Faces 应用程序
- 第 8 章 使用 Java Servlet 技术上传文件
- 第 9 章 国际化和本地化 Web 应用程序

第 3 章

JavaServer Faces 技术：高级概念

The Java EE 6 Tutorial：Basic Concepts 一书中介绍了 JavaServer Faces 技术和 Facelets，作为 Java EE 平台推荐使用的展现层。本章以及稍后的章节会介绍这方面的一些高级概念。

- 本章详细讲述了 JavaServer Faces 的生命周期。一些复杂的 JavaServer Faces 应用程序，会使用定义良好的生命周期阶段来定制应用程序的行为。
- 第 4 章介绍了 Ajax 概念，以及如何在 JavaServer Faces 应用程序中使用 Ajax。
- 第 5 章介绍了复合组件的高级概念。
- 第 6 章介绍了如何从头开始创建新的组件、渲染器、转换器、监听器以及校验器。
- 第 7 章介绍了创建和部署 JavaServer Faces 应用程序的过程、不同配置文件的使用方式，以及部署的结构。

以下是本章的各个主题：

- JavaServer Faces 应用程序的生命周期
- 局部处理和局部渲染
- Facelets 应用程序的生命周期
- 用户界面组件模型

JavaServer Faces 应用程序的生命周期

一个应用程序的生命周期，指的是应用程序从初始化到结束期间各个不同的处理阶段。所有的应用程序都有生命周期。

在一个 web 应用程序的生命周期中，以下是一些常见的操作：

- 处理接收的请求。
- 对参数进行解码。
- 修改并保存状态。
- 将 web 页面渲染到浏览器。

对于简单的应用程序来说，JavaServer Faces web 应用程序框架可以自动管理生命周期的各个阶段，同时对于更复杂的应用程序，它也允许你手动来管理生命周期。

使用一些具有高级特性的 JavaServer Faces 应用程序，可能需要在某个阶段与生命周期进行交互。例如，Ajax 应用程序会使用生命周期的局部处理特性。清晰理解生命周期的各个阶段，是创建设计良好的组件的关键。

在 *The Java EE 6 Tutorial：Basic Concepts* 中的 The Lifecycle of the hello Application 一节中，我们简单介绍了一个 JavaServer Faces web 应用程序的两个主要阶段。本节会更详细地介绍 JavaServer Faces 的生命周期。

JavaServer Faces 生命周期概述

JavaServer Faces 应用程序的生命周期，起始于客户端对某个页面发起 HTTP 请求，终止于服务器响应被转换为 HTML 的页面。

生命周期可以分为两个主要阶段：执行和渲染。执行阶段又可以划分为几个子阶段，来支持复杂的组件树。这个结构需要对组件数据进行转换和校验，处理组件事件，并且将组件数据有序地传递给各个 bean。

一个 JavaServer Faces 页面被称为一个视图，表现为一棵组件树。在生命周期过程中，JavaServer Faces 实现必须在构建视图的同时，考虑上一次提交页面时所保存的状态。当客户端请求一个页面时，JavaServer Faces 实现会执行多个任务，例如校验视图中组件的数据输入，以及将输入数据转换为服务器端指定的类型。

在 JavaServer Faces 请求-响应生命周期中，JavaServer Faces 实现会执行如图 3-1 所示的一系列操作。

请求-响应生命周期处理两类请求：起始请求和回传请求。一个起始请求发生在用户第一次发起对某个页面的请求时。当浏览器加载起始请求的结果页面后，如果用户提交该页面中所包含的表单，则会产生一个回传请求。

当生命周期处理一个起始请求时，由于不需要处理用户输入和操作，所以它只会执行恢复视图和渲染响应这两个阶段。相反，当生命周期处理一个回传请求时，它会执行所有的阶段。

通常，JavaServer Faces 页面的第一个请求来自于某个客户端，例如单击一个链接或者

JavaServer Faces 页面上的某个按钮。要渲染另一个 JavaServer Faces 页面作为响应，应用程序需要创建一个新的视图，并将其存储在 `javax.faces.context.FacesContext` 实例中，该实例中包含了处理请求以及创建响应的所有相关信息。随后，应用程序需要获取视图所需的对象引用，跳过生命周期中的渲染响应阶段，调用 `FacesContext.renderResponse` 方法强制立即渲染视图，如图中标记为"渲染响应"的箭头所示。

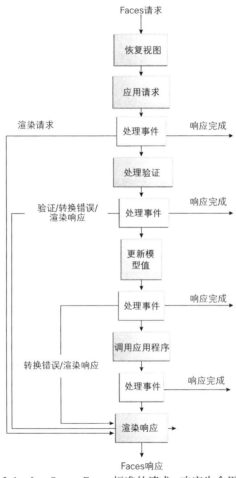

图 3-1 JavaServer Faces 标准的请求-响应生命周期

有些时候，应用程序可能需要重定向到一个不同的 web 应用程序资源，例如 web service，或者生成一个不包含 JavaServer Faces 组件的响应。在这些情况下，开发人员必须调用 `FacesContext.responseComplete` 方法来跳过渲染响应阶段。如图中标记为"响应完成"的箭头所示。

最常见的情形是，JavaServer Faces 组件提交了一个到另一个 JavaServer Faces 页面的请求。在这种情况下，JavaServer Faces 实现会处理该请求并自动遍历生命周期中的各个阶段，执行所需的转换、校验、模型更新并生成响应。

本节中描述的生命周期存在一种例外情形。当一个组件的 `immediate` 属性被设置为 `true` 时，该组件相关的校验、转换以及事件都会在"应用请求值"阶段进行处理，而不是在后面的阶段。

后续章节讲解的有关生命周期的详细内容，主要是针对于那些想要了解校验、转换、何时处理事件，以及如何改变事件的处理时间和方式的开发人员。关于各个生命周期阶段的更多信息，请从 `http://jcp.org/en/jsr/detail?id=314` 处下载最新的 JavaServer Faces 规范文档。

JavaServer Faces 应用程序生命周期的执行阶段包含以下几个子阶段：

- 恢复视图阶段
- 应用请求值阶段
- 处理校验阶段
- 更新模型值阶段
- 调用应用程序阶段
- 渲染响应阶段

恢复视图阶段

通常，当我们单击一个链接或者按钮组件，从而触发对一个 JavaServer Faces 页面的请求时，JavaServer Faces 实现会开始进入恢复视图阶段。

在这个阶段中，JavaServer Faces 实现会构建该页面的视图，将事件的处理程序、校验器与视图中的各组件进行绑定，然后将视图保存在 `FacesContext` 实例（其中含有处理请求所需的全部信息）中。所有应用程序的组件、事件处理程序、转换器以及校验器都可以访问 `FacesContext` 实例。

如果对页面的请求是一个起始请求，JavaServer Faces 实现会在这个阶段中创建一个空白的视图，然后生命周期会进入到"渲染请求"阶段，用页面中各个标签所引用的组件来填充该空白视图。

如果对页面的请求是一个回传请求，那么 `FacesContext` 实例中已经存在了该页面相应的视图。在这个阶段中，JavaServer Faces 实现会使用客户端或者服务器端已保存的状态信息，来重新恢复该视图。

应用请求值阶段

当组件树在回传请求过程中恢复之后，树中的每个组件都会通过其解码方法（`processDecodes()`），从请求参数中提取新的值，然后将该值保存在本地。

如果有任何解码方法或者事件监听器已经调用过了当前 `FacesContext` 实例的 `renderResponse` 方法，那么 JavaServer Faces 实现会跳过"渲染响应"阶段。

如果在这个阶段中有任何事件进入了队列，那么 JavaServer Faces 实现会将这些事件广播给感兴趣的监听器。

如果页面上某些组件的 `immediate` 属性（请参考 *The Java EE 6 Tutorial: Basic Concepts* 中的 The immediate Attribute）被设置为 `true`，那么与这些组件相关的校验器、转换器以及事件会在这个阶段进行处理。任何转换失败都会生成一个与该组件相关的错误消息，并加入到 `FacesContext` 的队列中。这个消息会同"处理校验"阶段产生的所有校验错误消息一起，在"渲染响应"阶段显示出来。

在这个时候，如果应用程序需要重定向到另一个不同的 web 应用程序资源，或者生成一个不含任何 JavaServer Faces 组件的响应，可以调用 `FacesContext.responseComplete` 方法。

在这个阶段的最后，会将各组件设置为新的值，并将消息和事件加入到队列中。

如果当前请求被标记为一个局部请求，那么会从 `FacesContext` 中获取局部上下文，并应用局部的处理方法。

处理校验阶段

在这个阶段中，JavaServer Faces 实现会调用组件树中各组件的校验方法（`processValidators`），处理在组件上注册的所有校验器。它会检查指定了校验规则的组件属性，并将这些规则与组件中存储的本地值进行比较。如果 `immediate` 属性没有设置为 `true`，JavaServer Faces 实现还会完成对输入组件的转换。

如果本地值无效，或者有任何转换失败，JavaServer Faces 实现都会在 `FacesContext` 实例中添加一个错误消息，直接进入生命周期的"渲染响应"阶段，最终再次渲染页面并显示错误消息。如果在"应用请求值"阶段也有转换错误，那么这些错误消息也会被显示出来。

如果有任何校验方法或事件监听器已经调用过当前 `FacesContext` 上的 `renderResponse` 方法，那么 JavaServer Faces 实现会跳过"渲染响应"阶段。

此时，如果应用程序需要重定向到另一个 web 应用程序资源，或者生成一个不包含任何 JavaServer Faces 组件的响应，它可以调用 `FacesContext.responseComplete` 方法。

如果在这个阶段有事件进入了队列，那么 JavaServer Faces 实现会将它们广播给感兴趣的监听器。

如果当前请求被标识为一个局部请求，那么会从 `FacesContext` 获取局部上下文，并应用局部的处理方法。

更新模型值阶段

当 JavaServer Faces 校验完数据后，它会遍历组件树，并将组件的本地值赋给相应的服务器端对象属性。JavaServer Faces 实现只会更新输入组件 value 属性所引用的 bean 属性。如果本地数据不能被转换为 bean 属性对应的类型，那么生命周期会直接进入到"渲染响应"阶段，重新渲染页面并显示错误消息。这与发生校验错误时的处理相似。

如果任何 `updateModels` 方法或监听器已经调用了当前 `FacesContext` 实例上的 `renderResponse` 方法，那么 JavaServer Faces 实现会跳过"渲染响应"阶段。

此时，如果应用程序需要重定向到另一个 web 应用程序资源，或者生成一个不包含任何 JavaServer Faces 组件的响应，它可以调用 `FacesContext.responseComplete` 方法。

如果在这个阶段有事件进入了队列，那么 JavaServer Faces 实现会将它们广播给感兴趣的监听器。

如果当前请求被标识为一个局部请求，那么会从 `FacesContext` 上获取局部上下文，并应用局部的处理方法。

调用应用程序阶段

在这个阶段中，JavaServer Faces 实现会处理所有应用程序级别的事件，例如提交一个表单或者链接到另一个页面。

此时，如果应用程序需要重定向到另一个 web 应用程序资源，或者生成一个不包含任何 JavaServer Faces 组件的响应，它可以调用 `FacesContext.responseComplete` 方法。

如果根据前一个请求的状态信息重新构造了处理中的视图，并且某个组件触发了一个事件，那么这些事件会被广播给感兴趣的监听器。

最后，JavaServer Faces 实现会将控制权转交给"渲染响应"阶段。

渲染响应阶段

在这个阶段中，JavaServer Faces 会构建视图，并将授权委托给合适的资源来显示视图。

如果这是一个起始请求，页面上的组件都会被添加到组件树中。如果这不是一个起始请求，那么组件已经都被加入到树中，因此不必再次添加。

如果这是一个回传请求，并且在"应用请求值"阶段、"处理校验"阶段或者"更新模型值"阶段遇到了错误，那么会在这个阶段重新渲染页面。如果页面中包含 `h:message` 或者 `h:messages` 标签，那么所有在队列中的错误信息都会显示在页面上。

当视图中的内容被渲染之后，响应的状态会被保存下来，供随后的请求使用。保存的状态可用于"恢复视图"阶段。

局部处理和局部渲染

JavaServer Faces 生命周期跨越了应用程序执行和渲染的所有过程。它还可以只处理和渲染应用程序的一部分，例如一个单独的组件。举例说明，JavaServer Faces Ajax 框架生成的请求可以指定在服务器端处理特定的组件，以及在客户端渲染特定的组件。

一旦这样的局部请求进入了 JavaServer Faces 的生命周期，就由 `javax.faces.context.PartialViewContext` 对象来标识和处理。JavaServer Faces 生命周期仍然能够察觉出这样的 Ajax 请求，并对组件树进行相应的修改。

标签 `f:ajax` 的 execute 和 render 属性用来标识哪些组件可以被执行并渲染。关于这些属性的更多信息，请参阅第 4 章。

Facelets 应用程序的生命周期

JavaServer Faces 规范定义了一个 JavaServer Faces 应用程序的生命周期。关于生命周期的更多信息，请参考本章前面"JavaServer Faces 应用程序的生命周期"一节。以下步骤描述了一个 Facelets 应用程序的生命周期过程。

1. 当客户端（例如浏览器）向一个 Facelets 页面发起一个新的请求时，会创建一棵新的组件树或者 `javax.faces.component.UIViewRoot` 对象，并将其保存在 `FacesContext` 中。

2. 在 Facelets 中应用 `UIViewRoot`，并生成带有渲染组件的视图。

3. 新生成的视图会作为响应返回给客户端进行渲染。

4. 渲染时，该视图的状态被保存下来，以便用于下一次请求。输入组件和表单数据的状态会被保存下来。

5. 客户端可能与视图进行交互，并请求 JavaServer Faces 应用程序的另一个视图或者改动。此时之前保存的视图会从保存状态中恢复。

6．恢复的视图会再一次经历 JavaServer Faces 生命周期，如果没有校验问题并且没有触发任何动作，那么最后会生成一个新的视图，或者重新渲染当前视图。

7．如果请求的是同一个视图，那么之前保存的视图会被重新渲染。

8．如果请求的是一个新视图，那么会继续步骤 2 中所描述的过程。

9．新的视图会作为响应返回给客户端渲染。

用户界面组件模型

除了对生命周期的描述外，我们还将概括介绍 JavaServer Faces 的架构，以便读者更好地理解这项技术。

JavaServer Faces 组件就像是搭建 JavaServer Faces 视图的砖瓦一样。一个组件可以是一个用户界面（UI）组件，或者是一个非 UI 组件。

JavaServer Faces UI 组件是可配置、可重用的元素，用来组成 JavaServer Faces 应用程序的用户界面。一个组件可以是单独的（例如一个按钮）或者是由多个组件组合而成的（例如表格）。

JavaServer Faces 技术提供了一个丰富的、灵活的组件架构，包括以下内容：

- 一组 `javax.faces.component.UIComponent` 类，用于指定 UI 组件的状态和行为。
- 一个渲染模型，定义了如何用多种方法来渲染组件。
- 一个转换模型，定义了如何在组件上注册数据转换器。
- 一个事件和监听器模型，定义了如何处理组件事件。
- 一个校验模型，定义了如何在组件上注册校验器。
- 一个导航模型，定义了页面导航以及页面加载的顺序。

本节会简单介绍以上这些组件架构的内容。

用户界面组件类

JavaServer Faces 技术不仅提供了一组 UI 组件类，还提供了执行所有 UI 组件功能的相关行为接口，例如保持组件状态、维持对象的引用，以及驱动事件处理和渲染标准组件等。

组件类都是完全可继承的，这样就允许开发人员创建自己的组件。更多信息请参考第 6 章。

所有这些组件的基类都是 `javax.faces.component.UIComponent`。JavaServer Faces UI 组件类继承了 `UIComponentBase` 类（一个 `UIComponent` 类的子类），后者定义了一个组件的默认状态和行为。JavaServer Faces 技术包括了以下这些组件类。

- `UIColumn`：表示 `UIData` 组件中的一列数据。
- `UICommand`：表示一个被激活时会触发动作的控件。
- `UIData`：表示一个与 `javax.faces.model.DataModel` 实例绑定的数据。
- `UIForm`：表示一个展现给用户的输入表单。它的子组件表示表单提交时所包含的输入域。这个组件相当于 HTML 中的 `form` 标签。
- `UIGraphic`：显示一张图片。
- `UIInput`：表示来自用户的数据输入。该类是 `UIOutput` 的一个子类。
- `UIMessage`：显示一个本地化的错误消息。
- `UIMessages`：显示一组本地化的错误消息。
- `UIOutcomeTarget`：以链接或者按钮的形式显示一个超链接。
- `UIOutput`：在一个页面上显示数据输出。
- `UIPanel`：管理子组件的布局。
- `UIParameter`：表示可替换的参数。
- `UISelectBoolean`：允许用户通过选择或者反选的方式，来设置一个控件的布尔值。该类是 `UIInput` 类的子类。
- `UISelectItem`：表示一组可选项中的单独一项。
- `UISelectItems`：表示可选项中所有选项的集合。
- `UISelectMany`：允许用户从一组可选项中选择多个选项。该类是 `UIInput` 类的一个子类。
- `UISelectOne`：允许用户从一组可选项中选择一个选项。该类是 `UIInput` 类的一个子类。
- `UIViewParameter`：表示请求中的查询参数。该类是 `UIInput` 类的一个子类。
- `UIViewRoot`：表示组件树的根节点。

除了继承 `UIComponentBase` 类之外，组件类还实现了一个或多个行为接口，其中每个行为接口都定义了某种特定的行为。

除非另作说明，这些行为接口大多都定义在 `javax.faces.component` 包中，包括以下几项。

- `ActionSource`：表示组件可以触发一个动作事件。该接口是为基于 JavaServer Faces 技术 1.1_01 及之前版本的组件使用。该接口在 JavaServer Faces 2 中被弃用。
- `ActionSource2`：继承自 `ActionSource`，因此提供了同样的功能。但是，当组件引用处理动作事件的方法时，它允许组件使用表达式语言（Expression Language，缩写为 EL）。
- `EditableValueHolder`：继承自 `ValueHolder` 并为可编辑组件提供了额外的功能，例如校验和触发值改变事件。

- `NamingContainer`：强制该组件下的每个组件都有一个唯一的 ID。
- `StateHolder`：让组件拥有了状态，这个状态必须在每个请求之间被保存下来。
- `ValueHolder`：表明组件维护一个本地值，并且能够访问模型层中的数据。
- `javax.faces.event.SystemEventListenerHolder` 为类中定义的每种 `javax.faces.event.SystemEvent` 类型，维护一个 `javax.faces.event.SystemEventListener` 实例的列表。
- `javax.faces.component.behavior.ClientBehaviorHolder`：能够添加多个 `javax.faces.component.behavior.ClientBehavior` 实例，例如一个可重用的脚本。

`UICommand` 实现了 `ActionSource2` 和 `StateHolder` 接口。`UIOutput` 和继承自 `UIOutput` 的组件类都实现了 `StateHolder` 和 `ValueHolder` 接口。`UIInput` 和继承自 `UIInput` 的组件类都实现了 `EditableValueHolder`、`StateHolder` 和 `ValueHolder` 接口。`UIComponentBase` 类实现了 `StateHolder` 接口。

只有组件编写人员需要直接使用组件类和行为接口。页面开发人员和应用程序开发人员会通过标签来展现标准的组件。大多数组件可以在页面上以多种方式进行渲染。例如，`UICommand` 组件可以被渲染为一个按钮或者一个超链接。

下一节会介绍渲染模型是如何工作的，以及页面开发人员如何选用合适的标签来选择组件的渲染方式。

组件渲染模型

按照 JavaServer Faces 组件架构的设计，组件的功能由组件类定义，而组件如何渲染则由另外的渲染器来定义。这种设计拥有以下几个好处：

- 组件编写人员只需定义一次组件的行为，但是可以创建多个渲染器，每个渲染器定义组件在相同或不同客户端下的渲染方式。
- 页面开发人员和应用程序开发人员通过组合不同的组件和渲染器，就可以改变页面上组件的外观。

渲染工具包定义了如何将组件类映射到特定客户端的组件标签。JavaServer Faces 实现包括了一个标准的 HTML 渲染工具包，用来在 HTML 客户端渲染组件。

渲染工具包为支持的每个组件都定义了一组 `javax.faces.render.Renderer` 类。每个 Renderer 类定义了各自不同的方式，来将指定的组件渲染到由渲染工具包所定义的输出上。例如，`UISelectOne` 组件有三个不同的渲染器。其中一个可以将组件渲染为一组单选按钮，另一个可以将组件渲染为一个复选框，第三个渲染器可以将组件渲染为一个列表框。类似的，通过使用 `h:commandButton` 或者 `h:commandLink` 标签，可以将一个 `UICommand` 组件渲

用户界面组件模型

染为一个按钮或者一个超链接。每个标签的 `command` 部分，都对应着一个触发动作的 `UICommand` 类。每个标签的 `Button` 或者 `Link` 部分，都分别对应着定义组件在页面上如何显示的 `Renderer` 类。

在标准 HTML 渲染工具包中定义的每个自定义标签，都由组件功能（在 `UIComponent` 类中定义）和渲染属性（在 `Renderer` 类中定义）组成。

The Java EE 6 Tutorial: Basic Concepts 中的 Adding Components to a Page Using HTML Tags 一节，列举了所有支持的组件标签，并通过示例程序演示了如何使用这些标签。

为了在 HTML 中渲染各个组件，JavaServer Faces 实现提供了一个自定义的标签库。

转换模型

JavaServer Faces 应用程序可以选择将组件与服务器端的对象数据进行关联。这个对象应该是一个 JavaBeans 组件，例如一个 managed bean。应用程序通过调用对象的适当属性，来获取并设置该组件的对象数据。

当组件与对象绑定时，应用程序对该组件的对象拥有两个视图：

- 模型视图，数据以数据类型的方式进行展现，例如 `int` 或者 `long`。
- 展现视图，数据以可以被用户读取或者修改的方式进行展现。例如，一个 `java.util.Date` 可以被展现为一个 `mm/dd/yy` 格式的文本字符串，或者是三个日期文本字符串的集合。

当组件数据支持所关联 bean 属性的数据类型时，JavaServer Faces 实现就可以在这两个视图之间自动转换组件数据。例如，如果一个 `UISelectBoolean` 组件与一个 `java.lang.Boolean` 类型的 bean 属性关联，那么 JavaServer Faces 实现会自动将组件数据从 `String` 类型转换为 `Boolean` 类型。除此之外，一些组件数据必须绑定到指定类型的属性上。例如，一个 `UISelectBoolean` 组件必须绑定到 `boolean` 或者 `java.lang.Boolean` 类型的属性上。

有时你可能希望将组件的数据转换为非标准的类型，或者你可能希望转换数据的格式。为了给这样的需求提供方便，JavaServer Faces 技术允许你在 `UIOutput` 组件以及继承自 `UIOutput` 类的组件上，注册一个 `javax.faces.convert.Converter` 实现。如果你在一个组件上注册了 `Converter` 实现，那么在两种视图之间，就会通过该 `Converter` 实现来转换组件数据。

你可以使用由 JavaServer Faces 实现提供的标准转换器，或者创建自定义的转换器。如何创建自定义转换器可以参考第 6 章。

事件和监听器模型

JavaServer Faces 的事件和监听器模型类似于 JavaBeans 事件模型，应用程序可以使用强类型的事件类和监听器接口来处理组件产生的事件。

JavaServer Faces 规范定义了三种类型的事件：应用程序事件、系统事件以及数据模型事件。

应用程序事件由 UIComponent 产生，属于某个特定的应用程序。它们代表了 JavaServer Faces 技术旧版本中可用的标准事件。

事件对象标识了产生事件以及保存事件相关信息的组件。要想响应一个事件，应用程序必须提供一个监听器类的实现，并将其注册在产生事件的组件上。当用户激活组件时（例如单击一个按钮）会触发事件，然后 JavaServer Faces 实现会调用监听器方法来处理事件。

JavaServer Faces 支持两种应用程序事件类型：动作事件以及值改变事件。

当用户激活一个实现了 `javax.faces.component.ActionSource` 的组件时，就会产生一个"动作事件"（`javax.faces.event.ActionEvent` 类）。这些组件包括按钮和超链接。

当用户改变一个 `UIInput` 或其子类组件的值时，就会产生一个"值改变事件"（`javax.faces.event.ValueChangeEvent` 类）。举例来说，当我们勾选一个复选框时，就会导致组件的值改变为 `true`。能产生这类事件的组件类型包括 `UIInput`、`UISelectOne`、`UISelectMany` 以及 `UISelectBoolean` 组件。值改变事件只发生在没有任何校验失败的条件下。

根据触发事件组件的 `immediate` 属性（请参考 *The Java EE 6 Tutorial: Basic Concepts* 中 The immediate Attribute 一节）的值，我们可以在"调用应用程序"阶段或者"应用请求值"阶段中处理动作事件，在"处理校验"或者"应用请求值"阶段中处理值改变事件。

"系统事件"由 UIComponent 以外的对象产生，它们是在预定时间执行应用程序的过程中产生的，它们适用于整个应用程序，而不是某个指定的组件。

当选中 UIData 组件中新的一行时，会产生一个"数据模型事件"。

对于由标准组件所产生的动作事件或者值改变事件，应用程序有两种响应方法：

- 实现一个事件监听器来处理事件，并在组件标签内嵌入一个 `f:valueChangeListener` 标签或者 `f:actionListener` 标签，将监听器注册到组件上。
- 实现一个 managed bean 的方法来处理事件，并在组件标签的适当属性中使用方法表达式来引用 managed bean 方法。

关于如何实现事件监听器的信息，请参考第 6 章的"实现事件监听器"一节。关于如何在组件上注册监听器的信息，请参考 *The Java EE 6 Tutorial: Basic Concepts* 中的 Registering Listeners on Components。

关于如何在 managed bean 中实现处理这些事件的方法，请参考 *The Java EE 6 Tutorial: Basic Concepts* 中的 Writing a Method to Handle an Action Event 以及 Writing Method to Handle a Value-Change Event 这两节。

关于如何在组件标签中引用 managed bean 方法的信息，请参考 *The Java EE 6 Tutorial: Basic Concepts* 中的 Referencing a Managed Bean Method 章节。

当自定义组件触发事件时，你必须恰当地实现事件类，并手动将事件加入组件队列中，此外还必须实现一个事件监听器类或者 managed bean 方法来处理事件。第 6 章的"处理自定义组件的事件"一节会介绍这部分内容。

校验模型

JavaServer Faces 技术支持对可编辑组件（例如文本域）的本地数据进行校验。这种校验发生在更新相应的模型数据以匹配本地值之前。

同转换模型类似，校验模型定义了一组标准类，用来执行常用的数据校验检查。JavaServer Faces 核心标签库同样也定义了一组与标准 `javax.faces.validator.Validator` 实现相对应的标签。要查看所有的标准校验类和相应标签，请参考 *The Java EE 6 Tutorial: Basic Concepts* 中的 Using the Standard Validators 一节。

大多数标签都有一组用来配置校验器的属性，例如组件数据所允许的最大值或者最小值。页面开发人员会通过在组件标签中嵌入校验器标签，将校验器注册到某个组件上。

除了注册在组件上的校验器之外，你还可以为应用程序中所有的 `UIInput` 组件声明一个默认的校验器。关于默认校验器的更多信息，请参考第 7 章的"使用默认校验器"一节。

校验模型同时也允许你创建自定义的校验器及标签。校验模型提供了两种实现自定义校验的方式：

- 实现一个 `Validator` 接口来进行校验。
- 实现一个 managed bean 方法来进行校验。

如果你打算实现一个 `Validator` 接口，你还必须做到：

- 在应用程序中注册该 `Validator` 实现。
- 创建一个自定义标签或者使用 `f:validator` 标签将校验器注册到组件上。

在之前描述的标准校验模型中，我们为页面上的每个输入组件都定义了一个校验器。Bean Validation 模型允许将校验器应用到页面中的所有域上。关于 Bean Validation 的更多信息，请参考本书第 22 章和 *The Java EE 6 Tutorial: Basic Concepts* 中的 Using Bean Validation 一节。

导航模型

JavaServer Faces 导航模型可以方便地定义页面导航，并选择页面的加载顺序。

在 JavaServer Faces 技术中，导航指的是在进行应用程序操作（例如单击一个按钮或者超链接）后，选择下一个显示页面或者视图的一组规则。

导航可以是隐式的或者由用户定义。当用户没有定义导航规则时会默认使用隐式的导航规则。关于隐式导航的更多信息，请参考第 7 章的"隐式的导航规则"一节。

用户可以在零个或者多个应用程序配置资源文件中（例如 `faces-config.xml`），通过一组 XML 元素来定义导航规则。一个导航规则的默认结构如下所示：

```
<navigation-rule>
    <description></description>
    <from-view-id></from-view-id>
    <navigation-case>
        <from-action></from-action>
        <from-outcome></from-outcome>
        <if></if>
        <to-view-id></to-view-id>
    </navigation-case>
</navigation-rule>
```

用户可以按照如下方法来定义导航：

- 在应用程序配置资源文件中定义规则。
- 在按钮或者超链接组件的 `action` 属性中引用一个结果字符串。JavaServer Faces 实现会使用这个结果字符串来选择导航规则。

以下是一个导航规则的例子：

```
<navigation-rule>
    <from-view-id>/greeting.xhtml</from-view-id>
    <navigation-case>
        <from-outcome>success</from-outcome>
        <to-view-id>/response.xhtml</to-view-id>
    </navigation-case>
</navigation-rule>
```

这个规则表示当 `greeting.xhtml` 中的命令组件（例如 `h:commandButton` 或者

用户界面组件模型

h:commandLink）被激活时，如果按钮组件的标签引用的结果是 success，应用程序会从 greeting.xhtml 页面导航到 response.xhtml 页面。以下是 greeting.xhtml 中的 h:commandButton 标签，指定了结果 success：

```
<h:commandButton id="submit" action="success"
        value="Submit" />
```

如示例所示，每个 navigation-rule 元素都定义了如何从一个页面（由 from-view-id 元素指定）跳转到应用程序的其他页面的规则。元素 navigation-rule 可以包含任意个 navigation-case 元素，每个元素都基于一个逻辑结果（由 from-outcome 元素指定）来定义下一步要打开的页面（由 to-view-id 元素指定）。

在更复杂的应用程序中，逻辑结果还可以来自于 managed bean 中某个动作方法的返回值。这个方法会进行某些处理来决定结果。例如，该方法可以检查用户在页面上输入的密码是否与文件中的密码相匹配。如果匹配，那么方法会返回成功，否则返回失败。失败的结果可能会使登录页面被重新加载。而成功的结果可能会在页面中显示用户的信用卡记录。如果希望结果由某个 bean 方法返回，你必须通过方法表达式和 action 属性来引用该方法，如下所示：

```
<h:commandButton id="submit"
    action="#{userNumberBean.getOrderStatus}" value="Submit" />
```

当用户单击该标签所表示的按钮时，相应组件会产生一个动作事件。默认会由 javax.faces.event.ActionListener 实例来处理这个事件，即调用触发该事件组件所引用的动作方法。动作方法会将一个逻辑结果返回给动作监听器。

监听器将逻辑结果和动作方法的引用，一同传递给默认的 javax.faces.application.NavigationHandler 类。NavigationHandler 会按照如下过程，将结果或方法引用与应用程序配置资源文件中的导航规则进行匹配，选择出下一步要显示的页面：

1．NavigationHandler 会选择与当前显示页面相匹配的导航规则。

2．它会将从默认 javax.faces.event.ActionListener 中接收到的结果或者动作方法引用，与导航规则中定义的结果和动作方法进行匹配。

3．它试图将方法引用和结果与同一个导航规则进行匹配，看二者是否同时匹配。

4．如果上一步失败，NavigationHandler 会尝试将结果与规则进行匹配。

5．最后，如果前面两次尝试都失败的话，NavigationHandler 会尝试将动作方法引用与规则匹配。

6．如果没有与任何导航规则匹配，会再次显示原来的视图。

当 NavigationHandler 成功匹配之后，会进入"渲染响应"阶段。在这个阶段中，会

渲染由 `NavigationHandler` 选择的页面。

Duke's Tutoring 案例研究示例程序在创建、编辑和删除用户的业务方法中使用了导航规则。例如，用来创建学生的表单中包含以下 `h:commandButton` 标签：

```
<h:commandButton id="submit"
                 action="#{adminBean.createStudent(studentManager.newStudent)}"
                 value="#{bundle['action.submit']}"/>
```

动作事件会调用 `dukestutoring.ejb.AdminBean.createStudent` 方法：

```
public String createStudent(Student student) {
    em.persist(student);
    return "createdStudent";
}
```

在 `faces-config.xml` 配置文件中，有一个与方法 `createdStudent` 的返回值对应的导航规则。

```
<navigation-rule>
    <from-view-id>/admin/student/createStudent.xhtml</from-view-id>
    <navigation-case>
        <from-outcome>createdStudent</from-outcome>
        <to-view-id>/admin/index.xhtml</to-view-id>
    </navigation-case>
</navigation-rule>
```

当创建学生之后，用户会被返回到管理后台的首页。

关于如何定义导航规则的更多信息，请参考第 7 章的"配置导航规则"一节。

关于如何实现动作方法来处理导航的更多信息，请参考 *The Java EE 6 Tutorial：Basic Concepts* 中 Writing a Method to Handle an Action Event 一节。

关于如何在组件标签中引用结果或者动作方法的更多信息，请参考 *The Java EE 6 Tutorial: Basic Concepts* 中 Referencing a Method That Performs Navigation 一节。

第 4 章

在 JavaServer Faces 技术中使用 Ajax

早期的 web 应用程序大多数都是静态的 web 页面。当客户端更新一个静态 web 页面时，需要重新加载整个页面才能反映出更新的内容。实际上，每次更新都需要页面重新加载才能反映出变化。不停地进行页面重新加载会过度消耗网络资源，并影响应用程序的性能。为了解决这些问题，诞生了 Ajax 这样的技术。

Ajax 全称为异步 JavaScript 和 XML（Asynchronous JavaScript and XML），它是一套 web 技术的集合，能够用来创建动态及高度可响应的 web 应用程序。通过使用 Ajax，web 应用程序不需要影响客户端的显示，就可以从服务器获取内容。

在 Java EE 6 平台中，JavaServer Faces 内置提供了对 Ajax 的支持。本章会介绍如何在 JavaServer Faces web 应用程序中使用 Ajax 功能。

本章包括了以下内容：

- Ajax 概述
- 在 JavaServer Faces 技术中使用 Ajax 功能
- 在 Facelets 中使用 Ajax
- 发送一个 Ajax 请求
- 监视客户端事件
- 处理错误
- 接收 Ajax 响应
- Ajax 请求生命周期
- 对组件进行分组
- 以资源形式加载 JavaScript

- ajaxguessnumber 示例应用程序
- 更多有关 JavaServer Faces 技术中 Ajax 的信息

Ajax 概述

Ajax 使用 JavaScript 和 XML，这些技术都已经广泛用于创建动态和异步的 web 内容。虽然大多数时候 web 应用程序会同时使用 JavaScript 和 XML，但是 Ajax 并不仅仅局限于这两种技术。本教程主要介绍在 JavaServer Faces web 应用程序中如何使用基于 JavaScript 的 Ajax 功能。

JavaScript 是一个用来创建 web 应用程序的动态脚本语言。它允许用户在用户界面中添加更强大的功能，并允许页面与客户端进行异步交互。由于 JavaScript 主要运行在客户端（浏览器）中，因此减少了客户端到服务器的访问。

当一个 JavaScript 方法从客户端向服务器发送一个异步请求时，服务器会返回一个响应，用于更新页面的文档对象模型（DOM）。这个响应通常都是 XML 文档格式。Ajax 就是指客户端和服务器之间的这种交互。

服务器响应不是必须要使用 XML 格式，也可以使用其他格式，例如 JSON。本教程并不会着重介绍响应的格式。

Ajax 允许对 web 应用程序进行异步和局部更新。利用这些功能可以创建出高度可响应的 web 页面，几乎可以做到实时渲染。基于 Ajax 的 web 应用程序能够在不影响当前客户端（例如浏览器）web 页面显示和渲染的同时，还可以访问服务器、处理信息并获取其他数据。

以下是一些使用 Ajax 的优点：

- 实时表单数据校验，避免了提交整个表单进行校验。
- 为 web 页面带来一些高级功能，例如用户名和密码提示。
- web 内容的局部更新，避免了重新加载整个页面。

在 JavaServer Faces 技术中使用 Ajax 功能

可以通过以下任意一种方式，向 JavaServer Faces 应用程序中添加 Ajax 功能：

- 向应用程序添加所需的 JavaScript 代码。
- 通过内置的 Ajax 资源库。

在 Java EE 平台的早期版本中，如果想为 JavaServer Faces 应用程序提供 Ajax 功能，需要向 web 页面中添加必要的 JavaScript 代码。而在 Java EE 6 平台中，已经通过内置的 JavaScript 资源库提供了对 Ajax 的支持。

由于有了 JavaScript 资源库的支持，JavaServer Faces 标准 UI 组件，例如按钮、标签或者文本域，都已经能够支持 Ajax 功能。还可以加载该资源库，并在 managed bean 代码中直接使用资源库的方法。下一节会介绍如何使用内置的 Ajax 资源库。

此外，由于可以对 JavaServer Faces 技术中的组件模型进行扩展，因此自定义的组件也可以支持 Ajax 功能。

示例代码中包含了一个 `guessnumber` 应用程序的 Ajax 版本，名为 `ajaxguessnumber`。更多信息请参考本章后面"ajaxguessnumber 示例应用程序"一节。

后续章节中会介绍用于 Ajax 的 f:ajax 标签及其属性。

在 Facelets 中使用 Ajax

如上一节中所述，JavaServer Faces 技术通过内置 JavaScript 资源库（作为 JavaServer Faces 核心库的一部分）提供了对 Ajax 的支持。我们可以通过以下其中一种方式，在 JavaServer Faces web 应用程序中使用内置的 Ajax 资源。

- 在 Facelets 应用程序中与标准组件一起使用 f:ajax 标签。这种方法不需要添加额外的代码和配置，就可以为任意 UI 组件添加 Ajax 功能。
- 在 Facelets 应用程序中直接使用 JavaScript API 方法 `jsf.ajax.request()`。该方法提供了对 Ajax 方法的直接访问，并允许自定义组件的行为。

使用 f:ajax 标签

f:ajax 是一个 JavaServer Faces 的核心标签，与任意组件一同使用时可为该组件提供 Ajax 功能。在下面的例子中，我们通过引入 f:ajax 核心标签，为一个输入组件添加了 Ajax 行为：

```
<h:inputText value="#{bean.message}">
    <f:ajax />
</h:inputText>
```

在这个例子中，虽然添加了 Ajax 功能，但是并没有定义 f:ajax 标签的其他属性。如果没有定义任何事件，那么会触发组件的默认事件。对于 `inputText` 组件来说，当没有指定任何事件属性时，默认的事件是 `valueChange`。表 4-1 列出了 f:ajax 标签的属性以及它们的默认动作。

表 4-1　f:ajax 标签的属性

名称	类型	描述
`disabled`	`javax.el.ValueExpression`，返回一个布尔值	一个标识标签状态的布尔值。`true` 表示禁用 Ajax 行为。`false` 表示启用 Ajax 行为。默认值是 `false`
`event`	`javax.el.ValueExpression`，返回一个字符串	一个标识应用 Ajax 动作的事件类型的字符串。如果指定该属性，它必须是该组件所支持的事件之一。如果没有指定该属性，由组件来决定默认事件（触发 Ajax 请求的事件）。对于 `javax.faces.component.ActionSource` 组件来说，默认事件是 `action`。而对于 `javax.faces.component.EditableValueHolder` 组件，默认事件是 `valueChange`
`execute`	`javax.el.ValueExpression`，返回一个对象	一个标识哪些组件可以在服务器上执行的列表集合。如果指定文本值，必须是一个用空格将组件标识符和/或一个关键字分隔的字符串。如果指定 ValueExpression，必须引用一个返回 Collection<String>对象的属性。如果没有指定，默认值为`@this`
`immediate`	`javax.el.ValueExpression`，返回一个布尔值	一个表明是否在生命周期早期阶段处理输入的布尔值。如果是 `true`，产生的行为事件会在"应用请求值"阶段被广播出去。否则事件会在"调用应用程序"阶段被广播
`listener`	`javax.el.MethodExpression`	该属性指定了当 `javax.faces.event.AjaxBehaviorEvent` 被广播到监听器后，调用的监听器方法的名称
`onevent`	`javax.el.ValueExpression`，返回一个字符串	处理 UI 事件的 JavaScript 方法名
`onerror`	`javax.el.ValueExpression`，返回一个字符串	处理错误的 JavaScript 方法名
`render`	`javax.el.ValueExpression`，返回一个对象	一个标识在客户端渲染的组件列表集合。如果指定文本值，必须是一个用空格将组件标识符和/或一个关键字分隔的字符串。如果指定 ValueExpression，必须引用一个返回 Collection<String>对象的属性。如果没有指定，默认值为`@none`

表 4-2 中列举的关键字，可以用于 `f:ajax` 标签的 `execute` 和 `render` 属性：

表 4-2　execute 和 render 关键字

关键字	描述
`@all`	所有组件标识符
`@form`	包裹组件的表单

发送一个 Ajax 请求

续表

关键字	描述
@none	无组件标识符
@this	触发请求的元素

注意，当你在一个 Facelets 页面中使用 `f:ajax` 标签时，默认会自动加载 JavaScript 资源库。本章后面的"以资源形式加载 JavaScript"一节中会介绍如何显式地加载资源库。

发送一个 Ajax 请求

要使用 Ajax 功能，web 应用程序必须创建一个 Ajax 请求并将它发送给服务器。然后由服务器来处理该请求。

应用程序使用表 4-1 中列举的 `f:ajax` 标签属性来创建 Ajax 请求。后续章节会讲解如何使用这些属性来创建和发送 Ajax 请求。

注意：在这些场景背后，JavaScript 资源库的 `jsf.ajax.request()` 方法会收集 `f:ajax` 标签所提供的数据，并将请求发送给 JavaServer Faces 生命周期。

使用 event 属性

`event` 属性定义了触发 Ajax 动作的事件。这个属性的可能值包括：`click`、`keyup`、`mouseover`、`focus` 以及 `blur`。

如果没有指定值，`f:ajax` 标签会基于父组件使用一个默认的事件。对于 `javax.faces.component.ActionSource` 组件（例如 `commandButton`）来说，默认的事件是 `action`，而对于 `javax.faces.component.EditableValueHolder` 组件（例如 `inputText`）来说，默认的事件是 `valueChange`。在下面的例子中，Ajax 标签与一个按钮组件相关联，并且触发 Ajax 动作的事件是单击鼠标：

```
<h:commandButton id="submit" value="Submit">
    <f:ajax event="click" />
</h:commandButton>
<h:outputText id="result" value="#{userNumberBean.response}" />
```

注意：你可能已经注意到，这里列举出的事件同 JavaScript 的事件非常相似。事实上，它们就是基于 JavaScript 事件，只是去掉了 `on` 前缀。

对于一个命令按钮来说，默认的事件就是 `click`，因此实际上你并不需要在上例中指定

event="click"。

使用 execute 属性

execute 属性定义了将要在服务器上执行的组件。组件由其 id 属性定义。你可以指定多个可执行的组件。如果要执行多个组件，请指定一个由空格分隔开的组件列表。

当执行一个组件时，除了"渲染响应"阶段以外，它会参与到请求处理的其他所有生命周期阶段中。

execute 属性还可以是一个关键字，例如@all、@none、@this 或者@form。默认值是@this，指向嵌入了 f:ajax 标签的组件。

下面的代码指定了当单击按钮时，执行 id 值为 userNo 的 h:inputText 组件：

```
<h:inputText id="userNo"
             title="Type a number from 0 to 10:"
             value="#{userNumberBean.userNumber}">
    ...
</h:inputText>
<h:commandButton id="submit" value="Submit">
    <f:ajax event="click" execute="userNo" />
</h:commandButton>
```

使用 immediate 属性

immediate 属性用来指定处理用户输入的应用程序生命周期阶段。如果该属性的值为 true，那么该组件产生的事件就会在"应用请求值"阶段被广播。否则，事件会在"调用应用程序"阶段被广播。

如果没有定义，该属性的默认值为 false。

使用 listener 属性

为了响应客户端的 Ajax 动作，listener 属性会引用一个在服务器端执行的方法表达式。在生命周期的"调用应用程序"阶段，应用程序会调用一次该监听器的 javax.faces.event.AjaxBehaviorListener.processAjaxBehavior 方法。在下面这个例子中，我们在 f:ajax 标签中定义了一个 listener 属性，指向 bean 中的一个方法。

```
<f:ajax listener="#{mybean.someaction}" render="somecomponent" />
```

以下代码表示 mybean 中的 someaction 方法。

```
public void someaction(AjaxBehaviorEvent event) {
    dosomething;
}
```

监视客户端事件

通过 f:ajax 标签的 onevent 属性，可以监视即将发送的 Ajax 请求。该属性的值是一个 JavaScript 方法的名称。JavaServer Faces 会在处理 Ajax 请求的每个阶段（开始、完成和成功）分别调用 onevent 事件。

当调用赋给 onevent 属性的 JavaScript 方法时，JavaServer Faces 会传递给它一个数据对象。这个数据对象包括了表 4-3 中列举的属性。

表 4-3　onEvent 数据对象的属性

属性	描述
responseXML	XML 格式的 Ajax 调用响应
responseText	文本格式的 Ajax 调用响应
responseCode	数字代码格式的 Ajax 调用响应
source	触发当前 Ajax 事件的来源：DOM 元素
status	当前 Ajax 调用的状态：开始、完成或者成功
type	Ajax 调用的类型：event

通过使用该数据对象的 status 属性，你可以确定 Ajax 请求的当前状态并监视它的进度。在下面的例子中，由 JavaScript 方法 monitormyajaxevent 来监视由事件发送的 Ajax 请求。

```
<f:ajax event="click" render="errormessage" onevent="monitormyajaxevent"/>
```

处理错误

JavaServer Faces 通过 f:ajax 标签的 onerror 属性来处理 Ajax 错误。该属性的值是一个 JavaScript 方法的名称。

当处理 Ajax 请求的过程中发生错误时，JavaServer Faces 会调用定义的 onerror JavaScript 方法，并将一个数据对象传递给它。除了 onevent 可用的所有属性，该数据对象还包含以下这些属性：

- description
- errorName
- errorMessage

数据对象的类型是 error。数据对象的 status 属性中会包含表 4-4 中所列举的一个错误值。

表 4-4 数据对象 status 属性可用的错误值

值	描述
emptyResponse	没有来自服务器的 Ajax 响应
httpError	一个有效的 HTTP 错误：`request.status==null` 或者 `request.status==undefined` 或者 `request.status < 200` 或者 `request.status>= 300`
malformedXML	Ajax 响应格式不正确
serverError	Ajax 响应包含一个 `error` 元素

在下面的例子中，对于任何处理 Ajax 请求时所产生的错误，都会调用 JavaScript 方法 `handlemyajaxerror`。

```
<f:ajax event="click" render="test" onerror="handlemyajaxerror"/>
```

接收 Ajax 响应

应用程序发送一个 Ajax 请求之后，服务器端会处理该请求并将一个响应发回给客户端。如之前所述，Ajax 允许局部更新 web 页面。要实现这样的局部更新功能，需要使用 JavaServer Faces 技术对视图进行局部处理。`f:ajax` 标签的 `render` 属性定义了如何处理响应。

同 `execute` 属性相似，`render` 属性定义了页面上将被更新的部分。`render` 属性的值可以是一个或多个组件的 `id` 值，也可以是 `@this`、`@all`、`@none` 以及 `@form` 这几个关键字之一，还可能是一个 EL 表达式。在下面的例子中，`render` 属性简单标识了 Ajax 动作成功完成时，需要显示的输出组件。

```
<h:commandButton id="submit" value="Submit">
    <f:ajax execute="userNo" render="result" />
</h:commandButton>
<h:outputText id="result" value="#{userNumberBean.response}" />
```

不过，`render` 属性通常都与 `event` 属性一起使用。在下面的例子中，当单击按钮组件时，会显示一个输出组件。

```
<h:commandButton id="submit" value="Submit">
    <f:ajax event="click" execute="userNo" render="result"/>
</h:commandButton>
<h:outputText id="result" value="#{userNumberBean.response}"/>
```

> **注意**：事实上，示例程序会再次调用 `jsf.ajax.request()` 方法来处理响应。当创建原始的请求时，该方法会注册一个用来处理响应的回调方法。当响应被发回给客户端时，会调用该回调方法。回调方法会自动更新客户端 DOM 并将渲染后的响应反映到界面上。

Ajax 请求生命周期

Ajax 请求与其他一般的 JavaServer Faces 请求不同，而且 JavaServer Faces 生命周期对它的处理也与其他请求不同。

如第 3 章"局部处理和局部渲染"一节所述，当接收到一个 Ajax 请求时，与该请求相关的状态会被 `javax.faces.context.PartialViewContext` 捕获。该对象提供了所要处理或渲染的组件信息。`PartialViewContext` 的 `processPartial` 方法会根据这些信息对局部组件树进行处理和渲染。

`f:ajax` 标签的 `execute` 属性标识了服务器端组件树上需要处理的组件。因为在 JavaServer Faces 组件树中，组件都是可以唯一标识的，所以很容易标识并处理一个组件、一些组件或者整个组件树。我们可以通过 `javax.faces.component.UIComponent` 类的 `visitTree` 方法来实现这一点。被标识的组件会运行于 JavaServer Faces 请求生命周期的各个阶段。

同 `execute` 属性相似，`render` 属性标识了在"渲染响应"阶段，JavaServer Faces 组件树上需要渲染的组件。

在"渲染响应"阶段会检查 `render` 属性，找出被标识的组件，并对该组件及其子组件进行渲染。这些组件随后会被打包并作为响应发还给客户端。

对组件进行分组

之前几节介绍了如何将单个 UI 组件与 Ajax 功能关联。我们还可以对组件进行分组，并一次将 Ajax 与多个组件关联起来。下面的示例演示了如何使用 `f:ajax` 标签对多个组件进行分组。

```
<f:ajax>
   <h:form>
      <h:inputText id="input1"/>
       <h:commandButton id="Submit"/>
   </h:form>
</f:ajax>
```

在本例中，组件并没有与任何 Ajax 事件或者 render 属性关联。因此，用户输入不会触发任何动作。你可以通过如下方式，将以上组件与一个事件和一个 render 属性关联起来：

```
<f:ajax event="click" render="@all">
    <h:form>
        <h:inputText id="input1" value="#{user.name}"/>
        <h:commandButton id="Submit"/>
    </h:form>
</f:ajax>
```

在修改后的例子中，当用户单击任意一个组件时，所有组件都会显示更新结果。你可以为每一个组件添加指定事件，进一步细化 Ajax 动作，这样 Ajax 就会产生叠加的效果。以下面的代码为例：

```
<f:ajax event="click" render="@all">
    ...
    <h:commandButton id="Submit">
        <f:ajax event="mouseover"/>
    </h:commandButton>
    ...
</f:ajax>
```

现在，按钮组件的 mouseover 事件和鼠标单击事件都会触发一个 Ajax 动作。

以资源形式加载 JavaScript

jsf.js 是与 JavaServer Faces 绑定的 JavaScript 资源文件，你可以从 javax.faces 库中找到它。该资源库为 JavaServer Faces 应用程序提供了 Ajax 的功能。

要想直接在某个组件或者 bean 类中使用该资源，你需要显式地加载该资源库。你可以通过以下其中一种方法加载该资源库：

- 直接在 Facelets 页面中使用资源 API。
- 在 bean 类中使用 javax.faces.application.ResourceDependency 注解和资源 API。

在 Facelets 应用程序中使用 JavaScript API

要在 web 应用程序（例如一个 Facelets 页面）中直接使用绑定的 JavaScript 资源 API，你需要首先使用 h:outputScript 标签标识页面默认的 JavaScript 资源。例如，以下面这段 Facelets 页面代码为例：

```
<h:form>
    <h:outputScript name="jsf.js" library="javax.faces" target="head"/>
</h:form>
```

以资源形式加载 JavaScript

指定目标为 head 是为了在 HTML 页面的 head 元素中加载脚本资源。

接下来指定需要提供 Ajax 功能的元素。你可以使用 JavaScript API 为元素添加 Ajax 功能。请看下面的例子：

```
<h:form>
    <h:outputScript name="jsf.js" library="javax.faces" target="head">
    <h:inputText id="inputname" value="#{userBean.name}"/>
    <h:outputText id="outputname" value="#{userBean.name}"/>
    <h:commandButton id="submit" value="Submit"
                    onclick="jsf.ajax.request(this, event,
                        {execute:'inputname',render:'outputname'});
                        return false;" />
</h:form>
```

jsf.ajax.request 方法最多接受三个参数，分别用来指定事件源、事件以及可选项。事件源参数标识了触发 Ajax 请求的 DOM 元素，通常是 this。事件参数标识了触发这个请求的 DOM 事件，不是必需的。可选项参数包含了表 4-5 中所列举的名-值对，也不是必需的。

表 4-5　可以在选项参数中使用的值

名称	值
execute	一个由空格分隔的客户端标识符或者表 4-2 中列举的关键字列表。标识符引用的是将要在生命周期执行阶段处理的组件
render	一个由空格分隔的客户端标识符或者表 4-2 中列举的关键字列表。标识符引用的是将要在生命周期渲染阶段处理的组件
onevent	当事件发生时调用的 JavaScript 方法名
onerror	当错误发生时调用的 JavaScript 方法名
params	一个可能包含请求中其他参数的对象

如果没有指定任何标示符，execute 属性的默认关键字是 @this，render 属性的默认关键字是 @none。

你还可以将 JavaScript 方法都集中到一个文件中，然后在页面上将该文件引入为一个资源。

在 Bean 类中使用 @ResourceDependency 注解

注解 javax.faces.application.ResourceDependency 会使 bean 类加载默认的 jsf.js 库。

要想在服务器端加载 Ajax 资源，你可以在 bean 类中使用 jsf.ajax.request 方法。该方法通常用来创建一个自定义的组件或者某个组件的自定义渲染器。

下面的例子演示了如何在一个 bean 类中加载资源：

```
@ResourceDependency(name="jsf.js" library="javax.faces" target="head")
```

ajaxguessnumber 示例应用程序

为了演示 Ajax 的优点，我们将回顾一下 *The Java EE 6 Tutorial: Basic Concepts* 一书第 5 章中的 guessnumber 示例程序。如果我们对该程序进行一些修改，使它支持 Ajax，就不需要使用 response.xhtml 页面来显示响应信息。与之前相比不同的是，我们会操作输入组件来代替表单提交，向服务器端 bean 发送一个异步调用请求，并将响应显示在原来的页面上。

该应用程序的源代码位于 *tut-install*/examples/web/ajaxguessnumber/ 目录下。

ajaxguessnumber 源文件

我们将要修改 guessnumber 应用程序的两个源文件，并添加一个 JavaScript 文件。

Facelets 页面 ajaxgreeting.xhtml

ajaxguessnumber 的 Facelets 页面 web/ajaxgreeting.xhtml，同 guessnumber 的 greeting.xhtml 几乎一样。

```
<h:head>
    <h:outputStylesheet library="css" name="default.css"/>
    <title>Ajax Guess Number Facelets Application</title>
</h:head>
<h:body>
    <h:form id="AjaxGuess">
        <h:outputScript name="ui.js" target="head"/>
        <h:graphicImage library="images" name="wave.med.gif"
                        alt="Duke waving his hand"/>
        <h2>
            Hi, my name is Duke. I am thinking of a number from
            #{userNumberBean.minimum} to #{userNumberBean.maximum}.
            Can you guess it?
        </h2>
        <p>
        <h:inputText
            id="userNo"
            title="Type a number from 0 to 10:"
            value="#{userNumberBean.userNumber}">
            <f:validateLongRange
                minimum="#{userNumberBean.minimum}"
                maximum="#{userNumberBean.maximum}"/>
        </h:inputText>
```

```
            <h:commandButton id="submit" value="Submit" >
               <!--<f:ajax execute="userNo" render="result errors1" />-->
                  <f:ajax execute="userNo" render="result errors1"
                         onevent="msg"/>
               </h:commandButton>
         </p>
         <p><h:outputText id="result" style="color:blue"
                        value="#{userNumberBean.response}"/>
         </p>

         <h:message id="errors1" showSummary="true" showDetail="false"
                  style="color: #d20005;
                  font-family: 'New Century Schoolbook', serif;
                  font-style: oblique;
                  text-decoration: overline"
                  for="userNo"/>
     </h:form>
</h:body>
```

最重要的修改在 h:commandButton 标签中。我们删除了标签的 action 属性，添加了 f:ajax 标签。

f:ajax 标签指定了当单击按钮时，会执行 id 值为 userNo 的 h:inputText 组件。然后显示 id 值为 result 和 errors1 的两个组件。如果你只做了这些修改（如被注释掉的标签），将会看到 result 和 errors1 两个组件的输出，但是只有一个是有效的。如果发生了校验错误，那么不会执行 managed bean，因此也不会更新 result 的输出。

为了解决这个问题，该标签还调用了 ui.js 文件中的 JavaScript 方法 msg（我们将在下节介绍）。表单顶部的 h:outputScript 标签调用了该脚本。

JavaScript 文件 ui.js

ajaxgreeting.xhtml 中的 h:outputScript 标签所引用的 ui.js 文件，位于应用程序的 web/resources 目录下。该文件只包含一个名为 msg 的方法：

```
var msg = function msg(data) {
    var resultArea = document.getElementById("AjaxGuess:result");
    var errorArea = document.getElementById("AjaxGuess:errors1");
    if (errorArea.innerHTML !== null && errorArea.innerHTML !== "") {
        resultArea.innerHTML="";
    }
};
```

方法 msg 首先分别获取 result 和 errors1 元素。如果 errors1 元素中含有任何内容，该方法会清空 result 元素的内容，这样就不会在页面上显示过期的输出。

Managed Bean——UserNumberBean

我们还对 `UserNumberBean` 的代码进行了少许修改，对于属性的默认值（空值），响应组件不会显示任何消息。下面是该 bean 修改后的代码：

```
public String getResponse() {
    if ((userNumber != null) && (userNumber.compareTo(randomInt) == 0)) {
        return "Yay! You got it!";
    }
    if (userNumber == null) {
        return null;
    } else {
        return "Sorry, " + userNumber + " is incorrect.";
    }
}
```

运行 ajaxguessnumber 示例程序

你可以使用 NetBeans IDE 或者 Ant 来构建、打包、部署并运行 `ajaxguessnumber` 示例程序。

▼ 使用 NetBeans IDE 构建、打包以及部署 ajaxguessnumber 示例程序

以下步骤会在 *tut-install*`/examples/web/ajaxguessnumber/build/web/` 目录下构建应用程序。该目录中的内容会被部署到 GlassFish Server 中。

1. 从 File 菜单中选择 Open Project 项。

2. 在 Open Project 对话框中，导航至目录：

   tut-install`/examples/web/`

3. 选择 ajaxguessnumber 目录。

4. 选择 Open as Main Project 复选框。

5. 单击 Open Project 项。

6. 在 Projects 选项卡中，右键单击 ajaxguessnumber 项目并选择 Deploy 项。

▼ 使用 Ant 构建、打包以及部署 ajaxguessnumber 示例程序

1. 在终端窗口中，切换到目录：

   tut-install`/examples/web/ajaxguessnumber/`

2. 输入如下命令：

```
ant
```

该命令会调用默认的 target 来构建应用程序，并将其打包为 dist 目录下的一个 WAR 文件 ajaxguessnumber.war。

3．输入如下命令：

```
ant deploy
```

该命令会将 ajaxguessnumber.war 部署到 GlassFish Server 中。

▼ 运行 ajaxguessnumber 示例程序

1．在 web 浏览器中输入如下 URL：

```
http://localhost:8080/ajaxguessnumber
```

2．在文本域中输入一个值并单击 Submit 按钮。

如果输入的值位于 0 到 10 之间，会显示一个提示本次猜测是否正确的消息。如果输入的值在这个范围以外，或者根本不是一个数字，会显示红色的错误消息。

如果想要查看不包含 JavaScript 方法的效果，可以去掉 `ajaxgreeting.xhtml` 中第一个 `f:ajax` 标签的注释，然后注释掉第二个标签，如下所示：

```
<f:ajax execute="userNo" render="result errors1" />
<!--<f:ajax execute="userNo" render="result errors1" onevent="msg"/>-->
```

接下来重新部署应用程序，并不断输入错误的值，那么之前有效的猜测历史会不断显示在页面上。

更多有关 JavaServer Faces 技术中 Ajax 的信息

关于 JavaServer Faces 技术中 Ajax 的更多信息，请参考

- JavaServer Faces 项目网站
  `http://javaserverfaces.java.net/`
- JavaServer Faces JavaScript 库的 API：
  `http://javaserverfaces.java.net/nonav/docs/2.1/jsdocs/symbols/jsf.ajax.html`

第 5 章

复合组件：高级主题及示例程序

本章会介绍 JavaServer Faces 技术中复合组件的高级特性。

复合组件是一种特殊类型的 JavaServer Faces 模板，可以作为一个组件使用。如果你第一次听说复合组件，请先参考 The Java EE 6 Tutorial: Basic Concepts 中的 Composite Components 一章。

本章会介绍以下内容：

- 复合组件的属性
- 调用 Managed Bean
- 校验复合组件的值
- compositecomponentlogin 示例程序

复合组件的属性

你可以使用 `composite:attribute` 标签来定义复合组件的一个属性。表 5-1 列举了该标签经常使用的属性。

表 5-1　composite:attribute 标签常用的属性

属性	描述
`name`	指定复合组件属性的名称。此外，`name` 属性还可以用来指定标准的事件处理函数，例如 `action`、`actionListener` 以及 managed bean
`default`	指定复合组件属性的默认值
`required`	指定是否必须为属性提供一个值

续表

属性	描述
method-signature	指定 `java.lang.Object` 的一个子类作为复合组件属性的类型。`method-signature` 元素声明了复合组件的属性是一个方法表达式。属性 `type` 和属性 `method-signature` 是互斥的。如果同时指定了二者，`method-signature` 会被忽略。属性的默认类型是 `java.lang.Object`。 注意：方法表达式同值表达式类似，但是不支持动态获取和设置属性。方法表达式支持调用任意对象的一个方法，只需传递一组指定的参数，就可以返回被调用方法的执行结果（如果有的话）
type	指定完整类名作为属性的类型。属性 `type` 和属性 `method-signature` 是互斥的。如果同时指定了这两个属性，那么 `method-signature` 会被忽略。属性的默认类型是 `java.lang.Object`。

下面的代码片段定义了一个复合组件属性，并为它赋了一个默认值：

```
<composite:attribute name="username" default="admin"/>
```

下面的代码片段使用了 `method-signature` 元素：

```
<composite:attribute name="myaction"
                     method-signature="java.lang.String action()"/>
```

下面的代码片段使用了 `type` 元素：

```
<composite:attribute name="dateofjoining" type="java.util.Date"/>
```

调用 Managed Bean

为了让复合组件能够处理服务器端的数据，可以通过以下方式来调用一个 managed bean：

- 将 managed bean 的引用传递给复合组件。
- 直接使用 managed bean 的属性。

本章后面"compositecomponentlogin 示例程序"一节中的示例程序，展示了如何将 managed bean 的引用传递给复合组件，来使用 managed bean 和复合组件。

校验复合组件的值

JavaServer Faces 提供了以下标签来校验输入组件的值。这些标签可以在 `composite:valueHolder` 或者 `composite:editableValueHolder` 标签中使用。

表 5-2 列举了常用的校验器标签。

表 5-2 校验器标签

标签名	描述
`f:validateBean`	将对本地值的校验委托给 Bean Validation API
`f:validateRegex`	使用 `pattern` 属性来验证包含该标签的组件。正则表达式会与组件的 `String` 值进行匹配，如果匹配，则该值有效
`f:validateRequired`	必须指定值。效果同设置复合组件属性的 `required` 元素为 `true` 一样

compositecomponentlogin 示例程序

compositecomponentlogin 应用程序创建了一个接受用户名和密码的复合组件。该组件可以与一个 managed bean 进行交互。该组件不仅能够将用户名和密码存储到 managed bean 中，还可以从 bean 中获取用户名和密码的值，并将这些值显示在登录页面上。

compositecomponentlogin 应用程序由一个复合组件文件、一个 XHTML 页面以及一个 managed bean 组成。

应用程序的源代码位于 *tut-install*/examples/web/compositecomponentlogin 目录下。

复合组件文件

复合组件文件是一个 XHTML 文件，路径为/web/resources/ezcomp/LoginPanel.xhtml。其中的 composite:interface 部分声明了用户名、密码和登录按钮的标签。它还声明了一个 managed bean，为用户名和密码定义了属性：

```
<composite:interface>
    <composite:attribute name="namePrompt" default="User Name: "/>
    <composite:attribute name="passwordPrompt" default="Password: "/>
    <composite:attribute name="loginButtonText" default="Log In"/>
    <composite:attribute name="loginAction"
                    method-signature="java.lang.String action()"/>
    <composite:attribute name="myLoginBean"/>
    <composite:editableValueHolder name="vals" targets="form:name"/>
    <composite:editableValueHolder name="passwordVal" targets="form:password"/>
</composite:interface>
```

复合组件实现会将用户输入的值，赋给 managed bean 中的用户名和密码属性。

```
<composite:implementation>
    <h:form id="form">
        <table columns="2" role="presentation">
            <tr>
```

compositecomponentlogin 示例程序

```
            <td><h:outputLabel for="name"
                             value="#{cc.attrs.namePrompt}"/></td>
            <td><h:inputText id="name"
                             value="#{cc.attrs.myLoginBean.name}"
                             required="true"/></td>
        </tr>
        <tr>
            <td><h:outputLabel for="password"
                             value="#{cc.attrs.passwordPrompt}"/></td>
            <td><h:inputSecret id="password"
                             value="#{cc.attrs.myLoginBean.password}"
                             required="true"/></td>
        </tr>
    </table>
    <p>
        <h:commandButton id="loginButton"
                         value="#{cc.attrs.loginButtonText}"
                         action="#{cc.attrs.loginAction}"/>
    </p>
</h:form>
...
</composite:implementation>
```

用到的页面

本示例中用到的页面 web/index.xhtml 是一个 XHTML 文件,它调用了实现登录的复合组件文件以及 managed bean。它会校验用户的输入。

```
<div id="compositecomponent">
    <ez:LoginPanel myLoginBean="#{myLoginBean}"
                   loginAction="#{myLoginBean.login}">
        <f:validateLength maximum="10" minimum="4" for="vals" />
        <f:validateRegex pattern="((?=.*\d)(?=.*[a-z])(?=.*[A-Z]).{4,10})"
                         for="passwordVal"/>
    </ez:LoginPanel>
</div>
```

f:validateLength 标签要求用户名长度为 4 到 10 个字符之间。

f:validateRegex 标签要求密码长度为 4 到 10 个字符之间,并且至少要包含一个数字、一个小写字母,以及一个大写字母。

Managed Bean

示例中 managed bean 的源文件为 src/java/compositecomponentlogin/ MyLoginBean.java,它定义了一个 login 方法,用来获取用户名和密码。

```java
@ManagedBean
@RequestScoped
public class MyLoginBean {

    private String name;
    private String password;

    public MyLoginBean() {
    }

    public myloginBean(String name, String password) {
        this.name = name;
        this.password = password;
    }

    public String getPassword() {
        return password;
    }

    public void setPassword(String newValue) {
        password = newValue;
    }

    public String getName() {
        return name;
    }

    public void setName(String newValue) {
        name = newValue;
    }

    public String login() {
        if (getName().equals("javaee")) {
            String msg = "Success. Your user name is " + getName()
                    + ", and your password is " + getPassword();
            FacesMessage facesMsg = new FacesMessage(msg, msg);
            FacesContext.getCurrentInstance().addMessage(null, facesMsg);
            return "index";
        } else {
            String msg = "Failure. Your user name is " + getName()
                    + ", and your password is " + getPassword();
            FacesMessage facesMsg =
                    new FacesMessage(FacesMessage.SEVERITY_ERROR, msg, msg);
            FacesContext.getCurrentInstance().addMessage(null, facesMsg);
            return "index";
```

            }
        }
}

运行 compositecomponentlogin 示例程序

你可以使用 NetBeans IDE 或者 Ant 来构建、打包、部署并运行 compositecomponentlogin 示例程序。

▼ 使用 NetBeans IDE 构建、打包以及部署 compositecomponentlogin 示例程序

1. 从 File 菜单中选择 Open Project 项。

2. 在 Open Project 对话中，导航至 *tut-install*/examples/web/ 目录。

3. 选择 compositecomponentlogin 目录。

4. 选择 Open as Main Project 复选框。

5. 单击 Open Project。

6. 在 Projects 选项卡中，右键单击 compositecomponentlogin 并选择 Deploy 项。

▼ 使用 Ant 构建、打包以及部署 compositecomponentlogin 示例程序

1. 在终端窗口中，切换到 *tut-install*/examples/web/compositecomponentlogin/ 目录。

2. 输入如下命令：

```
ant
```

3. 输入如下命令：

```
ant deploy
```

▼ 运行 compositecomponentlogin 示例程序

1. 在 web 浏览器中，输入如下 URL：

    `http://localhost:8080/compositecomponentlogin/`

    打开登录组件的页面。

2. 在用户名和密码文本域中输入值，然后单击 Login 按钮。

参考 `login` 方法的实现，只有当用户名是 `javaee` 时才能登录成功。

由于使用了 `f:validateLength` 标签，如果用户名少于 4 个字符或者多于 10 个字符，那

么会显示一个校验错误消息。

由于使用了 f:validateRegex 标签,如果密码少于 4 个字符或者多于 10 个字符,或者没有包含至少一个数字、一个小写字母以及一个大写字母,那么会显示"Regex Pattern not matched"的错误消息。

第 6 章

创建自定义 UI 组件以及其他自定义对象

JavaServer Faces 技术提供了一组基本的标准化、可重用的 UI 组件,用来快速、容易地创建 web 应用程序的用户界面。这些组件大多数都与 HTML 4 的元素一一对应。但是,应用程序通常会需要一个有额外功能的组件,或者一个全新的组件。JavaServer Faces 技术允许扩展标准组件来增强已有的功能,或者创建自定义的组件。基于这种扩展的能力,JavaServer Faces 已经建立了一个由丰富的第三方组件库组成的生态系统,出于篇幅的考虑,本教程无法一一对它们进行介绍。扩展或创建自定义组件是 JavaServer Faces 技术的一个重要方面,如果想了解关于这方面内容的更多信息,可以先在网络上搜索 "JSF Component Libraries"。

除了扩展标准组件的功能之外,组件开发人员可能会希望允许页面编辑人员修改组件的显示方式,或者改变监听器的行为。另一方面,组件开发人员可能希望在不同类型的客户端设备,例如手机或平板电脑(非桌面电脑)上显示一个组件。由于 JavaServer Faces 灵活的架构,组件开发人员可以将组件的渲染方式委托给一个单独的渲染器,从而将组件的行为定义与显示分离开来。在这种方式下,组件开发人员可以定义一次自定义组件的行为,然后创建多个渲染器,由每个渲染器负责不同客户端设备类型上的渲染方式。

`javax.faces.component.UIComponent` 是一个 Java 类,它负责在请求处理阶段中展现用户界面的自包含部分。`UIComponent` 用来表示组件的含义,而视觉上的呈现则由 `javax.faces.render.Renderer` 负责。在任何 JavaServer Faces 视图上都可能含有多个相同 `UIComponent` 类的实例,这同任何 Java 程序都可能含有一个 Java 类的多个实例一样。

通过继承 `UIComponent` 类(它是所有标准 UI 组件的基类),JavaServer Faces 技术提供了创建自定义组件的能力。只要能使用普通组件的地方就可以使用自定义组件,例如一个复合组件中。一个 `UIComponent` 由两个名称来标识:`component-family` 指定该组件的用途(例如输入或者输出），而 `component-type` 标识组件的具体用途，例如作为一个文本输入还是一个命令按钮。

`Renderer` 是 `UIComponent` 的一个辅助工具，用来在指定类型的客户端设备上显示特定的 `UIComponent` 类。同组件相似，渲染器也由两个名称来标识：`render-kit-id` 和 `render-type`。渲染套件是一个特殊的、用来存放渲染器的组，通过 `render-kit-id` 来标识。大多数 JavaServer Faces 组件库都提供了它们自己的渲染套件。

`javax.faces.view.facelets.Tag` 对象是 `UIComponent` 和渲染器的辅助工具，用来在 JavaServer Faces 视图中引入一个 `UIComponent` 的实例。一个标签表示一组 `component-type` 和 `render-type` 的特定组合。

关于组件、渲染器和标签之间如何交互的内容，请参考本章后面的"组件、渲染器和标签的组合"一节。

本章通过在 Duke's Bookstore 案例研究示例程序中使用图像映射组件，来展示如何创建简单的自定义组件、自定义渲染器，以及相关的自定义标签，并介绍所有与使用组件和渲染器相关的细节内容。关于该示例程序的更多信息，请参考第 25 章。

本章还介绍了如何创建其他的自定义对象：自定义转换器、自定义监听器以及自定义校验器。此外还介绍了如何将组件的值和实例与数据对象绑定，以及如何将自定义对象与 managed bean 的属性绑定。

本章包括以下内容：

- 决定你是否需要一个自定义组件或者渲染器
- 理解图像映射示例程序
- 创建自定义组件的步骤
- 创建自定义组件类
- 将渲染工作委托给渲染器
- 实现事件监听器
- 处理自定义组件的事件
- 在标签库描述符中定义自定义组件标签
- 使用自定义组件
- 创建和使用自定义转换器
- 创建和使用自定义校验器
- 将组件值和实例与 Managed Bean 属性绑定
- 将转换器、监听器以及校验器与 Managed Bean 属性绑定

决定你是否需要一个自定义组件或者渲染器

JavaServer Faces 实现提供了一组非常基础的组件以及相关渲染器。本节将会帮助你决定是使用标准组件和渲染器，还是使用自定义组件和自定义渲染器。

何时使用自定义组件

组件类定义了一个 UI 组件的状态和行为。这个行为包括将组件的值转换为相应的 HTML 标记、在组件上对事件进行排序、进行校验，以及其他任何与浏览器及请求处理生命周期交互的相关行为。

如果遇到以下情形，你需要创建一个自定义组件：

- 你需要在一个标准组件上添加新的行为，例如生成另一种类型的事件（例如，将组件上发生的变化作为用户交互的结果，通知给页面的其他部分）。
- 你需要在组件值的请求处理阶段，进行一些与已有标准组件不同的行为。
- 你想要利用浏览器提供的 HTML 特性，但是标准的 JavaServer Faces 组件都无法做到。在当前的发布版本中，并不包含为复杂的 HTML 组件（例如 Frame）提供的标准组件，但是由于组件架构的可扩展性，你可以使用 JavaServer Faces 技术来创建这些组件。我们将在示例程序 Duke's Bookstore 中创建对应于 HTML `map` 和 `area` 标签的自定义组件。
- 你需要使用不被 HTML 支持的组件，在一个非 HTML 客户端上进行渲染。虽然标准 HTML 渲染套件会提供对所有标准 HTML 组件的支持，但是，如果你要在一个不同的客户端上渲染（例如手机），可能需要创建自定义组件，为该客户端专门提供该控件的展现方式。例如，一些无线客户端的组件架构需要支持标度和进度条，但是这些在 HTML 客户端上都是不支持的。在这种情况下，你可能需要使用组件和一个自定义渲染器，或者只需要一个自定义渲染器。

在以下情形中你不需要创建自定义组件：

- 你需要将几个组件集合起来，组成一个新的组件并拥有自己独特的行为。在这种情况下，你可以使用一个复合组件将已有的标准组件组合起来。关于复合组件的更多信息，请参考 *The Java EE 6 Tutorial: Basic Concepts* 中的 Composite Components 一节，以及本书的第 5 章。
- 你只需要简单操纵组件上的数据，或者向组件添加应用程序特有的功能，那么应该创建一个 managed bean，然后将其与标准组件绑定，而不是创建一个自定义组件。关于 managed bean 的更多信息，请参考 *The Java EE 6 Tutorial: Basic Concepts* 中的 Managed Beans in JavaServer Faces Technology 一节。

- 你需要将组件的数据转换为其渲染器所不支持的类型。关于如何转换组件数据的更多内容，请参考 The Java EE 6 Tutorial: Basic Concepts 中的 Using the Standard Converters 一节。
- 你需要对组件数据进行校验。通过在页面中使用 `validator` 标签，你可以向组件添加标准校验器和自定义校验器。关于如何校验组件数据的更多内容，请参考 The Java EE 6 Tutorial: Basic Concepts 中的 Using the Standard Validators 章节，以及本章后面的"创建和使用自定义校验器"一节。
- 你需要在组件上注册事件监听器。你可以使用 `f:valueChangeListener` 或者 `f:actionListener` 标签为组件注册事件监听器，或者为组件的 `actionListener` 或 `valueChangeListener` 属性指定处理 managed bean 事件的方法。更多信息请参考本章后面的"实现事件监听器"和 The Java EE 6 Tutorial: Basic Concepts 中 Writing Managed bean Methods 一节。

何时使用自定义渲染器

渲染器（用来在 web 页面上生成一个显示组件的 HTML 标记）允许你将组件的语义与展现分离开来。通过这种分离，你可以为不同类型的客户端设备提供一致的用户体验。你可以将渲染器认为是"客户端适配器"。它能够根据客户端的显示能力生成相应的输出，并且当用户与组件交互时，接受来自客户端的输入。

如果你正在创建自定义组件，需要确保对组件类进行了如下操作，它们会对组件渲染起到关键的作用。

- 解码：将接收的请求参数转换为组件的本地值。
- 编码：将组件当前的本地值转换为相应的标记，以便在响应中进行展现。

JavaServer Faces 规范支持以下两种处理编码和解码的编程模型。

- 直接实现：组件类自己实现解码和编码。
- 委托实现：组件类委托给另一个渲染器来实现编码和解码。

通过将这些操作委托给渲染器，你可以将自定义组件与不同的渲染器关联，从而实现在不同的客户端上渲染组件。如果你不打算在不同的客户端上渲染组件，那么由组件类自己来处理渲染可能会更加容易。但是，使用单独渲染器的好处是，你可以将组件的语义和展现分离开来。Duke's Bookstore 应用程序虽然只需要显示在支持 HTML 4 的 web 浏览器上，但是它也将组件与渲染器分离了开来。

如果你不确定是否需要分离渲染器所带来的灵活性，但是又希望使用更简单的直接实现方式，其实可以二者兼得。可以在组件类中包含一些默认的渲染代码，但是它又可以在有其他渲染器的时候委托给渲染器来实现。

组件、渲染器和标签的组合

当你创建自定义组件时，可以同时创建一个自定义渲染器。为了将组件与渲染器关联，并能够在页面上引用组件，你还需要创建一个自定义的标签。

虽然你需要编写自定义组件和渲染器，但是不需要为自定义标签编写代码（称为标签处理程序）。如果你指定了组件和渲染器的组合，那么 Facelets 会自动为其创建标签处理程序。

在极少情况下，你可能需要使用一个自定义渲染器和一个标准组件，而不是一个自定义组件。或者你可能在没有渲染器或者组件的情况下使用一个自定义标签。本节会给出一些这种情况下的示例程序，并总结创建自定义组件、渲染器以及标签所需的条件。

如果你希望在标准组件上添加一些客户端校验，可以使用一个没有自定义组件的自定义渲染器。你可以使用客户端脚本语言，例如 JavaScript 来实现校验代码，然后使用自定义组件来渲染 JavaScript。在这种情况下，你需要同时使用自定义标签与渲染器，这样它的标签处理程序可以将渲染器注册到标准组件上。

自定义组件以及自定义渲染器需要与自定义标签一起使用。但是你也可以抛开自定义渲染器或者自定义组件，只使用一个自定义标签。例如，假设你需要创建一个自定义校验器，在校验器标签上使用其他的属性。此时，自定义标签就相当于自定义校验器，而不是自定义组件或者自定义渲染器。不管在任何情况下，你都需要将自定义标签与一个服务器端对象关联在一起使用。

表 6-1 总结了你必须或者可以与自定义组件、自定义渲染器或自定义标签关联的对象。

表 6-1　自定义组件、自定义渲染器以及自定义标签所需要的条件

自定义项	必须有	可以有
自定义组件	自定义标签	自定义渲染器或者标准渲染器
自定义渲染器	自定义标签	自定义组件或者标准组件
自定义 JavaServer Faces 标签	一些服务器端对象，例如一个组件、自定义渲染器或者自定义校验器	自定义组件或者与自定义渲染器关联的标准组件

理解图像映射示例程序

Duke's Bookstore 的 `index.xhtml` 页面中包含了一个自定义的图像映射[1]组件。该组件会

---

[1] 图像映射（image-map）指带有可点击区域的一幅图像。请参考 w3cschool 的翻译。

显示六本书的标题供用户选择。当用户单击图像映射其中一个书籍标题时，应用程序会跳转到另一个页面，显示选中书籍的标题和信息。该页面还允许用户将任意一本书（或者没有）添加到购物车中。

为什么使用 JavaServer Faces 技术来实现图像映射

JavaServer Faces 技术是一个实现这类图像映射的理想框架，因为它不需要你创建服务器端的图像映射，就可以完成其他框架必须在服务器端完成的工作。

一般来说，我们会出于以下几个原因选择客户端图像映射，而非服务器端图像映射。一个原因是当用户将鼠标光标移动到热点上时，客户端图像映射允许浏览器立即提供反馈。另一个原因是客户端图像映射的性能更好，因为它们不需要与服务器端进行来回交互。但是，在某些情况下，图像映射可能需要访问服务器来获取数据，或者改变非表单控件的显示，而这些都是客户端图像映射所做不到的。

由于图像映射自定义组件使用了 JavaServer Faces 技术，所以它结合了二者的优点：它即可以让应用程序的一部分在服务器端执行，又可以让其他部分在客户端执行。

理解渲染的 HTML

以下是应用程序需要渲染的 HTML 页面的表单部分（部分代码已省略）：

```
<form id="j_idt13" name="j_idt13" method="post"
    action="/dukesbookstore/faces/index.xhtml" ... >
...
<img id="j_idt13:mapImage"
    src="/dukesbookstore/faces/javax.faces.resource/book_all.jpg?ln=images"
    alt="Choose a Book from our Catalog"
    usemap="#bookMap" />
...
<map name="bookMap">
<area alt="Duke"
    coords="67,23,212,268"
    shape="rect"
    onmouseout=
"document.forms[0]['j_idt13:mapImage'].src='resources/images/book_all.jpg'"
        onmouseover=
"document.forms[0]['j_idt13:mapImage'].src='resources/images/book_201.jpg'"
        onclick=
"document.forms[0]['bookMap_current'].value='Duke'; document.forms[0].submit()"
    />
...
<input type="hidden" name="bookMap_current">
```

理解图像映射示例程序

```
    </map>
    ...
</form>
```

在 `img` 标签中,我们将图片 (`book_all.jpg`) 与 `usemap` 属性引用的图像映射关联了起来。

`map` 标签指定了图像映射,并包含了一组 `area` 标签。

每个 `area` 标签都指定了图像映射的一个区域。`onmouseover`、`onmouseout` 以及 `onclick` 属性定义了当这些事件发生时执行的 JavaScript 代码。当用户将鼠标光标移动到某个区域上时,与其关联的 `onmouseover` 方法会高亮显示该区域。当用户将鼠标光标移出某个区域时,`onmouseout` 方法会重新显示原有的图片。如果用户单击了某个区域,`onclick` 方法会将 `input` 标签的值设置为选中区域的 ID,然后提交整个页面。

`input` 标签表示一个隐藏的控件,用来在客户端与服务器交互过程中存储当前选中区域的值,这样服务器端组件类就可以获取这个值了。

服务器端对象会获取 `bookMap_current` 的值,并根据选中的区域来设置 `javax.faces.context.FacesContext` 实例中的语言环境。

理解 Facelets 页面

以下是图像映射组件所使用的 Facelets 页面的简化代码,用来生成之前章节中显示的 HTML 页面。它使用自定义的 `bookstore:map` 和 `bookstore:area` 标签来展示自定义组件。

```
<h:form>
    ...
    <h:graphicImage id="mapImage"
                    name="book_all.jpg"
                    library="images"
                    alt="#{bundle.ChooseBook}"
                    usemap="#bookMap" />
    <bookstore:map id="bookMap"
                   current="map1"
                   immediate="true"
                   action="bookstore">
        <f:actionListener
            type="dukesbookstore.listeners.MapBookChangeListener" />
        <bookstore:area id="map1" value="#{Book201}"
                        onmouseover="resources/images/book_201.jpg"
                        onmouseout="resources/images/book_all.jpg"
                        targetImage="mapImage" />
        <bookstore:area id="map2" value="#{Book202}"
                        onmouseover="resources/images/book_202.jpg"
                        onmouseout="resources/images/book_all.jpg"
```

```
                  targetImage="mapImage"/>
      ...
</bookstore:map>
      ...
</h:form>
```

`h:graphicImage` 标签的 `alt` 属性对应本地化的字符串 `"Choose a Book from our Catalog"`。

`bookstore:map` 标签中的 `f:actionListener` 标签指向了一个用来监听动作事件的监听器类。监听器的 `processAction` 方法会将选中映射区域的图书 ID 放到 `session` 映射中。在本章后面"处理自定义组件的事件"一节中介绍了更多这种处理事件的方式。

`bookstore:map` 标签的 `action` 属性指定了一个逻辑结果字符串 `"bookstore"`。根据隐式导航规则,它会将应用程序导航到 `bookstore.xhtml` 页面。关于导航的更多信息,请参考第 7 章的"配置导航规则"一节。

`bookstore:map` 的 `immediate` 属性被设置为 `true`,这表明应该在请求处理生命周期的"应用请求值"阶段,执行默认的 `javax.faces.event.ActionListener` 实现,而不是等到"调用应用程序"阶段再执行。由于单击映射所产生的请求不需要任何校验、数据转换或者服务器端对象更新,所以它可以直接进入"调用应用程序"阶段。

`bookstore:map` 的 `current` 属性被设置为默认区域,即 `map1`(书名为 *My Early Years:Growing Up on Star7*,作者为 Duke)。

请注意,`bookstore:area` 标签并不包含任何 JavaScript、坐标或者显示在 HTML 页面上的形状数据。JavaScript 由 `dukesbookstore.renderers.AreaRenderer` 类生成。`onmouseover` 和 `onmouseout` 属性的值表明当这些事件发生时,会加载相应的图片。本章后面的"执行编码"一节中介绍了更多如何生成 JavaScript 的内容。

坐标、形状和替换文字数据都通过 `value` 属性获得,指向了应用程序作用域中的一个属性。该属性的值是一个 bean,其中存储了坐标、形状以及替换文字等数据。下一节中会具体介绍这些 bean 是如何存储在应用程序的作用域中的。

配置模型数据

在 JavaServer Faces 应用程序中,图片映射的热点坐标都是通过 bean 的 `value` 属性来获取的。但是,同时还应该定义热点的形状和坐标属性,因为根据热点形状的不同,坐标也会有所不同。由于一个组件的值只能与一个 bean 属性绑定,因此 `value` 属性不能同时表示形状和坐标。

为了解决这个问题,应用程序将所有这些信息封装在一组 `ImageArea` 对象中。这些对象在创建 managed bean 时被初始化到应用程序的作用域中（请参考 *The Java EE 6 Tutorial: Basic Concepts* 中的 Managed Beans in JavaServer Faces Technology）。以下是南美洲热点所对应的 `ImageArea` bean 的声明（部分）。

```xml
<managed-bean eager="true">
    ...
    <managed-bean-name> Book201 </managed-bean-name>
    <managed-bean-class> dukesbookstore.model.ImageArea </managed-bean-class>
    <managed-bean-scope> application </managed-bean-scope>
    <managed-property>
        ...
        <property-name>shape</property-name>
        <value>rect</value>
    </managed-property>
    <managed-property>
        ...
        <property-name>alt</property-name>
        <value>Duke</value>
    </managed-property>
    <managed-property>
        ...
        <property-name>coords</property-name>
        <value>67,23,212,268</value>
    </managed-property>
</managed-bean>
```

关于如何在创建 managed bean 时初始化的更多信息，请参考第 7 章 "应用程序配置资源文件"一节。

`bookstore:area` 标签的 `value` 属性指向应用程序作用域中的 bean，如 `index.xhtml` 中的 `bookstore:area` 标签所示：

```xml
<bookstore:area id="map1" value="#{Book201}"
                onmouseover="resources/images/book_201.jpg"
                onmouseout="resources/images/book_all.jpg"
                targetImage="mapImage" />
```

为了从组件类中引用 `ImageArea` 模型对象的值，你需要在组件类中实现一个 `getValue` 方法。这个方法会调用 `super.getValue` 方法，*tut-install*/examples/case-studies/dukes-bookstore/src/java/dukesbookstore/components/AreaComponent.java 类的父类 `UIOutput`，有一个 `getValue` 方法，它会查找与 `AreaComponent` 相关的 `ImageArea` 对象。`AreaRenderer` 类因为需要显示 `ImageArea` 对象的替换文字、形状以及坐标数据，所以会调用 `AreaComponent` 类的 `getValue` 方法来获取 `ImageArea` 对象。

```java
ImageArea iarea = (ImageArea) area.getValue();
```

ImageArea 是一个简单的 bean，因此你可以调用 ImageArea 的相关访问方法，来访问形状、坐标以及替换文字。本章后面的"创建渲染器类"一节介绍了如何在 `AreaRenderer` 类中访问这些值。

Image Map 应用程序类总结

表 6-2 总结了实现 image map 组件所需要的类。

表 6-2　图像映射类

类	功能
`AreaSelectedEvent`	`javax.faces.event.ActionEvent` 表示已经选中了 `MapComponent` 中的一个 `AreaComponent`
`AreaComponent`	该类定义了 `AreaComponent`，对应于 bookstore:area 自定义标签
`MapComponent`	该类定义了 `MapComponent`，对应于 bookstore:map 自定义标签
`AreaRenderer`	`AreaComponent` 会委托该 `javax.faces.render.Renderer` 类进行渲染
`ImageArea`	该 bean 会存储热点的形状和坐标
`MapBookChangeListener`	`MapComponent` 的动作监听器

Duke's Bookstore 的源代码目录 *bookstore-dir* 位于 *tut-install*/examples/case-studies/dukes-bookstore/src/java/dukesbookstore/。事件和监听器类位于 *bookstore-dir*/listeners/下。组件类位于 *bookstore-dir*/components/下。渲染器类位于 *bookstore-dir*/renderers/下。ImageArea 位于 *bookstore-dir*/model/下。

创建自定义组件的步骤

当你开发自定义组件时，可以遵循以下步骤。

1. 按照如下步骤创建一个自定义组件类：

   a. 重写 `getFamily` 方法并返回组件类族，用来查找可以渲染该组件的渲染器。
   b. 在类中编写渲染代码，或者将其委托给一个渲染器（在步骤 2 会介绍）。
   c. 允许组件属性接受表达式。
   d. 如果组件会产生事件，对组件上的事件进行排序。
   e. 保存及恢复组件状态。

2. 如果你的组件不处理渲染，可以按照如下步骤，将该功能委托给一个渲染器：

   a. 继承 `javax.faces.render.Renderer`，创建一个自定义渲染器类。

b．将渲染器注册到渲染套件上。

3．注册组件。

4．如果你的组件会产生事件，创建一个事件处理程序。

5．创建一个定义自定义标签的标签库描述符（TLD）。

　　关于如何注册自定义组件和渲染器的信息，请参考第 7 章的"注册自定义组件"和"使用渲染套件来注册自定义渲染器"章节。第 7 章"使用自定义组件"一节会讨论如何在 JavaServer Faces 页面中使用自定义组件。

创建自定义组件类

　　如本章前面"何时使用自定义组件"一节中所述，一个组件类会定义 UI 组件的状态和行为。状态信息包括组件的类型、标识符以及本地值。组件类所定义的行为包括以下几种：

- 解码（将请求参数转换为组件的本地值）。
- 编码（将本地值转换为相应的 HTML 标记）。
- 保存组件的状态。
- 使用本地值来更新 bean 的值。
- 对本地值进行校验。
- 将事件排入队列。

　　`javax.faces.component.UIComponentBase` 类定义了一个组件类的默认行为。所有表示标准组件的类都继承于 `UIComponentBase`。同你在自定义组件类中所做的一样，这些类也会添加它们自己的行为定义。

　　你的自定义组件类必须直接继承 `UIComponentBase`，或者继承某个标准组件类。这些类都位于 `javax.faces.component` 包中，它们的名字都以 UI 开头。

　　如果你创建自定义组件的目的与某个标准组件相同，你应该继承那个组件，而不是直接继承 `UIComponentBase`。例如，假设你希望创建一个可编辑的菜单组件，那么更合理的方法是继承 `UISelectOne` 而不是 `UIComponentBase`，因为你可以重用 `UISelectOne` 组件中已经定义的行为，你只需要定义一个使菜单可编辑的新功能。

　　不管你决定继承 `UIComponentBase` 类还是标准组件类，都可能希望组件实现一个或多个 `javax.faces.component` 包中定义的行为接口。

- ActionSource：表示组件可以触发一个 javax.faces.event.ActionEvent 事件。
- `ActionSource2`：继承自 `ActionSource`，并且允许组件属性使用由标准 EL 定义的方法表达式，引用处理动作事件的方法。
- `EditableValueHolder`：继承自 `ValueHolder` 并指定了可编辑组件所需的其他功能，例如校验和触发值改变事件。
- `NamingContainer`：所有以该组件为根的组件都必须有一个唯一的 ID。
- `StateHolder`：表示组件拥有必须在请求之间保存的状态。
- `ValueHolder`：表示组件维护了一个本地值，以及一个是否可以访问模型层数据的可选项。

如果你的组件继承自 `UIComponentBase`，它会自动实现 `StateHolder` 接口。由于所有组件都直接或间接地继承自 `UIComponentBase`，所以它们都实现了 `StateHolder` 接口。任何实现了 `StateHolder` 接口的组件同时也实现了 `StateHelper` 接口。`StateHelper` 接口继承自 `StateHolder` 接口并定义了一个类似于 `Map` 的结构，使得组件可以方便地保存和恢复局部视图状态。

如果你的组件继承自其他标准组件，那么它除了 `StateHolder` 以外还可能实现了其他行为接口。如果你的组件继承自 `UICommand`，它会自动实现 `ActionSource2` 接口。如果你的组件继承自 `UIOutput` 或者任何一个继承 `UIOutput` 的组件类，那么它会自动实现 `ValueHolder` 接口。如果你的组件继承自 `UIInput`，它会自动实现 `EditableValueHolder` 和 `ValueHolder` 接口。如果想了解其他组件类所实现的接口，请参考 JavaServer Faces API 文档。

如果你的组件继承了某个标准组件，但是你希望为它添加标准组件没有的行为，那么你可以显式地实现相应的行为接口。例如，如果你有一个继承自 `UIInput` 的组件，并且希望它能够触发动作事件，那么你必须让它显式地实现 `ActionSource2` 接口，因为 `UIInput` 组件并没有自动实现该接口。

Duke's Bookstore 图像映射示例程序有两个组件类：`AreaComponent` 和 `MapComponent`。`MapComponent` 类继承自 `UICommand`，因此也实现了 `ActionSource2` 接口，这意味着当用户单击映射时它可以触发动作事件。`AreaComponent` 类继承自标准组件 `UIOutput`。注解 `@FacesComponent` 会将组件注册到 JavaServer Faces 实现上。

```
@FacesComponent("DemoMap")
public class MapComponent extends UICommand {...}

@FacesComponent("DemoArea")
public class AreaComponent extends UIOutput {...}
```

`MapComponent` 类表示 `bookstore:map` 标签所对应的组件：

```
<bookstore:map id="bookMap"
               current="map1"
```

```
                immediate="true"
                action="bookstore">
    ...
</bookstore:map>
```

`AreaComponent` 类表示 `bookstore:area` 标签所对应的组件。

```
<bookstore:area id="map1" value="#{Book201}"
                onmouseover="resources/images/book_201.jpg"
                onmouseout="resources/images/book_all.jpg"
                targetImage="mapImage"/>
```

`MapComponent` 可以包含一个或多个 `AreaComponent` 实例。它的行为由以下几个动作组成：

- 获取当前所选区域的值。
- 定义与组件值对应的属性。
- 当用户单击图像映射时，产生一个事件。
- 将事件排入队列。
- 保存它的状态。
- 渲染 HTML map 标签以及 HTML input 标签。

`MapComponent` 将 HTML map 和 input 标签的渲染工作都委托给了 `MapRenderer` 类。`AreaComponent` 与一个存储图像映射中区域形状和坐标的 bean 绑定。你可以在本章后面"创建渲染器类"一节中了解如何通过值表达式来访问这些数据。`AreaComponent` 的行为包括以下几种：

- 从 bean 中获取形状和坐标数据。
- 将隐藏标签的值设为该组件的 `id`。
- 渲染 `area` 标签，包括 `onmouseover`、`onmouseout` 以及 `onclick` 等 JavaScript 方法。

虽然这些任务实际上都由 `AreaRenderer` 执行，但是 `AreaComponent` 必须将这些任务都委托给 `AreaRenderer`。更多信息请参考本章后面的"将渲染工作委托给渲染器"一节。

本节的剩余内容会介绍 `MapComponent` 所执行的任务，以及它委托给 `MapRenderer` 的编码和解码任务。关于 `MapComponent` 如何处理事件的内容，请参考本章后面的"处理自定义组件的事件"一节。

指定组件类族

如果你的自定义组件类会将渲染工作委托给其他渲染器，那么它需要重写 `UIComponent` 的 `getFamily` 方法，并返回组件类族的标识符，该标识符用来找到可被渲染器渲染的组件。

组件类族与渲染器类型一起使用，可以查找到所有能够渲染该组件的渲染器。

```
public String getFamily() {
    return ("Map");
}
```

组件类族的标识符 Map，必须与组件中 component-family 元素的定义以及在应用程序配置资源文件中的渲染器配置相一致。第 7 章的"使用渲染套件来注册自定义渲染器"一节会讲解如何在渲染器配置中定义组件类型。"注册自定义组件"一节会介绍如何在组件配置中定义组件类族。

执行编码

在"渲染响应"阶段，JavaServer Faces 实现会处理所有组件的编码方法和视图中与组件相关的渲染器。编码方法会将组件当前的本地值转换为相应的 HTML 标记，以便在响应中进行展现。

UIComponentBase 类定义了一组渲染 HTML 标记的方法：encodeBegin、encodeChildren 以及 encodeEnd。如果组件有子组件，那么你可能需要使用多个方法来渲染组件。否则，所有的渲染工作应该在 encodeEnd 中完成。另外，你也可以使用 encodeAll 方法，它包含了所有这些方法。

由于 MapComponent 是 AreaComponent 的父组件，所以 area 标签必须在 map 标签开始之后、结束之前进行渲染。为了达到这一点，MapRenderer 类会在 encodeBegin 方法中渲染起始的 map 标签，并在 encodeEnd 方法中渲染 map 标签的其余部分。

JavaServer Faces 实现会在调用 MapRenderer 的 encodeBegin 方法之后以及调用 MapRenderer 的 encodeEnd 方法之前，自动调用 AreaComponent 渲染器的 encodeEnd 方法。如果一个组件需要渲染它的子组件，应该在 encodeChildren 方法中进行。

下面是 MapRenderer 的 encodeBegin 和 encodeEnd 方法。

```
@Override
public void encodeBegin(FacesContext context, UIComponent component)
        throws IOException {
    if ((context == null)|| (component == null)){
        throw new NullPointerException();
    }
    MapComponent map = (MapComponent) component;
    ResponseWriter writer = context.getResponseWriter();
    writer.startElement("map", map);
    writer.writeAttribute("name", map.getId(), "id");
}
```

```
@Override
public void encodeEnd(FacesContext context, UIComponent component)
        throws IOException {
    if ((context == null) || (component == null)){
        throw new NullPointerException();
    }
    MapComponent map = (MapComponent) component;
    ResponseWriter writer = context.getResponseWriter();
    writer.startElement("input", map);
    writer.writeAttribute("type", "hidden", null);
    writer.writeAttribute("name", getName(context,map), "clientId");(
    writer.endElement("input");
    writer.endElement("map");
}
```

注意，encodeBegin 只渲染了起始的 map 标签。encodeEnd 方法会渲染 input 标签以及 map 的结束标签。

这些编码方法都接受一个 UIComponent 参数以及一个 javax.faces.context.FacesContext 参数。FacesContext 实例包含了与当前请求相关的所有信息。UIComponent 参数表示需要被渲染的组件。

方法的其余部分会使用 javax.faces.context.ResponseWriter 实例来渲染标记，由其将标记输出到当前的响应中。这个过程基本上包括这几个步骤：将 HTML 标签名称和属性名称以字符串形式传递给 ResponseWriter 实例，然后获取组件属性的值，再将它们传递给 ResponseWriter 实例。

startElement 方法接受的参数包括一个字符串（标签的名称）和标签对应的组件（在本例中为 map）。(将这些信息传递给 ResponseWriter 实例，能够帮助设计工具了解生成的 HTML 标记与哪个组件相关联。)

在调用 startElement 之后，你可以调用 writeAttribute 方法来渲染标签的属性。writeAttribute 方法接受属性名称、属性值以及一个表示该属性所属组件的属性名作为参数。如果最后一个参数是 null，它不会被渲染。

map 标签的 name 属性的值是通过 UIComponent 的 getId 方法获得的，它会返回组件的唯一标识符。input 标签的 name 属性的值是通过 MapRenderer 的 getName (FacesContext, UIComponent) 方法获得的。

如果你希望组件在没有渲染器时自己进行渲染，但是当有渲染器时就委托给渲染器，可以在编码方法中添加如下几行，检查是否有与组件相关联的渲染器：

```
if (getRendererType() != null) {
```

```
        super.encodeEnd(context);
        return;
}
```

如果有可用的渲染器，这个方法会调用父类的 `encodeEnd` 方法，由它来找到渲染器。`MapComponent` 类将所有的渲染工作都委托给了 `MapRenderer`，因此它不需要检查是否有可用的渲染器。

在某些继承标准组件的自定义组件类中，你可能需要实现 `encodeEnd` 以外的其他方法。例如，如果你需要从请求参数中获取组件的值，那么你必须实现解码方法。

执行解码

在"应用请求值"阶段，JavaServer Faces 实现会处理组件树中所有组件的解码方法。解码方法会从接收的请求参数中提取出组件的本地值，并且使用 `javax.faces.convert.Converter` 实现将该值转换为组件类可以接受的类型。

自定义组件类或其渲染器，只有在获取本地值或对事件排序时，才必须实现解码方法。组件可以通过调用 `queueEvent` 方法将事件加入队列。

以下是 `MapRenderer` 的 `decode` 方法：

```
@Override
public void decode(FacesContext context, UIComponent component) {
    if ((context == null) || (component == null)) {
        throw new NullPointerException();
    }
    MapComponent map = (MapComponent) component;
    String key = getName(context, map);
    String value = (String) context.getExternalContext().
            getRequestParameterMap().get(key);
    if (value != null)
        map.setCurrent(value);
    }
}
```

`decode` 方法首先调用 `getName(FacesContext,UIComponent)` 方法，获得隐藏 `input` 输入域的名称。然后使用该名称作为键，从请求的参数映射中获取该输入域的当前值。这个值表示当前选中的区域。最后，它再将 `MapComponent` 类的 `current` 属性的值设置为 `input` 文本域的值。

允许组件属性接受表达式

标准 JavaServer Faces 标签几乎所有的属性都可以接受表达式，不管是值表达式还是方法表达式。建议你也允许你的组件属性接受表达式，因为当编写 Facelet 页面时它可以为你带来更多的灵活性。

要允许属性接受表达式，组件类必须为属性实现 getter 和 setter 方法。这些方法通过 `StateHelper` 接口提供的功能，不仅能够存储和获取这些属性的值，还能够存储和获取多个请求之间的组件状态。

由于 `MapComponent` 继承自 `UICommand` 类，所以 `UICommand` 类已经替它获取到了所有属性相关的 `ValueExpression` 和 `MethodExpression` 实例。同样，`AreaComponent` 所继承的 `UIOutput` 类，也已经为其属性获取到了 `ValueExpression` 实例。对于这两个组件来说，getter 和 setter 方法用来存储和获取属性的键值和状态，如下面 `AreaComponent` 代码片段所示：

```
enum PropertyKeys {
    alt, coords, shape, targetImage;
}

public String getAlt() {
    return (String) getStateHelper().eval(PropertyKeys.alt, null);
}

public void setAlt(String alt) {
    getStateHelper().put(PropertyKeys.alt, alt);
}
...
```

但是，对于继承自 `UIComponentBase` 类的自定义组件，你需要为其实现获取属性相关的 `ValueExpression` 和 `MethodExpression` 方法，才能够接受表达式。例如，你可以增加一个获取 immediate 属性 `ValueExpression` 实例的方法：

```
public boolean isImmediate() {
    if (this.immediateSet) {
        return (this.immediate);
    }
    ValueExpression ve = getValueExpression("immediate");
    if (ve != null) {
        Boolean value = (Boolean) ve.getValue(
            getFacesContext().getELContext());
        return (value.booleanValue());
    } else {
        return (this.immediate);
    }
}
```

为了使组件属性能够接受方法表达式，对应的对象属性必须能够接受并返回一个 MethodExpression 对象。例如，如果 MapComponent 继承自 UIComponentBase 类而不是 UICommand 类，那么它需要提供一个 action 属性，来返回并接受一个 MethodExpression 对象：

```
public MethodExpression getAction() {
    return (this.action);
}
public void setAction(MethodExpression action) {
    this.action = action;
}
```

保存及恢复状态

如前面"允许组件属性接受表达式"一节中所述，借助 StateHelper 接口提供的功能，你可以在设置和获取属性值的同时，保存组件的状态。StateHelper 实现允许保存局部状态：它只保存自起始请求以来状态中变化的部分，而不是整个状态，因为完整的状态可以在"恢复视图"阶段保存。

实现了 StateHolder 接口的组件类，可能更应该实现 saveState(FacesContext) 和 restoreState(FacesContext,Object) 方法，来帮助 JavaServer Faces 实现保存和恢复组件在多个请求之间的完整状态。

为了保存一组值，你可以实现 saveState(FacesContext) 方法。该方法会在"渲染响应"阶段被调用，在这期间响应的状态会被保存下来，用于处理后续的请求。下面假设了一个 MapComponent 中的方法，当前只有一个属性：

```
@Override
public Object saveState(FacesContext context) {
    Object values[] = new Object[2];
    values[0] = super.saveState(context);
    values[1] = current;
    return (values);
}
```

该方法初始化了一个数组，用来存储已保存的状态。接下来，它会保存所有与组件相关的状态。

实现 StateHolder 的组件也可能会提供一个 restoreState(FacesContext, Object) 实现，将组件的状态恢复为 saveState(FacesContext) 方法所保存的状态。restoreState(FacesContext, Object) 方法在"恢复视图"阶段被调用，在这期间 JavaServer Faces 实现会检查上一次"渲染响应"阶段中是否保存了任何的状态，是否需要进行恢复，并为下一次回传做准备。

以下是 `MapComponent` 中虚构的一个 `restoreState(FacesContext, Object)` 方法：

```
public void restoreState(FacesContext context, Object state) {
    Object values[] = (Object[]) state;
    super.restoreState(context, values[0]);
    current = (String) values[1];
}
```

该方法接受一个 `FacesContext` 实例和一个 `Object` 实例，后者表示持有组件状态的数组。该方法会将组件的属性设置为 `Object` 数组中保存的值。

不管你是否在组件类中实现了这些方法，都可以在部署描述符中使用上下文环境参数 `javax.faces.STATE_SAVING_METHOD`，来指定保存状态的位置——客户端或者服务器端。如果在客户端保存状态，整个视图的状态会被渲染到页面上的某个隐藏域中。默认情况下，状态被保存在服务器端。

Duke's Forest 案例研究中的 web 应用程序将视图状态保存在了客户端。

在客户端上保存状态会占用更多的带宽和更多的客户端资源，但是将其保存在服务器上又会消耗够更多的服务器资源。如果你预料到用户可能会禁用 cookies，那么可能会希望将状态保存在客户端。

将渲染工作委托给渲染器

`MapComponent` 和 `AreaComponent` 都将自己的渲染委托给单独的渲染器。本章前面"执行编码"一节中介绍了 `MapRenderer` 如何对 `MapComponent` 进行编码。本节会通过 `AreaRenderer` 详细介绍委托渲染器来渲染 `AreaComponent` 的过程。

要委托渲染，你需要执行以下步骤：

- 创建 `Renderer` 类。
- 通过@`FacesRenderer` 注解（或者如第 7 章 "使用渲染套件来注册自定义渲染器" 一节中所介绍的应用程序配置资源文件），使用渲染套件来注册渲染器。
- 在@`FacesRenderer` 注解中标识渲染器的类型。

创建渲染器类

当委托渲染器时，你可以将所有编码和解码的工作都委托给渲染器，或者选择由组件类来渲染一部分。`AreaComponent` 类会将编码工作委托给 `AreaRenderer` 类。

渲染器类首先要标注@FacesRenderer注解。

```
@FacesRenderer(componentFamily = "Area",
rendererType = "dukesbookstore.renderers.AreaRenderer")
public class AreaRenderer extends Renderer {
```

@FacesRenderer注解会将渲染器类作为渲染器注册到JavaServer Faces实现。该注解会标识出组件的类族和渲染器类型。

为了渲染AreaComponent，AreaRenderer必须实现encodeEnd方法。AreaRenderer的encodeEnd方法会获取与AreaComponent绑定的、存储在ImageArea bean中的形状、坐标以及替换文字等值。假设当前渲染的area标签有一个value属性的值为book203。以下encodeEnd代码可以从FacesContext实例中获取该属性的值"book203"。

```
ImageArea ia = (ImageArea)area.getValue();
```

属性value就是ImageArea bean实例，其中包含了与AreaComponent实例book203相关的形状、坐标以及替换文本。本章前面"配置模型数据"一节中介绍了应用程序如何来存储这些值。

在获取ImageArea对象之后，该方法会调用相关的getter方法，并将返回值传给javax.faces.context.ResponseWriter实例，来渲染形状、坐标以及替换文本。例如，以下代码会输出形状和坐标：

```
writer.startElement("area", area);
writer.writeAttribute("alt", iarea.getAlt(), "alt");
writer.writeAttribute("coords", iarea.getCoords(), "coords");
writer.writeAttribute("shape", iarea.getShape(), "shape");
```

encodeEnd方法还会渲染onmouseout、onmouseover以及onclick属性的JavaScript方法。Facelets页面只需要提供在onmouseover或者onmouseout动作过程中加载的图片路径：

```
<bookstore:area id="map3" value="#{Book203}"
        onmouseover="resources/images/book_203.jpg"
        onmouseout="resources/images/book_all.jpg"
        targetImage="mapImage"/>
```

AreaRenderer类负责生成这些动作的JavaScript代码，如以下encodeEnd代码所示。AreaRenderer为onclick动作生成的JavaScript代码，会将隐藏域的值赋给当前区域的组件ID，然后提交页面。

```
sb = new StringBuffer("document.forms[0]['").append(targetImageId).
        append("'].src='");
sb.append(
        getURI(context,
```

```
                (String) area.getAttributes().get("onmouseout")));
sb.append("'");
writer.writeAttribute("onmouseout", sb.toString(), "onmouseout");
sb = new StringBuffer("document.forms[0]['").append(targetImageId).
        append("'].src='");
sb.append(
        getURI(context,
        (String) area.getAttributes().get("onmouseover")));
sb.append("'");
writer.writeAttribute("onmouseover", sb.toString(), "onmouseover");
sb = new StringBuffer("document.forms[0]['");
sb.append(getName(context, area));
sb.append("'].value='");
sb.append(iarea.getAlt());
sb.append("'; document.forms[0].submit()");
writer.writeAttribute("onclick", sb.toString(), "value");
writer.endElement("area");
```

通过提交页面，这段代码会使 JavaServer Faces 生命周期返回到"恢复视图"阶段。该阶段会保存所有的状态信息，包括隐藏域的值，因此会构建一个新的请求组件树。该值是通过 `MapComponent` 类的 `decode` 方法来获取的。`decode` 方法会被"应用请求值"阶段（在"恢复视图"阶段之后）中的 JavaServer Faces 实现调用。

除了 `encodeEnd` 方法，`AreaRenderer` 还包含一个空的构造方法，用来创建一个 `AreaRenderer` 实例，以便将其添加到渲染套件中。

`@FacesRenderer` 注解会将渲染器类作为渲染器注册到 JavaServer Faces 实现，该注解标识了组件的类族以及渲染器类型。

标识渲染器类型

在"渲染响应"阶段，JavaServer Faces 实现会调用组件标签的 `getRendererType` 方法，来决定具体调用哪个渲染器（如果有的话）。

你可以在 `@FacesRenderer` 注解的 `rendererType` 元素中，或者在标签库描述符文件中的 `renderer-type` 元素中，指定渲染器的类型。

实现事件监听器

JavaServer Faces 技术支持组件的动作事件以及值改变事件。

当用户激活了一个实现了 `javax.faces.component.ActionSource` 接口的组件时，就会触发一个动作事件。这些事件由 `javax.faces.event.ActionEvent` 表示。

当用户改变了一个实现了 `javax.faces.component.EditableValueHolder` 接口的组件的值时，就会触发一个值改变事件。这些事件由类 `javax.faces.event.ValueChangeEvent` 表示。

处理事件的一种方式是实现相应的监听器类。处理应用程序中动作事件的监听器类，必须实现 `javax.faces.event.ActionListener` 接口。类似的，处理值改变事件的监听器必须实现 `javax.faces.event.ValueChangeListener` 接口。

本节会介绍如何实现这两个监听器类。

要处理自定义组件所产生的事件，你必须实现一个事件监听器和一个事件处理程序，并手动排列组件上的事件。更多信息请参考第 6 章 "处理自定义组件的事件" 一节。

> **注意**：如果要处理一个只用于导航页面、不进行任何其他相关处理的事件时，你不需要创建 `ActionListener` 接口的实现。关于如何管理页面导航的信息，请参考 *The Java EE 6 Tutorial: Basic Concepts* 中的 Writing a Method to Handle Navigation 一节。

实现值改变监听器

一个 `javax.faces.event.ValueChangeListener` 实现必须包含一个 `processValueChange(ValueChangeEvent)` 方法。当发生值改变事件时，JavaServer Faces 实现会调用该方法来处理指定的值改变事件。`ValueChangeEvent` 实例会存储触发事件组件的新值和旧值。

在 Duke's Bookstore 案例研究中，我们将 `NameChanged` 监听器实现注册到了 `bookcashier.xhtml` 页面的 name `UIInput` 组件上。这个监听器会将用户在文本域中输入的名称保存到会话作用域中。

接下来，`bookreceipt.xhtml` 会从会话作用域中获取到该名称。

```
<h:outputFormat title="thanks"
            value="#{bundle.ThankYouParam}">
    <f:param value="#{sessionScope.name}"/>
</h:outputFormat>
```

当 `bookreceipt.xhtml` 页面加载完成后，它会在以下消息中显示该名称：

```
"Thank you, {0}, for purchasing your books from us."
```

以下是部分 `NameChanged` 监听器的实现：

```
public class NameChanged extends Object implements ValueChangeListener {

    @Override
```

```
public void processValueChange(ValueChangeEvent event)
    throws AbortProcessingException {

    if (null != event.getNewValue()) {
        FacesContext.getCurrentInstance().getExternalContext().
            getSessionMap().put("name", event.getNewValue());
    }
}
```

当用户在文本域中输入名称时，就会产生一个值改变事件，并且会调用 `NameChanged` 监听器实现的 `processValueChanged(ValueChangeEvent)` 方法。该方法首先从 `ValueChangeEvent` 对象中获取触发事件组件的 ID,然后将值和属性名放入 `FacesContext` 实例的会话 `Map` 中。

The Java EE 6 Tutorial: Basic Concepts 中 Registering a Value-Change Listener on a Component 介绍了如何将该监听器注册到一个组件上。

实现动作监听器

一个 `javax.faces.event.ActionListener` 实现必须包含一个 `processAction(ActionEvent)` 方法。该 `processAction(ActionEvent)` 方法用来处理指定的动作事件。当产生 `ActionEvent` 时，JavaServer Faces 实现会调用 `processAction(ActionEvent)` 方法。

Duke's Bookstore 案例研究使用了两个 `ActionListener` 实现，分别是 `LinkBookChangeListener` 和 `MapBookChangeListener`。关于 `MapBookChangeListener` 的细节请看本章后面"处理自定义组件的事件"一节。

The Java EE 6 Tutorial: Basic Concepts 中 Registering an Action Listener on a Component 一节中介绍了如何将监听器注册到组件上。

处理自定义组件的事件

如前面"实现事件监听器"一节所述，在一个触发事件的标准组件上，事件会被自动排序。但是如果一个自定义组件触发了事件，必须在其 `decode` 方法中手动对事件进行排序。

前面"执行解码"小节中介绍了如何使用 `decode` 方法对 `MapComponent` 上的事件进行排序。本节会介绍如何编写一个类来表示单击映射的事件，以及如何编写处理这个事件的方法。

如本章前面"理解 Facelets 页面"小节中所述，`bookstore:map` 标签的 `actionListener`

属性指向 `MapBookChangeListener` 类。该监听器类的 `processAction` 方法会处理单击图像映射的事件。以下是 `processAction` 方法的代码：

```
@Override
public void processAction(ActionEvent actionEvent)
        throws AbortProcessingException {

    AreaSelectedEvent event = (AreaSelectedEvent) actionEvent;
    String current = event.getMapComponent().getCurrent();
    FacesContext context = FacesContext.getCurrentInstance();
    String bookId = books.get(current);
    context.getExternalContext().getSessionMap().put("bookId", bookId);
}
```

当 JavaServer Faces 实现调用该方法时，它会传入一个 `ActionEvent` 对象，表示单击图像映射产生的事件。接下来，`ActionEvent` 对象被强制转换为一个 `AreaSelectedEvent` 对象（请参考 *tut-install*/examples/case-studies/dukes-bookstore/src/java/dukesbookstore/listeners/AreaSelectedEvent.java）。然后该方法会获得与该事件关联的 `MapComponent`，并获取 `MapComponent` 对象 `current` 属性的值，表示当前选中的区域。随后，该方法使用 `current` 属性的值，从一个 `HashMap` 对象（在 `MapBookChangeListener` 类的其他地方构造）中获取书籍的 ID 值。最后，该方法将从 `HashMap` 对象中获取到的 ID 值放到应用程序的会话 `Map` 中。

除了处理事件的方法外，你还需要一个事件类。这个类非常容易编写：继承 `ActionEvent`，提供一个构造函数（其参数是需要对事件进行排序的组件），以及一个返回该组件的方法。

以下是图像映射使用的 `AreaSelectedEvent` 类：

```
public class AreaSelectedEvent extends ActionEvent {
    public AreaSelectedEvent(MapComponent map) {
        super(map);
    }
    public MapComponent getMapComponent() {
        return ((MapComponent) getComponent());
    }
}
```

如本章前面"创建自定义组件类"一节所述，为了让 `MapComponent` 在第一时间能够触发事件，它必须实现 `ActionSource` 接口。由于 `MapComponent` 继承自 `UICommand`，它同样也实现了 `ActionSource` 接口。

在标签库描述符中定义自定义组件标签

为了使用自定义标签,你需要在标签库描述符(TLD)中进行声明。TLD 文件定义了如何在 JavaServer Faces 页面中使用自定义标签。web 容器使用 TLD 来校验标签。HTML_BASIC TLD 中定义了 HTML 渲染套件的标签集合,具体请参考 http://docs.oracle.com/javaee/6/javaserverfaces/2.1/docs/renderkitdocs/。

TLD 文件名必须以 `taglib.xml` 结尾。在 Duke's Bookstore 案例研究中,自定义标签 `area` 和 `map` 定义在文件 `web/WEB_INFO/bookstore.taglib.xml` 中。

所有标签定义必须嵌入在 TLD 的 `facelet-taglib` 元素中。每个标签都由一个 `tag` 元素来定义,其中指定了一个组件类型和一个渲染器类型。下面是 `area` 和 `map` 组件的标签定义:

```xml
<facelet-taglib xmlns="http://java.sun.com/xml/ns/javaee"
... >
    <namespace>http://dukesbookstore</namespace>
    <tag>
        <tag-name>area</tag-name>
        <component>
            <component-type>DemoArea</component-type>
            <renderer-type>DemoArea</renderer-type>
        </component>
    </tag>
    <tag>
        <tag-name>map</tag-name>
        <componcnt>
            <component-type>DemoMap</component-type>
            <renderer-type>DemoMap</renderer-type>
        </component>
    </tag>
</facelet-taglib>
```

`component-type` 元素指定了在 `@FacesComponent` 注解中定义的名称,而 `renderer-type` 元素指定了 `@FacesRenderer` 注解中定义的 `rendererType`。

`facelet-taglib` 元素还必须包含一个 `namespace` 元素,它定义了在自定义组件页面中指定的命名空间。关于如何在页面上指定命名空间的内容,请参考本章后面的"使用自定义组件"一节。

TLD 文件位于 `WEB-INF` 目录下。除了 TLD 文件之外,该目录下还包含一个 web 部署描述符文件(`web.xml`),用来标识自定义标签库描述符文件,如下所示:

```xml
<context-param>
```

```
    <param-name>javax.faces.FACELETS_LIBRARIES</param-name>
    <param-value>/WEB-INF/bookstore.taglib.xml</param-value>
</context-param>
```

使用自定义组件

要想在页面上使用一个自定义组件，你需要在页面上添加与组件相关的自定义标签。

如本章前面"在标签库描述符中定义自定义组件标签"一节中所述，如果你想在页面上使用自定义标签，必须保证应用程序中打包了自定义标签的 TLD 文件。TLD 文件存储在 WAR 文件的 `WEB-INF/` 目录或其子目录下，或者位于打包标签库文件的某个 JAR 文件的 `META-INF/` 目录或其子目录下。

你还需要在页面上引入一个命名空间声明，这样才可以访问到标签。Duke's Bookstore 案例研究中的自定义标签都定义在 `bookstore.taglib.xml` 文件中。页面 `index.xhtml` 上的 `ui:composition` 标签声明了在标签库中定义的命名空间：

```
<ui:composition xmlns="http://www.w3.org/1999/xhtml"
                xmlns:ui="http://java.sun.com/jsf/facelets"
                xmlns:h="http://java.sun.com/jsf/html"
                xmlns:f="http://java.sun.com/jsf/core"
                xmlns:bookstore="http://dukesbookstore"
                template="./bookstoreTemplate.xhtml">
```

最后，要在页面中使用一个自定义组件，你需要在页面上添加该组件的标签。

Duke's Bookstore 案例研究在 `index.xhtml` 页面上引入了一个自定义的图像映射组件。该组件允许你通过单击图像映射上的某个区域，来选择一本相应的书籍：

```
...
<h:graphicImage id="mapImage"
                name="book_all.jpg"
                library="images
                alt="#{bundle.chooseLocale}"
                usemap="#bookMap" />
<bookstore:map id="bookMap"
                current="map1"
                immediate="true"
                action="bookstore">
    <f:actionListener
        type="dukesbookstore.listeners.MapBookChangeListener" />
    <bookstore:area id="map1" value="#{Book201}"
                onmouseover="resources/images/book_201.jpg"
                onmouseout="resources/images/book_all.jpg"
                targetImage="mapImage" />
```

```
            ...
            <bookstore:area id="map6" value="#{Book207}"
                            onmouseover="resources/images/book_207.jpg"
                            onmouseout="resources/images//book_all.jpg"
                            targetImage="mapImage" />
</bookstore:map>
```

标准的 h:graphicImage 标签会将一张图片 (book_all.jpb) 与 usemap 属性值所引用的图像映射关联起来。

自定义 bookstore:map 标签表示自定义组件 MapComponent，它不仅指定了图像映射，还包含一组 area 标签。每个自定义 bookstore:area 标签都表示一个自定义的 AreaComponent 组件，指定了图像映射的一个区域。

在页面上，onmouseover 和 onmouseout 属性指定了用户进行操作时所显示的图片。自定义渲染器也会渲染一个 onclick 属性。

在渲染后的 HTML 页面上，onmouseover、onmouseout 和 onclick 属性定义了事件发生时执行的 JavaScript 代码。当用户将鼠标光标移到某个区域上时，与该区域相关联的 onmouseover 方法会高亮显示映射中的该区域。当用户将光标移出某个区域时，onmouseout 方法会重新显示原有的图片。当用户单击某个区域时，onclick 方法会将一个隐藏的 input 标签的值设置为选中区域的 ID，并提交页面。

当自定义渲染器渲染 HTML 中的这些属性时，它还会渲染 JavaScript 代码。自定义渲染器还会渲染整个 onclick 属性，而不是由页面开发人员来设置它。

自定义渲染器不仅会渲染 HTML map 标签，还会渲染一个隐藏的输入组件来保存当前区域。服务器端对象会获取隐藏输入域的值，并根据选中的区域来设置 FacesContext 实例中的语言环境。

创建和使用自定义转换器

JavaServer Faces 转换器类能够按照需要，将字符串转换为对象，或者将对象转换为字符串。出于这个目的，JavaServer Faces 提供了一些标准的转换器。关于这些内置转换器的更多内容，请参考 *The Java EE 6 Tutorial: Basic Concepts* 中 Using the Standard Converters 一节。

如第 3 章中"转换模型"一节所述，如果 JavaServer Faces 内置的标准转换器无法实现你所需要的数据转换，你可以创建一个自定义的转换器。这个实现必须至少定义了如何在两种数据视图之间互相进行转换。

所有自定义转换器都必须实现 javax.faces.convert.Converter 接口。本节会介绍如何实现该接口来转换自定义的数据。

Duke's Bookstore 案例研究使用了一个自定义转换器实现，位于 *tut-install*/*examples*/*case-studies*/*dukes-bookstore*/*src*/*java*/*dukesbookstore*/*converters*/*CreditCardConverter.java*，用来转换 bookcashier.xhtml 页面上 Credit Card Number 域中输入的数据。它去掉了文本字符串中的空白字符和连字符，并对其进行格式化，每四个字符用空格来分隔。

另一个自定义转换器的常用案例是非标准对象类型使用的下拉菜单。在 Duke's Tutoring 案例研究中，`Student` 和 `Guardian` 实体都需要使用一个自定义转换器，这样才能与 `UISelectItems` 输入组件之间进行转换。

创建自定义转换器

`CreditCardConverter` 自定义转换器的定义如下所示：

```
@FacesConverter("ccno")
public class CreditCardConverter implements Converter {
    ...
}
```

`@FacesConverter` 注解会将自定义转换器类作为一个转换器，以 `ccno` 的名称注册到 JavaServer Faces 实现上。除此之外，你还可以在应用程序配置资源文件中注册转换器，如第 7 章中"注册自定义组件"一节中所示。

要定义如何将数据从展现视图转换为模型视图，必须实现 `Converter` 接口的 `getAsObject(FacesContext,UIComponent,String)` 方法。以下是 `CreditCardConverter` 中对该方法的实现：

```
@Override
public Object getAsObject(FacesContext context,
        UIComponent component, String newValue)
        throws ConverterException {

    String convertedValue = null;
    if ( newValue == null ) {
        return newValue;
    }
    // 由于这只是字符串到字符串的转换，所以不会抛出 ConverterException

    convertedValue = newValue.trim();
    if ( (convertedValue.contains("-")) ||
        (convertedValue.contains(" "))) {
        char[] input = convertedValue.toCharArray();
        StringBuilder builder = new StringBuilder(input.length);
        for ( int i = 0; i < input.length; ++i ) {
```

创建和使用自定义转换器

```
            if ( input[i] == '-' || input[i] == ' ' ) {
                continue;
            } else {
                builder.append(input[i]);
            }
        }
        convertedValue = builder.toString();
    }
    return convertedValue;
}
```

在"应用请求值"阶段，当处理组件的解码方法时，JavaServer Faces 实现会查找请求中组件的本地值，然后调用 `getAsObject` 方法。当调用该方法时，JavaServer Faces 实现会传入当前 `FacesContext` 实例、需要转换数据的组件以及本地值字符串等参数。然后该方法会将本地值写到一个字符数组中，去掉其中的连字符和空白字符，最后将其余字符添加到一个字符串中，并返回该字符串。

要定义如何将数据从模型视图转换到展现视图，必须实现 Converter 接口的 `getAsString(FacesContext, UIComponent,Object)` 方法。以下是该方法的实现：

```
@Override
public String getAsString(FacesContext context,
        UIComponent component, Object value)
            throws ConverterException {

    String inputVal = null;
    if ( value == null ) {
        return null;
    }
    // value 必须是可以被转换为字符串的类型。
    try {
        inputVal = (String)value;
    } catch (ClassCastException ce) {
        FacesMessage errMsg = new FacesMessage(CONVERSION_ERROR_MESSAGE_ID);
        FacesContext.getCurrentInstance().addMessage(null, errMsg);
        throw new ConverterException(errMsg.getSummary());
    }
    // 如果还未显示，在每四个字符之间插入空格，这样可读性会更好。
    char[] input = inputVal.toCharArray();
    StringBuilder builder = new StringBuilder(input.length + 3);
    for ( int i = 0; i < input.length; ++i ) {
        if ( (i % 4) == 0 && i != 0) {
            if (input[i] != ' ' || input[i] != '-'){
                builder.append(" ");
                // 将"-"转换为空格。
```

```
            } else if (input[i] == '-') {
                builder.append(" ");
            }
        }
        builder.append(input[i]);
    }
    String convertedValue = builder.toString();
    return convertedValue;
}
```

在"渲染响应"阶段，当调用组件的编码方法时，JavaServer Faces 实现会调用 `getAsString` 方法，生成适当的输出。当 JavaServer Faces 实现调用这个方法时，它会传入当前 FacesContext、需要转换值的 UIComponent，以及要转换的 bean 值等参数。因为这个转换器进行的是"字符串到字符串"的转换，所以该方法可以将 bean 的值强制转换为字符串。

如果值不能被转换为一个字符串，那么该方法会抛出一个异常，并以（应用程序注册的）资源绑定中的一个错误消息作为异常的参数。关于如何在应用程序中注册自定义错误消息的内容，请参考第 7 章中"注册应用程序消息"一节。

如果值可以被转换为一个字符串，那么该方法会将字符串读入到一个字符数组中，然后循环该数组并在每四个字符后添加一个空格。

你还可以使用一个指定了 `forClass` 属性的 `@FacesConverter` 注解，来创建自定义转换器，如同下面 Duke's Tutoring 案例研究中所示：

```
@FacesConverter(forClass=Guardian.class)
public class GuardianConverter implements Converter { ...
```

`forClass` 属性会将转换器注册为 `Guardian` 类的默认转换器。这样，只要在输入组件的 `value` 属性中指定该类，就会自动调用该转换器。

如 Duke's Bookstore 和 Duke's Tutoring 案例研究中所示，转换器类可以是一个单独的 Java POJO 类。如果它需要访问某个 managed bean 类中定义的对象，可以作为 managed bean 的内部类。如 Duke's Forest 案例研究中的转换器所示，它使用了一个被注入到 managed bean 类中的 enterprise bean。

使用自定义转换器

要想使用自定义转换器来转换某个特定组件的值，你必须遵循以下步骤：

- 在组件标签的 `converter` 属性中引用转换器。
- 在组件的标签中嵌入一个 `f:converter` 标签，然后在 `f:converter` 标签其中一个属性中引用自定义转换器。

如果你使用了组件标签的 `converter` 属性，该属性必须引用 Converter 接口实现的标识符，或者转换器的全类名。本章前面的"创建和使用自定义转换器"一节介绍了如何实现一个自定义的转换器。

`CreditCardConverter` 类的标识符是 `ccno`，即在 `@FacesConverter` 注解中指定的值：

```
@FacesConverter("ccno")
public class CreditCardConverter implements Converter {
    ...
```

因此，如下例所示，`CreditCardConverter` 实例可以被注册到 `ccno` 组件上。

```
<h:inputText id="ccno"
    size="19"
    converter="ccno"
    value="#{cashier.creditCardNumber}"
    required="true"
    requiredMessage="#{bundle.ReqCreditCard}">
    ...
</h:inputText>
```

如果将组件标签的 `converter` 属性设置为转换器的标识符或者类名，就会根据 Converter 实现中指定的规则，自动对组件的本地值进行转换。

除了使用组件标签的 `converter` 属性来引用转换器，你还可以在组件标签中嵌入 `f:converter` 来引用转换器。要使用 `f:converter` 标签来引用自定义转换器，你需要执行以下步骤之一。

- 将 `f:converter` 标签的 `converterId` 属性设置为 `@FacesConverter` 注解或者应用程序配置资源文件中定义的 Converter 实现的标识符。该方法如 `bookcashier.xhtml` 所示：

```
<h:inputText id="ccno"
            size="19"
            value="#{cashier.creditCardNumber}"
            required="true"
            requiredMessage="#{bundle.ReqCreditCard}" >
    <f:converter converterId="ccno"/>
    <f:validateRegex
        pattern="\d{16}|\d{4} \d{4} \d{4} \d{4}|\d{4}-\d{4}-\d{4}-\d{4}" />
</h:inputText>
```

- 使用 `f:converter` 标签的 `binding` 属性，将 Converter 实现与一个 managed bean 属性绑定，如本章后面"将转换器、监听器以及校验器与 Managed Bean 属性绑定"一节中所述。

JavaServer Faces 实现会调用转换器的 `getAsObject` 方法去除输入值中的空格和连字符。

如果用户订购的书总价大于 100 美元时，会重新显示 `bookcashier.xhtml` 页面并调用 `getAsString` 方法。

在 Duke's Tutoring 案例研究中，每个转换器都被注册为某个特定类的转换器。当在某个输入组件的 `value` 属性中指定该类时，就会自动调用该类上注册的转换器。在下面的例子中，`itemValue` 属性（粗体标注）会调用 Guardian 类的转换器。

```
<h:selectManyListbox id="selectGuardiansMenu"
                     value="#{guardianManager.selectedGuardians}"
                     size="5">
    <f:selectItems value="#{guardianManager.allGuardians}"
                   var="selectedGuardian"
                   itemLabel="#{selectedGuardian.name}"
                   itemValue="#{selectedGuardian}" />
</h:selectManyListbox>
```

创建和使用自定义校验器

如果标准校验器或者 Bean Validation 无法满足你的校验需求，你可以创建一个自定义校验器来校验用户的输入。如第 3 章中"校验模型"一节所述，有两种实现校验代码的方式：

- 实现一个 managed bean 方法来进行校验。
- 提供一个 `javax.faces.validator.Validator` 接口的实现来进行校验。

The Java EE 6 Tutorial: Basic Concepts 中的 Writing a Method to Perform Validation 一节介绍了如何实现一个 managed bean 方法来进行校验。本节会介绍如何实现 `Validator` 接口。

如果你选择实现 `Validator` 接口，并且希望允许页面开发人员在页面上配置校验器的属性，还必须指定一个自定义标签，用来将校验器注册到某个组件上。

如果你更喜欢在 `Validator` 实现中配置属性，那么就不必指定自定义标签，由页面开发人员使用 `f:validator` 标签将校验器注册到某个组件上，如本章后面"使用自定义校验器"一节中所述。

你还可以创建一个 managed bean 属性，用来接受和返回 `Validator` 接口的实现，如 *The Java EE 6 Tutorial: Basic Concepts* 中 Writing Properties Bound to Converters, Listeners, or Validators 中所述。你可以使用 `f:validator` 标签的 `binding` 属性将 `Validator` 实现与 managed bean 属性绑定。

通常，你会希望在数据校验失败时显示一条错误信息。那么需要将这些错误信息保存在资源绑定中。

当创建资源绑定后，有两种方式在应用程序中使用这些消息。可以通过编程的方式，在

FacesContext 上手工加入错误消息，或者如第 7 章"注册应用程序消息"一节中所述，将这些错误消息注册到应用程序资源文件中。

例如，一个电子商务应用程序可能会使用一个通用的自定义校验器 FormatValidator.java，来校验输入数据是否符合自定义校验器标签中所指定的格式。该校验器可能会用在某个 Facelets 页面的 Credit Card Number 文本域上。以下是该自定义校验器标签的定义：

```
<mystore:formatValidator
    formatPatterns="9999999999999999|9999 9999 9999 9999|9999-9999-9999-9999"/>
```

根据该校验器，文本域中输入的数据必须符合以下几种格式：

- 不含任何空格的 16 位数字。
- 用空格分开、每 4 位数字一组的 16 位数字。
- 用连字符分开、每 4 位数字一组的 16 位数字。

虽然在这种情况下，我们可以使用 f:validateRegex 标签来代替自定义校验器，但是本节的其他部分会介绍如何实现该校验器，以及如何指定一个自定义标签，以便页面开发人员将校验器注册到某个组件上。

实现校验器接口

一个 Validator 实现必须包含一个构造函数、所有标签属性的 getter 和 setter 方法，以及一个实现 Validator 接口中 validate 方法的方法。

假设 FormatValidator 类还定义了用来设置 formatPatterns 属性的 getter 和 setter 方法，用来指定文本域输入的格式模式。setter 方法会调用 parseFormatPatterns 方法，将模式字符串的各个部分划分到一个字符串数组 formatPatternsList 中。

```java
public String getFormatPatterns() {
    return (this.formatPatterns);
}
public void setFormatPatterns(String formatPatterns) {
    this.formatPatterns = formatPatterns;
    parseFormatPatterns();
}
```

除了定义属性的 getter 和 setter 方法，该类还重写了 Validator 接口中的 validate 方法。该方法会校验输入和当字符串无效时访问要显示的自定义错误消息。

方法 validate 会进行实际的数据校验。它的参数包括一个 FacesContext 实例、需要校验数据的组件，以及需要校验的值。校验器只能校验实现了 javax.faces.component.EditableValueHolder 接口的组件的数据。

以下是该校验器方法的实现代码:

```java
@FacesValidator
public class FormatValidator implements Validator, StateHolder {
    ...
     public void validate(FacesContext context, UIComponent component,
                         Object toValidate) {
    boolean valid = false;
    String value = null;
    if ((context == null) || (component == null)) {
        throw new NullPointerException();
    }
    if (!(component instanceof UIInput)) {
        return;
    }
    if ( null == formatPatternsList || null == toValidate) {
        return;
    }
    value = toValidate.toString();
    // 使用有效的模式列表对value进行校验
    Iterator patternIt = formatPatternsList.iterator();
    while (patternIt.hasNext()) {
        valid = isFormatValid(
             ((String)patternIt.next()), value);
        if (valid) {
            break;
        }
    }
    if ( !valid ) {
        FacesMessage errMsg =
            new FacesMessage(FORMAT_INVALID_MESSAGE_ID);
        FacesContext.getCurrentInstance().addMessage(null, errMsg);
        throw new ValidatorException(errMsg);
      }
    }
  }
}
```

注解 @FacesValidator 会将 FormatValidtor 类注册为 JavaServer Faces 实现的一个校验器。validate 方法会获取组件的本地值,然后将其转换为一个字符串。随后,校验器会遍历 formatPatternsList 列表,这里存放了由自定义校验器标签的 formatPatterns 属性解析出来的可接受的模式列表。

当遍历列表时,该方法会检查组件本地值的模式是否与列表中的模式相匹配。如果本地值的模式与列表中的模式不匹配,该方法会产生一个错误消息。然后它会使用 Properties 文件

创建和使用自定义校验器

中的一个键字符串，创建一个 `javax.faces.application.FacesMessage` 实例并将它加入到 `FacesContext` 中，以便在"渲染响应"阶段显示错误消息。

```
    public static final String FORMAT_INVALID_MESSAGE_ID =
        "FormatInvalid";
}
```

最后，该方法会将消息传给 `javax.faces.validator.ValidatorException` 类的构造函数。

当显示错误消息时，表示正确格式的字符串会替换错误消息中的{0}，如下所示（以英语为例）：

```
Input must match one of the following patterns: {0}
```

虽然通常并不需要保存状态，但是你也许会希望保存或恢复校验器的状态。为了实现这一点，除了 `Validator` 接口之外，你还需要实现 `StateHolder` 接口。要实现 `StateHolder` 接口，你需要实现它的 4 个方法：`saveState(FacesContext)`、`restoreState(FacesContext, Object)`、`isTransient` 以及 `setTransient(boolean)`。更多信息请参考本章前面的"保存及恢复状态"一节。

指定自定义标签

如果你选择实现 `Validator` 接口，而不是实现 managed bean 的方法来进行校验，需要做以下两件事之一：

- 允许页面开发人员使用 `f:validator` 标签来指定 `Validator` 实现。在这种情况下，`Validator` 实现必须定义自己的属性。关于如何使用 `f:validator` 标签请参考本章前面的"使用自定义校验器"一节。
- 指定一个自定义标签，用来配置页面上校验器的属性。

要指定一个自定义标签，你需要将该标签添加到应用程序的标签库描述符中，即 `bookstore.taglib.xml`。

```xml
<tag>
    <tag-name>formatValidator</tag-name>
    <validator>
        <validator-id>formatValidator</validator-id>
        <validator-class>dukesbookstore.validators.FormatValidator
        </validator-class>
    </validator>
</tag>
```

元素 `tag-name` 定义了标签的名称，它在 Facelets 页面上是必不可少的。元素 `validator-`

id 标识了自定义校验器。元素 `validator-class` 将自定义标签绑定到它的实现类上。

本章后面的"使用自定义校验器"一节介绍了如何在页面上使用自定义的校验器标签。

使用自定义校验器

要在某个组件上注册一个自定义校验器，有以下两种方式：

- 将校验器的自定义标签嵌入到需要校验的组件标签中。
- 在组件标签中嵌入标准的 `f:validator` 标签，然后在 `f:validator` 标签中引用自定义的 Validator 实现。

以下是一个虚构的自定义标签 `formatValidator`，用于验证 Credit Card Number 文本域中以输入。该标签被嵌入到 `h:inputText` 标签中：

```
<h:inputText id="ccno" size="19"
    ...
    required="true">
    <mystore:formatValidator
        formatPatterns="9999999999999999|9999 9999 9999 9999|9999-9999-9999-9999" />
</h:inputText>
<h:message styleClass="validationMessage" for="ccno"/>
```

该标签会校验 `ccno` 文本域的输入，是否与页面开发人员在 `formatPatterns` 属性中指定的模式相匹配。

你只需简单地在组件标签中嵌入该自定义校验器标签，就可以为其他任何类似的组件使用同一个自定义校验器。

如果开发人员更喜欢在 `Validator` 实现中配置属性，而不是由页面开发人员在页面上配置属性，那么他们就不需要为校验器创建一个自定义标签。

在这种情况下，页面开发人员必须将 `f:validator` 标签嵌入到需要验证的组件标签中，然后执行以下步骤之一：

- 将 `f:validator` 标签的 `validatorId` 属性设置为应用程序配置资源文件中定义的校验器 ID。
- 使用 `f:validator` 标签的 `binding` 属性，将自定义校验器实现与一个 managed bean 属性绑定。如本章后面"将转换器、监听器以及校验器与 Managed Bean 属性绑定"一节中所述。

下面的标签使用了一个 `validator` 标签并引用了校验器的 ID，在组件上注册了一个虚构的校验器。

```
<h:inputText id="name" value="#{CustomerBean.name}"
             size="10" ... >
    <f:validator validatorId="customValidator" />
    ...
</h:inputText>
```

将组件值和实例与 Managed Bean 属性绑定

将组件标签的数据与某个 managed bean 绑定，有以下两种方式：

- 将组件的值与一个 bean 属性绑定。
- 将组件的实例与一个 bean 属性绑定。

要将组件的值与 managed bean 属性绑定，需要在组件标签的 `value` 属性中使用一个 EL 值表达式。要将组件实例与 bean 属性绑定，需要在组件标签的 `binding` 属性中使用一个值表达式。

当组件实例与一个 managed bean 属性绑定之后，该属性会持有组件的本地值。相反，当组件的值与一个 managed bean 属性绑定之后，该属性会持有 managed bean 中所存储的值，直到生命周期的"更新模型值"阶段被更新为本地值。这两种方法各有各的优势。

将组件实例与 bean 属性绑定有以下优势：

- managed bean 可以通过编程的方式来修改组件的属性。
- managed bean 可以代替页面开发人员来实例化组件。

将组件值与 bean 属性绑定有以下优势：

- 页面开发人员对组件属性可以进行更多的控制。
- managed bean 不依赖于 JavaServer Faces API（例如组件类），能够更好地将展现层与模型层分开。
- JavaServer Faces 实现可以基于 bean 属性的类型对数据进行转换，而不需要开发人员使用转换器。

在大多数条件下，你需要绑定组件的值而不是组件实例。只有当你需要动态改变组件属性的时候，才需要绑定组件实例。例如，如果应用程序只在某些特定条件下渲染组件，那么它可以访问与组件绑定的属性，来设置组件的 `rendered` 属性。

当使用组件标签的 `value` 属性来引用 bean 属性时，你需要使用正确的语法。例如，假设一个名为 `MyBean` 的 managed bean 有如下 int 属性：

```
protected int currentOption = null;
public int getCurrentOption(){...}
public void setCurrentOption(int option){...}
```

引用 bean 属性的 `value` 属性必须使用如下值绑定表达式：

`#{myBean.currentOption}`

除了将组件值与 bean 属性绑定之外，`value` 属性还可以指定一个字面值或者将组件的数据映射到任何与 JavaBeans 组件无关的原生类型（例如 `int`）、结构（例如数组）或者集合（例如列表）上。表 6-3 举例说明了一些你可以在 `value` 属性中使用的值绑定表达式。

表 6-3　值绑定表达式示例

值	表达式
布尔值（Boolean）	`cart.numberOfItems > 0`
由上下文初始化参数初始化的属性	`initParam.quantity`
bean 属性	`cashierBean.name`
数组中的值	`books[3]`
集合中的值	`books["fiction"]`
对象数组中的一个对象属性	`books[3].price`

下面两节会介绍如何使用 `value` 属性将组件的值与 bean 属性或者其他数据对象绑定，以及如何使用 `binding` 属性将组件实例与 bean 属性绑定。

将组件值与 bean 属性绑定

要将组件的值与 managed bean 的一个属性绑定，你需要使用 `value` 属性来指定 bean 和属性的名称。

这意味着 EL 值表达式在第一个点（.）之前的部分，必须与 managed bean 的名称相匹配，而点后面的部分必须与 managed bean 属性的名称相匹配。

例如，在 Duke's Bookstore 案例研究中的 `bookcatalog.xhtml` 页面上，h:dataTable 标签将组件的值设置为 BookRequestBean（一个无状态的会话 bean）中 `books` 属性的值：

```
<h:dataTable id="books"
        value="#{bookRequestBean.books}"
        var="book"
        headerClass="list-header"
        styleClass="list-background"
        rowClasses="list-row-even, list-row-odd"
        border="1"
        summary="#{bundle.BookCatalog}" >
```

组件的值通过调用 bean 的 `getBooks` 方法获得。

如果你使用应用程序配置资源文件来配置 managed bean，而不是在 managed bean 类中进行定义，那么值表达式中第一个点（.）之前的部分（用来表示 bean 的名称），必须与配置资源文件中的 `managed-bean-name` 元素相匹配。类似的，表达式点之后的部分，必须与配置资源文件中的 `property-name` 元素相匹配。

例如，假设在 Duke's Bookstore 案例研究中有如下 managed bean 配置，用来配置 `index.xhtml` 页面左上角图书所对应的 `ImageArea` bean。

```
<managed-bean eager="true">
    ...
    <managed-bean-name> Book201 </managed-bean-name>
    <managed-bean-class> dukesbookstore.model.ImageArea </managed-bean-class>
    <managed-bean-scope> application </managed-bean-scope>
    <managed-property>
        ...
        <property-name>shape</property-name>
        <value>rect</value>
    </managed-property>
    <managed-property>
        ...
        <property-name>alt</property-name>
        <value>Duke</value>
    </managed-property>
    ...
```

该示例配置了一个名为 `Book201` 的 bean，该 bean 包含了一些属性，其中一个属性的名称为 `shape`。

虽然 `index.xhtml` 页面上的 `bookstore:area` 标签没有与某个 `ImageArea` 属性绑定（实际上它们与 bean 本身绑定），你依然可以在组件标签的 `value` 属性中通过值表达式来引用 bean 的属性：

```
<h:outputText value="#{Book201.shape}" />
```

关于如何在应用程序配置资源文件中配置 bean 的内容，请参考第 7 章中的"配置 Managed Bean"一节。

将组件值与隐式对象绑定

属性 `value` 可以引用一个隐式的对象作为外部数据源。

Duke's Bookstore 案例研究中的 `bookreceipt.xhtml` 页面就引用了一个隐式的对象：

```
<h:outputFormat title="thanks"
        value="#{bundle.ThankYouParam}">
    <f:param value="#{sessionScope.name}"/>
```

```
</h:outputFormat>
```

这个标签从会话作用域中获取顾客的名称，然后将它作为参数，插入到资源绑定中键为 `ThankYouParam` 的消息中。例如，如果顾客的名称是 Gwen Ganigetit，那么标签会渲染如下的内容：

```
Thank you, Gwen Canigetit, for purchasing your books from us.
```

从其他隐式对象获取值的方式与该示例类似。表 6-4 列举了 `value` 属性可以引用的隐式对象。除了作用域对象，其他所有的隐式对象都是只读的，因此不能被作为 `UIInput` 组件的值。

表 6-4 隐式对象

隐式对象	含义
`applicationScope`	一个包含应用程序作用域属性值的 `Map`，键为属性名
`cookie`	一个包含当前请求 cookie 值的 `Map`，键为 cookie 名
`facesContext`	当前请求的 `FacesContext` 实例
`header`	一个包含当前请求中 HTTP 头信息值的 `Map`，键为头信息名
`headerValues`	一个字符串数组 `Map`，包含了当前请求中所有 HTTP 头信息的值，键为头信息名
`initParam`	一个包含当前 web 应用程序上下文初始化参数的 `Map`
`param`	一个包含当前请求中请求参数的 `Map`，键为参数名
`paramValues`	一个字符串数组 `Map`，包含了当前请求中所有请求参数的值，键为参数名
`requestScope`	一个包含当前请求中请求属性的 `Map`，键为属性名
`sessionScope`	一个包含当前请求中会话属性的 `Map`，键为属性名
`view`	当前 `FacesRequest` 中组件树的根节点 `UIComponent`

将组件实例与 bean 属性绑定

通过在组件标签的 `binding` 属性中使用值表达式，可以将一个组件实例与一个 bean 属性绑定。通常，如果 bean 必须动态修改组件的属性，那么你应该将组件实例（而不是组件值）与 bean 属性绑定。

以下是 `bookcashier.xhtml` 页面上的两个标签，它们将组件与 bean 属性进行了绑定：

```
<h:selectBooleanCheckbox id="fanClub"
                rendered="false"
                binding="#{cashier.specialOffer}" />
<h:outputLabel for="fanClub"
                rendered="false"
                binding="#{cashier.specialOfferText}"
                value="#{bundle.DukeFanClub}"/>
```

标签 `h:selectBooleanCheckbox` 会渲染一个复选框，并将 `UISelectBoolean` 组件

fanClub 绑定到 `cashier` bean 的 `specialOffer` 属性。标签 `h:outputLabel` 会将表示复选框标签（label）的组件，绑定到 `cashier` bean 的 `specialOfferText` 属性。如果应用程序当前的语言环境是英语，那么 `h:outputLabel` 标签的渲染结果如下：

```
I'd like to join the Duke Fan Club, free with my purchase of over $100
```

两个标签的 `rendered` 属性都设置为 `false`，是为了隐藏复选框及其标签。如果顾客下了一个很大的订单，并且单击了 Submit 按钮，那么 `CashierBean` 的 `submit` 方法会将两个组件的 `rendered` 属性设置为 `true`，从而显示出复选框及其标签。

这些标签使用了组件绑定而不是值绑定，因为 managed bean 必须动态设置组件的 `rendered` 属性。

如果标签使用的是值绑定而不是组件绑定，那么 managed bean 就无法直接访问组件，因此需要额外的代码来从 `FacesContext` 实例中访问组件，才能够修改组件的 `rendered` 属性。

The Java EE 6 Tutorial: Basic Concepts 中 Writing Properties Bound to Component Instances 一节介绍了如何编写与示例组件绑定的 bean 属性。

将转换器、监听器以及校验器与 Managed Bean 属性绑定

如 *The Java EE 6 Tutorial: Basic Concepts* 中 Adding Components to a Page Using HTML Tags 一节所述，对于用来在组件上注册实现的标签，页面开发人员可以使用它们的 `binding` 属性，将转换器、监听器和校验器绑定到 managed bean 属性上。

该技术与将组件实例与 managed bean 属性绑定（本章前面"将转换器和实例与 Managed Bean 属性绑定"一节所述）有相似的优点。特别是，将转换器、监听器或者校验器实现绑定到 managed bean 属性能带来以下好处：

- managed bean 可以代替页面开发人员来实例化实现。
- managed bean 可以通过编程的方式来修改实现的属性。对于自定义的实现，唯一在实现类外修改属性的方法，就是为其创建一个自定义标签，并且由页面开发人员在页面上设置属性的值。

不管你是将转换器、监听器还是校验器绑定到一个 managed bean 属性上，对于任何实现来说，步骤都是一样的：

- 在适当的组件标签中嵌入转换器、监听器或者校验器的标签。
- 确保 managed bean 有一个属性，能够接受并返回所绑定的转换器、监听器或者校验器的实现类。
- 在转换器、监听器或者校验器标签的 `binding` 属性中，使用值表达式来引用 managed

bean 属性。

例如，假设你希望在 managed bean（而不是在 Facelets 页面）中设置用户输入的格式模式，那么需要将标准的 `DateTime` 转换器绑定到一个 managed bean 属性上。首先，我们在组件标签中嵌入 `f:convertDateTime` 标签，将转换器注册到组件上。

然后，使用 `f:convertDateTime` 标签的 `binding` 属性来引用属性：

```
<h:inputText value="#{loginBean.birthDate}">
    <f:convertDateTime binding="#{loginBean.convertDate}" />
</h:inputText>
```

属性 `convertDate` 如下所示：

```
private DateTimeConverter convertDate;
public DateTimeConverter getConvertDate() {
    ...
    return convertDate;
}
public void setConvertDate(DateTimeConverter convertDate) {
    convertDate.setPattern("EEEEEEE, MMM dd, yyyy");
    this.convertDate = convertDate;
}
```

关于如何编写用于转换器、监听器和校验器实现的 managed bean 属性，请参考 *The Java EE 6 Tutorial: Basic Concepts* 中的 Writing Properties Bound to Converters, Listeners, or Validators 一节。

第 7 章

配置 JavaServer Faces 应用程序

在 *The Java EE 6 Tutorial: Basic Concepts* 中介绍了如何构建和部署简单的 JavaServer Faces 应用程序。但是，当你创建大型、复杂的应用程序时，还需要其他各种各样的配置任务。这些任务包括以下方面：

- 将 managed bean 注册到应用程序，以便应用程序的所有部分都能访问到它们。
- 配置 managed bean 和 model bean，以便当页面引用它们时，能够将它们初始化为正确的值。
- 如果不需要使用默认的导航规则，那么应该为应用程序的每个页面定义导航规则，这样应用程序就能够有一个平滑的页面流转。
- 打包应用程序并包含所有的页面、资源及其他文件，这样应用程序可以被部署到任何兼容的容器中。

本章包含以下主题：

- 使用注解来配置 Managed Bean
- 应用程序配置资源文件
- 配置 Managed Bean
- 注册应用程序消息
- 使用默认校验器
- 注册自定义校验器
- 注册自定义转换器
- 配置导航规则
- 使用渲染套件来注册自定义渲染器
- 注册自定义组件

- JavaServer Faces 应用程序的基本要求

使用注解来配置 Managed Bean

JavaServer Faces 支持 *The Java EE 6 Tutorial: Basic Concepts* 中第 4 章 JavaServer Faces Technology 中介绍的 bean 注解。bean 注解可以用来配置 JavaServer Faces 应用程序。

如果对某个类标注了 `@ManagedBean(javax.faces.bean.ManagedBean)` 注解，那么会自动将该类作为一个资源注册到 JavaServer Faces 实现中。通过这种方式注册的 managed bean，不需要再在应用程序配置资源文件中为其指定 `managed-bean` 元素。

下面是一个在类中使用 `@ManagedBean` 注解的示例：

```
@ManagedBean
@SessionScoped
public class DukesBday{
...
}
```

上面的代码片段展示了一个由 JavaServer Faces 实现管理的 bean，可用于整个会话过程中。你不需要在 `faces-config.xml` 文件中配置 managed bean 实例。实际上，这是应用程序配置资源文件的一种替代方式，可以减少配置 managed bean 的工作。

你还可以在类文件中定义 managed bean 的作用域，如上面的示例程序所示。你可以将 bean 标注为请求、会话、应用程序或者视图等作用域。

当 `faces-config.xml` 文件中 `faces-config` 元素的 `metadata-complete` 属性被设置为 `true` 时，应用程序会在启动时扫描所有类是否都含有注解。

对于其他工件，例如组件、转换器、校验器和渲染器来说，也有各自用来代替应用程序配置资源文件的注解。在第 6 章中分别讨论了如何注册自定义监听器、自定义校验器以及自定义转换器。

使用 Managed Bean 作用域

你可以使用注解来定义存储 bean 的作用域。可以为 bean 类指定以下作用域：

- 应用程序 (`@ApplicationScoped`)：应用程序作用域会保持在用户与 web 应用程序的所有交互过程中。
- 会话 (`@SessionScoped`)：会话作用域会保持在 web 应用程序的多个 HTTP 请求之间。
- 视图 (`@ViewScoped`)：视图作用域会保持在用户与 web 应用程序单个页面的交互过程中。
- 请求 (`@RequestScoped`)：请求作用域会保持在 web 应用程序单个 HTTP 请求的过程中。

- 无（@NoneScoped）：表示没有为应用程序定义作用域。
- 自定义（@CustomScoped）：一个由用户定义的、非标准的作用域。它的值必须是一个 `java.util.Map` 对象。实际中很少会使用到自定义作用域。

当一个 managed bean 引用另一个 managed bean 时，你也许会希望使用@NoneScoped注解。如果第二个 bean 只有在引用时才被创建，那么它不应该处于任何作用域中（@NoneScoped）。如果你将一个 bean 定义为@NoneScoped，那么该 bean 会在每次被引用时重新初始化，因此不会被保存在任何作用域中。

如果一个 managed bean 被组件标签的 `binding` 属性引用，那么应该将该 bean 定义为请求作用域。如果将这个 bean 放在会话或者应用程序作用域中，那么必须小心处理该 bean，以确保线程安全，因为该 bean 所依赖的每个 `javax.faces.component.UIComponent` 实例都运行在一个单独的线程中。

如果你正在配置一个允许属性与视图关联的 bean，那么可以使用视图作用域。这些属性会被一直保留到用户导航到下一个视图之前。

主动加载应用程序作用域的 Bean

managed bean 都是延迟初始化的，即只有当应用程序产生一个请求时它们才会被初始化。

对于一个应用程序作用域的 bean，如果要强制它在应用程序启动之后、在产生任何请求之前，就完成初始化并被置于应用程序的作用域中，需要设置 managed bean 的 `eager` 属性为 `true`，如下所示：

```
@ManagedBean(eager=true)
@ApplicationScoped
```

应用程序配置资源文件

JavaServer Faces 技术为应用程序资源配置提供了一个可移植的配置文件格式（XML 文档）。使用这种格式的一个或多个 XML 文档，被称为应用程序的配置资源文件，用来注册和配置对象、资源，以及定义应用程序的导航规则。应用程序配置资源文件通常被命名为 `faces-config.xml`。

在以下情景中，你需要使用应用程序配置资源文件：

- 为应用程序指定 managed bean 注解中没有的配置元素，例如本地化消息和导航规则。
- 为了在应用程序部署时覆盖 managed bean 注解中的配置。

应用程序配置资源文件必须符合 XML schema 文件 http://java.sun.com/xml/ns

/javaee/web-facesconfig_2_0.xsd 中的定义。

除此之外，每个文件必须按照以下顺序，包含以下内容：

- XML 版本号，通常还包括一个 encoding 属性：
```
<?xml version="1.0" encoding='UTF-8'?>
```

- 一个封闭了其他所有声明的 faces-config 元素：
```
<faces-config version="2.0" xmlns="http://java.sun.com/xml/ns/javaee"
  xmlns:xsi="http://www.w3.org/2001/XMLSchema-instance"
  xsi:schemaLocation="http://java.sun.com/xml/ns/javaee
  http://java.sun.com/xml/ns/javaee/web-facesconfig_2_0.xsd">
  ...
</faces-config>
```

一个应用程序可以拥有多个配置资源文件。JavaServer Faces 实现会在以下位置查找这些配置文件：

- 在 web 应用程序的/WEB-INF/lib/目录下以及父类加载器下的所有 JAR 文件中，查找是否有一个名为/META-INF/faces-config.xml 的资源。如果存在该资源，它会被作为配置资源加载。对于包含一些组件和渲染器的打包库，这种方法是很实用的。除此之外，任何文件名以 faces-config.xml 结尾的文件，也会被作为一个配置资源加载。
- 在 web 部署描述符文件中的上下文初始参数 javax.faces.application.CONFIG_FILES 中，指定一个或多个配置文件的路径（用逗号分隔）。这种方法最常用于企业级的应用程序，目的是将维护大型应用程序各部分文件的职责，委托给各个独立的部分。
- 应用程序/WEB-INF/目录下一个名为 faces-config.xml 的资源。简单的 web 应用程序通常会使用这种方式来加载配置文件。

要访问在应用程序中注册的资源，开发人员可以使用每个应用程序自动创建的 javax.faces.application.Application 类的实例。Application 实例会作为 XML 文件定义所有资源的中心工厂。

当应用程序启动时，JavaServer Faces 实现会创建一个单独的 Application 实例，并使用应用程序配置资源文件中的信息对其进行配置。

应用程序配置资源文件的顺序

由于 JavaServer Faces 技术允许在不同位置存储多个应用程序配置资源文件，所以在某些特定情况下（例如使用应用程序级别的对象时），它们的加载顺序就变得十分重要。要指定加载顺序，可以在配置资源文件中配置 ordering 及其子元素。应用程序配置资源文件的顺序可以是绝对的，也可以是相对的。

应用程序配置资源文件

绝对顺序由文件中的 `absolute-ordering` 元素定义。通过使用绝对顺序，用户可以指定应用程序配置资源文件的加载顺序。下面展示了一个使用绝对顺序的例子：

文件 `my-faces-config.xml`：

```xml
<faces-config>
    <name>myJSF</name>
    <absolute-ordering>
        <name>A</name>
        <name>B</name>
        <name>C</name>
    </absolute-ordering>
</faces-config>
```

在这个示例中，A、B、C 是三个不同的应用程序配置资源文件，并且按照所列举的顺序进行加载。

如果在文件中有一个 `absolute-ordering` 元素，那么只有其子元素 `name` 中列举的文件会被处理。对于其他的应用程序配置资源文件，需要使用子元素 `others`。如果没有子元素 `others`，加载时会忽略所有未列举的文件。

相对顺序由 `ordering` 元素及其子元素 `before` 和 `after` 定义。如果使用相对顺序，应用程序配置资源文件的加载顺序会由不同文件的 `ordering` 项并计算产生。在如下示例程序中，`config-A`、`config-B` 以及 `config-C` 是不同的应用程序配置资源文件。

文件 `config-A` 包含以下元素：

```xml
<faces-config>
    <name>config-A</name>
    <ordering>
        <before>
            <name>config-B</name>
        </before>
    </ordering>
</faces-config>
```

文件 `config-B`（这里没有显示该文件的内容）不包含任何 `ordering` 元素。

文件 `config-C` 包含以下内容：

```xml
<faces-config>
    <name>config-C</name>
    <ordering>
        <after>
            <name>config-B</name>
        </after>
    </ordering>
```

```
</faces-config>
```

基于 `before` 子元素项，文件 `config-A` 会在 `config-B` 文件之后加载。基于 `after` 子元素项，文件 `config-C` 会在 `config-B` 文件之后加载。

除此之外，在 `before` 和 `after` 子元素中可以嵌入另一个子元素项 `others`。如果存在 `others` 元素，那么该元素所指定的文件可能在所有配置文件中最先或最后被加载。

如果某个应用程序配置文件中没有指定 `ordering` 元素，那么该文件会在所有包含 `ordering` 元素的文件之后加载。

配置 Managed Bean

当页面第一次引用一个 managed bean 时，JavaServer Faces 实现会基于类中的 `@ManagedBean` 注解（或者对于 CDI managed bean 来说是 `@Named` 注解）或者应用程序配置资源文件中的配置对它进行初始化。关于如何使用注解来初始化 bean 的信息，请参考本章前面的"使用注解来配置 Managed Bean"小节。

你可以使用注解或应用程序配置资源文件，来初始化 JavaServer Faces 应用程序中的 managed bean，并将它们存储在作用域中。在配置资源文件中，可以使用 XML 元素 `managed-bean` 定义每个 managed bean 的初始化功能。当应用程序启动时会处理该资源配置文件。关于该功能的信息请参考下面"使用 managed-bean 元素"小节。

通过使用 managed bean 的创建功能，你可以：

- 在一个中心文件中创建整个应用程序所需要的 bean，而不用在应用程序中根据条件来实例化 bean。
- 不需要任何额外代码就可以自定义 bean 的属性。
- 直接在配置文件中自定义 bean 的属性值，这样当创建 bean 时会用这些值进行初始化。
- 使用 `value` 元素，将 managed bean 的某个属性设置为另一个值表达式的计算结果。

本节会向你展示如何使用 managed bean 的创建功能来初始化 bean。关于如何编写 managed bean 的信息，请参考 *The Java EE 6 Tutorial: Basic Concepts* 中的 Writing Bean Properties 和 Writing Managed Bean Methods 两节内容。

使用 managed-bean 元素

元素 `managed-bean` 表示一个必须存在于应用程序中的 bean 类实例，我们可以在应用程序配置资源文件中使用它来初始化一个 managed bean。在运行时，JavaServer Faces 实现会处理 `managed-bean` 元素。如果某个页面引用了这个 bean，并且不存在任何 bean 的实例，那么

配置 Managed Bean

JavaServer Faces 实现会根据该元素的配置来初始化 bean。

以下是 Duke's Bookstore 案例研究中 managed bean 的配置示例：

```xml
<managed-bean eager="true">
    <managed-bean-name> Book201 </managed-bean-name>
    <managed-bean-class> dukesbookstore.model.ImageArea </managed-bean-class>
    <managed-bean-scope> application </managed-bean-scope>
    <managed-property>
        <property-name>shape</property-name>
        <value>rect</value>
    </managed-property>
    <managed-property>
        <property-name>alt</property-name>
        <value>Duke</value>
    </managed-property>
    <managed-property>
        <property-name>coords</property-name>
        <value>67,23,212,268</value>
    </managed-property>
</managed-bean>
```

你可以通过如下步骤，在 NetBeans IDE 中添加一个 managed bean 声明。

1. 打开 NetBeans IDE 中的项目，展开 Projects 面板中的项目节点。

2. 展开项目节点的 Web Pages 和 WEB-INF 节点。

3. 如果项目中没有 faces-config.xml 文件，按照如下步骤创建一个：

    a．从 File 菜单中选择 New File 项。

    b．在 New File 向导中，选择 JavaServer Faces 类，然后选择 JSF Faces Configuration 并单击 Next 按钮。

    c．在 Name 和 Location 页面，如果需要可以修改文件名和位置。默认的文件名是 faces-config.xml。

    d．单击 Finish 按钮。

4. 如果文件没有打开，双击 faces-config.xml 文件。

5. 在编辑器面板中打开 faces-config.xml 文件之后，从子选项卡面板选项中选择 XML。

6. 右键单击编辑器面板。

7. 在 Insert 菜单中选择 Managed Bean 项。

8. 在 Add Managed Bean 对话框中：

a．在 Bean Name 文本域中输入 bean 的显示名称。
b．单击 Browse 按钮找到 bean 类的位置。

9．在 Browser Class 对话框中：

a．在 Class Name 文本域中输入要查找的类名。当输入时，对话框会显示出匹配的类。
b．从 Matching Classes 对话框中选择类。
c．单击 OK 按钮。

10．在 Add Managed Bean 对话框中：

a．从 Scope 菜单中选择 bean 的作用域。
b．单击 Add 按钮。

以上步骤会添加 `managed-bean` 元素及其三个子元素：`managed-bean-name` 元素、`managed-bean-class` 元素以及 `managed-bean-scope` 元素。如果以后要更改该 managed bean 的配置，你只需直接修改该配置文件的 XML 内容。

元素 `managed-bean-name` 定义了 bean 在作用域中存储的键。对于与该 bean 映射的组件值，组件标签中 `value` 属性第一个点前的部分，必须与 `managed-bean-name` 的值相匹配。

元素 `managed-bean-class` 定义了用来初始化 bean 的 JavaBean 组件类的全名。

元素 `managed-bean` 可以包含零个或多个 `managed-property` 元素，每个元素对应 bean 类中定义的一个属性。这些元素用来初始化 bean 属性的值。如果你不希望在初始化 bean 时，将指定的属性初始化为某个值，那么就不要在应用程序配置资源文件中包含该属性的 `managed-property` 定义。

如果一个 `managed-bean` 元素不包含其他的 `managed-bean` 元素，则可以包含一个 `map-entries` 元素或者 `list-entries` 元素。`map-entries` 元素用来配置一组均为 Map 实例的 bean，而 `list-entries` 元素用来配置一组均为 List 实例的 bean。

在下面的示例中，我们将表示 `UISelectItems` 组件的 managed bean——newsletters，配置为一组 `SelectItem` 对象的 `ArrayList`。然后又依次将每个 `SelectItem` 对象配置为含有多个属性的 managed bean：

```xml
<managed-bean>
    <managed-bean-name>newsletters</managed-bean-name>
    <managed-bean-class>java.util.ArrayList</managed-bean-class>
    <managed-bean-scope>application</managed-bean-scope>
    <list-entries>
        <value-class>javax.faces.model.SelectItem</value-class>
```

配置 Managed Bean

```xml
            <value>#{newsletter0}</value>
            <value>#{newsletter1}</value>
            <value>#{newsletter2}</value>
            <value>#{newsletter3}</value>
        </list-entries>
    </managed-bean>
    <managed-bean>
        <managed-bean-name>newsletter0</managed-bean-name>
        <managed-bean-class>javax.faces.model.SelectItem</managed-bean-class>
        <managed-bean-scope>none</managed-bean-scope>
        <managed-property>
            <property-name>label</property-name>
            <value>Duke's Quarterly</value>
        </managed-property>
        <managed-property>
            <property-name>value</property-name>
            <value>200</value>
        </managed-property>
    </managed-bean>
    ...
```

在开发团队有足够的时间，根据数据库创建这样的列表之前，这种方法可以快速地创建一个选择项列表。注意，每个 newsletter bean 的 managed-bean-scope 元素都被设置为 none，因此它们不会被置于任何作用域中。

关于如何将集合配置为 bean 的更多信息，请参考本章后面的"初始化数组和列表属性"小节。

为了将组件映射到 managed-property 元素定义的属性，你必须保证组件标签值表达式中点号后的部分，与 managed-property 元素的 property-name 项相匹配。在之前的示例中，maximum 属性被初始化为 10。在下面"使用 managed-property 元素来初始化属性"一节中，会介绍更多如何使用 managed-property 元素的细节。关于初始化 managed bean 属性的示例，请参考本章后面的"初始化 Managed Bean 属性"小节。

使用 managed-property 元素来初始化属性

一个 managed-property 元素必须包含一个 property-name 元素，后者必须与 bean 中对应的属性名相匹配。一个 managed-property 元素还必须包含一组定义属性值的元素。这些值的类型必须与 bean 中对应属性的类型一致。bean 中属性的类型决定了将使用哪个元素来定义值。表 7-1 中列举了所有用来初始化值的元素。

表 7-1 元素 managed-property 中用来定义属性值的子元素

元素	定义的值
`list-entries`	定义列表中的值
`map-entries`	定义映射中的值
`null-value`	显式地将属性设置为 null
`value`	定义一个单独的值,例如一个字符串、int 或者 JavaServer Faces EL 表达式

本章前面"使用 managed-bean 元素"一节中包含了一个示例,通过 `value` 子元素来初始化一个 `int` 属性(原始类型)。你还可以使用 `value` 子元素来初始化字符串或者其他引用类型。本节的剩余部分会介绍如何使用 `value` 元素及其子元素,通过初始化参数来初始化 Java `Enum`、`Map`、数组以及集合等数据类型的属性。

引用 Java Enum 类型

一个 managed bean 属性还可以是一个 Java Enum 类型(请参考 http://docs.oracle.com/javase/6/docs/api/java/lang/Enum.html)。在这种情况下,managed-property 中 `value` 元素的值,必须是一个能够与 `Enum` 中某个字符串常量相匹配的字符串。换句话说,如果你打算调用枚举的 `valueOf(Class,String)` 方法(`Class` 是 `Enum` 类,`String` 是 `value` 子元素的内容),那么这个字符串必须是一个该方法能够返回的有效值。例如,假设 managed bean 有如下属性:

```
public enum Suit { Hearts, Spades, Diamonds, Clubs}
 ...
public Suit getSuit() { ... return Suit.Hearts; }
```

假设你希望在应用程序配置资源文件中配置该属性,那么相应的 managed-property 元素应该如下所示:

```
<managed-property>
    <property-name>Suit</property-name>
    <value>Hearts</value>
</managed-property>
```

当系统遇到该属性时,它会遍历枚举的每个成员并调用它们的 `toString()` 方法,直到找到一个跟 `value` 元素准确匹配的值。

引用上下文初始化参数

managed bean 创建功能的另一个强大特性是 managed bean 的属性能够引用隐式的对象。

假设你有一个接受客户数据(包括客户地址)的页面,假设大多数客户都居住在一个拥有特定代码的地区。你可以将该地区代码保存在一个隐式对象中,然后在页面渲染时引用它,这

配置 Managed Bean

样地区代码组件就可以显示该地区的代码了。

你可以在部署描述符中添加一个上下文参数,并设置它的值,将地区代码作为初始化默认值保存在上下文隐式对象 `initParam` 中。例如,要设置上下文参数 `defaultAreaCode` 的值为 650,你需要在部署描述符中添加一个 `context-param` 元素,并将参数的名称设置为 `defaultAreaCode`,值设为 650。

接下来,你需要编写一个 `managed-bean` 声明,配置引用该参数的属性:

```xml
<managed-bean>
    <managed-bean-name>customer</managed-bean-name>
    <managed-bean-class>CustomerBean</managed-bean-class>
    <managed-bean-scope>request</managed-bean-scope>
    <managed-property>
        <property-name>areaCode</property-name>
        <value>#{initParam.defaultAreaCode}</value>
    </managed-property>
    ...
</managed-bean>
```

为了在页面渲染的同时能够访问地区代码,我们在 `area` 组件标签的 `value` 属性中引用了该顾客的地区代码属性。

```
<h:inputText id=area value="#{customer.areaCode}"
```

按照同样的方式可以获取其他隐式对象中的值。

初始化 Map 属性

如果在 `managed-property` 中含有 `map-entries` 元素,那么它会使用 `java.util.Map` 来初始化 bean 属性的值。一个 `map-entries` 元素可以包含一个 `key-class` 元素(可选的)、一个 `value-class` 元素(可选的),以及零个或多个 `map-entry` 元素。

每个 `map-entry` 元素必须包含一个 `key` 元素,以及一个 `null-value` 或 `value` 元素。下面是一个使用 `map-entries` 元素的示例:

```xml
<managed-bean>
    ...
    <managed-property>
        <property-name>prices</property-name>
        <map-entries>
            <map-entry>
                <key>My Early Years: Growing Up on *7</key>
                <value>30.75</value>
            </map-entry>
            <map-entry>
```

```
        <key>Web Servers for Fun and Profit</key>
        <value>40.75</value>
      </map-entry>
    </map-entries>
  </managed-property>
</managed-bean>
```

该 `map-entries` 标签创建的 Map 中包含两条记录。默认的，所有键和值都会被转换为字符串。如果你希望在 Map 中为键指定一个不同的类型，只需在 `map-entries` 元素中嵌入 `key-class` 元素。

```
<map-entries>
    <key-class>java.math.BigDecimal</key-class>
    ...
</map-entries>
```

这个声明会将所有键转换为 `java.math.BigDecimal` 对象。当然，你必须确保键可以被转换为所指定的对象。在本示例中，由于键是一个字符串，所以不能被转换为 `BigDecimal` 类型。

如果你希望为 Map 中所有的值指定其他的类型，只需在 `key-class` 元素后指定 `value-class` 元素：

```
<map-entries>
    <key-class>int</key-class>
    <value-class>java.math.BigDecimal</value-class>
    ...
</map-entries>
```

注意，该标签只能设置所有 `value` 子元素的类型。

之前示例中的每个 `map-entry` 都包含了一个 `value` 子元素，它定义的值将被转换为 bean 中所指定的类型。

除了使用 `map-entries` 元素之外，你还可以在 `value` 元素中指定一个 map 类型的表达式，对 map 进行分配。

初始化数组和列表属性

`list-entries` 元素用来初始化一个数组的值或者 List 类型的属性。数组或 List 中的每个值都通过 `value` 或者 `null-value` 元素进行初始化。下面是一个示例：

```
<managed-bean>
    ...
    <managed-property>
        <property-name>books</property-name>
        <list-entries>
```

配置 Managed Bean

```xml
            <value-class>java.lang.String</value-class>
            <value>Web Servers for Fun and Profit</value>
            <value>#{myBooks.bookId[3]}</value>
            <null-value/>
        </list-entries>
    </managed-property>
</managed-bean>
```

该示例初始化了一个数组或者 List。bean 中相应属性的类型决定了所创建的数据结构。list-entries 元素定义了数组或者 List 中的值。value 元素指定了数组或 List 中的每个值，并且可以引用其他 bean 中的属性。null-value 元素会调用参数为 null 的 setBooks 方法。不能为 Java 原始类型的属性，例如 int 或者 boolean，指定一个 null 属性。

初始化 Managed Bean 属性

有些时候你可能希望创建一个可以引用其他 managed bean 的 bean，这样你就可以构建由多个 bean 组成的图或树。例如，假设你希望创建一个表示客户信息的 bean，包括客户的邮件地址和街道地址，而且这两个属性也都分别是一个 bean，那么下面的 managed-bean 声明会创建一个包含两个 AddressBean 属性的 CustomerBean 实例：一个表示邮件地址，另一个表示街道地址。这个声明会生成一个 bean 的树形结构，其中 CustomerBean 是树的根，而两个 AddressBean 对象是子节点。

```xml
<managed-bean>
    <managed-bean-name>customer</managed-bean-name>
    <managed-bean-class>
      com.example.mybeans.CustomerBean
    </managed-bean-class>
    <managed-bean-scope> request </managed-bean-scope>
    <managed-property>
        <property-name>mailingAddress</property-name>
        <value>#{addressBean}</value>
    </managed-property>
    <managed-property>
        <property-name>streetAddress</property-name>
        <value>#{addressBean}</value>
    </managed-property>
    <managed-property>
        <property-name>customerType</property-name>
        <value>New</value>
    </managed-property>
</managed-bean>
<managed-bean>
    <managed-bean-name>addressBean</managed-bean-name>
    <managed-bean-class>
```

```xml
        com.example.mybeans.AddressBean
    </managed-bean-class>
    <managed-bean-scope> none </managed-bean-scope>
    <managed-property>
        <property-name>street</property-name>
        <null-value/>
    <managed-property>
    ...
</managed-bean>
```

第一个 `CustomerBean` 声明（值为 `customer` 的 `managed-bean-name` 元素）会在请求作用域中创建一个 `CustomerBean` 实例。该 bean 包含两个属性：`mailingAddress` 和 `streetAddress`。这两个属性通过 `value` 元素引用一个名为 `addressBean` 的 bean。

第二个 managed bean 声明定义了一个 `AddressBean`，但是并没有创建它，因为它的 `managed-bean-scope` 元素定义为 `none` 作用域。我们在之前介绍过，`none` 作用域意味着只有当 bean 被引用时才会被创建。由于 `mailingAddress` 和 `streetAddress` 属性都使用 `value` 元素来引用 `addressBean`，所以当 `CustomerBean` 被创建时会同时创建这两个 `AddressBean` 实例。

当你创建了一个指向其他对象的对象时，不要试图指向一个生命时间更短的对象，因为当它消失时可能会导致无法恢复作用域中的资源。例如，一个会话作用域的对象，不能指向一个请求作用域的对象。所有 `none` 作用域的对象都没有被框架所管理的有效生命时间，因此它们只能指向其他 `none` 作用域的对象。表 7-2 概括了所有允许的引用连接。

表 7-2 作用域对象之间允许的连接

该作用域的一个对象	可以指向该作用域的对象
none	none
应用程序	none、应用程序
会话	none、应用程序、会话
请求	none、应用程序、会话、请求、视图
视图	none、应用程序、会话、视图

请确保在对象之间没有循环引用。例如，任何 `AddressBean` 的对象都不应该引用回 `CustomerBean` 对象，因为 `CustomerBean` 已经指向了两个 `AddressBean` 对象。

初始化 Map 和 List

除了配置 `Map` 和 `List` 属性之外，还可以直接配置一个 `Map` 和 `List` 对象，这样就不需要在标签中再引用一个包含 `Map` 或者 `List` 的属性。

注册应用程序消息

应用程序消息可以包含任何需要显示给用户的字符串，以及用户自定义转换器或校验器的自定义错误消息（通过 message 和 messages 标签显示）。为了使应用程序在启动时加载这些消息，有以下几种方式：

- 通过编程的方法，将每个消息加入到 javax.faces.conftext.FacesConatex 实例，如本章后面"使用 FacesMessage 来创建消息"一节所述。
- 通过应用程序配置资源文件，将所有消息注册到应用程序上。

以下是 faces-config.xml 文件中用于注册 Duke's Bookstore 消息的部分：

```
<application>
    <resource-bundle>
        <base-name>dukesbookstore.web.messages.Messages</base-name>
        <var>bundle</var>
    </resource-bundle>
    <locale-config>
        <default-locale>en</default-locale>
        <supported-locale>es</supported-locale>
        <supported-locale>de</supported-locale>
        <supported-locale>fr</supported-locale>
    </locale-config>
</application>
```

这组元素会使应用程序加载指定的资源绑定中的消息。

元素 resource-bundle 表示一组本地化的消息，它必须指向本地化消息所在的资源绑定的全路径（本例中为 dukestutoring.web.messages.Messages）。元素 var 定义了页面开发人员引用资源绑定时，需要使用的 EL 表达式名称。

元素 locale-config 列举了默认支持的语言环境和支持的其他语言环境，它允许系统根据浏览器的语言设置来选择正确的语言环境。

标签 supported-locale 和 default-locale 支持 ISO 639 规范定义的双字母小写代码（请参考 http://ftp.ics.uci.edu/pub/ietf/http/related/iso639.txt）。在实际应用中，请确保你的资源绑定中包含了标签所指定的语言环境的消息。

要访问这些本地化消息，应用程序开发人员只需引用资源绑定中消息的键（Key）即可。

你可以在 graphicImage 标签的 alt 属性中显示本地化的文本，如下所示：

```
<h:graphicImage id="mapImage"
                name="book_all.jpg"
```

```
        library="images"
        alt="#{bundle.ChooseBook}"
        usemap="#bookMap" />
```

属性 alt 也可以接受值表达式。在这种情况下，alt 属性所引用的本地化文本，会作为图片的替换文本显示。

使用 FacesMessage 来创建消息

除了在应用程序配置资源文件中注册消息以外，你还可以在 managed bean 代码中直接访问 java.util.ResourceBundle。下面的代码片段指定了一个邮件的错误消息：

```
String message = "";
...
message = ExampleBean.loadErrorMessage(context,
    ExampleBean.EX_RESOURCE_BUNDLE_NAME,
        "EMailError");
context.addMessage(toValidate.getClientId(context),
    new FacesMessage(message));
```

这些代码会调用 bean 的 loadErrorMessage 方法，从 ResourceBundle 中获得消息。下面是 loadErrorMessage 方法的实现：

```
public static String loadErrorMessage(FacesContext context,
     String basename, String key) {
    if ( bundle == null ) {
        try {
            bundle = ResourceBundle.getBundle(basename,
                context.getViewRoot().getLocale());
        } catch (Exception e) {
            return null;
        }
    }
    return bundle.getString(key);
}
```

引用错误消息

在 JavaServer Faces 页面中，可以使用 message 或者 messages 标签来访问错误消息，如 *The Java EE 6 Tutorial: Basic Concepts* 中 Displaying Error Messages with the h:message and h:messages Tags 一节中所述。

这些标签可以访问的错误消息包括：

- 标准转换器和校验器（与 API 一起发布）的标准错误消息。关于 JavaServer Faces 规范标准错误消息的完整列表，请参考第 2.5.2.4 节。

- 通过 resource-bundle 元素，在应用程序资源绑定文件中注册的自定义错误消息。

当将转换器或者校验器注册到一个输入组件上时，会自动在组件上加入适当的错误消息。页面开发人员可以使用组件标签的以下属性，来覆盖组件上的错误消息。

- converterMessage：当组件上注册的转换器转换组件数据失败时，显示的错误消息。
- requiredMessage：当没有在组件上输入任何值时显示的错误消息。
- validatorMessage：当组件上注册的校验器校验组件数据失败时，显示的错误消息。

所有这三个属性都可以接受字面值和值表达式。如果属性使用值表达式，那么该表达式需要引用资源绑定中的错误消息。为了使应用程序可以使用资源绑定，有以下几种方式：

- 通过应用程序的架构，在配置文件中使用 resource-bundle 元素。
- 由页面开发人员使用 f:loadBundle 标签。

反过来说，如果资源绑定中包含了自定义转换器或校验器（注册在组件上）所使用的自定义错误消息，那么必须在应用程序配置文件中使用 resource-bundle 元素。

以下标签展示了如何在 requiredMessage 属性中使用值表达式来引用一个错误消息：

```
<h:inputText id="ccno" size="19"
    required="true"
    requiredMessage="#{customMessages.ReqMessage}" >
    ...
</h:inputText>
<h:message styleClass="error-message" for="ccno"/>
```

本例中 requiredMessage 所使用的值表达式，会引用资源绑定 customMessages 中键（Key）为 ReqMessage 的错误消息。

该消息会替换掉组件上消息队列中的相应消息，并且显示在页面上使用 message 或 messages 标签的地方。

使用默认校验器

除了在组件上声明的校验器以外，你还可以在应用程序配置资源文件中指定零个或多个默认校验器。默认校验器可以应用于所有视图或组件树中的 javax.faces.component.UIInput 实例，并且会被追加到本地定义的校验器之后。下面是在应用程序配置资源文件中注册一个默认校验器的示例：

```
<faces-config>
    <application>
        <default-validators>
            <validator-id>javax.faces.Bean</validator-id>
```

```
        </default-validators>
    <application/>
</faces-config>
```

注册自定义校验器

如果应用程序开发人员提供了一个 `javax.faces.validator.Validator` 接口的实现来进行验证，你必须使用第 6 章中"实现校验器接口"一节中介绍的 `@FacesValidator` 注解，或者在应用程序配置资源文件中使用 `validator` 元素来注册该自定义校验器：

```
<validator>
    ...
    <validator-id>FormatValidator</validator-id>
    <validator-class>
        myapplication.validators.FormatValidator
    </validator-class>
    <attribute>
        ...
        <attribute-name>formatPatterns</attribute-name>
        <attribute-class>java.lang.String</attribute-class>
    </attribute>
</validator>
```

标签 `validator` 中指定的属性会覆盖 `@FacesValidator` 注解中的设置。

`validator-id` 和 `validator-class` 是两个必须指定的子元素。`validator-id` 元素用来标识被注册的 `Validator` 类，该 ID 会用于自定义校验器标签所对应的标签类。

`validator-class` 元素表示 `Validator` 类的全限定类名。

`attribute` 元素用来标识一个与 `Validator` 实现关联的属性。它有两个必须指定的子元素 `attribute-name` 和 `attribute-class`。

`attribute-name` 元素用来引用校验器标签中的属性名称。`attribute-class` 元素用来标识该属性值的 Java 类型。

第 6 章中"创建和使用自定义校验器"一节介绍了如何实现 `Validator` 接口。

第 6 章中"使用自定义校验器"一节介绍了如何在页面上引用校验器。

注册自定义转换器

同自定义校验器一样，如果应用程序开发人员创建了一个自定义转换器，你必须使用第 6

章中"创建自定义转换器"一节所介绍的@FacesConverter 注解，或者在应用程序配置资源文件中使用 convert 元素，来注册自定义转换器。下面是 Duke's Bookstore 案例研究中虚构的一个 CreditCardConverter 转换器配置：

```
<converter>
    <description>
        Converter for credit card numbers that normalizes
        the input to a standard format
    </description>
    <converter-id>CreditCardConverter</converter-id>
    <converter-class>
        dukesbookstore.converters.CreditCardConverter
    </converter-class>
</converter>
```

converter 标签中指定的属性会覆盖@FacesConverter 注解中的设置。

converter 元素表示一个 javax.faces.convert.Converter 接口的实现，它包含两个必须指定的子元素 convert-id 和 convert-class。

元素 convert-id 用来标识一个转换器 ID，UI 组件标签的 convert 属性会使用该 ID 对应的转换器，对组件数据进行转换。第 6 章中"使用自定义转换器"一节包含了一个示例程序，演示了如何在组件标签上引用自定义转换器。

元素 converter-class 用来标识 Converter 接口的实现类。

第 6 章中"创建和使用自定义转换器"一节介绍了如何创建一个自定义转换器。

配置导航规则

在 JavaServer Faces 应用程序中，不同页面之间的导航，例如单击按钮或超链接后跳转到下一个显示的页面，都是由一系列规则来定义的。导航规则可以是隐式的，也可以是显式定义在应用程序配置资源文件中的。关于隐式导航规则的更多信息，请参考本章后面"隐式的导航规则"一节。

每个导航规则都指定了如何从一个页面导航到另一个或另一组页面。JavaServer Faces 实现会根据当前显示的页面，来选择合适的导航规则。

当选中了合适的导航规则后，接下来选择访问哪个页面依赖于以下两个因素：

- 组件被单击时调用的动作方法。
- 组件标签所引用的或者由动作方法返回的逻辑结果。

逻辑结果可以是开发人员指定的任何值，但是表 7-3 列举了一些在 web 应用程序中常用的结果。

表 7-3　常用的结果字符串

结果	含义
success	一切正常。跳转到下一个页面
failure	有错误发生。跳转到错误页面
login	用户首先需要登录。跳转到登录页面
no results	搜索没有找到任何结果。重新跳转到搜索页面

通常，动作方法会对当前页面的表单数据进行一些处理。例如，该方法可能会检查表单中输入的用户名和密码，是否与文件中的用户名和密码相匹配。如果匹配，那么方法会返回结果 `success`。否则，它会返回结果 `failure`。如该例所示，处理动作的方法以及返回结果，对于能否访问正确的页面都至关重要。

以下是一个可以在以上示例中使用的导航规则：

```xml
<navigation-rule>
    <from-view-id>/login.xhtml</from-view-id>
    <navigation-case>
        <from-action>#{LoginForm.login}</from-action>
        <from-outcome>success</from-outcome>
        <to-view-id>/storefront.xhtml</to-view-id>
    </navigation-case>
    <navigation-case>
        <from-action>#{LoginForm.logon}</from-action>
        <from-outcome>failure</from-outcome>
        <to-view-id>/logon.xhtml</to-view-id>
    </navigation-case>
</navigation-rule>
```

该导航规则定义了几种从 `login.xhtml` 导航的可能方式。每个 `navigation-case` 元素都定义了一个从 `login.xhtml` 开始的导航路径。第一个 `navigation-case` 表示如果 `LoginForm.login` 返回 `success` 结果，那么就访问 `storefront.xhtml` 页面。第二个 `navigation-case` 表示如果 `LoginForm.login` 返回 `failure` 结果，那么就重新显示 `login.xhtml`。

应用程序页面流程的配置由一组导航规则组成。每个导航规则由 `faces-config.xml` 文件中的 `navigation-rule` 元素定义。

每个 `navigation-rule` 元素都对应于一个 `from-view-id` 元素（可选的）中定义的组件树标识符。这意味着这些规则定义了从应用程序某个页面开始，所有可能的导航路径。如果

没有指定 `from-view-id` 元素，那么 `navigation-rule` 元素中定义的导航规则会应用到应用程序的所有页面。`from-view-id` 元素还允许使用通配符匹配模式。例如，下面这个 `from-view-id` 元素表示将导航规则应用到 books 目录下的所有页面：

```
<from-view-id>/books/*</from-view-id>
```

一个 `navigation-rule` 元素可以包含零个或多个 `navigation-case` 元素。`navigation-case` 元素定义了一组匹配条件。当这些条件满足时，应用程序会被导航到该 `navigation-case` 元素中 `to-view-id` 元素所定义的页面。

导航条件由 `from-outcome`（可选的）和 `from-action` 元素定义。`from-outcome` 元素定义了一个逻辑结果，例如 `success`。`from-action` 元素会通过方法表达式来引用一个返回逻辑结果字符串的动作方法。该方法会进行一些计算结果的逻辑处理，然后返回结果。

`navigation-case` 元素会按照以下顺序，对结果和方法表达式进行检查：

1．在 `from-outcome` 和 `from-action` 中都指定了值。如果动作方法根据处理逻辑返回不同的结果，那么这两个元素都会用到。

2．只指定了 `from-outcome` 的值。`from-outcome` 元素必须与 `javax.faces.component.UICommand` 组件的 `action` 属性定义的结果相匹配，或者与 `UICommand` 组件所引用的方法的返回结果相匹配。

3．只指定了 `from-action` 的值。该值必须与组件标签所指定的动作表达式相匹配。

不管匹配了哪种情况，都将选中由 `to-view-id` 定义的组件树用于渲染。

▼ 配置一个导航规则

通过使用 NetBeans IDE，你可以按照以下步骤来配置一个导航规则。

1．在 NetBeans IDE 中打开你的项目，展开 Projects 面板中的项目节点。

2．展开项目节点的 Web Pages 和 WEB-INF 节点。

3．双击 faces-config.xml 文件。

4．在编辑器面板中打开 faces-config.xml 后，右键单击编辑器面板。

5．从 Insert 菜单中选择 Navigation Rule 项。

6．在 Add Navigation Rule 对话框中：

 a．输入或者浏览作为该导航规则起始视图的页面。
 b．单击 Add 按钮。

7. 再次右键单击编辑器面板。

8. 从 Insert 菜单中选择 Navigation Case 项。

9. 在 Add Navigation Case 对话框中：

   a.. 从 From View 菜单中选择作为导航规则起始视图的页面（步骤 6 a）。

   b. （可选的）在 From Action 文本域中，输入当组件触发导航时调用的动作方法。

   c. （可选的）在 From Outcome 文本域中，输入被激活组件通过其 action 属性所引用的逻辑结果字符串。

   d. 从 To View 菜单中，选择或浏览当该导航规则被选中时打开的页面。

   e. 单击 Add 按钮。

The Java EE 6 Tutorial: Basic Concepts 中 Referencing a Method That Performs Navigation 一节介绍了如何使用组件标签的 `action` 属性来指向一个动作方法。*The Java EE 6 Tutorial: Basic Concepts* 中 Writing a Method to Handle Navigation 一节中介绍了如何编写一个动作方法。

隐式的导航规则

JavaServer Faces 技术支持隐式的导航规则。当应用程序配置资源文件中没有配置导航规则时，会启用隐式导航。

当在页面上添加一个类似 `commandButton` 的组件并且将 `action` 属性的值指定为另一个页面时，默认的导航处理程序会试图自动匹配应用程序中某个合适的页面。

```
<h:commandButton value="submit" action="response">
```

在上面的例子中，默认的导航处理程序会试图定位并导航到应用程序的 `response.xhtml` 页面。

使用渲染套件来注册自定义渲染器

如第 6 章中"将渲染工作委托给渲染器"一节所述，当应用程序开发人员创建一个自定义渲染器时，必须使用合适的渲染套件来注册它。在 Duke's Bookstore 案例研究中，由于图像映射应用程序实现了一个 HTML 图像映射，所以需要使用 HTML 渲染套件来注册 `AreaRenderer` 和 `MapRenderer` 类。

你可以使用第 6 章中"创建渲染器类"一节介绍的 `@FacesRenderer` 注解，或者应用程序配置资源文件中的 `render-kit` 元素来注册渲染器。以下是一个虚构的 `AreaRenderer` 配置：

```
<render-kit>
```

```xml
<renderer>
    <component-family>Area</component-family>
    <renderer-type>DemoArea</renderer-type>
    <renderer-class>
        dukesbookstore.renderers.AreaRenderer
    </renderer-class>
    <attribute>
        <attribute-name>onmouseout</attribute-name>
        <attribute-class>java.lang.String</attribute-class>
    </attribute>
    <attribute>
        <attribute-name>onmouseover</attribute-name>
        <attribute-class>java.lang.String</attribute-class>
    </attribute>
    <attribute>
        <attribute-name>styleClass</attribute-name>
        <attribute-class>java.lang.String</attribute-class>
    </attribute>
</renderer>
...
```

在 `renderer` 标签中指定的属性会覆盖任何在 `@FacesRenderer` 注解中的设置。

`render-kit` 元素表示一个 `javax.faces.render.RenderKit` 实现。如果没有指定 `render-kit-id`，那么会使用默认的 HTML 渲染套件。`renderer` 元素表示一个 `javax.faces.render.Renderer` 实现。通过在 `render-kit` 元素中嵌入 `renderer` 元素，就将渲染器注册到了 `render-kit` 元素所指定的 `RenderKit` 实现上。

`renderer-class` 是渲染器的全限定类名。

组件通过 `component-family` 和 `renderer-type` 元素来找到可以渲染组件的渲染器。`component-family` 标识符必须与组件类 `getFamily` 方法的返回值相匹配。组件类族表示渲染器可以渲染的一个或多个组件。`renderer-type` 必须与标签处理程序类中 `getRendererType` 方法的返回值相匹配。

通过使用组件类族和渲染器类型来查找组件可使用的渲染器，JavaServer Faces 实现允许一个组件被多个渲染器渲染，并且允许一个渲染器渲染多个组件。

每个 `attribute` 标签都指定了一个 `render-dependent` 属性及其类型。`attribute` 元素不会影响应用程序的运行时执行。相反，它能够为一些工具提供渲染器的属性信息。

负责渲染组件的对象（可能是组件自身，或者是组件委托进行渲染的渲染器）可以使用 facets 来辅助渲染过程。这些 facets 允许自定义组件开发人员控制组件渲染过程的某些方面。假设以下是一个自定义的组件标签：

```
<d:dataScroller>
    <f:facet name="header">
        <h:panelGroup>
            <h:outputText value="Account Id"/>
            <h:outputText value="Customer Name"/>
            <h:outputText value="Total Sales"/>
        </h:panelGroup>
    </f:facet>
    <f:facet name="next">
        <h:panelGroup>
            <h:outputText value="Next"/>
            <h:graphicImage url="/images/arrow-right.gif" />
        </h:panelGroup>
    </f:facet>
    ...
</d:dataScroller>
```

dataScroller 组件标签包含了两个组件，分别用来渲染标题和 Next 按钮。如果想使用该组件所关联的渲染器来渲染 facets，你可以在 renderer 元素中包含如下 facet 元素：

```
<facet>
    <description>This facet renders as the header of the table. It should be
        a panelGroup with the same number of columns as the data
    </description>
    <display-name>header</display-name>
    <facet-name>header</facet-name>
</facet>
<facet>
    <description>This facet renders as the content of the "next" button in
        the scroller. It should be a panelGroup that includes an outputText
        tag that has the text "Next" and a right arrow icon.
    </description>
    <display-name>Next</display-name>
    <facet-name>next</facet-name>
</facet>
```

如果一个支持 facets 的组件自身提供了渲染功能，并且你希望在应用程序配置资源文件中包含这些 facet 元素，你需要将它们放在组件的配置中，而不是渲染器的配置中。

注册自定义组件

除了注册自定义组件之外（如之前章节所述），对于通常与自定义渲染器相关联的自定义组件，也必须进行注册。你可以使用第 6 章中"创建自定义组件类"一节所介绍的 @FacesComponent 注解，或者使用应用程序配置资源文件来注册自定义组件。

以下是我们在应用程序配置资源文件中虚构的一个 `component` 元素,用来注册 `AreaComponent`:

```
<component>
    <component-type>DemoArea</component-type>
    <component-class>
        dukesbookstore.components.AreaComponent
    </component-class>
    <property>
        <property-name>alt</property-name>
        <property-class>java.lang.String</property-class>
    </property>
    <property>
        <property-name>coords</property-name>
        <property-class>java.lang.String</property-class>
    </property>
    <property>
        <property-name>shape</property-name>
        <property-class>java.lang.String</property-class>
    </property>
</component>
```

在 `component` 标签中指定的属性会覆盖任何在 `@FacesComponent` 注解中的设置。

`component-type` 元素表示组件注册的名称。引用该组件的其他对象会使用这个名称。例如,`AreaComponent` 配置中的 `component-type` 元素定义了一个值 `DemoArea`,它与 `AreaTag` 类中 `getComponentType` 方法的返回值相匹配。

`component-class` 元素表示组件的全限定类名。`property` 元素指定了组件的属性及其类型。

如果自定义组件可以包含 facets,你可以在组件配置中使用 `facet` 元素来配置 facets,但是 `facet` 元素只能出现在 `component-class` 元素的后面。关于如何配置 facets 的更多详细信息,请参考本章前面"使用渲染套件来注册自定义渲染器"一节。

JavaServer Faces 应用程序的基本要求

除了配置应用程序之外,你还必须满足 JavaServer Faces 应用程序的其他要求,包括正确打包全部所需的文件,以及提供一个部署描述符文件。本节会介绍如何进行这些管理任务。

我们已经知道,JavaServer Faces 应用程序可以被打包为一个 WAR 文件,但是为了能够让它在不同的容器中执行,它必须遵守一些特定的要求。至少来说,一个 JavaServer Faces 应用程序 WAR 文件必须包含以下内容:

- 一个名为 web.xml 的 web 应用程序部署描述符，用来配置 web 应用程序所需的资源。
- 一组 JAR 文件，包含需要使用的类文件。
- 一组应用程序类文件、JavaServer Faces 页面，以及其他所需的资源，例如图片文件。

一个 WAR 文件还可以包含以下内容：

- 一个应用程序配置资源文件，用来配置应用程序资源。
- 一组标签库描述符文件。

例如，一个使用 Facelet 的 JavaServer Faces web 应用程序 WAR 文件，通常都拥有以下目录结构：

```
$PROJECT_DIR
[Web Pages]
+- /[xhtml documents]
+- /resources
+- /WEB-INF
   +- /classes
   +- /lib
   +- /web.xml
   +- /faces-config.xml (optional)
   +- /*.taglib.xml (optional)
   +- /glassfish-web.xml
```

web.xml 文件（或者称为 web 部署描述符）、JAR 文件集合以及应用程序文件集合，都必须位于 WAR 文件的 WEB-INF 目录下。

使用 web 部署描述符来配置应用程序

web 应用程序通常由其部署描述符 web.xml 中的元素来配置。JavaServer Faces 应用程序的部署描述符必须指定以下配置：

- 处理 JavaServer Faces 请求的 servlet。
- 处理 servlet 的 servlet 映射。
- 如果配置资源文件没有位于默认路径中，需要指定该文件的路径。

部署描述符还包括以下其他可选的配置：

- 指定保存组件状态的地方。
- 加密客户端保存的状态。
- 压缩客户端保存的状态。
- 限制对包含 JavaServer Faces 标签的页面的访问。
- 启用 XML 验证。

JavaServer Faces 应用程序的基本要求

- 指定项目阶段（Project Stage）。
- 验证自定义对象。

本节会介绍关于这些配置的更多细节，以及如何在 NetBeans IDE 中进行这些配置。

确定用于生命周期处理的 Servlet

JavaServer Faces 应用程序的一个要求是，所有引用之前所保存 JavaServer Faces 组件的请求，都必须经过 `javax.faces.webapp.FacesServlet`。FacesServlet 实例会管理 web 应用程序的请求处理生命周期，并且初始化 JavaServer Faces 技术所需的资源。

在 JavaServer Faces 应用程序加载第一个 web 页面之前，web 容器必须调用 `FacesServlet` 实例，启动应用程序的生命周期。更多信息请参考第 3 章中的"JavaServer Faces 应用程序的生命周期"一节。

下面的示例展示了 FacesServlet 的默认配置：

```
<servlet>
        <servlet-name>FacesServlet</servlet-name>
        <servlet-class>javax.faces.webapp.FacesServlet</servlet-class>
        </servlet>
```

你可以提供一个配置项 `servlet-mapping` 来保证调用 `FacesServlet` 实例。`FacesServlet` 的映射可以是一个前缀映射，例如`/faces/*`，或者是一个扩展名映射，例如`*.xhtml`。该映射用来确定页面是否含有 JavaServer Faces 内容。由于这一点，应用程序第一个页面的 URL 必须满足该映射的 URL 模式。

以下这些元素通常用于教学示例中，指定了一个前缀映射：

```
<servlet-mapping>
    <servlet-name>FacesServlet</servlet-name>
    <url-pattern>/faces/* </url-pattern>
</servlet-mapping>
...
<welcome-file-list>
    <welcome-file>faces/greeting.xhtml</welcome-file>
</welcome-file-list>
```

以下这些元素通常用于教学示例中，指定了一个扩展名映射：

```
<servlet-mapping>
    <servlet-name>Faces Servlet</servlet-name>
    <url-pattern>*.xhtml</url-pattern>
</servlet-mapping>
...
<welcome-file-list>
    <welcome-file>index.xhtml</welcome-file>
```

```
</welcome-file-list>
```
当你使用该机制时，用户需要通过如下 URL 来访问应用程序：

```
http://localhost:8080/guessNumber
```

当使用扩展名映射时，如果发往服务器页面的请求中包含一个 .xhtml 扩展名，容器会将该请求发往 `FacesServlet` 实例，由它来查找是否存在含有内容的同名页面。

如果你使用 NetBeans IDE 来创建应用程序，NetBeans 会自动创建一个包含默认配置的 web 部署描述符。如果你不使用 IDE 来创建应用程序，可以自己创建一个 web 部署描述符。

▼ 指定应用程序配置资源文件的路径

如本章前面"应用程序配置资源文件"一节中所述，应用程序可以有多个应用程序配置资源文件。如果这些文件不在默认的搜索路径下，或者这些文件的名称不是 `faces-config.xml`，你需要明确指定这些文件的路径。

要使用 NetBeans IDE 来指定这些路径，你可以执行以下步骤：

1. 在 Project 面板中展开你的项目节点。
2. 展开项目节点下的 Web Pages 和 WEB-INF 节点。
3. 双击 web.xml。
4. 在 web.xml 文件出现在编辑器面板中后，单击编辑器面板顶部的 General。
5. 展开 Context Parameters 节点。
6. 单击 Add 按钮。
7. 在 Add Context Parameter 对话框中：
   a. 在 Param Name 文本域中输入 **javax.faces.CONFIG_FILES**。
   b. 在 Param Value 文本域中输入配置文件的路径。
   c. 单击 OK 按钮。
8. 为每个配置文件重复步骤 1 到步骤 7。

▼ 指定保存状态的地方

对于 web 应用程序中的所有组件，你都可以在部署描述符中指定它们将状态保存在客户端还是服务器端。你可以通过在部署描述符中设置上下文参数来实现这一点。默认情况下，状态会被保存在服务器端，因此只有你希望将状态保存在客户端的时候，才需要指定这个上下文参数。关于保存在客户端和服务器端的优缺点，请参考第 6 章中的"保存及恢复状态"一节。

要在 NetBeans IDE 中指定状态保存的地方，请执行以下步骤。

1. 展开 Projects 面板中的 project 节点。
2. 展开 project 节点下的 Web Pages 和 WEB-INF 节点。
3. 双击 web.xml。
4. 在 web.xml 文件出现在编辑器面板中后，单击编辑器面板顶部的 General。
5. 展开 Context Parameters 节点。
6. 在 Add Context Parameter 对话框中：
    a. 在 Param Name 文本域中输入 `java.faces.STATE_SAVING_METHOD`。
    b. 在 Param Value 文本域中输入 `client` 或者 `server`。
    c. 单击 OK 按钮。

更多信息：实现状态保存

如果状态被保存在客户端，那么整个视图的状态会被保存在页面的一个隐藏域中。JavaServer Faces 实现默认将状态保存在服务器端。在示例程序 Duke's Forest 中，我们将状态保存在客户端。

配置项目阶段

项目阶段是一个上下文参数，用来标识 JavaServer Faces 应用程序在软件生命周期中的状态。应用程序的阶段会影响应用程序的行为。例如，错误消息可以在 Development 阶段显示，但是会在 Production 阶段被忽略。

可以使用的项目阶段有如下几个值：

- Development
- UnitTest
- SystemTest
- Production

在 web 部署描述符文件中，项目阶段通过一个上下文参数来配置，如下所示：

```
<context-param>
    <param-name>javax.faces.PROJECT_STAGE</param-name>
    <param-value>Development</param-value>
</context-param>
```

如果没有定义项目阶段，默认的阶段是 `Development`。你可以根据你的需求添加自定义的阶段。

包含类、页面和其他资源

当使用示例中包含的构建脚本打包 web 应用程序时，你需要注意脚本会使用以下几种方式来打包资源：

- 所有 web 页面均位于 WAR 文件的顶级目录中。
- faces-config.xml 文件和 web.xml 文件被打包在 WEB-INF 目录下。
- 所有类的包都保存在 WEB-INF/classes/ 目录下。
- 所有的应用程序 JAR 文件都打包在 `WEB-INF/lib/` 目录下。
- 所有的资源文件或者位于 web 应用程序 `/resources` 目录的根目录下，或者位于 web 应用程序的 classpath——`META-INF/resources/`*resourceIdentifier* 目录下。关于资源的更多信息，请参考 *The Java EE 6 Tutorial: Basic Concepts* 中的第 5 章。

你可以使用 NetBeans IDE 或者 Ant 构建脚本来打包应用程序，也可以对构建脚本进行修改以适应你的需求。但是，你应该使用本节所介绍的目录结构来打包 WAR 文件，这是实践中打包 web 应用程序最常用的方式。

第 8 章

使用 Java Servlet 技术上传文件

支持文件上传是很多 web 应用程序非常基本和常用的需求。在 Servlet 3.0 之前，实现文件上传需要使用额外的库，或者复杂的输入处理。Java Servlet 规范 3.0 以一种通用、可移植的方式，为该问题提供了一个可行的解决方案。Servlet 3.0 规范从根本上对文件上传提供了支持，因此实现该规范的任何 web 容器都可以解析 multipart 请求，并且通过 `HttpServletRequest` 对象来使用 mime 附件。

Servlet 3.0 引入了一个新的注解 `javax.servlet.annotation.MultipartConfig`，由该注解声明的 servlet，都表示期望请求使用 MIME 类型 `multipart/form-data`。这些 servlet 可以调用 `request.getPart(String name)` 或者 `request.getParts()` 方法，从 `multipart/form-data` 请求中获取到 `Part` 组件。

本章会包括以下主题：

- @MultipartConfig 注解
- getParts 和 getPart 方法
- fileupload 示例程序

@MultipartConfig 注解

@MultipartConfig 注解支持以下可选属性。

- `location`：指向文件系统上某个目录的绝对路径。`location` 属性不支持以应用程序上下文为参考的相对路径。当处理 part 或者当文件大小超过指定的 `fileSizeThreshold` 设置时，会使用该路径来临时存储文件。默认位置是""。

- fileSizeThreshold：临时存储在磁盘上文件的大小，以字节为单位。默认大小是 0 字节。
- MaxFileSize：上传文件所允许的最大大小，以字节为单位。如果任何上传文件的大小大于该值，web 容器会抛出一个异常（IllegalstateException）。默认大小是无限制。
- maxRequestSize：multipart/form-data 请求所允许的最大大小，以字节为单位。如果所有上传文件的总大小大于该值，web 容器会抛出一个异常。默认大小是无限制。

例如，@MultipartConfig 注解可能会如下所示：

```
@MultipartConfig(location="/tmp", fileSizeThreshold=1024*1024,
    maxFileSize=1024*1024*5, maxRequestSize=1024*1024*5*5)
```

除了使用 @MultipartConfig 注解将这些属性硬编码在文件上传的 servlet 中，你还可以在 web.xml 文件的 servlet 配置元素中，添加如下子元素：

```
<multipart-config>
    <location>/tmp</location>
    <max-file-size>20848820</max-file-size>
    <max-request-size>418018841</max-request-size>
    <file-size-threshold>1048576</file-size-threshold>
</multipart-config>
```

getParts 和 getPart 方法

Servlet 3.0 提供了两个新的 HttpServletRequest 方法：

- Collection<Part> getParts()
- Part getPart(String name)

request.getParts() 方法会返回所有 Part 对象的集合。如果你有多个文件类型的输入，那么会返回多个 Part 对象。由于 Part 对象都是有名称的，所以 getPart(String name) 方法可以访问某个特定的 Part 对象。换句话说，getParts() 方法会返回一个 Iterable<Part> 对象，用来获得全部 Part 对象的迭代器。

javax.servlet.http.Part 接口很简单，提供了允许每个 Part 内省的方法。该接口提供的方法如下所示：

- 获取 Part 的名称、大小以及 content-type。
- 查询提交 Part 的请求头。
- 删除一个 Part。
- 将 Part 写到磁盘上。

例如，Part 接口提供了 `write(String filename)` 方法来写入指定名称的文件。该文件可以被保存到 @MultipartConfig 注解中 `location` 属性所指定的目录，或者如 fileupload 示例所示，保存到由表单 Destination 文本域所指定的位置。

fileupload 示例程序

fileupload 示例演示了如何实现并使用文件上传功能。

Duke's Forest 案例研究提供了一个更复杂的示例程序，不仅能够上传一个图片文件，还能够将其内容存储在数据库中。

fileupload 示例程序的架构

fileupload 示例程序由一个单独的 servlet 和一个向 servlet 发送文件上传请求的 HTML 表单组成。

该示例程序包含一个非常简单的 HTML 表单，其中只有两个文本域，File 和 Destination。input 类型的文件组件允许用户通过浏览本地文件系统来选择文件。当选中文件时，它会向服务器端发送一个 POST 请求。在这个过程中，我们对带有文件输入框的表单应用了两个强制约束。

- enctype 属性必须设置为 multipart/form-data。
- 其方法必须为 POST。

当按照这种方式设置表单后，整个请求会以编码的形式发向服务器端。然后 servlet 会处理接收到的文件数据请求，并从流中提取出文件。目的地是文件将在你的计算机上保存的位置。按下表单底部的 Upload 按钮，会将数据提交给 servlet，然后将数据保存在指定的位置。

tut-install/examples/web/fileupload/web/index.html 中的 HTML 表单如下所示：

```html
<!DOCTYPE html>
<html lang="en">
    <head>
        <title>File Upload</title>
        <meta http-equiv="Content-Type" content="text/html; charset=UTF-8">
    </head>
    <body>
        <form method="POST" action="upload" enctype="multipart/form-data" >
            File:
            <input type="file" name="file" id="file" /> <br/>
            Destination:
            <input type="text" value="/tmp" name="destination"/>
            </br>
            <input type="submit" value="Upload" name="upload" id="upload" />
```

```
        </form>
    </body>
</html>
```

当客户端需要将数据作为请求的一部分发送给服务器端时，例如上传文件或者提交一个完整的表单，需要使用 POST 请求方法。相比较而言，GET 请求方法只会向服务器发送一个 URL 和头信息，而 POST 请求还包含一个消息体。这就允许向服务器发送任何类型、任意长度的数据。POST 请求中的头信息字段通常表示消息体的互联网媒体类型。

当提交表单时，浏览器会以流的方式读取文件内容，将所有 parts 组合起来（每个 part 表示表单的一个域）。parts 会按照 `input` 元素的名称命名，它们彼此之间通过一个名为 boundary 的字符串相互隔开。

这就是 fileupload 表单所提交数据的样子，当选择 sample.txt 后，该文件会被上传到本地文件系统的 tmp 目录下：

```
POST /fileupload/upload HTTP/1.1
Host: localhost:8080
Content-Type: multipart/form-data;
boundary=---------------------------263081694432439
Content-Length: 441
---------------------------263081694432439
Content-Disposition: form-data; name="file"; filename="sample.txt"
Content-Type: text/plain

Data from sample file
---------------------------263081694432439
Content-Disposition: form-data; name="destination"

/tmp
---------------------------263081694432439
Content-Disposition: form-data; name="upload"

Upload
---------------------------263081694432439--
```

你可以在 *tut-install*/examples/web/fileupload/src/java/fileupload/ 目录下找到这个 servlet，文件名为 `FileUploadServlet.java`。该 servlet 代码的起始部分如下所示：

```
@WebServlet(name = "FileUploadServlet", urlPatterns = {"/upload"})
@MultipartConfig
public class FileUploadServlet extends HttpServlet {

    private final static Logger LOGGER =
            Logger.getLogger(FileUploadServlet.class.getCanonicalName());
```

fileupload 示例程序

@WebServlet 注解使用 urlPatterns 属性来定义 servlet 映射。

@MultipartConfig 注解表示 servlet 希望使用 multipart/form-data MIME 类型来构造请求。

processRequest 方法会从请求中获取目的地和文件 part 对象,然后调用 getFileName 方法从文件 part 对象获取文件名。该方法随后会创建一个 FileOutputStream 对象并将文件复制到指定的目的地。该方法的错误处理部分会捕获并处理一些常见错误,例如文件无法被找到。processRequest 和 getFilename 方法如下所示:

```java
protected void processRequest(HttpServletRequest request,
        HttpServletResponse response)
        throws ServletException, IOException {
response.setContentType("text/html;charset=UTF-8");

// 保存文件
final String path = request.getParameter("destination");
final Part filePart = request.getPart("file");
final String fileName = getFileName(filePart);

OutputStream out = null;
InputStream filecontent = null;
final PrintWriter writer = response.getWriter();

try {
    out = new FileOutputStream(new File(path + File.separator
            + fileName));
    filecontent = filePart.getInputStream();

    int read = 0;
    final byte[] bytes = new byte[1024];

    while ((read = filecontent.read(bytes)) != -1) {
        out.write(bytes, 0, read);
    }
    writer.println("New file " + fileName + " created at " + path);
    LOGGER.log(Level.INFO, "File{0}being uploaded to {1}",
            new Object[]{fileName, path});
} catch (FileNotFoundException fne) {
    writer.println("You either did not specify a file to upload or are "
            + "trying to upload a file to a protected or nonexistent "
            + "location.");
    writer.println("<br/> ERROR: " + fne.getMessage());
    LOGGER.log(Level.SEVERE, "Problems during file upload. Error: {0}",
```

```
                new Object[]{fne.getMessage()});
    } finally {
        if (out != null) {
            out.close();
        }
        if (filecontent != null) {
            filecontent.close();
        }
        if (writer != null) {
            writer.close();
        }
    }
}

private String getFileName(final Part part) {
    final String partHeader = part.getHeader("content-disposition");
    LOGGER.log(Level.INFO, "Part Header = {0}", partHeader);
    for (String content : part.getHeader("content-disposition").split(";")) {
        if (content.trim().startsWith("filename")) {
            return content.substring(
                    content.indexOf('=') + 1).trim().replace("\"", "");
        }
    }
    return null;
}
```

运行 fileupload 示例

你可以使用 NetBeans IDE 或者 Ant 来构建、打包、部署并运行 `fileupload` 示例。

▼ 使用 NetBeans IDE 构建、打包和部署 fileupload 示例

1. 在 File 菜单中选择 Open Project 项。

2. 在 Open Project 对话框中，导航到 *tut-install*`/examples/web/`目录。

3. 选择 fileupload 文件夹。

4. 勾选 Open as Main Project 复选框。

5. 单击 Open Project。

6. 在 Projects 选项卡中，右键单击 fileupload，然后选择 Deploy 项。

▼ 使用 Ant 构建、打包和部署 fileupload 示例

1. 在终端窗口中，切换到 *tut-install*`/examples/web/fileupload/`目录。

2. 输入如下命令：

   `ant`

3. 输入如下命令：

   `ant deploy`

▼ 运行 fileupload 示例

1. 在 web 浏览器中输入如下 URL：

   `http://localhost:8080/fileupload/`

   这样就会打开 File Upload 页面。

2. 单击 Browse 按钮，打开文件浏览器窗口。

3. 选择要上传的文件，然后单击 Open 按钮。

   你所选文件的名称会显示在 File 文本域中。如果没有选择一个文件，会抛出一个异常。

4. 在 Destination 文本域中输入一个目录名称。

   该目录必须已经被创建，并且必须是可写的。如果你没有输入一个目录名，或者输入的目录名不存在，或者该目录是一个不可写的受保护目录，都会抛出一个异常。

5. 单击 Upload 按钮上传所选文件到 Destination 文本域中所指定的目录下。

   会显示一条消息，提示文件已经在指定的目录中成功创建。

6. 切换到 Destination 文本域中指定的目录，验证上传的文件是否在目录下。

第 9 章

国际化和本地化 Web 应用程序

使应用程序支持一种以上语言及数据格式的过程称为国际化。本地化是指对一个国际化的应用程序进行改造,使其能够支持某个特定区域或者地区。举例来说,与语言环境相关的信息,包括消息和用户界面标签、字符集和编码,以及日期和货币格式。虽然所有的客户端用户界面都应该被国际化和本地化,但是由于 web 的全球特性,这些过程对于 web 应用程序来说尤为重要。

本章包含以下主题:

- Java 平台本地化类
- 提供本地化的消息和标签(label)
- 日期和数字格式化
- 字符集和编码

Java 平台本地化类

在 Java 平台中,`java.util.Locale` (http://docs.oracle.com/javase/6/docs/api/java/util/Locale.html) 表示一个拥有特定地理位置、政治和文化属性的区域。这是一个表示语言环境的字符串,由语言和国家的国际标准两字符简写,以及一个可选的变量组成,它们之间通过下画线(_)分隔开来。举例说明,`fr`(法语)、`de_CH`(瑞士德语)以及 `en_US_POSIX`(POSIX 兼容平台上的美国英语)都是表示语言环境的字符串。

语言环境敏感的数据存储在 `java.util.ResourceBundle` (http://docs.oracle.com/javase/6/docs/api/java/util/ResourceBundle.html) 中。一个资源绑定包含多个键/值对,其中键(Key)唯一标识一个与语言环境相关的对象。资源绑定也可以用文本文件（properties 资源绑定）或者包含键值对的类（list 资源绑定）来表示。你可以通过在基础名称后追加一个语言环境字符串，来创建一个资源绑定实例。

Duke's Tutoring 应用程序针对于 pt（葡萄牙语）、de（德语）、es（西班牙语）以及 zh（中文）这几个语言环境，分别提供了对应的 messages.properties 资源绑定文件。而对于在 faces-config.xml 中指定的默认区域 en（英语）而言，则直接使用 messages.properties 作为该资源绑定的文件名。

关于 Java 平台国际化和本地化的更多细节内容，请参考 http://docs.oracle.com/javase/tutorial/i18n/index.html。

提供本地化的消息和标签（label）

消息和标签（label）应该根据用户的语言和地区习惯来显示。在 web 应用程序中，有两种提供本地化消息和标签的方法。

- 为每个目标语言环境提供不同的页面，再由控制器 servlet 根据请求中所含的语言环境信息，将请求分发到合适的页面。当页面上有大量数据或者整个 web 应用程序都需要进行国际化时，这种方法比较有效。
- 将页面上所有依赖于语言环境的数据都放在资源绑定中，这样在访问这些数据时，会自动获取翻译后的相应消息，并插入到页面中。这样，你就能够通过创建一个包含已翻译消息的资源文件，然后根据相应的键（Key）从该绑定中读取消息，避免了将消息直接编写在代码中。

Duke's Tutoring 应用程序使用了第二种方式。以下是默认的资源绑定文件 messages.properties 中的几行内容：

```
nav.main=Main page
nav.status=View status
nav.current_session=View current tutoring session
nav.park=View students at the park
nav.admin=Administration

admin.nav.main=Administration main page
admin.nav.create_student=Create new student
admin.nav.edit_student=Edit student
admin.nav.create_guardian=Create new guardian
admin.nav.edit_guardian=Edit guardian
admin.nav.create_address=Create new address
admin.nav.edit_address=Edit address
admin.nav.activate_student=Activate student
```

建立语言环境

为了向指定用户显示正确的字符串,web 应用程序需要通过 `getLocale` 方法从请求中获取语言环境(由浏览器的 `language` 属性设置),或者允许用户来显式地指定语言环境。

组件可以使用 `fmt:setLocale` 标签来显式地设置语言环境。

配置文件中的 `locale-config` 元素会注册默认的语言环境和其他支持的语言环境。在 Duke's Tutoring 中,该元素将英语注册为默认语言环境,并表明德语、西班牙语、葡萄牙语和中文为所支持的语言环境。

```
<locale-config>
    <default-locale>en</default-locale>
    <supported-locale>de</supported-locale>
    <supported-locale>es</supported-locale>
    <supported-locale>pt</supported-locale>
    <supported-locale>zh</supported-locale>
</locale-config>
```

Duke's Tutoring 应用程序中的 Status Manager 使用 `getLocale` 方法来获取语言环境信息,并通过 `toString` 方法返回本地化翻译后的学生状态消息。

```
public class StatusManager {

    private FacesContext ctx = FacesContext.getCurrentInstance();
    private Locale locale;

    /***创建一个新的 StatusManager 实例 */
    public StatusManager() {
        locale = ctx.getViewRoot().getLocale();
    }

    public String getLocalizedStatus(StatusType status) {
        return status.toString(locale);
    }

}
```

设置资源绑定

在配置文件中可以使用 `resource-bundle` 元素来设置资源绑定。

Duke's Tutoring 中资源绑定的设置如下所示:

```
<resource-bundle>
    <base-name>dukestutoring.web.messages.Messages</base-name>
    <var>bundle</var>
```

提供本地化的消息和标签（label）

```
</resource-bundle>
```

当设置语言环境之后，web 应用程序的控制器会获取该语言环境所属的资源绑定，并将其保存在一个会话属性中（请参考 *Java EE 6 Tutorial：Basic Concepts* 中的 Associating Objects with a Session 一节），提供给其他组件使用，或者只是简单地返回所选语言环境对应的文本字符串：

```
public String toString(Locale locale) {
    ResourceBundle res = ResourceBundle.getBundle(
            "dukestutoring.web.messages.Messages", locale);
    return res.getString(name() + ".string");
}
```

除此之外，应用程序可以使用 `f:loadBundle` 标签来设置资源绑定。该标签会根据 `FacesContext` 中存储的语言环境来加载正确的资源绑定。

```
<f:loadBundle basename="dukestutoring.web.messages.Messages"
              var="bundle"/>
```

如果在 JavaServer Faces 标签属性中，使用值表达式来引用资源绑定中所包含的消息，那么必须在配置文件中使用 `resource-bundle` 元素来注册该资源绑定。

关于使用该元素的更多信息，请参考第 7 章中的"注册应用程序消息"一节。

获取本地化消息

由 Java 语言编写的 web 组件可以从会话中获取资源绑定：

```
ResourceBundle messages = (ResourceBundle)session.getAttribute("messages");
```

然后它会查找与键 `person.lastName` 关联的字符串，如下所示：

```
messages.getString("person.lastName");
```

只有在组件上注册了转换器或者校验器之后，才能使用 `message` 或 `messages` 标签来显示组件消息队列中的消息。下面的示例展示了一个注册了校验器的 `userNo` 输入组件，如果用户在该组件上输入的值校验失败，那么会通过一个 `message` 标签来显示错误消息。

```
<h:inputText id="userNo" value="#{UserNumberBean.userNumber}">
    <f:validateLongRange minimum="0" maximum="10" />
    ...
<h:message
    style="color: red;
    text-decoration: overline" id="errors1" for="userNo"/>
```

关于如何使用 `message` 或者 `messages` 标签的更多信息，请参考 *Java EE 6 Tutorial：Basic Concepts* 中 Displaying Error Messages with the h:message and h:messages Tags 一节。

对于使用值表达式引用的消息来说，因为它们没有被加入到组件的消息队列中，所以它们也无法被自动加载。几乎所有的 JavaServer Faces 标签属性都可以引用一个本地化的消息。

不管你使用 f:loadBundle 标签来加载资源绑定，还是在配置文件中使用 resource-bundle 元素来注册资源绑定，引用消息的值表达式的写法都一样。

值表达式的写法是 var.message，其中 var 要与 f:loadBundle 中的 var 属性或者配置文件中 resource-bundle 元素的 var 元素相匹配，而 message 要与资源绑定（由 var 属性引用的）中消息的键相匹配。

以下是来自 Duke's Tutoring 的 editAddress.xhtml 示例：

```
<h:outputLabel for="country" value="#{bundle['address.country']}:" />
```

注意，bundle 与配置文件中的 var 元素相匹配，country 与资源绑定中的键相匹配。

日期和数字格式化

Java 程序可以使用 DateFormat.getDateInstance(int.locale)，根据不同的语言环境对日期进行解析和格式化。Java 程序可以使用 NumberFormat.get*XXX*Instance(locale)，根据不同的语言环境对数字类型的值进行解析和格式化，其中 *XXX* 可以是 Currency、Number 或者 Percent。

应用程序可以使用日期/时间和数字转换器，根据不同的语言环境对日期和数字进行转换。例如，可以用如下方法来转换发货的日期：

```
<h:outputText value="#{cashier.shipDate}">
    <f:convertDateTime dateStyle="full"/>
</h:outputText>
```

关于 JavaServer Faces 转换器的更多信息，请参考 *The Java EE 6 Tutorial: Basic Concepts* 中的 Using the Standard Converters 一节。

字符集和编码

以下章节会介绍字符集和字符编码。

字符集

字符集是一组文本和图形符号，每个符号都会对应一组非负整数。

在计算机中第一个使用的字符集是 US-ASCII。它只能表示美国英语。US-ASCII 包含大写和小写拉丁字母、数字、标点符号、控制码，以及其他一些符号。

Unicode 定义了一个标准化、通用的字符集，并且可以进行扩展，以容纳一些新的字符。当 Java 程序源代码文件编码不支持 Unicode 时，你可以通过使用\u*XXXX*来表示 Unicode 字符，

其中 *XXXX* 是字符的 16 进制 16 位的表示。例如，Duke's Tutoring 中的西班牙语消息文件，对非 ASCII 字符使用了 Unicode：

```
nav.main=P\u00e1gina Principal
nav.status=Mirar el estado
nav.current_session=Ver sesi\u00f3n actual del tutorial
nav.park=Ver estudiantes en el Parque
nav.admin=Administraci\u00f3n

admin.nav.main=P\u00e1gina principal de administraci\u00f3n
admin.nav.create_student=Crear un nuevo estudiante
admin.nav.edit_student=Editar informaci\u00f3n del estudiante
admin.nav.create_guardian=Crear un nuevo guardia
admin.nav.edit_guardian=Editar guardia
admin.nav.create_address=Crear una nueva direcci\u00f3n
admin.nav.edit_address=Editar direcci\u00f3n
admin.nav.activate_student=Activar estudiante
```

字符编码

字符编码将一个字符集映射到指定宽度的单元上，并定义了字节的序列化和排序规则。许多字符集有多种编码。例如，Java 程序可以使用 `EUC-JP` 或者 `Shift-JIS` 编码来显示日文字符。每种编码都有用于展现和序列化字符集的规则。

ISO 8859 系列定义了 13 个字符编码，能够显示几十种语言的文字。每个 ISO 8859 字符编码最多可以有 256 个字符。ISO-8859-1（Latin-1）包括了 ASCII 字符集、一些发声符号（重音符、分音符、抑扬符等），以及一些其他符号。

UTF-8（Unicode Transformation Format，8 bit 形式）是一个变长的字符编码，将 16 位的 Unicode 字符编码为 1~4 字节。如果 UTF-8 中 1 字节的高位 bit 是 0，那么这个字节相当于 7 bit ASCII，否则，该字符的字节数量是可变的。

UTF-8 兼容大量已有的 web 内容，并且提供了对 Unicode 字符集的访问。当前的浏览器和邮件客户端都支持 UTF-8。此外，许多新的 web 标准都指定 UTF-8 作为它们的字符编码。例如，对于 XML 文档来说，UTF-8 是两个必选编码的其中之一（另一个是 UTF-16）。

web 组件通常会使用 `PrintWriter` 类来生成响应。`PrintWriter` 会自动使用 ISO-8859-1 进行编码。servlet 还可以使用 `OutputStream` 类来输出二进制数据，无须编码。使用默认编码以外字符集的应用程序，必须显式地设置编码方式。

第III部分

Web Service

第III部分会介绍 web service 的高级主题。本部分包含以下章节：

- 第 10 章　JAX-RS：高级主题和示例

第10章

JAX-RS：高级主题和示例

设计用于 RESTful Web Service 的 Java API（即在 JSR 311 中定义的 JAX-RS）的目的，是为了更方便地使用 REST 架构来开发应用程序。本章会介绍 JAX-RS 的高级特性。如果你还不了解 JAX-RS，请在继续本章之前先阅读 *The Java EE 6 Tutorial: Basic Concepts* 中的第 13 章。

JAX-RS 是 Java EE 6 完整规范的一部分，JAX-RS 可以与 Java EE 凭借上下文与依赖注入（CDI）、Enterprise JavaBeans（EJB）技术以及 Java Servlet 技术相集成。

本章包含以下主题：

- 用于资源类字段和 Bean 属性的注解
- 子资源和运行时资源解决方案
- 整合 JAX-RS、EJB 技术和 CDI
- 条件性 HTTP 请求
- 运行时内容协商
- 在 JAX-RS 中使用 JAXB
- customer 示例程序

用于资源类字段和 Bean 属性的注解

通过使用为资源类提供的 JAX-RS 注解，你可以从统一资源标识符（URI）或者请求头信息中，提取指定的部分或值。

JAX-RS 提供了表 10-1 中列举的注解。

表 10-1 高级 JAX-RS 注解

注解	描述
`@Context`	将信息注入到一个类字段、bean 属性或者方法参数
`@CookieParam`	从 cookie 请求头信息中声明的 cookie 中提取信息
`@FormParam`	从内容类型为 application/x-www-form-urlencoded 请求中提取信息
`@HeaderParam`	从一个头信息中提取值
`@MatrixParam`	从一个 URI 矩阵参数（matrix parameter）中提取值
`@PathParam`	从一个 URI 模板参数（template parameter）中提取值
`@QueryParam`	从一个 URI 查询参数（query parameter）中提取值

提取路径参数

URI 路径模板是一种在 URI 语法中嵌入变量的 URI。`@PathParam` 注解允许你在调用方法时使用可变的 URI 路径段。

以下代码片段演示了如何从雇员邮件地址中提取雇员的姓氏。

```
@Path(/employees/"{firstname}.{lastname}@{domain}.com")
public class EmpResource {

    @GET
    @Produces("text/xml")
    public String getEmployeelastname(@PathParam("lastname") String lastName) {
        ...
    }
}
```

在这个例子中，`@Path` 注解定义了 URI 变量(或者路径参数){firstname}、{lastname} 以及{domain}。请求方法参数中的`@PathParam` 会从邮件地址中提取姓氏信息。

如果你的 HTTP 请求是 GET /employees/john.doe@example.com，那么值 "doe" 会被注入到{lastname}中。

你可以在一个 URL 中指定多个路径参数。

你可以在 URI 变量中声明一个正则表达式。例如，如果姓氏只能由大写和小写字母组成，你可以声明如下的正则表达式：

```
@Path(/employees/{"firstname}.{lastname[a-zA-Z]*}@{domain}.com")
```

如果姓氏不能匹配正则表达式，会返回一个 404 响应。

用于资源类字段和 Bean 属性的注解

提取查询参数

`@QueryParam` 注解可以从请求 URI 的查询部分中提取查询参数。

例如,要查询所有在某个年份段内入职的雇员,你可以定义如下的方法:

```
@Path("/employees/")
@GET
public Response getEmployees(
        @DefaultValue("2002") @QueryParam("minyear") int minyear,
        @DefaultValue("2010") @QueryParam("maxyear") int maxyear)
    {…}
```

这段代码定义了两个查询参数,`minyear` 和 `maxyear`。如下的 HTTP 请求会查询所有在 1999 年至 2009 年之间入职的雇员。

```
GET /employees?maxyear=2009&minyear=1999
```

`@DefaultValue` 注解定义了一个默认值,用于请求参数中没有值的情况。默认情况下,JAX-RS 会将 null 值赋给 `Object` 对象,将 0 赋给原始数据类型。你可以使用`@DefaultValue` 注解为参数指定默认值,从而避免使用 null 或 0。

提取表单数据

使用`@FormParam` 注解可以提取 HTML 表单中的表单参数。例如,以下表单接受一个雇员的姓名、地址以及经理的名称:

```
<FORM action="http://example.com/employees/" method="post">
<p>
<fieldset>
Employee name: <INPUT type="text" name="empname" tabindex="1">
Employee address: <INPUT type="text" name="empaddress" tabindex="2">
Manager name: <INPUT type="text" name="managername" tabindex="3">
</fieldset>
</p>
</FORM>
```

使用如下代码片段可以从该 HTML 表单中提取经理的名称:

```
@POST
@Consumes("application/x-www-form-urlencoded")
public void post(@FormParam("managername") String managername) {
    // 保存消息
    ...
}
```

要获得表单中所有参数名和值的映射,你可以使用如下代码片段:

```
@POST
```

```
@Consumes("application/x-www-form-urlencoded")
public void post(MultivaluedMap<String. String> formParams) {
    // 保存消息
}
```

提取请求或响应中的 Java 类型

javax.ws.rs.core.Context 注解可以获取与请求或响应相关的 Java 类型。

javax.ws.rs.core.UriInfo 接口提供了请求 URI 中各个部分的相关信息。以下代码片段演示了如何获取一个包含所有查询参数和路径参数名值对的 map 对象：

```
@GET
public String getParams(@Context UriInfo ui) {
    MultivaluedMap<String, String> queryParams = ui.getQueryParameters();
    MultivaluedMap<String, String> pathParams = ui.getPathParameters();
}
```

javax.ws.rs.core.HttpHeaders 接口提供了请求头和 cookie 的相关信息。以下代码片段演示了如何获取一个包含请求头信息和 cookie 参数名值对的 map 对象：

```
@GET
public String getHeaders(@Context HttpHeaders hh) {
    MultivaluedMap<String, String> headerParams = hh.getRequestHeaders();
    MultivaluedMap<String, Cookie> pathParams = hh.getCookies();
}
```

子资源和运行时资源解决方案

你可以使用一个资源类来只处理 URI 请求的一部分，然后由一个实现了其他子资源的根资源，来处理 URI 路径的剩余部分。

被标注 @Path 注解的资源类方法，或者是一个子资源方法，或者是一个子资源定位符。

- 子资源方法用来处理相应资源的子资源请求。
- 子资源定位符用来定位相应资源的子资源。

子资源方法

子资源方法用来直接处理 HTTP 请求。除了 @Path 注解之外，该方法必须标注 @GET 或 @POST 等请求方法注解。如果某个请求 URI，与将方法的 URI 模板追加到资源类的 URI 模板后所创建的 URI 模板相匹配，那么会调用该方法。

以下代码片段演示了如何使用一个子资源方法从雇员的邮件地址中提取姓氏信息：

```
@Path("/employeeinfo")
```

```
Public class EmployeeInfo {

    public employeeinfo() {}

    @GET
    @Path("/employees/{firstname}.{lastname}@{domain}.com")
    @Produces("text/xml")
    public String getEmployeeLastName(@PathParam("lastname") String lastName) {
        ...
    }

}
```

对于如下 GET 请求,getEmployeeLastName 方法会返回 doe:

`GET /employeeinfo/employees/john.doe@example.com`

子资源定位符

子资源定位符用来返回一个处理 HTTP 请求的对象。该方法不能用请求方法注解标注。你必须在一个子资源类中声明子资源定位符,并且只有子资源定位符可以用于运行时资源。

以下代码片段演示了一个子资源定位符:

```
// 根资源类
@Path("/employeeinfo")
public class EmployeeInfo {

    // 子资源定位符:从路径/employeeinfo/employees/{empid}中获取子资源 Employee
    @Path("/employees/{empid}")
    public Employee getEmployee(@PathParam("empid") String id) {
        // 根据路径参数 id 找到 Employee
        Employee emp = ...;
        ...
        return emp;
    }
}

// 子资源类
public class Employee {

    // 子资源方法:返回雇员的姓氏
    @GET
    @Path("/lastname")
    public String getEmployeeLastName() {
        ...
```

```
        return lastName
    }
}
```

在这段代码中，getEmployee 方法就是提供了 Employee 对象的子资源定位符，用来从请求中获取姓氏信息。

如果你的 HTTP 请求是 GET /employeeinfo/employees/as209/，那么 getEmployee 会返回 id 为 as209 的 Employee 对象。在运行时，JAX-RS 会发送一个 GET /employeeinfo/employees/as209/lastname 请求给 getEmployeeLastName 方法，由其获取并返回 id 为 as209 的雇员的姓氏。

整合 JAX-RS、EJB 技术和 CDI

JAX-RS 可以与 Enterprise JavaBeans 技术和 Java EE 平台上下文与依赖注入（CDI）一同使用。

通常来说，如果要让 JAX-RS 与 enterprise beans 起工作，你需要在 bean 类上加上 @Path 注解，使其成为一个根资源类。你可以在无状态 session beans 和单例 POJO beans 中使用 @Path 注解。

以下代码片段分别演示了被转化为 JAX-RS 根资源类的一个无状态 session bean 和一个单例 bean。

```
@Stateless
@Path("stateless-bean")
public class StatelessResource {...}

@Singleton
@Path("singleton-bean")
public class SingletonResource {...}
```

session beans 可以用于子资源。

JAX-RS 和 CDI 的组件模型有一些细微的区别。默认情况下，JAX-RS 根资源类在请求作用域中管理，并且不需要使用任何注解来指定该作用域。标注 @RequestScoped 或 @ApplicationScoped 注解的 CDI managed bean，可以被转换为 JAX-RS 资源类。

以下代码片段演示了一个 JAX-RS 资源类：

```
@Path("/employee/{id}")
public class Employee {
    public Employee(@PathParam("id") String id) {...}
}
@Path("{lastname}")
```

```
public final class EmpDetails {...}
```

以下代码片段演示了如何将该 JAX-RS 资源类转换为一个 CDI bean。由于 CDI bean 必须是可代理的，因此 Employee 类需要有一个非 private、不带任何参数的构造器，并且 EmpDetails 类不能是 final 的。

```
@Path("/employee/{id}")
@RequestScoped
public class Employee {
    public Employee() {...}

    @Inject
    public Employee(@PathParam("id") String id) {...}
}
@Path("{lastname}")
@RequestScoped
public class EmpDetails {...}
```

条件性 HTTP 请求

JAX-RS 支持条件式 GET 和 PUT 的 HTTP 请求。条件式 GET 请求可以提高客户端执行效率，减少带宽消耗。

如果从上一个请求开始，请求资源的表现形式没有发生改变，那么 GET 请求可以返回一个 Not Modified（304）响应。例如，如果一个网站所有静态图片，从上一次请求开始没有发生改变，那么它可以返回 304 响应。

如果从上一个请求开始，请求资源的表现形式没有发生改变，那么 PUT 请求可以返回一个 Precondition Failed（412）响应。条件式 PUT 有助于避免丢失更新的问题。

条件性 HTTP 请求可以使用 Last-Modified 和 ETag 头信息。Last-Modified 头信息可以用来表示日期，精确到秒。

```
@Path("/employee/{joiningdate}")
public class Employee {

    Date joiningdate;

    @GET
    @Produces("application/xml")
    public Employee(@PathParam("joiningdate") Date joiningdate,
            @Context Request req,
            @Context UriInfo ui) {
```

```
            this.joiningdate = joiningdate;
            ...
            this.tag = computeEntityTag(ui.getRequestUri());
            if (req.getMethod().equals("GET")) {
                Response.ResponseBuilder rb = req.evaluatePreconditions(tag);
                if (rb != null) {
                    throw new WebApplicationException(rb.build());
                }
            }
        }
    }
```

在这段代码中，`Employee` 类的构造方法从请求 URI 中获取到 entity tag，并将该 tag 作为方法参数来调用 `request.evaluatePreconditions` 方法。如果客户端请求中，`if-none-match` 头信息的值与计算后的 entity tag 一样，那么 `evaluatePreconditions` 方法会返回一个状态代码为 304 的空响应，并且可能会构建并返回一个 entity tag 头信息。

运行时内容协商

在 JAX-RS 中，`@Produces` 和 `@Consumes` 注解用来处理静态内容协商。这两个注解指定了服务器端的内容偏好。`Accept`、`Content-Type` 以及 `Accept-Language` 等 HTTP 头信息定义了客户端的内容协商偏好。

更多关于 HTTP 内容协商头信息的细节，请参考 HTTP /1.1 -Content Negotiation (`http://www.w3.org/Protocols/rfc2616/rfc2616-sec12.html`)。

以下代码片段演示了服务器端的内容偏好：

```
@Produces("text/plain")
@Path("/employee")
public class Employee {

    @GET
    public String getEmployeeAddressText(String address) { ... }

    @Produces("text/xml")
    @GET
    public String getEmployeeAddressXml(Address address) { ... }
}
```

如下 HTTP 请求会调用 `getEmployeeAddressText` 方法：

```
GET /employee
Accept: text/plain
```

运行时内容协商

并产生如下响应:

```
500 Oracle Parkway, Redwood Shores, CA
```

如下 HTTP 请求会调用 `getEmployeeAddressXml` 方法:

```
GET /employee
Accept: text/xml
```

这会产生如下响应:

```
<address street="500 Oracle Parkway, Redwood Shores, CA" country="USA"/>
```

通过静态内容协商,你还可以为客户端和服务器端定义多种内容和媒体类型。

```
@Produces("text/plain", "text/xml")
```

除了支持静态内容协商外,JAX-RS 还通过 `javax.ws.rs.core.Variant` 类和 `Request` 对象支持运行时的内容协商。`Variant` 类指定了内容协商的资源表现形式。每个 `Variant` 类的实例可能包含一种媒体类型、一种语言以及一种编码方法。`Variant` 对象定义了服务器端所支持的资源表现方式。`Variant.VariantListBuilder` 类用来构建一个包含各种表现方式的列表。

以下代码片段演示了如何创建一个资源表现方式的列表:

```
List<Variant> vs =
    Variant.mediatypes("application/xml", "application/json")
        .languages("en", "fr").build();
```

该段代码调用了 `VariantListBuilder` 类的 `build` 方法。当你调用 `mediatypes`、`languages` 或者 `encodings` 方法时,都会调用 `VariantListBuilder` 类。这个 `build` 方法会构建一组资源表现方式。通过 `build` 方法创建的 `Variant` 列表,包含了 `mediatypes`、`languages` 以及 `encodings` 方法中各项结果所有可能的组合。

在本例中,如代码所示,`vs` 对象的大小被定义为 4,其内容如下所示:

```
[["application/xml","en"], ["application/json","en"],
    ["application/xml","fr"],["application/json","fr"]]
```

`java.ws.rs.core.Request.selectVariant` 方法接受一个 `Variant` 对象的列表,并且会选择与 HTTP 请求匹配的 `Variant` 对象。该方法会将其 `Variant` 对象列表与 HTTP 请求的 `Accept`、`Accept-Encoding`、`Accept-Language` 以及 `Accept-Charset` 等头信息进行比较。

以下代码片段演示了如何使用 `selectVariant` 方法,根据客户端请求中的值选择出最合适的 `Variant` 对象。

```
@GET
public Response get(@Context Request r) {
```

```
    List<Variant> vs = ...;
    Variant v = r.selectVariant(vs);
    if (v == null) {
        return Response.notAcceptable(vs).build();
    } else {
        Object rep = selectRepresentation(v);
        return Response.ok(rep, v);
    }
}
```

`selectVariant`方法会返回与请求匹配的`Variant`对象,如果没有发现匹配则返回null。在这段代码中,如果方法返回了null,会构建一个表示响应不可接受的`Response`对象。否则,返回一个状态为OK、以`Object`实体和`Variant`作为表现形式的响应。

在 JAX-RS 中使用 JAXB

Java Architecture for XML Binding（JAXB）是一个 XML 到 Java 的绑定技术,可以通过 XML schema 和 Java 对象之间以及 XML 实例文档和 Java 对象实例之间的转换,来简化 web service 的开发过程。XML schema 定义了一个 XML 文档的数据元素和结构。你可以使用 JAXB API 和工具来建立 Java 类到 XML schema 的映射。JAXB 技术提供了一些工具,你可以用它们在 XML 文档和 Java 对象之间互相进行转换。

通过使用 JAXB,你可以使用以下几种方式来操作数据对象：

- 你可以从一个 XML schema 定义（XSD）开始,使用 JAXB schema 编译器工具 `xjc`,创建一组由 JAXB 注解标注、与 XSD schema 中定义的元素和类型相匹配的 Java 类。
- 你可以从一组 Java 类开始,使用 JAXB schema 生成器工具 `schemagen`,生成一个 XML schema。
- 一旦在 XML schema 和 Java 类之间建立了映射,你就可以使用 JAXB binding runtime,将 XML 文档转换为 Java 对象（marshal）或将 Java 对象转换为 XML 文档（unmarshal）,并使用生成的 Java 类来组成一个 web service 应用程序。

XML 是发布和接收 RESTful 服务的常用媒体格式。为了反序列化和序列化 XML,你可以使用 JAXB 注解所标注的对象来表示请求和响应。你的 JAX-RS 应用程序可以使用 JAXB 对象来操作 XML 数据。JAXB 对象可以作为请求的实体参数和响应的实体。JAX-RS 运行时环境包括标准的 `MessageBodyReader` 和 `MessageBodyWriter`,它们分别为读写 JAXB 对象提供了接口。

借助于 JAX-RS,你可以通过发布资源来允许其他人访问你的服务。资源都是一些带有 JAX-RS 注解的简单 Java 类。这些注解分别用来表示：

在 JAX-RS 中使用 JAXB

- 资源的路径（访问该资源的 URL）。
- 用来调用某个具体方法的 HTTP 方法（例如，GET 或者 POST 方法）。
- 一个方法接收或响应的 MIME 类型。

当你为应用程序定义资源时，请考虑希望暴露的数据类型。你可能已经有了一个关系型数据库，其中包含了你想要暴露的用户数据，或者你有一些数据库之外的静态内容需要作为资源发布。通过使用 JAX-RS，你可以从不同的来源发布内容。RESTful web service 可以为请求和响应使用各种类型的输入/输出格式。例如本章后面的"customer 示例程序"一节中的示例程序使用了 XML。

资源都有表现形式。一个资源的表现形式是指向使用 URL 的资源发送或返回的 HTTP 消息内容。一个资源所支持的每种表现形式都有对应的媒体类型。例如，如果某个资源打算返回 XML 格式的内容，那么你可以在 HTTP 消息中使用 application/xml 作为关联的媒体类型。根据应用程序的需要，资源可以返回表现形式的一种或多种格式。JAX-RS 提供了 `@Consumes` 和 `@Produces` 注解，来声明资源方法可以读写的媒体类型。

JAX-RS 还通过实体提供方，在 Java 类型和资源表现形式之间互相进行映射。`MessageBodyReader` 实体提供方会读取一个请求的实体，并将请求实体反序列化为一个 Java 类型。`MessageBodyWriter` 实体提供方会将一个 Java 类型序列化为一个响应实体。例如，如果将一个 `String` 值作为请求的实体参数，`MessageBodyReader` 实体提供方会将请求体反序列化为一个新的 `String` 对象。如果一个 JAXB 类型被用作某个资源方法的返回类型，那么 `MessageBodyWriter` 会将该 JAXB 对象序列化为一个响应体。

默认情况下，JAX-RS 运行时环境会试图为 JAXB 类创建并使用一个默认的 `JAXBContext` 类。但是，如果默认的 `JAXBContext` 类并不合适，那么你可以实现 JAX-RS `ContextResolver` 这个提供方接口，为应用程序提供一个自定义的 `JAXBContext` 类。

以下章节将介绍如何在 JAX-RS 资源方法中使用 JAXB。

使用 Java 对象为数据建模

如果你没有打算为暴露的对象定义 XML schema，可以将数据建模为 Java 类，在这些类上添加 JAXB 注解，然后使用 JAXB 为数据生成一个 XML schema。例如，如果你想要暴露一个产品集合数据，其中每个产品都拥有一个 ID、名称、描述以及价格信息，那么你可以将其建模为如下 Java 类：

```
@XmlRootElement(name="product")
@XmlAccessorType(XmlAccessType.FIELD)
public class Product {
```

```
@XmlElement(required=true)
protected int id;
@XmlElement(required=true)
protected String name;
@XmlElement(required=true)
protected String description;
@XmlElement(required=true)
protected int price;

public Product() {}

// getter 和 setter 方法
// ...
}
```

在命令行中运行 JAXB schema 生成器，生成相应的 XML schema 定义：

```
schemagen Product.java
```

该命令会生成一个以 .xsd 结尾的 XML schema 文件，如下所示：

```
<?xml version="1.0" encoding="UTF-8" standalone="yes"?>
<xs:schema version="1.0" xmlns:xs="http://www.w3.org/2001/XMLSchema">

  <xs:element name="product" type="product"/>

  <xs:complexType name="product">
    <xs:sequence>
      <xs:element name="id" type="xs:int"/>
      <xs:element name="name" type="xs:string"/>
      <xs:element name="description" type="xs:string"/>
      <xs:element name="price" type="xs:int"/>
    </xs:sequence>
  </xs:complexType>
</xs:schema>
```

一旦你拥有了这个映射关系，就可以在应用程序中创建并返回 Product 对象，并将它们作为 JAX-RS 资源方法中的参数。JAX-RS 运行时会使用 JAXB，将请求中的 XML 数据转换为 Product 对象，或者将 Product 对象转换为响应中的 XML 数据。以下资源类提供了一个简单的示例：

```
@Path("/product")
public class ProductService {
    @GET
    @Path("/get")
    @Produces("application/xml")
    public Product getProduct() {
```

```
            Product prod = new Product();
            prod.setId(1);
            prod.setName("Mattress");
            prod.setDescription("Queen size mattress");
            prod.setPrice(500);
            return prod;
        }

        @POST
        @Path("/create")
        @Consumes("application/xml")
        public Response createProduct(Product prod) {

            // 处理或保存产品，并返回一个响应
            // ...
        }
    }
```

对于某些 IDE，例如 NetBeans IDE，如果你将含有 JAXB 注解的 Java 类添加到工程中，IDE 会在构建时自动运行 schema 生成器工具。更多详细示例请参考本章后面的"customer 示例程序"一节。`customer` 示例中 Java 类之间的关系更加复杂，因此生成的 XML 层级结构也更多。

从已有的 XML schema 定义开始

如果你想暴露的数据已经存在于一个扩展名为.xsd 的 XML schema 定义文件中，那么你可以使用 JAXB schema 编译器工具。假设.xsd 文件的内容如下所示：

```
<?xml version="1.0"?>
<xs:schema targetNamespace="http://xml.product"
           xmlns:xs="http://www.w3.org/2001/XMLSchema"
           elementFormDefault="qualified"
           xmlns:myco="http://xml.product">

    <xs:element name="product" type="myco:Product"/>

    <xs:complexType name="Product">
      <xs:sequence>
        <xs:element name="id" type="xs:int"/>
        <xs:element name="name" type="xs:string"/>
        <xs:element name="description" type="xs:string"/>
        <xs:element name="price" type="xs:int"/>
      </xs:sequence>
    </xs:complexType>
</xs:schema>
```

在命令行中运行 schema 编译器工具,如下所示:

`xjc Product.xsd`

该命令会生成与 `.xsd` 文件中所定义类型相对应的 Java 类源代码。schema 编译器工具会为 `.xsd` 文件中定义的每个 `complexType` 生成一个 Java 类。生成的 Java 类中的每个字段,都与 `complexType` 中对应的元素相同,并且类中会包含这些字段的 getter 和 setter 方法。

在这个例子中,schema 编译器工具会生成类 `product.xml.Product` 和 `product.xml.ObjectFactory`。Product 类包含 JAXB 注解,并且它的字段与 `.xsd` 中的定义一一对应:

```
@XmlAccessorType(XmlAccessType.FIELD)
@XmlType(name = "Product", propOrder = {
    "id",
    "name",
    "description",
    "price"
})
public class Product {
    protected int id;
    @XmlElement(required = true)
    protected String name;
    @XmlElement(required = true)
    protected String description;
    protected int price;
    // setter 和 getter 方法
    // ...
}
```

你可以在应用程序中创建 `Product` 类的实例(例如,从数据库获取数据)。生成的类 `product.xml.ObjectFactory` 中包含了一个方法,允许你将这些对象转化为可以在 JAX-RS 资源方法中作为 XML 返回的 JAXB 元素:

```
@XmlElementDecl(namespace = "http://xml.product", name = "product")
public JAXBElement<Product> createProduct(Product value) {
    return new JAXBElement<Product>(_Product_QNAME, Product.class, null, value);
}
```

以下代码展示了如何使用生成的类,在 JAX-RS 资源方法中返回一个 XML 格式的 JAXB 元素。

```
@Path("/product")
public class ProductService {
    @GET
    @Path("/get")
    @Produces("application/xml")
```

```
    public JAXBElement<Product> getProduct() {
        Product prod = new Product();
        prod.setId(1);
        prod.setName("Mattress");
        prod.setDescription("Queen size mattress");
        prod.setPrice(500);
        return new ObjectFactory().createProduct(prod);
    }
}
```

对于@POST和@PUT资源方法，你可以直接将一个Product对象作为参数使用。JAX-RS会将请求中的XML数据映射到这个Product对象上。

```
@Path("/product")
public class ProductService {
    @GET
    // ...

    @POST
    @Path("/create")
    @Consumes("application/xml")
    public Response createProduct(Product prod) {
        // 处理或保存产品，并返回一个响应
        // ...
    }
}
```

对于一些IDE，例如NetBeans IDE，如果你在项目源代码中添加了一个.xsd文件，IDE会在构建时自动运行schema编译器工具。更多详细的示例，请参考本章后面的"修改示例，根据已有的schema生成实体类"一节。在这个修改后的customer示例中，XML schema定义的层次结构更多，从而对数据建模后的Java类之间的关系也更加复杂。

在JAX-RS和JAXB中使用JSON

虽然JAX-RS可以通过JAXB自动读取和输出XML，但是它还可以使用JSON格式的数据。JSON是一个源自于JavaScript、用于数据交换、基于文本的简单结构。对于之前的示例，一个产品的XML表现形式如下所示：

```
<?xml version="1.0" encoding="UTF-8"?>
<product>
    <id>1</id>
    <name>Mattress</name>
    <description>Queen size mattress</description>
    <price>500</price>
</product>
```

对应的 JSON 表现形式如下所示：
```
{
    "id":"1",
    "name":"Mattress",
    "description":"Queen size mattress",
    "price":500
}
```

要生成含有 JSON 数据的响应，你可以在资源方法的 `@Produces` 注解中添加格式 `application/json`：
```
@GET
@Path("/get")
@Produces({"application/xml","application/json"})
public Product getProduct() { ... }
```

在这个示例中，默认的响应是 XML 格式，但是如果用户发起的 `GET` 请求包含如下头信息，那么响应会是一个 JSON 对象：
```
Accept: application/json
```

对于标注了 JAXB 注解的 Java 类，资源方法还能够接受它们 JSON 格式的数据：
```
@POST
@Path("/create")
@Consumes({"application/xml","application/json"})
public Response createProduct(Product prod) { ... }
```

客户端应该在提交带有 JSON 数据的 `POST` 请求中，包含如下头信息：
```
Content-Type: application/json
```

customer 示例程序

本节会介绍如何构建和运行 customer 示例程序。该示例程序是一个使用 JAXB 对指定实体进行创建、读取、更新、删除（CRUD）操作的 RESTful web service。

customer 示例程序位于 *tut-install*/examples/jaxrs/customer/ 目录下，关于如何构建和运行示例程序的基础信息，请参考第 2 章。

customer 示例程序概述

该应用程序的源文件位于 *tut-install*/examples/jaxrs/customer/src/java/。应用程序分为三部分：

- `Customer` 和 `Address` 实体类。这些类建立了应用程序的数据模型，并且包含了 JAXB 注解。更多详细信息请参考本章后面的"Customer 和 Address 实体类"小节。

- CustomerService 资源类。该类包含了对 Customer 实例进行操作的 JAX-RS 资源文件，通过 JAXB 将数据转换为 XML 或者 JSON 的表现形式。更多详细信息请参考本章后面的"CustomerService 类"小节。
- CustomerClientXML 和 CustomerClientJSON 客户端类。这些类使用 Customer 实例的 XML 和 JSON 形式，对 web service 的资源方法进行测试。更多信息请参考本章后面的"CustomerClientXML 和 CustomerClientJSON 类"小节。

customer 示例程序展示了如何使用 JAXB 注解为数据实体建立 Java 类模型。JAXB schema 生成器会为实体类生成一个等价的 XML schema 定义文件（.xsd）。生成的 schema 会用于 JAX-RS 资源方法中实体类和 XML 或 JSON 格式之间的自动转换（marshal 和 unmarshal）。

某些情况下，你可能已经为实体定义了 XML schema。请参考本章后面"修改示例，根据已有的 schema 生成实体类"小节，了解如何对 customer 示例进行修改，从一个 .xsd 文件开始为你的数据建立模型，并使用 JAXB 来生成等价的 Java 类。

Customer 和 Address 实体类

以下类表示了一个顾客的地址信息：

```
@XmlRootElement(name="address")
@XmlAccessorType(XmlAccessType.FIELD)
public class Address {

    @XmlElement(required=true)
    protected int number;

    @XmlElement(required=true)
    protected String street;

    @XmlElement(required=true)
    protected String city;

    @XmlElement(required=true)
    protected String state;

    @XmlElement(required=true)
    protected String zip;

    @XmlElement(required=true)
    protected String country;

    public Address() { }
```

```
    // getter 和 setter 方法
    // ...
}
```

`@XmlRootElement(name="address")` 注解将这个类映射到 XML 元素 address 上。`@XmlAccessorType(XmlAccessType.FIELD)` 注解指定默认将该类所有字段与 XML 绑定。`@XmlElement(required=true)` 注解指定该元素在 XML 格式中必须存在。

以下类表示了一位顾客的信息：

```
@XmlRootElement(name="customer")
@XmlAccessorType(XmlAccessType.FIELD)
public class Customer {

    @XmlAttribute(required=true)
    protected int id;

    @XmlElement(required=true)
    protected String firstname;

    @XmlElement(required=true)
    protected String lastname;

    @XmlElement(required=true)
    protected Address address;

    @XmlElement(required=true)
    protected String email;

    @XmlElement (required=true)
    protected String phone;

    The customer Example Application


    public Customer() { }

    // getter 和 setter 方法
    // ...
}
```

Customer 类包含了与之前类相同的 JAXB 注解，除了 `@XmlAttribute(required=true)` 注解。这个注解将该类的某个属性映射到表示该类的 XML 元素的一个属性上。

customer 示例程序

Customer 类包含了另一个实体类型（Address 类）的属性。这种机制允许你在 Java 代码中定义实体之间的层次关系，而不用为此编写一个 `.xsd` 文件。

JAXB 会为以上两个类生成如下的 XML schema 定义：

```xml
<?xml version="1.0" encoding="UTF-8" standalone="yes"?>
<xs:schema version="1.0" xmlns:xs="http://www.w3.org/2001/XMLSchema">

  <xs:element name="address" type="address"/>
  <xs:element name="customer" type="customer"/>

  <xs:complexType name="address">
    <xs:sequence>
      <xs:element name="number" type="xs:int"/>
      <xs:element name="street" type="xs:string"/>
      <xs:element name="city" type="xs:string"/>
      <xs:element name="state" type="xs:string"/>
      <xs:element name="zip" type="xs:string"/>
      <xs:element name="country" type="xs:string"/>
    </xs:sequence>
  </xs:complexType>

  <xs:complexType name="customer">
    <xs:sequence>
      <xs:element name="firstname" type="xs:string"/>
      <xs:element name="lastname" type="xs:string"/>
      <xs:element ref="address"/>
      <xs:element name="email" type="xs:string"/>
      <xs:element name="phone" type="xs:string"/>
    </xs:sequence>
    <xs:attribute name="id" type="xs:int" use="required"/>
  </xs:complexType>
</xs:schema>
```

在项目根目录下的 `sample-input.xml` 文件中，包含了一个用 XML 形式表示顾客的例子：

```xml
<?xml version="1.0" encoding="UTF-8"?>
<customer id="1">
  <firstname>Duke</firstname>
  <lastname>OfJava</lastname>
  <address>
    <number>1</number>
    <street>Duke's Way</street>
    <city>JavaTown</city>
    <state>JA</state>
```

```
    <zip>12345</zip>
    <country>USA</country>
  </address>
  <email>duke@example.com</email>
  <phone>123-456-7890</phone>
</customer>
```

文件 `sample-input.json` 中包含了一个用 JSON 形式表示顾客的例子：

```
{
    "@id": "1",
    "firstname": "Duke",
    "lastname": "OfJava",
    "address": {
        "number": 1,
        "street": "Duke's Way",
        "city": "JavaTown",
        "state": "JA",
        "zip": "12345",
        "country": "USA"
    },
    "email": "duke@example.com",
    "phone": "123-456-7890"
}
```

CustomerService 类

`CustomerService` 类有一个 `createCustomer` 方法，它会基于 `Customer` 类创建一个顾客资源，并为新资源返回一个 URI。这个持久化类模拟了 JPA entity manager 的行为。该示例使用了 `java.util.Properties` 文件来存储数据。如果你使用 GlassFish Server 的默认配置，那么该属性文件的位置为 *domain-dir*/CustomerDATA.txt。

```java
@Path("/Customer")
public class CustomerService {
    public static final String DATA_STORE = "CustomerDATA.txt";
    public static final Logger logger =
            Logger.getLogger(CustomerService.class.getCanonicalName());
    ...

    @POST
    @Consumes({"application/xml", "application/json"})
    public Response createCustomer(Customer customer) {
        try {
            long customerId = persist(customer);
            return Response.created(URI.create("/" + customerId)).build();
        } catch (Exception e) {
```

```java
            throw new WebApplicationException(e,
                    Response.Status.INTERNAL_SERVER_ERROR);
        }
    }
    ...

    private long persist(Customer customer) throws IOException {

        File dataFile = new File(DATA_STORE);

        if (!dataFile.exists()) {
            dataFile.createNewFile();
        }

        long customerId = customer.getId();
        Address address = customer.getAddress();

        Properties properties = new Properties();
        properties.load(new FileInputStream(dataFile));

        properties.setProperty(String.valueOf(customerId),
                customer.getFirstname() + ","
                + customer.getLastname() + ","
                + address.getNumber() + ","
                + address.getStreet() + ","
                + address.getCity() + ","
                + address.getState() + ","
                + address.getZip() + ","
                + address.getCountry() + ","
                + customer.getEmail() + ","
                + customer.getPhone());

        properties.store(new FileOutputStream(DATA_STORE),null);

        return customerId;
    }
    ...
}
```

返回给客户端的响应包含一个指向新创建资源的 URI。返回类型是一个映射自响应属性的实体正文，以及一个由响应的 status 属性指定的状态码。WebApplicationException 是一个 RuntimeException，用来包装适当的 HTTP 错误状态代码，例如 404、406、415 或 500。

@Consumes({"application/xml","application/json"})和@Produces ({"application/ xml","application/json"})注解会使用正确的 MIME 客户端来设置

请求和响应的媒体类型。这两个注解可以应用到资源方法、资源类或者是实体提供方上。如果你不想使用这些注解，JAX-RS 允许使用任意的媒体类型（"*/*"）。

以下代码片段展示了 `getCustomer` 和 `findbyId` 方法的实现。`getCustomer` 方法使用了 `@Produces` 注解并返回一个 `Customer` 对象。该对象会根据客户端指定的 `Accept:` 头信息，转换为 XML 或者 JSON 格式。

```
@GET
@Path("{id}")
@Produces({"application/xml", "application/json"})
public Customer getCustomer(@PathParam("id") String customerId) {
    Customer customer = null;

    try {
        customer = findById(customerId);
    } catch (Exception ex) {
        logger.log(Level.SEVERE,
                "Error calling searchCustomer() for customerId {0}. {1}",
                new Object[]{customerId, ex.getMessage()});
    }
    return customer;
}

private Customer findById(String customerId) throws IOException {
    properties properties = new Properties();
    properties.load(new FileInputStream(DATA_STORE));
    String rawData = properties.getProperty(customerId);

    if (rawData != null) {
        final String[] field = rawData.split(",");

        Address address = new Address();
        Customer customer = new Customer();
        customer.setId(Integer.parseInt(customerId));
        customer.setAddress(address);

        customer.setFirstname(field[0]);
        customer.setLastname(field[1]);
        address.setNumber(Integer.parseInt(field[2]));
        address.setStreet(field[3]);
        address.setCity(field[4]);
        address.setState(field[5]);
        address.setZip(field[6]);
        address.setCountry(field[7]);
        customer.setEmail(field[8]);
```

```
            customer.setPhone(field[9]);

            return customer;
        }
        return null;
    }
}
```

CustomerClientXML 和 CustomerClientJSON 类

Jersey 是 JAX-RS（JSR 311）的一个参考实现。你可以使用 Jersey 的客户端 API 来编写一个测试客户端，对 customer 示例程序进行测试。你可以在 http://jersey.java.net/nonav/apidocs/latest/jersey/ 找到 Jersey 的 API。

CustomerClientXML 类会调用 Jersey API 来测试 CustomerServer 这个 web service：

```
package customer.rest.client;

import com.sun.jersey.api.client.Client;
import com.sun.jersey.api.client.ClientResponse;
import com.sun.jersey.api.client.WebResource;
import customer.data.Address;
import customer.data.Customer;
import java.util.logging.Level;
import java.util.logging.Logger;
import javax.ws.rs.core.MediaType;

public class CustomerClientXML {
    public static final Logger logger =
            Logger.getLogger(CustomerClientXML.class.getCanonicalName());

    public static void main(String[] args) {

        Client client = Client.create();
        // 定义用来测试示例程序的 URL
        WebResource webResource =
                client.resource("http://localhost:8080/customer/rest/Customer");

        // 测试 POST 方法
        Customer customer = new Customer();
        Address address = new Address();
        customer.setAddress(address);

        customer.setId(1);
        customer.setFirstname("Duke");
        customer.setLastname("OfJava");
```

```java
address.setNumber(1);
address.setStreet("Duke's Drive");
address.setCity("JavaTown");
address.setZip("1234");
address.setState("JA");
address.setCountry("USA");
customer.setEmail("duke@java.net");
customer.setPhone("12341234");

ClientResponse response =
        webResource.type("application/xml").post(ClientResponse.class,
        customer);
logger.info("POST status: {0}" + response.getStatus());
if (response.getStatus() == 201) {
    logger.info("POST succeeded");
} else {
    logger.info("POST failed");
}

// 使用内容协商来测试 GET 方法
response = webResource.path("1").accept(MediaType.APPLICATION_XML)
        .get(ClientResponse.class);
Customer entity = response.getEntity(Customer.class);

logger.log(Level.INFO, "GET status: {0}", response.getStatus());
if (response.getStatus() == 200) {
    logger.log(Level.INFO, "GET succeeded, city is {0}",
            entity.getAddress().getCity());
} else {
    logger.info("GET failed");
}

// 测试 DELETE 方法
response = webResource.path("1").delete(ClientResponse.class);

logger.log(Level.INFO, "DELETE status: {0}", response.getStatus());
if (response.getStatus() == 204) {
    logger.info("DELETE succeeded (no content)");
} else {
    logger.info("DELETE failed");
}

response = webResource.path("1").accept(MediaType.APPLICATION_XML)
        .get(ClientResponse.class);
logger.log(Level.INFO, "GET status: {0}", response.getStatus());
```

```
            if (response.getStatus() == 204) {
                logger.info("After DELETE, the GET request returned no content.");
            } else {
                logger.info("Failed, after DELETE, GET returned a response.");
            }
        }
    }
```

这个 Jersey 客户端使用 XML 表现形式测试 POST、GET 和 DELETE 方法。

所有这些HTTP状态代码都表示成功：POST请求返回201,GET请求返回200,以及DELETE请求返回 204。更多关于 HTTP 状态代码意义的详细信息，请参考 `http://www.w3.org/Protocols/rfc2616/rfc2616-sec10.html`。

`CustomerClientJSON` 类与 `CustomerClientXML` 类似，但是它使用 JSON 表现形式来测试 web service。在 `CustomerClientJSON` 类中，"application/xml"被替换为"application/json"，并且 `MediaType.APPLICATION_XML` 被替换为 `MediaType.APPLICATION_JSON`。

修改示例，根据已有的 schema 生成实体类

本节会介绍如果你为实体提供了一个 XML schema 定义文件，而不是 Java 类时，如何对 `customer` 示例进行修改。在这种情况下，JAXB 会根据 schema 定义生成同样的 Java 实体类。

假设你为 `customer` 示例提供了如下的 `.xsd` 文件：

```xml
<?xml version="1.0"?>
<xs:schema targetNamespace="http://xml.customer"
    xmlns:xs="http://www.w3.org/2001/XMLSchema" elementFormDefault="qualified"
    xmlns:ora="http://xml.customer">

  <xs:element name="customer" type="ora:Customer"/>

  <xs:complexType name="Address">
    <xs:sequence>
      <xs:element name="number" type="xs:int"/>
      <xs:element name="street" type="xs:string"/>
      <xs:element name="city" type="xs:string"/>
      <xs:element name="state" type="xs:string"/>
      <xs:element name="zip" type="xs:string"/>
      <xs:element name="country" type="xs:string"/>
    </xs:sequence>
  </xs:complexType>

  <xs:complexType name="Customer">
```

```
  <xs:sequence>
    <xs:element name="firstname" type="xs:string"/>
    <xs:element name="lastname" type="xs:string"/>
    <xs:element name="address" type="ora:Address"/>
    <xs:element name="email" type="xs:string"/>
    <xs:element name="phone" type="xs:string"/>
  </xs:sequence>
  <xs:attribute name="id" type="xs:int" use="required"/>
 </xs:complexType>
</xs:schema>
```

你可以对 customer 示例进行如下修改。

▼ **修改 customer 示例，使其能够根据一个已有的 XML schema 定义生成 Java 实体类。**

1. 创建一个 JAXB 绑定，根据 schema 定义来生成实体 Java 类。例如，在 NetBeans IDE 中，执行以下步骤。

    a. 右键单击 customer 项目，并选择 New > Other...项。
    b. 在 XML 文件夹下，选择 JAXB 绑定并单击 Next 按钮。
    c. 在 Binding Name 字段中，输入 **CustomerBinding**。
    d. 单击 Browse 按钮并从你的文件系统中选择 .xsd 文件。
    e. 在 Package Name 字段中，输入 **customer.xml**。
    f. 单击 Finish 按钮。

    这个过程会在包 customer.xml 下创建 Customer 类、Address 类以及一些 JAXB 辅助类。

2. 对 CustomerService 类进行如下修改。

    a. 导入包 customer.xml.* 而不是 customer.data.*，并导入 JAXBElement 和 ObjectFactory 类：
    ```
    import customer.xml.Customer;
    import customer.xml.Address;
    import customer.xml.ObjectFactory;
    import javax.xml.bind.JAXBElement;
    ```
    b. 替换 getCustomer 方法的返回类型：
    ```
    public JAXBElement<Customer> getCustomer(
            @PathParam("id") String customerId) {
        ...
        return new ObjectFactory().createCustomer(customer);
    }
    ```

3. 对 `CustomerClientXML` 和 `CustomerClientJSON` 类进行如下修改。

   a. 导入包 `customer.xml.*` 而不是 `customer.data.*`，并导入 `JAXBElement` 和 `ObjectFactory` 类：

   ```
   import customer.xml.Address;
   import customer.xml.Customer;
   import customer.xml.ObjectFactory;
   import javax.xml.bind.JAXBElement;
   ```

   b. 在 main 方法开始时创建一个 `ObjectFactory` 实例和一个 `JAXBElement<Customer>` 实例：

   ```
   public static void main(String[] args) {
       Client client = Client.create();
       ObjectFactory factory = new ObjectFactory();
       WebResource webResource = ...;
       ...
       customer.setPhone("12341234");
       JAXBElement<Customer> customerJAXB = factory.createCustomer(customer);
       ClientResponse response = webResource.type("application/xml")
               .post(ClientResponse.class, customerJAXB);
       ...
   }
   ```

   c. 在测试 DELETE 方法后修改 GET 请求。

   ```
   response = webResource.path("1").accept(MediaType.APPLICATION_XML)
           .get(ClientResponse.class);
   entity = response.getEntity(Customer.class);
   logger.log(Level.INFO, "GET status: {0}", response.getStatus());
   try {
       logger.info(entity.getAddress().getCity());
   } catch (NullPointerException ne) {
       // 删除唯一 customer 后会抛出空指针异常
       logger.log(Level.INFO, "After DELETE, city is: {0}", ne.getCause());
   }
   ```

   构建、部署以及运行该修改后示例的步骤，与原来的 customer 示例一样。

运行 customer 示例

你可以使用 NetBeans IDE 或者 Ant 来构建、打包、部署并运行该 customer 示例程序。

▼ **使用 NetBeans IDE 构建、打包以及部署 customer 示例程序**

该过程会将应用程序构建到 *tut-install/examples/jax-rs/customer/build/web/*

目录下。该目录下的内容会被部署到 GlassFish 服务器中。

1. 从 File 菜单中选择 Open Project 项。

2. 在 Open Project 对话框中，导航到 *tut-install*/examples/jaxrs/目录。

3. 选择 customer 目录。

4. 选择 Open as Main Project 复选框。

5. 单击 Open Project。

   由于某些源代码文件会引用一些在构建过程中才能生成的 JAXB 类，所以此时这些文件会提示一些错误。你可以暂时忽略这些错误。

6. 在 Projects 选项卡中，右键单击 customer 项目并选择 Deploy 项。

▼ 使用 Ant 构建、打包以及部署 customer 示例

1. 在终端窗口中切换到 *tut-install*/examples/jaxrs/customer/目录。

2. 输入如下命令：

   `ant`

   该命令会调用默认的 target 来构建应用程序，并将其打包为 dist 目录下一个名为 customer.war 的 WAR 文件。

3. 输入如下命令：

   `ant deploy`

   输入该命令会将 customer.war 部署到 GlassFish 服务器中。

▼ 使用 Jersey 客户端运行 customer 示例

1. 在 NetBeans IDE 中，展开 Source Packages 节点。

2. 展开 customer.rest.client 节点。

3. 右键单击 CustomerClientXML.java 文件并选择 Run File 项。

   客户端的输出如下所示：

```
run:
Jun 12, 2012 2:40:20 PM customer.rest.client.CustomerClientXML mains
INFO: POST status: 201
Jun 12, 2012 2:40:20 PM customer.rest.client.CustomerClientXML main
INFO: POST succeeded
```

```
Jun 12, 2012 2:40:20 PM customer.rest.client.CustomerClientXML main
INFO: GET status: 200
Jun 12, 2012 2:40:20 PM customer.rest.client.CustomerClientXML main
INFO: GET succeeded, city is JavaTown
Jun 12, 2012 2:40:20 PM customer.rest.client.CustomerClientXML main
INFO: DELETE status: 204
Jun 12, 2012 2:40:20 PM customer.rest.client.CustomerClientXML main
INFO: DELETE succeeded (no content)
Jun 12, 2012 2:40:20 PM customer.rest.client.CustomerClientXML main
INFO: GET status: 204
Jun 12, 2012 2:40:20 PM customer.rest.client.CustomerClientXML main
INFO: After DELETE, the GET request returned no content.
BUILD SUCCESSFUL (total time: 5 seconds)
```

修改后的 `customer` 示例的输出略有不同。

```
run:
Jun 12, 2012 2:40:20 PM customer.rest.client.CustomerClientXML main
INFO: POST status: 201
[...]
Jun 12, 2012 2:40:20 PM customer.rest.client.CustomerClientXML main
INFO: DELETE succeeded (no content)
Jun 12, 2012 2:40:20 PM customer.rest.client.CustomerClientXML main
INFO: GET status: 200
Jun 12, 2012 2:40:20 PM customer.rest.client.CustomerClientXML main
INFO: After DELETE, city is: null
BUILD SUCCESSFUL (total time: 5 seconds)
```

▼ 使用 Web Services Tester 运行 customer 示例

1. 在 NetBeans IDE 中,右键单击 customer 节点并选择 Test RESTful Web Services 项。

注意:只有修改后的 `customer` 示例能够使用 Web Services Tester 运行。

2. 在 Configure REST Test Client 对话框中,在 Project 中选择 Web Test Client 项并单击 Browse 按钮。

3. 在 Select Project 对话框中,选择 customer 项目并单击 OK 按钮。

4. 在 Configure REST Test Client 对话框中,单击 OK 按钮。

5. 当在浏览器中出现测试客户端时,选择左侧面板中的 Customer 资源节点。

6. 将如下 XML 代码粘贴到 Content 文本框中,替换掉"Insert content here":

```
<?xml version="1.0" encoding="UTF-8"?>
<customer id="1">
```

```xml
    <firstname>Duke</firstname>
    <lastname>OfJava</lastname>
    <address>
      <number>1</number>
      <street>Duke's Way</street>
      <city>JavaTown</city>
      <state>JA</state>
      <zip>12345</zip>
      <country>USA</country>
    </address>
    <email>duke@example.com</email>
    <phone>123-456-7890</phone>
</customer>
```

你可以在 customer/sample-input.xml 中找到这段代码。

7. 单击 Test。

   在下方窗口中会显示如下消息：
   ```
   Status: 201 (Created)
   ```

8. 展开 Customer 节点并单击 {id}。

9. 在 id 文本域中输入 1 并单击 Test 来测试 GET 方法。

   会显示如下状态消息：
   ```
   Status: 200 (OK)
   ```

   在 Response 窗口中会显示该资源的 XML 输出：
   ```xml
   <?xml version="1.0" encoding="UTF-8"?>
   <customer xmlns="http://xml.customer" id="1">
     <firstname>Duke</firstname>
     <lastname>OfJava</lastname>
     <address>
       <number>1</number>
       <street>Duke's Way</street>
       <city>JavaTown</city>
       <state>JA</state>
       <zip>12345</zip>
       <country>USA</country>
     </address>
     <email>duke@example.com</email>
     <phone>123-456-7890</phone>
   </customer>
   ```

如果 ID 不存在，GET 请求也会返回 200(OK) 状态，但是 Response 窗口中的输出没有任何内容：

```
<?xml version="1.0" encoding="UTF-8"?>
  <customer xmlns="http://xml.customer"
      xmlns:xsi="http://www.w3.org/2001/XMLSchema-instance" xsi:nil="true"/>
```

你可以按照如下步骤测试其他的方法：

- 选择 PUT，输入一个已存在的顾客信息，修改 `id` 值以外的其他内容，然后单击 Test 来更新顾客的字段。成功更新后会返回如下状态消息：

  `Status: 303 (See Other)`

- 选择 DELET，输入一个已存在的顾客 ID，然后单击 Test 来删除该顾客。成功删除后会返回如下状态消息：

  `Status: 204 (See Other)`

使用 Curl 运行 customer 示例程序

Curl 是一个在 UNIX 平台上的命令行工具，可以用来运行 `customer` 应用程序。你可以从 `http://curl.haxx.se` 上下载 Curl，或者通过 Cygwin 来安装。

部署应用程序后，在目录 *tut-install*/examples/jaxrs/customer/ 下运行如下命令。

如下命令会通过 XML 数据来添加一个新的顾客，并测试 POST 请求：

```
curl -i --data @sample-input.xml \
--header Content-type:application/xml \
http://localhost:8080/customer/rest/Customer
```

如下命令会通过 JSON 数据来添加一个新的顾客：

```
curl -i --data @sample-input.json \
--header Content-type:application/json \
http://localhost:8080/customer/rest/Customer
```

一个成功的 POST 请求会返回 HTTP `Status: 201 (Created)`。
要获取 ID 为 1 的顾客的详细信息，请使用如下命令：

`curl -i -X GET http://localhost:8080/customer/rest/Customer/1`

要获取同一顾客 JSON 格式的数据，请使用如下命令：

```
curl -i --header Accept:application/json
    -X GET http://localhost:8080/customer/rest/Customer/1
```

一个成功的 GET 请求会返回 HTTP `Status: 200 (OK)`。
要删除一条顾客记录，使用如下命令：

`curl -i -X DELETE http://localhost:8080/customer/rest/Customer/1`

一个成功的 DELETE 请求会返回 HTTP Status: 204。

对不存在的顾客 ID 发起的 GET 请求，customer 示例及其修改版本有不同的响应方式。原始版本会返回 HTTP Status:204 (No content)，而修改版本会返回 HTTP Status: 200 (OK)，以及一个包含 XML 头信息却没有任何顾客数据的响应。

第 IV 部分

Enterprise Beans

第IV部分介绍了 Enterprise JavaBeans 组件相关的高级主题。该部分包括以下章节：

- 第 11 章　Message-Driven Bean 示例
- 第 12 章　使用嵌入式 Enterprise Bean 容器
- 第 13 章　在 Session Bean 中使用异步方法调用

第 11 章

Message-Driven Bean 示例

message-driven bean 可以实现任何消息类型。它们最常用于实现 Java Message Service（简称 JMS）技术。本章的示例程序使用了 JMS 技术，因此你首先应该熟悉基本的 JMS 概念，例如队列和消息。要了解这些概念，请参考第 20 章。

本章介绍了一个简单的 message-driven bean 示例代码。在继续本章之前，你应该阅读 *The Java EE 6 Tutorial: Basic Concepts* 中 What Is a Message-Driven Bean? 一节中所介绍的基本概念，以及本书第 20 章中的"使用 Message-Driven Bean 来异步接收消息"小节。

本章会介绍如下内容：

- simplemessage 示例概述
- simplemessage 应用程序客户端
- Message-Driven Bean 类
- 运行 simplemessage 示例程序

simplemessage 示例概述

`simplemessage` 应用程序包含以下组件。

- `SimpleMessageClient`：一个向队列发送消息的应用程序客户端。
- `SimpleMessageBean`：一个异步接收并处理队列消息的 message-driven bean。

图 11-1 描绘了该应用程序的结构。应用程序客户端可以向在管理控制台手工创建的队列发送消息。JMS 提供方（这里指 GlassFish Server）会将消息传递给 message-driven bean 的实例，再由它来处理消息。

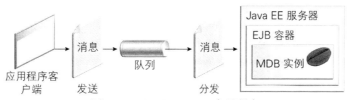

图 11-1　simplemessage 应用程序

应用程序的源代码位于 *tut-install*/examples/ejb/simplemessage/ 目录下。

simplemessage 应用程序客户端

SimpleMessageClient 会将消息发送给 SimpleMessageBean 所监听的队列。客户端启动时会注入连接工厂和队列的资源：

```
@Resource(mappedName="jms/ConnectionFactory")
private static ConnectionFactory connectionFactory;

@Resource(mappedName="jms/Queue")
private static Queue queue;
```

接下来，客户端会创建连接、会话和 message 生产者：

```
connection = connectionFactory.createConnection();
session = connection.createSession(false, Session.AUTO_ACKNOWLEDGE);
messageProducer = session.createProducer(queue);
```

最后，客户端会向队列发送几条消息：

```
message = session.createTextMessage();

for (int i = 0; i < NUM_MSGS; i++) {
    message.setText("This is message " + (i + 1));
    System.out.println("Sending message: " + message.getText());
    messageProducer.send(message);
}
```

Message-Driven Bean 类

SimpleMessageBean 类的代码说明了一个 message-driven bean 类的要求：

- 如果不使用部署描述符，必须使用 @MessageDriven 注解标注。
- 类必须定义为公有的（public）。
- 类不能被定义为 abstract 或者 final 的。
- 它必须含有一个公有的、不含参数的构造函数。

Message-Driven Bean 类

- 它不能定义 `finalize` 方法。

我们推荐但不要求，message-driven bean 类应该根据其所支持的消息类型，实现相应的消息监听器接口。例如，支持 JMS API 实现的 bean 应该实现 `javax.jms.MessageListener` 接口。

与 session bean 和实体不同，message-driven bean 没有定义客户端访问的远程或本地接口。客户端组件不会调用 message-driven bean 的方法。虽然 message-driven bean 没有业务方法，但是它们可能含有被 `onMessage` 方法内部调用的辅助方法。

对于 GlassFish Server 来说，`@MessageDriven` 注解通常都含有一个 `mappedName` 元素，指定了该 bean 接收消息的目标 JNDI 名称。对于复杂的 message-driven bean，还可能存在一个包含多个`@ActivationConfigProperty` 注解的 `activationconfig` 元素。

message-driven bean 还可以注入一个 `MessageDrivenContext` 资源。通常，当 bean 中使用了由容器管理的事务时，可以通过这个资源调用 `setRollbackOnly` 方法来处理事务中产生的异常。

因此，`SimpleMessageBean` 类代码的起始部分如下所示：

```
@MessageDriven(mappedName="jms/Queue", activationConfig = {
        @ActivationConfigProperty(propertyName = "acknowledgeMode",
                        propertyValue = "Auto-acknowledge"),
        @ActivationConfigProperty(propertyName = "destinationType",
                        propertyValue = "javax.jms.Queue")
})
public class SimpleMessageBean implements MessageListener {
    @Resource
    private MessageDrivenContext mdc;
    ...
```

NetBeans IDE 通常会创建一个拥有默认`@ActivationConfigProperty` 设置的 message-driven bean。你可以删除不需要的设置，或者添加其他所需的设置。表 11-1 列举了常用的 `@ActivationConfigProperty` 设置。

表 11-1　Message-Driven Bean 的@ActivationConfigProperty 设置

属性名	描述
`acknowledgeMode`	应答模式，更多信息请参考第 20 章的"控制消息应答"小节
`destinationType`	或者是 `javax.jms.Queue`，或者是 `javax.jms.Topic`
`subscriptionDurability`	对于可持续订阅者可设置为 `Durable`，更多信息请参考第 20 章的"创建可持续的订阅"一节
`clientId`	对于可持续订阅者来说，表示连接的客户端 ID

续表

属性名	描述
subscriptionName	对于可持续订阅者来说，表示订阅的名称
messageSelector	一个过滤消息的字符串；更多信息请参考第 20 章的 "JMS 消息选择器" 一节，示例程序请参考第 21 章的 "使用 JMS API 和 Session Bean 的应用程序" 一节。
addressList	通信的一个或多个远程系统；请参考第 21 章的 "从远程服务器接收消息的应用程序示例" 一节中的示例程序

onMessage 方法

当队列接受到一个消息时，EJB 容器会调用一个或多个消息监听方法。对于使用 JMS 的 bean，这个消息监听方法指的就是 `MessageListener` 接口中的 `onMessage` 方法。

消息监听器方法必须遵循以下规则：

- 该方法必须被声明为公有的（`public`）。
- 该方法不能被声明为 `final` 或 `static`。

当消息到达 bean 时，bean 容器会调用 `onMessage` 方法。该方法包含了处理消息的业务逻辑。message-driven bean 负责解析消息，并进行必要的业务逻辑处理。

`onMessage` 方法只有一个参数，即接收到的消息。

`onMessage` 的方法签名必须遵循以下规则：

- 返回值必须是 `void`。
- 方法必须有一个类型为 `javax.jms.Message` 的参数。

在 `SimpleMessageBean` 类中，`onMessage` 方法会将接收的消息转换为一个 `TextMessage` 对象，并显示转换后的文本内容：

```
public void onMessage(Message inMessage) {
    TextMessage msg = null;

    try {
        if (inMessage instanceof TextMessage) {
            msg = (TextMessage) inMessage;
            logger.info("MESSAGE BEAN: Message received: " +
                msg.getText());
        } else {
            logger.warning("Message of wrong type: " +
                inMessage.getClass().getName());
        }
```

```
        } catch (JMSException e) {
            e.printStackTrace();
            mdc.setRollbackOnly();
        } catch (Throwable te) {
          te.printStackTrace();
        }
    }
}
```

运行 simplemessage 示例程序

你可以使用 NetBeans IDE 或者 Ant 来构建、打包、部署并运行 `simplemessage` 示例。

simplemessage 示例的被管理对象

该示例需要以下资源：

- 一个 JMS 连接工厂资源。
- 一个 JMS 目的地（destination）资源。

如果你已经运行过第 20 章中的 JMS 示例，而且还没有删除这些资源，那么不用重新创建它们。否则，这些资源会在你部署应用程序时被自动创建。

关于创建 JMS 资源的更多信息，请参考第 21 章中的"同步接收示例中的 JMS 管理对象"一节。

▼ 使用 NetBeans IDE 运行 simplemessage 应用程序

1. 从 File 菜单中选择 Open Project 项。

2. 在 Open Project 对话框中，导航到 *tut-install*/`examples/ejb/`。

3. 选择 simplemessage 目录。

4. 选择 Open as Main Project 复选框和 Open Required Projects 复选框。

5. 单击 Open Project。

6. 在 Projects 选项卡中，右键单击 simplemessage 项目并选择 Build 项。

   这会将应用程序客户端和 message-driven bean 打包，然后在 dist 目录下创建一个名为 simplemessage.ear 的文件。

7. 右键单击项目并选择 Run 项。

   该命令会创建所需的资源，部署项目，返回一个名为 simplemessageClient.jar 的 JAR 文件，然后执行该文件。

output 面板中应用程序客户端的输出如下所示（在应用程序客户端容器的输出之后）：

```
Sending message: This is message 1
Sending message: This is message 2
Sending message: This is message 3
To see if the bean received the messages,
  check <install_dir>/domains/domain1/logs/server.log.
```

message-driven bean 的输出会出现在服务器日志文件（*domain-dir*/logs/server.log）的日志信息中。

```
MESSAGE BEAN: Message received: This is message 1
MESSAGE BEAN: Message received: This is message 2
MESSAGE BEAN: Message received: This is message 3
```

消息接收的顺序可能会与它们发送的顺序不同。

▼ 使用 Ant 运行 simplemessage 应用程序

1. 在终端窗口中切换到如下目录：

   tut-install/examples/ejb/simplemessage/

2. 要编译源文件并打包应用程序，请使用如下命令：

   ant

   该 target 会打包应用程序客户端与 message-driven bean，然后在 dist 目录下创建一个名为 simplemessage.ear 的文件。

   通过使用资源注入和注解，你不需要为每个 message-driven bean 和应用程序客户端都创建部署描述符。只有当你希望覆盖注解中指定的值时，才需要使用部署描述符。

3. 要创建所需的全部资源、部署应用程序并且使用 Ant 来运行客户端，请使用如下命令：

   ant run

   忽略应用程序在某个 URL 上部署的消息。

   终端窗口的输出如下所示（在应用程序客户端容器的输出之前）：

   ```
   Sending message: This is message 1
   Sending message: This is message 2
   Sending message: This is message 3
   To see if the bean received the messages,
   check <install_dir>/domains/domain1/logs/server.log.
   ```

   message-driven bean 的输出会出现在服务器日志文件（*domain-dir*/logs/server.log）的日志信息中。

运行 simplemessage 示例程序

```
MESSAGE BEAN: Message received: This is message 1
MESSAGE BEAN: Message received: This is message 2
MESSAGE BEAN: Message received: This is message 3
```

消息接收的顺序可能会与它们发送的顺序不同。

删除 simplemessage 示例的被管理对象

当运行应用程序之后，你可以使用 NetBeans IDE 来删除连接工厂和队列，如第 21 章中"使用 NetBeans IDE 删除 JMS 资源"一节中所述。如果没有使用 NetBeans IDE，你可以使用 `asadmin list-jms-resources` 命令列举出所有资源，然后用 `asadmin delete-jms-resource` 命令来删除每个资源。

第 12 章

使用嵌入式 Enterprise Bean 容器

本章会介绍在不使用 Java EE 服务器的情况下，如何使用嵌入式 enterprise bean 容器在 Java SE 环境中运行 enterprise bean 应用程序。

本章会介绍如下主题：

- 嵌入式 enterprise bean 容器概述
- 开发嵌入式 enterprise bean 应用程序
- standalone 示例程序

嵌入式 enterprise bean 容器概述

对于在 Java SE 环境中执行的客户端代码来说，可以通过嵌入式 enterprise bean 容器来访问 enterprise bean 组件。通常，我们可以在不希望部署应用程序的时候，使用嵌入式 enterprise bean 容器来测试 enterprise bean。

大多数 Java EE 服务器 enterprise bean 容器所提供的服务，嵌入式 enterprise bean 容器也都可以使用，包括注入、由容器管理的事务以及安全。enterprise bean 组件在嵌入式容器和 Java EE 容器中的执行相似，因此同一个 enterprise bean 可以很容易用在单机应用程序和网络应用程序中。

开发嵌入式 enterprise bean 应用程序

所有嵌入式 enterprise bean 容器都支持表 12-1 中列举的功能。

表 12-1　嵌入式容器必需的 enterprise bean 功能

enterprise bean 特性	描述
本地 session bean	本地的、并且没有界面视图的无状态、有状态、单例 session bean。所有方法访问都是异步的。session bean 不能是 web service endpoint
事务	由容器管理的事务和由 bean 管理的事务
安全	声明式和编程式安全
拦截器	session bean 类级别和方法级别的拦截器
部署描述符	可选的 ejb-jar.xml 部署描述符,与 Java EE 服务器中的 enterprise bean 容器有相同的覆盖规则

虽然容器提供方可能会支持 enterprise bean 的完整功能集合,但是如果应用程序使用了表 12-1 以外的功能,例如定时器服务、作为 web service endpoint 的 session bean,或者远程业务接口,可能会导致应用程序无法移植。

运行嵌入式应用程序

嵌入式容器、enterprise bean 组件以及客户端,都运行在同一个虚拟机下,拥有相同的 classpath。因此,开发人员可以通过如下方式,像运行一个普通的 Java SE 应用程序一样,运行嵌入式容器中的应用程序:

```
java -classpath mySessionBean.jar:containerProviderRuntime.jar:myClient.jar
com.example.ejb.client.Main
```

在上例中,`mySessionBean.jar` 是一个包含本地无状态 session bean 的 EAR JAR 包,`containerProviderRuntime.jar` 是由 enterprise bean 提供方提供的 JAR 文件,包含了嵌入式容器所需的运行时类,而 `myClient.jar` 是一个 JAR 文件,包含了一个通过嵌入式容器调用 session bean 中业务方法的 Java SE 应用程序。

创建 enterprise bean 容器

`javax.ejb.embedded.EJBContainer` 抽象类代表了 enterprise bean 容器的一个实例,其中包含了一些用来创建容器实例的工厂方法。`EJBContainer.createEJBContainer` 方法用来创建并初始化一个嵌入式容器实例。

以下代码片段展示了如何根据容器提供方提供的默认设置,来创建并初始化一个嵌入式容器:

```
EJBContainer ec = EJBContainer.createEJBContainer();
```

默认情况下,嵌入式容器会搜索虚拟机的 classpath 路径,来寻找 enterprise bean 模块:包含 `META-INF/ejb-jar.xml` 部署描述符的目录、包含标注了 enterprise bean 组件注解(例如 `@Stateless`)的类的目录,或者包含这两者的 JAR 文件。所有匹配项都会被认为是同一个应用程序中的 enterprise bean 模块。一旦找到了 classpath 中所有有效的 enterprise bean 模块，容器会开始初始化模块。当 `createEJBContainer` 方法成功返回时，客户端应用程序可以引用嵌入式容器中任意 enterprise bean 模块的客户端视图。

`EJBContainer.createEJBContainer` 方法的另一个版本，会根据一个属性和设置的映射结构，来自定义嵌入式容器的实例：

```
Properties props = new Properties();
props.setProperty(...);
...
EJBContainer ec = EJBContainer.createEJBContainer(props);
```

显式指定要初始化的 enterprise bean 模块

开发人员可以显式地指定由嵌入式容器初始化的 enterprise bean 模块。要实现这一点，需要设置 `EJBContainer.MODULES` 属性。

对于运行嵌入式容器和客户端代码的虚拟机来说，模块可以位于其 classpath 下，也可以位于其 classpath 之外。

要指定虚拟机 classpath 中的模块，需要将 `EJBContainer.MODULES` 设置为一个指定单独模块名的字符串，或者一个包含多个模块名的字符串数组。嵌入式容器会搜索虚拟机的 classpath，查找指定名称的 enterprise bean 模块。

```
Properties props = new Properties();
props.setProperty(EJBContainer.MODULES, "mySessionBean");
EJBContainer ec = EJBContainer.createEJBContainer(props);
```

要指定虚拟机 classpath 之外的 enterprise bean 模块，需要将 `EJBContainer.MODULES` 设置为一个 `java.io.File` 对象或者一个 `File` 对象的数组。每个 `File` 对象都指向一个 EJB JAR 文件，或者一个包含 EJB JAR 文件的目录。

```
Properties props = new Properties();
File ejbJarFile = new File(...);
props.setProperty(EJBContainer.MODULES, ejbJarFile);
EJBContainer ec = EJBContainer.createEJBContainer(props);
```

查找 session bean 引用

要通过嵌入式容器查找应用程序中引用的 session bean，需要使用 `EJBContainer` 实例来获取一个 `javax.naming.Context` 对象。你可以调用 `EJBContainer.getContext` 方法来获取 `Context` 对象。

```
EJBContainer ec = EJBContainer.createEJBContainer();
Context ctx = ec.getContext();
```

然后，你可以使用在 *The Java EE 6 Tutorial: Basic Concepts* 中 Portable JNDI Syntax 一节介绍的可移植 JNDI 标记，来获取 session bean。例如，你可以使用如下代码来获得 `MySessionBean`（一个不含界面视图的本地 session bean）的引用：

```
MySessionBean msb = (MySessionBean)
        ctx.lookup("java:global/mySessionBean/MySessionBean");
```

关闭 enterprise bean 容器

可以从客户端调用 `EJBContainer` 实例的 `close` 方法，来关闭嵌入式容器：

```
EJBContainer ec = EJBContainer.createEJBContainer();
...
ec.close();
```

如果客户端没有要求关闭 `EJBContainer` 实例，这么做会冻结被嵌入式容器所消耗的资源。当虚拟机的生命周期比运行在其上的客户端应用程序的生命周期更长时，这一点变得尤为重要。

standalone 示例程序

standalone 示例程序展示了如何在 JUnit 测试类中，创建一个嵌入式 enterprise bean 容器的实例，并调用一个 session bean 的业务方法。在单元测试中测试 enterprise bean 的业务方法，可以使开发人员将应用程序的业务逻辑与其他层（例如展现层）分开，无须将应用程序部署到 Java EE 服务器即可对其进行测试。

standalone 示例有两个主要组件：一个无状态的 session bean——`StandaloneBean`，以及一个 JUnit 测试类 `StandaloneBeanTest`，后者在嵌入式容器中作为 `StandaloneBean` 的一个客户端。

`StandaloneBean` 是一个简单的 session bean，它通过业务方法 `returnMessage` 暴露了一个本地的、无界面的视图，其中只包含了一行字符串 "Greetings!"。

```
@Stateless
public class StandaloneBean {
    private static final String message = "Greetings!";

    public String returnMessage() {
        return message;
    }

}
```

`StandaloneBeanTest` 会调用 `StandaloneBean.returnMessage` 方法并测试返回的消息是否正确。首先，它在 `setUp` 方法（由 `org.junit.Before` 注解标注）中创建了一个嵌

入式容器实例和初始化上下文，用来表示该方法会在其他所有测试方法之前执行。

```
@Before
public void setUp() {
    ec = EJBContainer.createEJBContainer();
    ctx = ec.getContext();
}
```

`testReturnMessage` 方法上标注了一个 `org.junit.Test` 注解，表示该方法包含一个单元测试。该方法从 `Context` 实例中获取一个 `StandaloneBean` 的引用，并调用 `StandaloneBean.returnMessage` 方法。然后使用 JUnit 断言——`assertEquals` 将返回结果与预期结果进行比较。如果从 `StandaloneBean.returnMessage` 返回的字符串等于 "Greetings!"，那么就认为测试通过。

```
@Test
public void testReturnMessage() throws Exception {
    logger.info("Testing standalone.ejb.StandalonBean.returnMessage()");
    StandaloneBean instance = (StandaloneBean)
            ctx.lookup("java:global/classes/StandaloneBean");
    String expResult = "Greetings!";
    String result = instance.returnMessage();
    assertEquals(expResult, result);
}
```

最后，`tearDown` 方法标注了 `org.junit.After` 注解，表示该方法会在所有测试运行完毕后执行。该方法会关闭嵌入式容器的实例。

```
@After
public void tearDown() {
    if (ec != null) {
        ec.close();
    }
}
```

▼ 运行 standalone 示例程序

在开始之前：必须在 NetBeans IDE 中运行 `standalone` 示例程序。

1. 从 File 菜单中选择 Open Project 项。

2. 在 Open Project 对话框中，导航到目录：

    tut-install/examples/ejb/

3. 选择 standalone 目录并单击 Open Project 项。

4. 在 Projects 选项卡中，右键单击 standalone 并选择 Test 项。这会执行 JUnit 测试类 StandaloneBeanTest。在 Output 选项卡中会显示测试的进度以及输出日志。

第 12 章　使用嵌入式 Enterprise Bean 容器　207

第 13 章

在 Session Bean 中使用异步方法调用

本章会介绍如何在 session bean 中实现异步的业务方法,以及从 enterprise bean 客户端调用它们。

本章包含如下主题:

- 异步方法调用
- async 示例程序

异步方法调用

session bean 可以实现异步的方法,即在调用 session bean 实例上的业务方法之前,enterprise bean 容器就可以将方法的控制权返回给客户端。客户端随后可以使用 Java SE 并发 API 来获取结果、取消调用,以及检查异常。异步方法通常用于需要运行较长时间的操作、处理程序消耗较大的任务以及后台任务,以增加应用程序的吞吐量,或者如果不需要立即得到方法的调用结果时,以提高应用程序的响应时间。

当一个 session bean 客户端调用一个普通的、非异步的业务方法时,控制器只有在方法执行完毕后才会返回给客户端。但是,如果调用异步方法,enterprise bean 容器会立即将控制权返回给客户端。这就允许客户端在方法执行的过程中可以执行其他任务。如果方法返回了一个结果,那么该结果是一个 `java.util.concurrent.Future<V>` 接口的实现,其中 V 表示结果值的类型。Future<V> 接口定义了一些客户端可以使用的方法,包括检查调用是否执行完毕、等待调用完成、获取最终结果以及取消调用等。

创建异步的业务方法

在一个业务方法上标注 `javax.ejb.Asynchronous` 注解，那么该方法会被标记为一个异步方法。如果在 session bean 类上标记 `@Asynchronous` 注解，那么该类中的所有业务方法都会被标记为异步方法。异步的 session bean 方法不能用来暴露 web service。

异步方法必须返回 `void` 或者 `Future<V>` 接口的实现。返回 `void` 的异步方法不能声明应用程序异常，但是返回 `Future<V>` 的方法则可以。例如：

```
@Asynchronous
public Future<String> processPayment(Order order) throws PaymentException {
    ...
}
```

该方法会试图处理订单的付款，并返回一个表示状态的字符串。即使付款过程花费了很长时间，客户端也能够继续工作，并且当处理结束时显示结果。

`javax.ejb.AsyncResult<V>` 类是一个 `Future<V>` 接口的具体实现，用来得到返回的异步结果。`AsyncResult` 有一个将结果作为参数的构造函数，因此易于创建 `Future<V>` 实现。例如，`processPayment` 方法可以使用 `AsyncResult` 来返回一个表示状态的字符串：

```
@Asynchronous
public Future<String> processPayment(Order order) throws PaymentException {
    ...
    String status = ...;
    return new AsyncResult<String>(status);
}
```

该结果不会直接返回给客户端，而是会返回给 enterprise bean 容器，由容器再将结果返回给客户端。session bean 可以检查客户端是否请求调用 `javax.ejb.SessionContext.wasCancelled` 方法来取消方法调用。例如：

```
@Asynchronous
public Future<String> processPayment(Order order) throws PaymentException {
    ...
    if (SessionContext.wasCancelled()) {
        // 清理
    } else {
        // 处理支付
    }
    ...
}
```

从 enterprise bean 客户端调用异步方法

session bean 客户端可以像调用非异步方法一样，调用异步的方法。如果异步方法返回一个结果，那么客户端就会在方法调用的同时，接收到一个 Future<V>实例。该实例可以用来获取最终的结果、取消调用、检查调用是否完成、检查在处理过程中是否抛出了异常，以及检查调用是否被取消。

从异步方法调用中获得最终结果

客户端可以使用 Future<V>.get 的其中一个重载方法来获取结果。如果 session bean 调用的方法还没有处理完毕，调用 get 方法会导致客户端停止执行，直到调用的方法执行完毕。因此，在调用 get 方法之前，应该使用 Future<V>.isDone 方法来检查处理是否完毕。

get()方法会返回由 Future<V>实例类型参数（即 V）所指定类型的结果。例如，调用 Future<String>.get()会返回一个 String 对象。如果方法调用被取消，调用 get()方法会导致抛出一个 java.util.concurrent.CancellationException。如果 session bean 在执行调用方法时发生一个异常，那么调用 get()方法会导致抛出一个 java.util.concurrent.ExecutionException。通过 ExecutionException.getCause 方法可以获取到 ExecutionException 产生的原因。

get(long timeout, java.util.concurrent.TimeUnit unit)方法与 get()方法类似，但是允许客户端设置一个超时时间。如果超过了超时时间，会抛出一个 java.util.concurrent.TimeoutException。关于可以用来指定超时时间的单位，请参考 Javadoc 的 TimeUnit 类。

取消异步方法调用

调用 Future<V>实例的 cancel(boolean mayInterruptIfRunning)方法，可以试图取消方法调用。如果取消成功，cancel 方法会返回 true，如果方法调用无法被取消，该方法会返回 false。

当方法调用无法被取消时，可以使用 mayInterruptIfRunning 参数来通知 session bean 客户端试图取消方法调用。如果 mayInterruptIfRunning 设置为 true，session bean 实例调用 SessionContext.wasCancelled 方法会返回 true。如果 mayInterruptIfRunning 设置为 false，session bean 实例调用 SessionContext.wasCancelled 方法会返回 false。

Future<V>.isCancelled 方法用来检查是否使用 Future<V>.cancel 方法取消未完成的异步方法调用。如果调用方法被取消，isCancelled 方法会返回 true。

检查异步方法调用的状态

如果 session bean 实例结束了对方法调用的处理，`Future<V>.isDone` 方法会返回 `true`。不管异步方法调用正常结束、被取消或者发生异常，`isDone` 方法都会返回 `true`。这意味着，`isDone` 方法只表示 session bean 方法调用的处理是否结束。

async 示例程序

`async` 示例展示了如何在 session bean 中定义一个异步的业务方法，并从 web 客户端调用该方法。`MailerBean` 是一个无状态的 session bean，它定义了一个异步方法 `sendMessage`，通过 JavaMail API 向指定的邮件地址发送电子邮件。

> **注意**：在运行该示例之前需要首先配置环境，使其能够访问一个 SMTPS 服务器。

async 示例程序的架构

`async` 应用程序由一个无状态的 session bean——`MailerBean`，以及一个使用了 JavaServer Faces 的 web 应用程序前端组成。在 XHTML 文件中，我们使用 Facelets 标签来显示一个表单，供用户输入接收邮件的电子邮件地址。当邮件发送完成后会更新邮件的状态。

`MailerBean`（一个 session bean）会注入一个 JavaMail 资源，用来向用户所指定的地址发送一封邮件。注入的 JavaMail 资源可以通过 GlassFish Server 管理控制台，或者应用程序中的资源配置文件来进行配置。GlassFish Server 管理员可以在运行时修改资源的配置，例如使用另一个邮件服务器或者传输协议。

```
@Asynchronous
public Future<String> sendMessage(String email) {
    String status;
    try {
        Message message = new MimeMessage(session);
        message.setFrom();
        message.setRecipients(Message.RecipientType.TO,
                InternetAddress.parse(email, false));
        message.setSubject("Test message from async example");
        message.setHeader("X-Mailer", "JavaMail");
        DateFormat dateFormatter = DateFormat
                .getDateTimeInstance(DateFormat.LONG, DateFormat.SHORT);
        Date timeStamp = new Date();
        String messageBody = "This is a test message from the async example "
                + "of the Java EE Tutorial. It was sent on "
                + dateFormatter.format(timeStamp)
                + ".";
```

```
                message.setText(messageBody);
                message.setSentDate(timeStamp);
                Transport.send(message);
                status = "Sent";
                logger.log(Level.INFO, "Mail sent to {0}", email);
            } catch (MessagingException ex) {
                logger.severe("Error in sending message.");
                status = "Encountered an error";
                logger.severe(ex.getMessage() + ex.getNextException().getMessage());
                logger.severe(ex.getCause().getMessage());
            }
            return new AsyncResult<String>(status);
        }
```

web 客户端由一个 Facelets 模板 `template.xhtml`、两个 Facelets 客户端 `index.xhtml` 和 `response.xhtml`，以及一个 `MailerManagedBean`（JavaServer Faces managed bean）组成。`index.xhtml` 文件包含一个用来填写目标电子邮件地址的表单。当用户提交表单时，会调用 `MailerManagedBean.send` 方法。该方法会使用 `MailerBean` 的注入实例来调用 `MailerBean.sendMessage` 方法。结果会发送给 Facelets 视图 `response.xhtml`。

运行 async 示例

你可以使用 NetBeans IDE 或者 Ant 来构建、打包、部署并运行 `async` 示例。但是，首先必须配置 keystore 和 truststore。

▼ 在 GlassFish Server 中配置 keystore 和 truststore

GlassFish Server domain 需要使用服务器的 master 密码进行配置，才能访问 keystore 和 truststore 并初始化 SMTPS 传输协议所需的安全通信。

1. 在浏览器中输入地址 `http://localhost:4848`，打开 GlassFish Server 管理控制台。

2. 展开 Configurations，然后展开 server-config，再单击 JVM Settings。

3. 单击 JVM Options，然后单击 Add JVM Option 并输入 -Djavax.net.ssl.keyStorePassword=*master-password*，其中需要将 *master-password* 替换为 keystore master 的密码。默认的 master 密码是 changeit。

4. 单击 Add JVM Option 并输入 -Djavax.net.ssl.trustStorePassword=*master-password*，其中需要将 *master-password* 替换为 truststore master 的密码。默认的 master 密码是 changeit。

5. 单击 Save 按钮，然后重新启动 GlassFish Server。

▼ 使用 NetBeans IDE 运行 async 示例

在运行该示例之前，必须对 GlassFish Server 的实例进行配置，使其能够访问 keystore 和 truststore，这样才能创建到目标 SMTPS 服务器的安全连接。

1. 从 File 菜单中选择 Open Project 项。

2. 在 Open Project 对话框中，导航到目录：

    tut-install/examples/ejb/

3. 选择 async 目录并单击 Open Project 项。

4. 在项目面板的 async 项目下，展开 Server Resources 节点并双击 glassfish-resources.xml。

5. 在 glassfish-resources.xml 中配置 SMTPS 服务器的信息。

`host` 属性用来设置 SMTPS 服务器的主机名称，`form` 属性用来设置发送消息的电子邮件地址，而 `user` 属性用来设置 SMTPS 的用户名。接下来，将 `mail-smtps-password` 属性的值设置为 SMTPS 服务器用户的密码。以下代码片段演示了一个资源配置文件的例子。粗体标注的行需要根据实际情况进行修改。

```xml
<resources>
    <mail-resource debug="false"
            enabled="true"
            from="user@example.com"
            host="smtp.example.com"
            jndi-name="mail/myExampleSession"
            object-type="user" store-protocol="imap"
            store-protocol-class="com.sun.mail.imap.IMAPStore"
            transport-protocol="smtps"
            transport-protocol-class="com.sun.mail.smtp.SMTPSSLTransport"
            user="user@example.com">
        <description/>
        <property name="mail-smtps-auth" value="true"/>
        <property name="mail-smtps-password" value="mypassword"/>
    </mail-resource>
</resources>
```

6. 在项目面板上右键单击 async 并选择 Run 项。

这将编译、装配并部署应用程序，然后启动 web 浏览器并打开 `http://localhost:8080/async` 页面。

7. 在 web 浏览器窗口中，输入接收测试消息的邮件地址，并单击 Send email。

如果你的配置正确无误，那么会发送一封测试电子邮件，并且 web 客户端中的状态消息会变为 Sent。测试邮件应该会立刻出现在接收人的收件箱中。

如果发送过程中发生了错误，状态消息会显示 Encountered an error。要想找出错误产生的原因，请检查域中的 server.log 文件。

▼ 使用 Ant 来运行 async 示例

1. 在终端窗口中，切换到 *tut-install*/examples/ejb/async/ 目录下。

2. 在文本编辑器中打开 setup/glassfish-resources.xml，并输入 SMTPS 服务器的配置。

host 属性用来设置 SMTPS 服务器的主机名称，form 属性用来设置发送消息的电子邮件地址，而 user 属性用来设置 SMTPS 的用户名。接下来，将 mail-smtps-password 属性的值设置为 SMTPS 服务器用户的密码。以下代码片段演示了一个资源配置文件的例子。注意，粗体标注的行需要根据实际情况进行修改。

```xml
<resources>
    <mail-resource debug="false"
            enabled="true"
            from="user@example.com"
            host="smtp.example.com"
            jndi-name="mail/myExampleSession"
            object-type="user" store-protocol="imap"
            store-protocol-class="com.sun.mail.imap.IMAPStore"
            transport-protocol="smtps"
            transport-protocol-class="com.sun.mail.smtp.SMTPSSLTransport"
            user="user@example.com">
        <description/>
        <property name="mail-smtps-auth" value="true"/>
        <property name="mail-smtps-password" value="mypassword"/>
    </mail-resource>
</resources>
```

3. 输入如下命令：

ant all

这将编译、装配并部署应用程序，然后启动 web 浏览器并打开 http://localhost:8080/async 页面。

> **注意**：如果你的构建系统没有设置为自动打开 web 浏览器，可以在浏览器窗口中手工输入上述 URL。

4. 在 web 浏览器窗口中，输入接收测试消息的邮件地址，并单击 Send email。

如果你的配置正确无误，那么会发送一封测试电子邮件，并且 web 客户端中的状态消息会变为 `Sent`。测试邮件会立刻出现在接收人的收件箱中。

如果发送过程中发生了错误，状态消息会显示 `Encountered an error`。要想找出错误产生的原因，请检查域中的 `server.log` 文件。

第 V 部分

Java EE 平台上下文和依赖注入

第 V 部分将介绍有关 Java EE 平台上下文和依赖注入的高级内容。本部分包括以下章节：

- 第 14 章　Java EE 平台上下文和依赖注入：高级篇
- 第 15 章　运行上下文和依赖注入的高级示例程序

第 14 章

Java EE 平台上下文和依赖注入：高级篇

本章会介绍 Java EE 平台上下文和依赖注入的更多高级特性。尤其与 *The Java EE 6 Tutorial: Basic Concepts* 中介绍的内容相比，本章介绍了 CDI 为松耦合、强类型组件提供的额外功能。

本章包含如下主题：

- 在 CDI 应用程序中使用替代类
- 在 CDI 应用程序中使用生产者方法、生产者字段以及清理方法
- 在 CDI 应用程序中使用预定义的 Bean
- 在 CDI 应用程序中使用事件
- 在 CDI 应用程序中使用拦截器
- 在 CDI 应用程序中使用装饰器
- 在 CDI 应用程序中使用模板

在 CDI 应用程序中使用替代类

出于不同的目的，一个 bean 可能会有多个版本。对于这种情况，你可以在开发阶段通过注入不同的修饰符来选择使用不同的版本，如 *The Java EE 6 Tutorial: Basic Concepts* 中的 The simplegreeting CDI Example 一节所示。

除了更改应用程序的源代码以外，你还可以在开发阶段使用替代类（Alternative）来切换不同的 bean。

替代类通常用于以下目的：

- 处理只有在运行时才能确定的客户端相关业务逻辑。

- 指定在特殊开发场景下可用的 bean（例如，当某国的销售税法需要该国的销售税业务逻辑时）。
- 创建 bean 的一个 dummy 或 mock 对象，用于测试。

为了能够查找、注入或者在 EL 表达式中使用一个 bean，我们需要为它添加一个 `javax.enterprise.inject.Alternative` 注解，然后在 `beans.xml` 文件中通过 `alternative` 元素来指定该 bean。

例如，你可能希望为 bean 创建一个完整版本，以及另一个只用于某些环境下测试的简单版本。第 15 章中"encoder 示例：使用替代类"一节中的示例程序就包含这两种 bean，`CoderImpl` 和 `TestCoderImpl`。测试 bean 上的注解如下所示：

```
@Alternative
public class TestCoderImpl implements Coder { ... }
```

完整版本没有注解：

```
public class CoderImpl implements Coder { ... }
```

managed bean 会注入一个 `Coder` 接口的实例：

```
@Inject
Coder coder;
```

只有在 `beans.xml` 文件中声明了 bean 的另一版本时（如下所示），应用程序才会使用该版本。

```
<beans ... >
    <alternatives>
        <class>encoder.TestCoderImpl</class>
    </alternatives>
</beans>
```

如果在 `beans.xml` 中注释掉该 `alternatives` 元素，应用程序会使用 `CoderImpl` 类。

你还可以让多个 bean 都实现同一接口，然后在每个 bean 上都使用 `@Alternative` 注解。这种情况下，你必须在 `beans.xml` 文件中指定要使用的 bean。例如，如果 `CoderImpl` 也标注了 `@Alternative` 注解，那么必须在 `beans.xml` 文件中指定到底使用哪个 bean。

使用特例

特例（specialization）有一个与替代类相似的功能，即它允许你用另一个 bean 来替换原来的 bean。但是，某些情况下，你可能会希望用一个 bean 来覆盖其他的 bean，这时就需要使用特例。假设你定义了如下两个 bean：

```
@Default @Asynchronous
public class AsynchronousService implements Service { ... }
```

```
@Alternative
public class MockAsynchronousService extends AsynchronousService { ... }
```

如果你在 beans.xml 的 alternative 元素中指定了 MockAsynchronousService，那么以下注入点会使用 MockAsynchronousService。

```
@Inject Service service;
```

但是，以下代码会使用 AsynchronousService 而不是 MockAsynchronousService，因为 MockAsynchronousService 没有使用 @Asynchronous 修饰符：

```
@Inject @Asynchronous Service service;
```

为了保证能够一直注入 MockAsynchronousService，你必须实现 AsynchronousService 的所有 bean 类型和修饰符。但是，如果 AsynchronousService 声明了一个生产者或观察者方法，这种烦琐的方法依然不能保证另一个 bean 永远不会被调用。特例（Specialization）提供了一个更简单的机制。

特例在开发时和运行时都会发生。如果你声明了一个 bean 是另一个 bean 的特例，那么它需要继承另一个 bean 类，并且在运行时，特例的 bean 会完全替换掉另一个 bean。如果第一个 bean 由一个生产者方法产生，那么你还必须重写生产者方法。

你可以通过 javax.enterprise.inject.Specializes 注解来特例化一个 bean。例如，你可以声明如下的 bean：

```
@Specializes
public class MockAsynchronousService extends AsynchronousService { ... }
```

在这个例子中，会一直调用 MockAsynchronousService 类而不是 AsynchronousService 类。

通常，标注了 @Specializes 注解的 bean 也是一个替代类，并且 beans.xml 会将其声明为一个 alternative 元素。这种 bean 通常会作为默认实现的一个替代类，并且自动继承默认实现的所有修饰符以及 EL 名称（如果有的话）。

在 CDI 应用程序中使用生产者方法、生产者字段以及清理方法

生产者（producer）方法会生成一个可以被注入的对象。通常，你会在遇到如下情况时使用生产者方法：

- 当你希望注入一个不是 bean 的对象时。
- 不确定在运行时注入对象的哪个具体类型时。
- 当对象需要一些 bean 的构造函数无法实现的自定义初始化时。

关于生产者方法的更多信息，请参考 The Java EE 6 Tutorial: Basic Concepts 中 Injecting Objects by Using Producer Methods 一节。

生产者字段是代替生产者方法的一个更简单的方式，它是一个能够生成对象的 bean 字段。可以用来代替简单的 getter 方法。生产者字段对于声明 Java EE 资源尤其有用，例如数据资源、JMS 资源以及 web service 引用等。

生产者方法或字段都由 `javax.enterprise.inject.produces` 注解标注。

使用生产者方法

生产者方法允许你在运行时选择一个 bean 实现，而不必在开发或部署时就进行选择。例如，第 15 章中"producermethods 示例：使用生产者方法来选择 bean 实现"一节所介绍的示例程序中，managed bean 就定义了如下的生产者方法：

```
@Produces
@Chosen
@RequestScoped
public Coder getCoder(@New TestCoderImpl tci,
        @New CoderImpl ci) {

    switch (coderType) {
        case TEST:
            return tci;
        case SHIFT:
            return ci;
        default:
            return null;
    }
}
```

`javax.enterprise.inject.New` 限定符告诉 CDI 运行时要实例化两个 `coder` 实现，并将它们作为参数提供给生产者方法。这里，`getCoder` 实际上相当于一个 getter 方法，并且当使用与方法相同的修饰符和注解注入 `coder` 属性时，会使用接口所选择的版本。

```
@Inject
@Chosen
@RequestScoped
Coder coder;
```

指定修饰符是必要的。它告诉 CDI 来注入哪个 `coder` 对象。没有它，CDI 实现无法在 `CoderImpl`、`TestCoderImpl` 以及 `getCoder` 返回的对象之间进行选择，因此会取消部署并通知用户存在模糊的依赖。

使用生产者字段来生成资源

生产者字段常用于生成一个对象,例如 JDBC `DataSource` 或者 Java 持久化 API 的 `EntityManager` 对象。该对象可以被容器管理。例如,你可以使用`@UserDatabase` 注解,将一个 entity manager 声明为生产者字段,如下所示:

```
@Produces
@UserDatabase
@PersistenceContext
private EntityManager em;
```

你可以使用`@UserDatabase` 注解,将对象注入到应用程序的其他 bean 中,例如 `RequestBean`。

```
    @Inject
    @UserDatabase
    EntityManager em;
    ...
```

第 15 章 "producerfields 示例:使用生产者字段来生成资源" 一节中,演示了如何使用生产者字段来生成一个 entity manager。你可以使用相似的机制来注入`@Resource`、`@EJB` 或者 `@WebServiceRef` 对象。

为了降低对资源注入的依赖,我们在应用程序的一个地方为资源指定生产者字段,然后在其他需要的地方注入该对象。

使用清理方法

有些时候,你可以使用生产者方法来生成一个对象,但是需要在其工作完成后将其删除。在这种情况下,你需要使用一个标注了`@Disposes` 注解的 "清理方法"。例如,如果你使用生产者方法而不是生产者字段来生成 entity manager,需要通过如下方式创建并关闭它:

```
@PersistenceContext
private EntityManager em;

@Produces
@UserDatabase
public EntityManager create() {
    return em;
}

public void close(@Disposes @UserDatabase EntityManager em) {
    em.close();
}
```

当上下文结束时(本例中指会话结束时,因为 `RequestBean` 是会话作用域),会自动调用清理方法(即 `close` 方法),并将生产者方法生成的对象作为参数传递给 `close` 方法。

在 CDI 应用程序中使用预定义的 Bean

CDI 提供了实现以下接口的预定义 bean：

`javax.transaction.UserTransaction`

  Java Transaction API（JTA）用户事务。

`java.security.Principal`

  主体的抽象概念，可以表示任何实体，例如个人、公司或者一个登录 ID。不管注入的主体是否可以访问，它总标识当前的调用者。例如，我们在初始化时将一个主体注入到对象的一个字段中。稍后，在该对象上调用一个使用该主体的方法，此时，所注入的主体表示方法运行时的当前调用者。

`javax.validation.Validator`

  bean 实例的校验器。实现了该接口的 bean 允许通过一个 `Validator` 对象来注入默认的 bean 校验对象 `ValidatorFactory`。

`javax.validation.ValidatorFactory`

  一个工厂类，返回已初始化的 `Validator` 实例。实现该接口的 bean，允许注入默认的 bean 校验对象 `ValidatorFactory`。

要注入一个预定义的 bean，需要使用 `javax.annotation.Resource` 注解来创建一个能够获得 bean 实例的注入点。为了获得 bean 的类型，需要指定 bean 所实现接口的类名。

预定义的 bean 会分别被注入到单独的作用域下，并且预定义的默认修饰符是 `@Default`。

关于注入资源的更多信息，请参考 *The Java EE 6 Tutorial: Basic Concepts* 中的 Resource Injection 一节。

以下代码片段展示了如何使用 `@Resource` 注解来注入一个预定义的 bean。该代码片段会将一个用户事务注入到 servlet 类 `TransactionServlet` 中。该用户事务是预定义 bean（实现了 `javax.transaction.UserTransaction` 接口）的一个实例。

```
import javax.annotation.Resource;
import javax.servlet.http.HttpServlet;
import javax.transaction.UserTransaction;
...
public class TransactionServlet extends HttpServlet {
    @Resource UserTransaction transaction;
    ...
}
```

在 CDI 应用程序中使用事件

事件允许 bean 之间无须任何编译时依赖就可互相进行通信。一个 bean 可以定义一个事件，另一个 bean 可以触发这个事件，第三个 bean 可以处理这个事件。这些 bean 可以位于不同的包中，甚至位于应用程序的不同层中。

定义事件

一个事件包括如下部分：

- 一个 Java 事件对象。
- 零个或多个事件修饰符类型。

例如，第 15 章 "billpayment 示例：使用事件和拦截器" 一节所述的 billpayment 示例程序中，`PaymentEvent` bean 定义了一个含有三个属性（带有各自的 setter 和 getter 方法）的事件。

```
public String paymentType;
public BigDecimal value;
public Date datetime;

public PaymentEvent() {
}
```

该示例还定义了用来区分两种 `PaymentEvent` 的修饰符。每个事件都有一个默认的修饰符 `@Any`。

使用观察者方法来处理事件

事件处理程序可以使用观察者方法来处理事件。

每个观察者方法都将一个特定类型的事件作为参数，并为其标注 `@Observes` 注解和事件类型修饰符。如果一个事件对象与事件类型匹配，并且该事件所有的修饰符与观察者方法的事件修饰符匹配，那么观察者方法就会响应该事件。

除了事件参数之外，观察者方法还可以接受其他的参数。这些参数都是注入点，可以声明修饰符。

以 `billpayment` 为例，其事件处理程序 `PaymentHandler` 为每个 `PaymentEvent` 事件类型都定义了一个观察者方法：

```
public void creditPayment(@Observes @Credit PaymentEvent event) {
    ...
```

```
}

public void debitPayment(@Observes @Debit PaymentEvent event) {
    ...
}
```

观察者方法还可以是条件性或事务性的：

- 只有当定义观察者方法的 bean 实例已经存在于当前上下文中时，才会通知事件的条件性观察者方法。要定义一个条件性的观察者方法，可以在 @Observes 注解中指定 notifyObserver=IF_EXISTS 参数。
  `@Observes(notifyObserver=IF_EXISTS)`

  要获得默认的、非条件性的行为，你可以指定 @Observes(notifyObserver=ALWAYS)。

- 当触发的事件处于事务的 before-completion 或者 after-completion 阶段时，才会通知事件的事务性观察者方法。你可以指定是否只在事务成功结束或失败时，才通知事务性的观察者方法。要指定一个事务性的观察者方法，可以在 @Observes 中使用以下任意一个参数：
  `@Observes(during=BEFORE_COMPLETION)`
  `@Observes(during=AFTER_COMPLETION)`
  `@Observes(during=AFTER_SUCCESS)`
  `@Observes(during=AFTER_FAILURE)`

  要获得默认的、非事务性的行为，请指定 @Observes(during=IN_PROGRESS)。

  在事务完成前调用的观察者方法，可能会调用事务实例的 setRollbackOnly 方法，强制回滚事务。

观察者方法可能会抛出异常。如果事务性观察者方法抛出了一个异常，那么该异常会被容器捕获。如果观察者方法是非事务性的，那么异常会终止事件的处理，并且不会调用事件的其他观察者方法。

触发事件

要触发一个事件，可以调用 javax.enterprise.event.Event.fire 方法。该方法会触发一个事件并通知该事件的所有观察者方法。

在 billpayment 示例中，PaymentBean（一个 managed bean）会根据从用户界面接收到的信息，触发相应的事件。实际上，该示例中有 4 个事件 bean，两个用于事件对象，另外两个作为载体。managed bean 会注入两个事件 bean。pay 方法通过一个 switch 语句来选择触发哪个事件，并使用 new 语句来创建载体。

`@Inject`

```
@Credit
Event<PaymentEvent> creditEvent;

@Inject
@Debit
Event<PaymentEvent> debitEvent;

private static final int DEBIT = 1;
private static final int CREDIT = 2;
private int paymentOption = DEBIT;
...
@Logged
public String pay() {
    ...
    switch (paymentOption) {
        case DEBIT:
            PaymentEvent debitPayload = new PaymentEvent();
            // 生成载体...
            debitEvent.fire(debitPayload);
            break;
        case CREDIT:
            PaymentEvent creditPayload = new PaymentEvent();
            // 生成载体 ...
            creditEvent.fire(creditPayload);
            break;
        default:
            logger.severe("Invalid payment option!");
    }
    ...
}
```

`fire` 方法的参数是一个含有载体的 `PaymentEvent` 对象。被触发的事件随后会被观察者方法处理。

在 CDI 应用程序中使用拦截器

拦截器是一个用来插入到方法调用或者生命周期事件中的类。拦截器会执行一些与应用程序业务逻辑不相关、但是需要不断重复的工作，例如日志或审计。这些任务通常被称为横切（cross-cutting）任务。拦截器允许你只需在一个地方编写这些任务代码，便于维护。当拦截器第一次被引入到 Java EE 平台时，它们只能用于 enterprise bean。而在 Java EE 6 平台上，你可以在 Java EE 管理的所有对象（包括 managed bean）中使用拦截器。

关于 Java EE 拦截器的信息，请参考第 23 章。

拦截器类通常包含一个标注了 @AroundInvoke 注解的方法，用来指定拦截器被调用时要执行的操作。它还可以包含一个标注了 @PostConstruct、@PreDestory、@PrePassivate 或者 @PostActivate 注解的方法，用来指定生命周期的回调拦截器，以及一个标注了 @AroundTimeout 注解的方法，用来指定 EJB 超时拦截器。一个拦截器类可以包含多个拦截器方法，但是每种方法只能有一个。

除了拦截器以外，应用程序还需要定义一个或多个拦截器绑定类型，它们都是注解，用来将拦截器与目标 bean 或方法关联起来。例如，billpayment 示例包含了一个名为 @Logged 的拦截器绑定类型，以及一个名为 LoggedInterceptor 的拦截器。

拦截器绑定类型的声明与修饰符的声明类似，但是它使用了一个 javax.interceptor.InterceptorBinding 注解。

```
@Inherited
@InterceptorBinding
@Retention(RUNTIME)
@Target({METHOD, TYPE})
public @interface Logged {
}
```

拦截器绑定类型还可以使用 java.lang.annotation.Inherited 注解，来指定该注解可以从父类继承。@Inherited 注解还可以用于自定义作用域（不在本书中讨论），但是不能用于修饰符。

拦截器绑定类型还可以声明其他的拦截器绑定。

拦截器类会使用拦截器绑定注解和 @Interceptor 注解。请参考第 15 章中 "LoggedInterceptor 拦截器类"一节中的示例。

每个 @AroundInvoke 方法都会接受一个 javax.interceptor.InvocationContext 对象作为参数，返回一个 java.lang.Object 对象并抛出一个异常。它可以调用 InvocationContext 方法。@AroundInvoke 方法必须调用 proceed 方法，这样才能调用目标类的方法。

一旦定义了拦截器和绑定类型，你就可以在 bean 或各个方法上添加绑定类型注解，指定拦截所有方法还是拦截指定的方法。例如，在 billpayment 示例中，PaymentHandler bean 被标注了 @Logged 注解，这意味着在调用其所有的业务方法时，都会调用拦截器的 @AroundInvoke 方法。

```
@Logged
@SessionScoped
public class PaymentHandler implements Serializable {...}
```

在 CDI 应用程序中使用装饰器

但是，在 `PaymentBean` bean 中，只有 `pay` 和 `reset` 方法上标注了 `@Logged` 注解，因此只有当这两个方法被调用时，才会调用拦截器。

```
@Logged
public String pay() {...}

@Logged
public void reset() {...}
```

为了在 CDI 应用程序中能够调用一个拦截器，同替代类一样，必须在 `beans.xml` 中指定该拦截器。例如，以下是 `LoggedInterceptor` 类在 `beans.xml` 中的配置：

```
<interceptors>
    <class>billpayment.interceptors.LoggedInterceptor</class>
</interceptors>
```

如果应用程序使用一个以上的拦截器，会按照在 `beans.xml` 文件中指定的顺序来执行拦截器。

在 CDI 应用程序中使用装饰器

装饰器是一个标注了 `javax.decorator.Decorator` 注解的 Java 类，在 `beans.xml` 文件中对应的元素是 `decorators`。

装饰器 bean 类必须有一个由 `javax.decorator.Delegate` 注解标注的委托注入点。该注入点可以是装饰器类的一个字段、构造函数参数，或者初始化方法的参数。

装饰器看上去与拦截器相似，但是，它们实际上会执行一些辅助拦截器的任务。拦截器会执行与方法调用和 bean 生命周期关联的横切任务，但是不执行任何业务逻辑。相反，装饰器通过拦截 bean 的业务方法来执行业务逻辑。这意味着装饰器与拦截器不同，它不能被不同类型的应用程序所重用，只能适用于某个应用程序。

例如，除了在 `encoder` 示例中使用替代类 `TestCoderImpl`，你还可以创建一个装饰器，如下所示：

```
@Decorator
public abstract class CoderDecorator implements Coder {

    @Inject
    @Delegate
    @Any
    Coder coder;

    public String codeString(String s, int tval) {
```

```
            int len = s.length();
            return "\"" + s + "\" becomes " + "\"" + coder.codeString(s, tval)
                    + "\", " + len + " characters in length";
        }
    }
```

关于如何使用这个装饰器，请参考第 15 章中的"decorators 示例：装饰 bean"一节中的示例程序。

相比 `CoderImpl.codeString` 方法，这个简单的装饰器会返回更详细的编码字符串输出。更复杂的装饰器可以将信息存储到数据库中，或者执行其他业务逻辑。

一个装饰器可以被声明为一个抽象类，因此它不必实现接口中的所有业务方法。

为了在 CDI 应用程序中能够调用装饰类，同拦截器和替代类类似，你必须在 `beans.xml` 中指定装饰器。例如，`CoderDecorator` 类在 `beans.xml` 中的配置如下所示：

```
<decorators>
    <class>decorators.CoderDecorator</class>
</decorators>
```

如果应用程序使用多个装饰器，会按照在 `beans.xml` 文件中指定的顺序来执行装饰器。

如果应用程序同时指定了拦截器和装饰器，那么首先会调用拦截器。这意味着你不能拦截一个装饰器。

在 CDI 应用程序中使用模板

模板（stereotype）是一种在 bean 上与其他注解一起使用的注解。模板在大型应用程序中尤其有用，因为其中有大量执行相似功能的 bean。模板（stereotype）注解可以用来指定以下的内容：

- 一个默认的作用域。
- 零个或多个拦截器绑定。
- 一个 `@Named` 注解，用来保证默认的 EL 命名（可选）。
- 一个 `@Alternative` 注解，表示含有该模板的 bean 都是替代类（可选）。

如果一个 bean 标注了特定的模板注解，那么它总是会使用模板所指定的注解，这样就不需要再在各个 bean 上重复指定相同的注解。例如，你可以使用 `javax.enterprise.inject.Stereotype` 注解创建一个名为 `Action` 的模板：

```
@RequestScoped
@Secure
@Transactional
```

在 CDI 应用程序中使用模板

```
@Named
@Stereotype
@Target(TYPE)
@Retention(RUNTIME)
public @interface Action {}
```

所有标注了 `@Action` 注解的 bean 都会使用请求作用域、使用默认的 EL 命名，并且拥有拦截器绑定 `@Transactional` 和 `@Secure`。

你还可以创建一个名为 `Mock` 的模板：

```
@Alternative
@Stereotype
@Target(TYPE)
@Retention(RUNTIME)
public @interface Mock {}
```

所有含有该注解的 bean 都是替代类。

你可以在同一个 bean 上使用多个模板，如下所示：

```
@Action
@Mock
public class MockLoginAction extends LoginAction { ... }
```

你还可以重写模板所指定的作用域，只需为 bean 指定另一个不同的作用域即可。以下声明为 `MockLoginAction` 指定了会话作用域，而非模板中的请求作用域：

```
@SessionScoped
@Action
@Mock
public class MockLoginAction extends LoginAction { ... }
```

CDI 提供了一个称为 `Model` 的内置模板，用于定义模型-视图-控制器架构中的模型层。下面的模板指定了一个含有 `@Named` 和 `@RequestScoped` 注解的 bean。

```
@Named
@RequestScoped
@Stereotype
@Target({TYPE, METHOD, FIELD})
@Retention(RUNTIME)
public @interface Model {}
```

第15章

运行上下文和依赖注入的高级示例程序

本章将详细介绍如何构建及运行一些使用 CDI 高级特性的示例程序。这些示例程序位于 *tut-install*/examples/cdi 目录下。

要构建和运行示例程序,可以执行以下步骤:

1. 使用 NetBeans IDE 或者 Ant 工具来编译、打包并部署示例程序。
2. 在浏览器中运行示例程序。

每个示例程序都有一个 build.xml 文件,指向 *tut-install*/examples/bp-project/ 目录下的文件。

关于如何安装、构建和运行示例程序的基本信息,请参考第 2 章。

本章介绍了以下主题:

- encoder 示例:使用替代类
- producermethods 示例:使用生产者方法来选择 bean 实现
- producerfields 示例:使用生产者字段来生成资源
- billpayment 示例:使用事件和拦截器
- decorators 示例:装饰 bean

encoder 示例:使用替代类

encoder 示例展示了在部署时,如何使用替代类在两个 bean 之间进行选择,如第 14 章中"在 CDI 应用程序中使用替代类"一节中所述。该示例包括一个接口及其两个实现类、一个

encoder 示例：使用替代类

managed bean，一个 Facelet 页面以及一些配置文件。

Coder 接口和实现

Coder 接口只包含了一个方法 codeString。该方法接受两个参数：一个字符串和一个指定字符串中字母如何移动的整型值。

```
public interface Coder {
    public String codeString(String s, int tval);
}
```

该接口有两个实现类，CoderImpl 和 TestCoderImpl。CoderImpl 中的 codeString 实现会将字符串参数中的字母，按照字母顺序，向前移动由第二个参数指定的位数。（这种位移代码也被称为凯撒密码，相传尤里乌斯凯撒用它来与将领们通信。）而 TestCoderImpl 中的实现仅仅是显示参数的值。TestCoderImpl 实现标注了 @Alternative 注解：

```
import javax.enterprise.inject.Alternative;

@Alternative
public class TestCoderImpl implements Coder {

    public String codeString(String s, int tval) {
        return ("input string is " + s + ", shift value is " + tval);
    }
}
```

在 encoder 示例中，beans.xml 文件包含了一个指向 TestCoderImpl 类的 alternatives 元素，但是默认该元素是被注释掉的：

```
<beans ... >
    <!--<alternatives>
        <class>encoder.TestCoderImpl</class>
    </alternatives>-->
</beans>
```

这意味着默认情况下，不会使用标记 @Alternative 注解的 TestCoderImpl 类。相反，会使用 CoderImpl 类。

encoder 示例中的 Facelets 页面和 managed bean

encoder 示例中有一个很简单的 Facelets 页面 index.xhtml，它要求用户在页面上输入字符串和整型值，并将它们传递给 CoderBean（一个 managed bean）的两个属性 coderBean.inputString 和 coderBean.transVal：

```
<html lang="en"
      xmlns="http://www.w3.org/1999/xhtml"
```

```xml
        xmlns:h="http://java.sun.com/jsf/html">
    <h:head>
        <h:outputStylesheet library="css" name="default.css"/>
        <title>String Encoder</title>
    </h:head>
    <h:body>
        <h2>String Encoder</h2>
        <p>Type a string and an integer, then click Encode.</p>
        <p>Depending on which alternative is enabled, the coder bean
            will either display the argument values or return a string that
            shifts the letters in the original string by the value you specify.
            The value must be between 0 and 26.</p>
        <h:form id="encodeit">
            <p><h:outputLabel value="Type a string: " for="inputString"/>
                <h:inputText id="inputString"
                             value="#{coderBean.inputString}"/>
                <h:outputLabel value="Type the number of letters to shift by: "
                               for="transVal"/>
                <h:inputText id="transVal" value="#{coderBean.transVal}"/></p>
            <p><h:commandButton value="Encode"
                                action="#{coderBean.encodeString()}"/></p>
            <p><h:outputLabel value="Result: " for="outputString"/>
                <h:outputText id="outputString" value="#{coderBean.codedString}"
                              style="color:blue"/> </p>
            <p><h:commandButton value="Reset" action="#{coderBean.reset}"/></p>
        </h:form>
        ...
    </h:body>
</html>
```

当用户单击 Encode 按钮时，页面会调用 managed bean 的 `encodeString` 方法，并用蓝色来显示结果 `coderBean.codedString`。该页面还有一个 Reset 按钮，用来清空文本域。

CoderBean 标注了 @RequestScoped 注解，并且声明了其输入和输出属性。`transVal` 属性有三个 Bean Validation 约束，限制了它必须是一个整型值，因此如果用户输入了一个无效的值，在 Facelets 页面上会显示出默认的错误消息。该 bean 还注入了 Coder 接口的一个实例：

```java
@Named
@RequestScoped
public class CoderBean {

    private String inputString;
    private String codedString;
    @Max(26)
    @Min(0)
    @NotNull
```

encoder 示例：使用替代类

```
    private int transVal;

    @Inject
    Coder coder;
    ...
```

除了三个属性的 getter 和 setter 方法以外，该 bean 还定义了 Facelets 页面会调用的 `encodeString` 动作方法。该方法会将 `codedString` 属性的值，设置为 `Coder` 实现中 `codeString` 方法的返回值：

```
public void encodeString() {
    setCodedString(coder.codeString(inputString, transVal));
}
```

最后，该 bean 还定义了 `reset` 方法，来清空 Facelets 页面的文本域：

```
public void reset() {
    setInputString("");
    setTransVal(0);
}
```

运行 encoder 示例

你可以使用 NetBeans IDE 或者 Ant 来构建、打包、部署并运行 `encoder` 应用程序。

▼ 使用 NetBeans IDE 构建、打包以及部署 encoder 示例

1. 从 File 菜单中选择 Open Project 项。

2. 在 Open Project 对话框中，导航到目录：

    tut-install/examples/cdi/

3. 选择 encoder 目录。

4. 选择 Open as Main Project 复选框。

5. 单击 Open Project。

6. 在 Projects 选项卡中，右键单击 encoder 项目并选择 Deploy 项。

▼ 使用 NetBeans IDE 运行 encoder 示例

1. 在 web 浏览器中输入如下 URL：

    `http://localhost:8080/encoder`

    打开 String Encoder 页面。

2. 输入一个字符串以及要位移的字母个数，然后单击 Encode。

编码后的字符串会用蓝色显示在 Result 这一行。例如，如果你输入了 Java 和 4，那么结果是 Neze。

3. 现在，编辑 beans.xml 来启用 Coder 的替代实现。

   a. 在 Projects 选项卡中，在 encoder 项目下展开 Web Pages 节点，然后展开 WEB-INF 节点。

   b. 双击并打开 beans.xml。

   c. 删除围绕 alternatives 元素的注释，如下所示：
   ```
   <alternatives>
       <class>encoder.TestCoderImpl</class>
   </alternatives>
   ```

   d. 保存文件。

4. 右键单击 encoder 项目并选择 Deploy 项。

5. 在 web 浏览器中，重新输入显示 String Encoder 页面的 URL，打开重新部署后的项目：
   `http://localhost:8080/encoder/`

6. 输入一个字符串以及要位移的字母个数，然后单击 Encode。

   这一次，Result 一行会显示出你填写的参数。例如，如果你输入的是 Java 和 4，那么结果是：
   ```
   Result: input string is Java, shift value is 4
   ```

▼ 使用 Ant 构建、打包以及部署 encoder 示例

1. 在终端窗口中，切换到目录：

   tut-install/examples/cdi/encoder/

2. 输入如下命令：

   ant

   该命令会调用 `default` target，构建应用程序并将其打包为 dist 目录下一个名为 encoder.war 的 WAR 文件。

3. 输入如下命令：

   ant deploy

▼ 使用 Ant 运行 encoder 示例

1. 在 web 浏览器中输入如下 URL：

   `http://localhost:8080/encoder/`

打开 String Encoder 页面。

2. 输入一个字符串以及要位移的字母个数，然后单击 Encode。

   编码后的字符串会用蓝色显示在 Result 这一行。例如，如果你输入了 `Java` 和 `4`，那么结果是 `Neze`。

3. 现在，编辑 beans.xml 来启用 Coder 接口的替代实现。

   a. 在文本编辑器中，打开如下文件：

   tut-install/examples/cdi/encoder/web/WEB-INF/beans.xml

   b. 删除 `alternatives` 元素周围的注释，如下所示：

   ```
   <alternatives>
       <class>encoder.TestCoderImpl</class>
   </alternatives>
   ```

   c. 保存并关闭文件

4. 输入如下命令：

   ```
   ant undeploy
   ant
   ant deploy
   ```

5. 在 web 浏览器中，重新输入 String Encoder 页面的 URL，访问重新部署后的项目：

   `http://localhost:8080/encoder`

6. 输入一个字符串以及要位移的字母个数，然后单击 Encode。

   这一次，Result 一行会显示出你填写的参数。例如，如果你输入的是 `Java` 和 `4`，那么结果是：

   ```
   Result: input string is Java, shift value is 4
   ```

producermethods 示例：使用生产者方法来选择 bean 实现

`producermethods` 示例展示了在运行时如何使用生产者方法在两个 bean 之间进行选择，如第 14 章"在 CDI 应用程序中使用生产者方法、生产者字段以及清理方法"一节所述。它同本章前面"encoder 示例：使用替代类"中的 `encoder` 示例十分相似。该示例包含相同的接口及其两个实现类、一个 managed bean、一个 Facelets 页面和一些配置文件。它还包含一个修饰符类型。当运行该示例时，你不需要编辑 `beans.xml` 或重新部署应用程序，就可以修改它的行为。

producermethods 示例的组件

producermethods 的组件与 `encoder` 示例中的组件十分类似，但是也有一些重要的区别。

`Coder bean` 实现均不标注`@Alternative` 注解，并且 `beans.xml` 文件中也不包含 `alternative` 元素。

Facelets 页面和 `CoderBean` 有一个额外的属性——`coderType`，它允许用户在运行时指定使用哪个实现。此外，`CoderBean` 有一个生产者方法，通过修饰符类型`@Chosen` 来选择具体的实现。

该 bean 声明了两个常量，分别指定用来测试的实现类，以及真正将字母进行位移的实现类：

```
private final static int TEST = 1;
private final static int SHIFT = 2;
private int coderType = SHIFT; // 默认值
```

生产者方法标注了`@Produces`、`@Chosen` 以及`@RequestScoped`（因此它只能存活在单个请求和响应过程中）三个注解，它将两个实现类作为方法参数，然后根据用户指定的 `coderType` 返回它们其中的一个。

```
@Produces
@Chosen
@RequestScoped
public Coder getCoder(@New TestCoderImpl tci,
        @New CoderImpl ci) {

    switch (coderType) {
        case TEST:
            return tci;
        case SHIFT:
            return ci;
        default:
            return null;
    }
}
```

最后，通过指定与生产者方法相同的修饰符来消除歧义，由 managed bean 注入所选的实现：

```
@Inject
@Chosen
@RequestScoped
Coder coder;
```

Facelets 页面还包含了修订后的说明以及一组单选按钮，它们所选的值会被赋给

`coderBean` 的 `coderType` 属性:

```
<h2>String Encoder</h2>
    <p>Select Test or Shift, type a string and an integer, then click
        Encode.</p>
    <p>If you select Test, the TestCoderImpl bean will display the
        argument values.</p>
    <p>If you select Shift, the CoderImpl bean will return a string that
        shifts the letters in the original string by the value you specify.
        The value must be between 0 and 26.</p>
    <h:form id="encodeit">
        <h:selectOneRadio id="coderType"
                        required="true"
                        value="#{coderBean.coderType}">
            <f:selectItem
                itemValue="1"
                itemLabel="Test"/>
            <f:selectItem
                itemValue="2"
                itemLabel="Shift Letters"/>
        </h:selectOneRadio>
        ...
```

运行 producermethods 示例

你可以使用 NetBeans IDE 或者 Ant 来构建、打包、部署并运行 `producermethods` 示例。

▼ 使用 NetBeans IDE 构建、打包以及部署 producermethods 示例

1. 从 File 菜单中选择 Open Project 项。

2. 在 Open Project 对话框中,导航到目录:

    tut-install/examples/cdi/

3. 选择 producermethods 文件夹。

4. 选择 Open as Main Project 复选框。

5. 单击 Open Project。

6. 在 Projects 选项卡中,右键单击 producermethods 项目并选择 Deploy 项。

▼ 使用 Ant 构建、打包以及部署 producermethods 示例

1. 在终端窗口中,切换到目录:

    tut-install/examples/cdi/producermethods/

2. 输入如下命令:

ant

该命令会调用 `default target`，构建应用程序并将其打包为 `dist` 目录下一个名为 producermethods.war 的 WAR 文件。

3. 输入如下命令:

ant deploy

▼ 运行 producermethods 示例

1. 在 web 浏览器中输入如下 URL:

   `http://localhost:8080/producermethods`

   打开 String Encoder 页面。

2. 选择 Test 或者 Shift Letters 单选按钮，输入一个字符串以及要位移的字母个数，然后单击 Encode。

根据你的选择，Result 会显示编码后的字符串，或者你指定的输入值。

producerfields 示例：使用生产者字段来生成资源

`producerfields` 示例允许你创建一个待办列表，并演示如何使用一个生产者字段来生成可由容器管理的对象。该示例生成了一个 `EntityManager` 对象，但是你也可以用这种方式来生成其他资源，例如 JDBC 连接和数据源。

`producerfields` 示例可能是最简单的实体示例了。它包含一个修饰符和一个生成 entity manager 的类。它还包含一个单独的实体、一个状态 session bean、一个 Facelets 页面以及一个 managed bean。

producerfields 示例的生产者字段

`producerfields` 示例最重要的、也是最小的组件是 `db.UserDatabaseEntityManager` 类，它隔离了 `EntityManager` 对象的生成逻辑，因此它可以很容易地被应用程序的其他组件使用。该类使用了一个生产者字段注入一个标注了 `@UserDatabase` 修饰符的 `EntityManager` 对象（该对象也定义在 `db` 包下）。

```
@Singleton
public class UserDatabaseEntityManager {

    @Produces
```

producerfields 示例：使用生产者字段来生成资源

```
    @PersistenceContext
    @UserDatabase
    private EntityManager em;
    ...
}
```

该类不会显式地产生一个持久化单元字段，但是应用程序可以通过 persistence.xml 文件来指定一个持久化单元。javax.inject.Singleton 注解指明了该注入类只能被初始化一次。

db.UserDatabaseEntityManager 类还包含一段被注释掉的代码，这段代码会通过 create 和 close 方法来生成或删除生产者字段：

```
/* @PersistenceContext
   private EntityManager em;

   @Produces
   @UserDatabase
   public EntityManager create() {
       return em;
   } */

   public void close(@Disposes @UserDatabase EntityManager em) {
       em.close();
   }
}
```

你可以取消这段代码的注释，并注释掉之前声明字段的代码，来测试这两个方法的工作方式有何不同。不管使用哪种方法，应用程序的最终行为都是一致的。

在单独的类中生成 EntityManager，比将其注入到一个 enterprise bean 的优点在于，我们能够以类型安全的方式，很容易地重用该对象。一个更复杂的应用程序可以通过多个持久化单元来创建多个 entity manager，而这种机制可以将这些代码隔离开来，从而使维护变得更加简单，如下例所示：

```
@Singleton
public class JPAResourceProducer {
    @Produces
    @PersistenceUnit(unitName="pu3")
    @TestDatabase
    EntityManagerFactory customerDatabasePersistenceUnit;

    @Produces
    @PersistenceContext(unitName="pu3")
    @TestDatabase
    EntityManager customerDatabasePersistenceContext;

    @Produces
```

```
@PersistenceUnit(unitName="pu4")
@Documents
EntityManagerFactory customerDatabasePersistenceUnit;

@Produces
@PersistenceContext(unitName="pu4")
@Documents
EntityManager docDatabaseEntityManager;"
}
```

EntityManagerFactory 声明也允许应用程序使用一个由应用程序管理的 entity manager。

producerfields 实体和 session bean

producerfields 示例包含了一个简单的实体类 entity.ToDo，以及一个使用该实体的有状态的 session bean——ejb.RequestBean。

实体类包含了三个字段：一个自动生成的 id 字段，一直用来指定任务的字符串，以及一个时间戳。其中根据持久化 Date 类型字段的要求，我们在时间戳字段 timeCreated 上标注了 @Temporal 注解。

```
@Entity
public class ToDo implements Serializable {

    ...
    @Id
    @GeneratedValue(strategy = GenerationType.AUTO)
    private Long id;
    protected String taskText;
    @Temporal(TIMESTAMP)
    protected Date timeCreated;

    public ToDo() {
    }

    public ToDo(Long id, String taskText, Date timeCreated) {
        this.id = id;
        this.taskText = taskText;
        this.timeCreated = timeCreated;
    }
    ...
```

ToDo 类的其余代码包含了常用的 getter、setter 以及其他实体方法。

RequestBean 类注入了由生产者方法生成并且标注了 @UserDatabase 修饰符的

EntityManager 对象：

```
@ConversationScoped
@Stateful
public class RequestBean {

    @Inject
    @UserDatabase
    EntityManager em;
```

然后该类定义了两个方法，一个用来创建并持久化 ToDo 列表中的单个待办事项，另一个通过创建查询来获取所有已创建的 ToDo 待办事项：

```
    public ToDo createToDo(String inputString) {
        ToDo toDo;
        Date currentTime = Calendar.getInstance().getTime();

        try {
            toDo = new ToDo();
            toDo.setTaskText(inputString);
            toDo.setTimeCreated(currentTime);
            em.persist(toDo);
            return toDo;
        } catch (Exception e) {
            throw new EJBException(e.getMessage());
        }
    }

    public List<ToDo> getToDos() {
        try {
            List<ToDo> toDos =
                    (List<ToDo>) em.createQuery(
                    "SELECT t FROM ToDo t ORDER BY t.timeCreated")
                    .getResultList();
            return toDos;
        } catch (Exception e) {
            throw new EJBException(e.getMessage());
        }
    }
}
```

producerfields 示例的 Facelets 页面和 managed bean

producerfields 示例有两个 Facelets 页面，分别是 index.xhtml 和 todolist.xhtml。index.xhtml 页面提供了一个非常简单的表单，只需要用户输入任务的内容。当用户单击 Submit 按钮时，会调用 listBean.createTask 方法。当用户单击 Show Items 按钮时，

会跳转到 `todolist.xhtml` 文件显示。

```
<h:body>
    <h2>To Do List</h2>
    <p>Type a task to be completed.</p>
    <h:form id="todolist">
        <p><h:outputLabel value="Type a string: " for="inputString"/>
           <h:inputText id="inputString"
                        value="#{listBean.inputString}"/></p>
        <p><h:commandButton value="Submit"
                        action="#{listBean.createTask()}"/></p>
        <p><h:commandButton value="Show Items"
                        action="todolist"/></p>
    </h:form>
    ...
</h:body>
```

`web.ListBean` (managed bean) 中注入了 `ejb.RequestBean` (session bean)。它声明了 `entity.ToDo` 实体以及该实体的一个列表,以及传递给 session bean 的输入字符串。`inputString` 被标注了 Bean Validation 约束 `@NotNull`,因此如果你试图提交一个空字符串,那么会导致一个错误。

```
@Named
@ConversationScoped
public class ListBean implements Serializable {
    ...
    @EJB
    private RequestBean request;
    @NotNull
    private String inputString;
    private ToDo toDo;
    private List<ToDo> toDos;
```

由 Submit 按钮调用的 `createTask` 方法,会调用 `RequestBean` 的 `createToDo` 方法:

```
public void createTask() {
    this.toDo = request.createToDo(inputString);
}
```

由 `todolist.xhtml` 页面调用的 `getToDos` 方法,会调用 `RequestBean` 的 `getToDos` 方法:

```
public List<ToDo> getToDos() {
    return request.getToDos();
}
```

为了强制 Facelets 页面将空字符串认为是一个 null 值,并返回一个错误,我们在 `web.xml` 文件中将上下文参数 `javax.faces.INTERPRET_EMPTY_STRING_SUBMITTED_VALUES_`

producerfields 示例：使用生产者字段来生成资源

AS_NULL 设置为 true：

```xml
<context-param>
    <param-name>
        javax.faces.INTERPRET_EMPTY_STRING_SUBMITTED_VALUES_AS_NULL
    </param-name>
    <param-value>true</param-value>
</context-param>
```

todolist.xhtml 页面比 index.html 页面稍微复杂一些。它还有一个用来显示 ToDo 列表内容的 dataTable 元素。该页面的代码如下所示：

```xml
<body>
    <h2>To Do List</h2>
    <h:form id="showlist">
        <h:dataTable var="toDo"
                     value="#{listBean.toDos}"
                     rules="all"
                     border="1"
                     cellpadding="5">
            <h:column>
                <f:facet name="header">
                    <h:outputText value="Time Stamp" />
                </f:facet>
                <h:outputText value="#{toDo.timeCreated}" />
            </h:column>
            <h:column>
                <f:facet name="header">
                    <h:outputText value="Task" />
                </f:facet>
                <h:outputText value="#{toDo.taskText}" />
            </h:column>
        </h:dataTable>
        <p><h:commandButton id="back" value="Back" action="index" /></p>
    </h:form>
</body>
```

dataTable 的值是 listBean.toDos，它是一个由 managed bean 的 getToDos 方法调用 session bean 的 getToDos 方法所返回的列表。表格的每一行都显示了单个任务的 timeCreated 和 taskText 字段。在页面的最后位置，用户可以通过单击 Back 按钮返回到 index.xhtml 页面。

运行 producerfields 示例

你可以使用 NetBeans IDE 或者 Ant 来构建、打包、部署并运行 producerfields 应用程序。

▼ 使用 NetBeans IDE 构建、打包以及部署 producerfields 示例

1. 如果数据库服务器还没有运行，可以参考第 2 章中"启动和停止 Java DB 服务"一节的说明来启动它。

2. 从 File 菜单中选择 Open Project 项。

3. 在 Open Project 对话框中导航到目录：

   tut-install/examples/cdi/

4. 选择 producerfields 文件夹。

5. 选择 Open as Main Project 复选框。

6. 单击 Open Project。

7. 在 Projects 选项卡中，右键单击 producerfields 项目并选择 Deploy 项。

▼ 使用 Ant 构建、打包以及部署 producerfields 示例

1. 如果数据库服务器还没有运行，你可以参考第 2 章中"启动和停止 Java DB 服务"一节的说明来启动它。

2. 在终端窗口中切换到目录：

   tut-install/examples/cdi/producerfields/

3. 输入如下命令：

   `ant`

   该命令会运行 default target，构建并将应用程序打包为 dist 目录下一个名为 producerfields.war 的 WAR 文件。

4. 输入如下命令：

   `ant deploy`

▼ 运行 producerfields 示例

1. 在 web 浏览器中输入如下 URL：

   `http://localhost:8080/producerfields`

   打开 Create To Do List 页面。

2. 在文本域中输入一个字符串，然后单击 Submit。

   你可以继续输入其他字符串，然后单击 Submit，从而创建一个包含多个待办事项的列表。

3. 单击 Show Itmes 按钮。

   这会打开 To Do List 页面，显示所创建的全部待办事项列表，包括每个待办事项的时间戳和文本。

4. 单击 Back 按钮返回到 Create To Do List 页面。

   在该页面上你可以继续向列表中添加待办事项。

billpayment 示例：使用事件和拦截器

`billpayment` 示例展示了如何使用事件和拦截器。

该示例模拟了使用借记卡或信用卡付款的情景。当用户选择一种支付方式时，managed bean 会创建合适的事件，提供事件载体并触发事件。一个简单的事件监听器会使用观察者方法来处理事件。

该示例还定义了一个拦截器，并将其设置在了一个类以及另一个类的两个方法上。

PaymentEvent 事件类

事件类 `event.PaymentEvent` 是一个简单的 bean 类，包含一个无参数的构造函数。它还包含一个 `toString` 方法和用于载体组件的 getter 和 setter 方法。载体组件包括一个指定付款类型的字符串、一个指定付款金额的 `BigDecimal` 对象，以及一个表示时间戳的 `Date` 对象，如下所示：

```
public class PaymentEvent implements Serializable {

    ...
    public String paymentType;
    public BigDecimal value;
    public Date datetime;

    public PaymentEvent() {
    }
    @Override
    public String toString() {
        return this.paymentType
                + " = $" + this.value.toString()
                + " at " + this.datetime.toString();
    }
    ...
```

事件类是一个简单的 bean 类，由 managed bean 通过 `new` 语句初始化。出于这个原因，CDI

容器不能拦截 bean 的创建过程，因此也不能拦截它的 getter 和 setter 方法。

PaymentHandler 事件监听器

事件监听器 `listener.PaymentHandler` 包含两个观察者方法，分别对应于两个事件类型：

```
@Logged
@SessionScoped
public class PaymentHandler implements Serializable {
    ...
    public void creditPayment(@Observes @Credit PaymentEvent event) {
        logger.log(Level.INFO, "PaymentHandler - Credit Handler: {0}",
                event.toString());

        // 调用指定的 Credit 处理类...
    }

    public void debitPayment(@Observes @Debit PaymentEvent event) {
        logger.log(Level.INFO, "PaymentHandler - Debit Handler: {0}",
                event.toString());

        // 调用指定的 Debit 处理类...
    }
}
```

每个观察者方法都将一个事件对象作为参数，并使用 `@Observes` 注解和付款类型的修饰符来标注该参数。在实际的应用程序中，观察者方法会将事件信息传递给另一个组件，由该组件来执行付款的业务逻辑。

如本章后面"billpayment 示例的 Facelets 页面和 managed bean"一节所述，修饰符定义在 `payment` 包中。

与 `PaymentEvent` 类似，`PaymentHandler` 类标注了 `@Logged` 注解，因此它的所有方法都会被拦截。

billpayment 示例的 Facelets 页面和 managed bean

`billpayment` 示例包含两个 Facelets 页面，分别是 `index.xhtml` 和非常简单的 `response.xhtml`。`index.xhtml` 页面的内容如下所示：

```
<h:body>
    <h3>Bill Payment Options</h3>
```

billpayment 示例：使用事件和拦截器

```
      <p>Type an amount, select Debit Card or Credit Card,
         then click Pay.</p>
      <h:form>
         <p>
         <h:outputLabel value="Amount: $" for="amt"/>
         <h:inputText id="amt" value="#{paymentBean.value}"
                      required="true"
                      requiredMessage="An amount is required."
                      maxlength="15" />
         </p>
         <h:outputLabel value="Options:" for="opt"/>
         <h:selectOneRadio id="opt" value="#{paymentBean.paymentOption}">
             <f:selectItem id="debit" itemLabel="Debit Card"
                           itemValue="1"/>
             <f:selectItem id="credit" itemLabel="Credit Card"
                           itemValue="2" />
         </h:selectOneRadio>
         <p><h:commandButton id="submit" value="Pay"
                             action="#{paymentBean.pay}" /></p>
         <p><h:commandButton value="Reset"
                             action="#{paymentBean.reset}" /></p>
      </h:form>
      ...
</h:body>
```

输入文本域会将用户输入的付款金额传递给 `paymentBean.value` 属性。两个单选按钮会让用户选择使用借记卡还是信用卡支付，并将其整型值传递给 `paymentBean.paymentOption` 属性。最后，当单击 Pay 按钮时会调用 `paymentBean.pay` 方法，单击 Reset 按钮时会调用 `paymentBean.reset` 方法。

`payment.PaymentBean` 通过修饰符来区分两种付款事件：

```
@Named
@SessionScoped
public class PaymentBean implements Serializable {

    ...
    @Inject
    @Credit
    Event<PaymentEvent> creditEvent;

    @Inject
    @Debit
    Event<PaymentEvent> debitEvent;
```

修饰符 `@Credit` 和 `@Debit` 同 `PaymentBean` 一起定义在 `payment` 包中。

接下来，PaymentBean 定义了几个属性，它们会从 Facelets 页面获得并被传递给事件，如下所示：

```
public static final int DEBIT = 1;
public static final int CREDIT = 2;
private int paymentOption = DEBIT;

@Digits(integer = 10, fraction = 2, message = "Invalid value")
private BigDecimal value;

private Date datetime;
```

paymentOption 是一个来自于单选按钮组件的整型值，其默认值是 DEBIT。value 是一个表示货币的 BigDecimal 对象，通过一个 Bean Validation 约束来设置它的最长数字个数。事件的时间戳 datetime 是一个 Date 对象，它会在调用 pay 方法时被初始化。

该 bean 的 pay 方法首先设置了付款事件的时间戳。然后它通过 PaymentEvent 的构造函数来创建并产生事件载体，并将 bean 属性作为参数来调用事件的 setter 方法。随后它触发事件。

```
@Logged
public String pay() {
    this.setDatetime(Calendar.getInstance().getTime());
    switch (paymentOption) {
        case DEBIT:
            PaymentEvent debitPayload = new PaymentEvent();
            debitPayload.setPaymentType("Debit");
            debitPayload.setValue(value);
            debitPayload.setDatetime(datetime);
            debitEvent.fire(debitPayload);
            break;
        case CREDIT:
            PaymentEvent creditPayload = new PaymentEvent();
            creditPayload.setPaymentType("Credit");
            creditPayload.setValue(value);
            creditPayload.setDatetime(datetime);
            creditEvent.fire(creditPayload);
            break;
        default:
            logger.severe("Invalid payment option!");
    }
    return "/response.xhtml";
}
```

pay 方法会返回到操作被重定向的页面 response.xhtml。

PaymentBean 类还包含一个 reset 方法，用来清空 index.xhtml 页面上文本域的值，并将支付方式选项设置为默认值：

```
@Logged
public void reset() {
    setPaymentOption(DEBIT);
    setValue(BigDecimal.ZERO);
}
```

在这个 bean 中，只有 pay 和 reset 方法被拦截。

response.xhtml 页面上显示所支付的金额。它在 rendered 中使用表达式来显示付款方式。

```
<h:body>
    <h:form>
        <h2>Bill Payment: Result</h2>
        <h3>Amount Paid with
            <h:outputText id="debit" value="Debit Card: "
                        rendered="#{paymentBean.paymentOption eq 1}" />
            <h:outputText id="credit" value="Credit Card: "
                        rendered="#{paymentBean.paymentOption eq 2}" />
            <h:outputText id="result" value="#{paymentBean.value}" >
                <f:convertNumber type="currency"/>
            </h:outputText>
        </h3>
        <p><h:commandButton id="back" value="Back" action="index" /></p>
    </h:form>
</h:body>
```

LoggedInterceptor 拦截器类

拦截器类 LoggedInterceptor 及其拦截器绑定 Logged，都定义在 interceptor 包中。拦截器绑定 Logged 的定义如下所示：

```
@Inherited
-@InterceptorBinding
@Retention(RUNTIME)
@Target({METHOD, TYPE})
public @interface Logged {
}
```

LoggedInterceptor 类如下所示：

```
@Logged
@Interceptor
public class LoggedInterceptor implements Serializable {

    ...

    public LoggedInterceptor() {
```

```
    }

    @AroundInvoke
    public Object logMethodEntry(InvocationContext invocationContext)
            throws Exception {
        System.out.println("Entering method: "
                + invocationContext.getMethod().getName() + " in class "
                + invocationContext.getMethod().getDeclaringClass().getName());

        return invocationContext.proceed();
    }
}
```

该类同时标注了 `@Logged` 和 `@Interceptor` 注解。`@AroundInvoke` 方法 `logMethodEntry` 必须接受一个 `InvocationContext` 参数，并且必须调用 `InvocationContext` 的 `proceed` 方法。当一个方法被拦截后，`logMethodEntry` 会显示被调用方法的名称及其类名。

要启用拦截器，请按照如下所示，在 `beans.xml` 文件中添加拦截器的定义：

```
<interceptors>
    <class>billpayment.interceptor.LoggedInterceptor</class>
</interceptors>
```

在这个应用程序中，`PaymentEvent` 和 `PaymentHandler` 类都被标注了 `@Logged` 注解，因此它们的方法都会被拦截。在 `PaymentBean` 中，只有 `pay` 和 `reset` 方法标注了 `@Logged` 注解，因此只有这两个方法会被拦截。

运行 billpayment 示例

你可以使用 NetBeans IDE 或者 Ant 来构建、打包、部署并运行 `billpayment` 应用程序。

▼ 使用 NetBeans IDE 构建、打包以及部署 billpayment 示例

1. 从 File 菜单中选择 Open Project 项。

2. 在 Open Project 对话框中，导航到目录：

    tut-install/examples/cdi/

3. 选择 billpayment 文件夹。

4. 选择 Open as Main Project 复选框。

5. 单击 Open Project。

6. 在 Projects 选项卡中，右键单击 billpayment 项目并选择 Deploy 项。

decorators 示例：装饰 bean

▼ 使用 Ant 构建、打包以及部署 billpayment 示例

1. 在终端窗口中切换到目录：

   tut-install/examples/cdi/billpayment/

2. 输入如下命令：

   `ant`

   该命令会调用 `default target`，构建应用程序并将其打包为 `dist` 目录下一个名为 billpayment.war 的 WAR 文件。

3. 输入如下命令：

   `ant deploy`

▼ 运行 billpayment 示例

1. 在 web 浏览器中输入如下 URL：

   `http://localhost:8080/billpayment`

   打开 Bill Payment Options 页面。

2. 在 Amount 文本域中输入一个值。

   金额最多不能超过 10 个数字，包括最多两位小数。例如：

   `9876.54`

3. 选择 Debit Card 或 Credit Card 并单击 Pay 按钮。

   这会打开 Bill Payment:Result 页面，显示付款的金额以及付款方式：

   `Amount Paid with Credit Card: $9,876.34`

4. （可选）单击 Back 按钮返回到 Bill Payment Options 页面。

   你还可以单击 Reset 按钮重置页面上的值。

5. 检查服务器日志输出。

   在 NetBeans IDE 中，可以在 GlassFish Server 3+ 输出窗口中看到输出。否则，可以查看 *domain-dir*/logs/server.log 文件。

   每个拦截器的输出都会显示在日志中，并且出现在构造函数和方法的输出之前。

decorators 示例：装饰 bean

decorators 示例来源于 encoder 示例但稍有改动，演示了如何使用装饰器来实现额外的业务逻辑。除了可以让用户在部署时或运行时，动态地选择两个接口实现之一，装饰器还为

单个接口实现添加了额外的业务逻辑。

该示例包括一个接口，该接口的一个实现，一个装饰器，一个拦截器，一个 managed bean，一个 Facelets 页面以及一些配置文件。

decorators 示例的组件

decorators 示例同本章前面"encoder 示例：使用替代类"一节的 encoder 示例非常相似，但是本例只提供了 Coder 接口的一个实现类 CoderImpl。装饰器类 CoderDecorator 不仅仅是返回编码后的字符串，而是显示输入和输出字符串的值和长度。

CoderDecorator 类同 CoderImpl 相似，实现了 Coder 接口的业务方法 codeString：

```
@Decorator
public abstract class CoderDecorator implements Coder {

    @Inject
    @Delegate
    @Any
    Coder coder;

    @Override
    public String codeString(String s, int tval) {
        int len = s.length();

        return "\"" + s + "\" becomes " + "\"" + coder.codeString(s, tval)
                + "\", " + len + " characters in length";
    }
}
```

装饰器的 codeString 方法会调用委托对象的 codeString 方法，来执行实际的编码。

decorators 示例包括了来自 billpayment 示例的 Logged 拦截器绑定和 LoggedInterceptor 类。对于该示例，拦截器被设置在了 CoderBean.encodeString 方法和 CoderImpl.codeString 方法上。拦截器代码并没有改动，一般来说，拦截器可以被不同的应用程序重用。

除了拦截器注解之外，CoderBean 和 CoderImpl 类的代码与 encoder 示例中的代码完全一样。

beans.xml 文件同时指定了装饰器和拦截器：

```
<decorators>
    <class>decorators.CoderDecorator</class>
</decorators>
```

decorators 示例：装饰 bean

```
<interceptors>
    <class>decorators.LoggedInterceptor</class>
</interceptors>
```

运行 decorators 示例

你可以使用 NetBeans IDE 或者 Ant 来构建、打包、部署并运行 `decorators` 应用程序。

▼ 使用 NetBeans IDE 构建、打包以及部署 decorators 示例

1. 从 File 菜单中选择 Open Project 项。

2. 在 Open Project 对话框中导航到目录：

   tut-install`/examples/cdi/`

3. 选择 decorators 目录。

4. 选择 Open as Main Project 复选框。

5. 单击 Open Project。

6. 在 Projects 选项卡中，右键单击 decorators 项目并选择 Deploy 项。

▼ 使用 Ant 构建、打包以及部署 decorators 示例

1. 在终端窗口中，切换到目录：

   tut-install`/examples/cdi/decorators/`

2. 输入如下命令：

   `ant`

   该命令会调用 `default` target，构建应用程序并将其打包为 dist 目录下一个名为 decorators.war 的 WAR 文件。

3. 输入如下命令：

   `ant deploy`

▼ 运行 decorators 示例

1. 在 web 浏览器中输入如下 URL：

   `http://localhost:8080/decorators`

   打开 Decorated String Encoder 页面。

2. 输入一个字符串以及要位移的字母个数，然后单击 Encode。
   装饰器方法的输出会用蓝色显示在 Result 这一行。例如，如果你输入了 `Java` 和 `4`，那

么将会看到如下输出：

```
"Java" becomes "Neze", 4 characters in length
```

3. 检查服务器日志的输出。

在 NetBeans IDE 中，可以在 GlassFish Server 3+输出窗口中查看输出。如果没有使用 NetBeans IDE，你可以查看 *domain-dir*/log/server.log 文件。

拦截器的输出如下所示：

```
INFO: Entering method: encodeString in class decorators.CoderBean
INFO: Entering method: codeString in class decorators.CoderImpl
```

第 VI 部分

持久化

第VI部分介绍了与 Java 持久化 API 相关的主题。本部分包括以下章节：

- 第 16 章　创建并使用基于字符串的条件（Criteria）查询
- 第 17 章　使用锁来控制对实体数据的并发访问
- 第 18 章　在 Java 持久化 API 应用程序中使用二级缓存

第 16 章

创建并使用基于字符串的条件（Criteria）查询

本章会介绍如何创建弱类型的、基于字符串的 Criteria API 查询。

本章包括以下内容：

- 基于字符串的 Criteria API 查询概述
- 创建基于字符串的查询
- 执行基于字符串的查询

基于字符串的 Criteria API 查询概述

基于字符串的 Criteria API 查询（简称基于字符串的查询），是使用 Java 语言编写的、基于字符串而非强类型元模型对象的查询，用来在遍历多级数据时指定实体的属性。与基于元对象的查询相似，基于字符串的查询可以是静态或者动态的，并且可以表示与强类型元模型查询一样的查询和操作。

强类型元模型查询是构造 Criteria API 查询的首选方法。相比之下，基于字符串的查询的优点，在于不需要生成静态元模型类，或者访问动态生成的元模型类，就可以在开发时构造 Criteria 查询。基于字符的查询的最大缺点在于，它们不是类型安全的，这可能导致运行时出现类型不匹配的错误，但是使用强类型的元模型查询在开发时就能发现这种错误。

关于构造 Criteria 查询的信息，请参考 *The Java EE 6 Tutorial: Basic Concepts* 中的第 22 章 Using the Criteria API to Create Queries。

创建基于字符串的查询

要创建一个基于字符串的查询，需要直接用字符串来指定实体类的属性值，而不是用元模型类的属性。例如，以下查询会找到所有 name 属性值为 Fido 的 Pet 实体：

```
CriteriaQuery<Pet> cq = cb.createQuery(Pet.class);
Root<Pet> pet = cq.from(Pet.class);
cq.where(cb.equal(pet.get("name"), "Fido"));
...
```

属性名由一个字符串来指定。该查询等价于下面的元模型查询：

```
CriteriaQuery<Pet> cq = cb.createQuery(Pet.class);
Metamodel m = em.getMetamodel();
EntityType<Pet> Pet_ = m.entity(Pet.class);
Root<Pet> pet = cq.from(Pet.class);
cq.where(cb.equal(pet.get(Pet_.name), "Fido"));
```

注意：只有在真正执行代码的时候，才能发现在基于字符串的查询中，是否存在类型不匹配的错误。而如果使用元模型查询，在编译时就能捕获这类错误。

你也可以用同样的方式指定连接（Join）：

```
CriteriaQuery<Pet> cq = cb.createQuery(Pet.class);
Root<Pet> pet = cq.from(Pet.class);
Join<Owner, Address> address = pet.join("owners").join("addresses");
...
```

所有在元模型查询中使用的条件表达式、方法表达式、路径导航方法以及结果约束方法，都可以在基于字符串的查询中使用。这些表达式或者方法中的属性都是通过字符串来指定的。例如，以下是一个使用了 in 表达式的基于字符串的查询：

```
CriteriaQuery<Pet> cq = cb.createQuery(Pet.class);
Root<Pet> pet = cq.from(Pet.class);
cq.where(pet.get("color").in("brown", "black"));
```

以下这个基于字符串的查询，将结果按照日期降序排列：

```
CriteriaQuery<Pet> cq = cb.createQuery(Pet.class);
Root<Pet> pet = cq.from(Pet.class);
cq.select(pet);
cq.orderBy(cb.desc(pet.get("birthday")));
```

执行基于字符串的查询

执行基于字符串的查询与执行强类型的条件查询相似。首先，通过将条件查询对象传给 `EntityManager.createQuery` 方法，来创建一个 `javax.persistence.TypedQuery` 对象，然后调用查询对象的 `getSingleResult` 或者 `getResultList` 方法来执行查询。

```
CriteriaQuery<Pet> cq = cb.createQuery(Pet.class);
Root<Pet> pet = cq.from(Pet.class);
cq.where(cb.equal(pet.get("name"), "Fido"));
TypedQuery<Pet> q = em.createQuery(cq);
List<Pet> results = q.getResultList();
```

第 17 章

使用锁来控制对实体数据的并发访问

本章会详细讲解如何处理对实体数据的并发访问,以及应用程序开发人员调用 Java Persistence API 时可以使用的锁机制。

本章包含以下主题:

- 实体锁和并发概述
- 锁模式

实体锁和并发概述

如果同一时刻有多个应用程序访问同一个数据源中的数据,那么实体数据就被并发访问。当产生并发访问时,我们必须格外小心,以保证底层数据的一致性。

当一个事务中的数据被更新到数据库表中时,持久化框架会假设数据库管理系统通过持有短期的读锁和长期的写锁,来维护数据的一致性。大多数持久化框架会将数据库写入延迟到事务结束时,除非应用程序显式调用了 flush 方法(即应用程序调用 `EntityManager.flush` 方法,或者在执行查询时将 `flush` 模式设置为 `AUTO`)。

默认情况下,在提交数据修改之前,持久化框架会使用乐观锁,检查数据被读取之后是否有其他的事务修改或删除该数据。这是通过数据库表中的一个 version 列来实现的,对应于实体类中相应的 version 属性。当一条记录被修改时,version 的值会增加。原先的事务会检查 version 属性,如果数据被其他事务修改了,那么会抛出一个 `javax.persistence.OptimisticLockException` 异常,并且回滚原先的事务。当应用程序指定了乐观锁模式时,即使实体数据没有被修改,持久化框架也会检查实体从数据库中读取之后,是否发生了变化。

锁模式

悲观锁比乐观锁更进一步。当使用悲观锁时，持久化框架会为数据创建一个含有长期锁的事务，直到事务结束，从而避免了其他事务在锁结束前修改或删除数据。当底层数据经常被多个事务访问并修改时，悲观锁的策略要比乐观锁好。

> **注意**：对不经常修改的实体使用悲观锁，可能会降低应用程序的性能。

使用乐观锁

`javax.persistence.Version` 注解用来标注实体的一个持久化字段或者属性，将其作为该实体的 version 属性。通过添加 version 属性，实体就启用了乐观并发控制。当实体实例在事务中被修改时，持久化框架会负责读取并更新 version 属性。应用程序可以读取 version 属性，但不能对它进行修改。

> **注意**：虽然某些持久化框架也为实体提供了不需要 version 属性的乐观锁机制，但是，如果想要应用程序是可移植的，最好使用带有 version 属性的实体。如果应用程序试图使用乐观锁来锁住一个没有 version 属性的实体，但是持久化框架只能支持含有 version 属性的实体，那么会抛出一个 `PersistenceException`。

使用 @Version 注解需要遵守以下要求：

- 每个实体只能含有一个定义了 `@Version` 的属性。
- 如果一个实体对应多张表，那么 `@Version` 标注的属性必须位于主表中。
- @Version 属性的类型必须是以下之一：int、Integer、long、Long、short、Short 或者 java.sql.Timestamp。

以下代码片段展示了在一个实体中，如何通过持久化字段来定义一个 version 属性：

```
@Version
protected int version;
```

以下代码片段展示了在一个实体中，如何通过持久化属性来定义一个 version 属性：

```
@Version
protected Short getVersion() { ... }
```

锁模式

应用程序可以通过指定锁模式来增加实体的锁级别。锁模式可以用来增加乐观锁的级别，或者申请使用悲观锁。

如果使用乐观锁模式，持久化框架在一个事务中每次读取或更新实体时，都要检查 version

属性。

如果使用悲观锁模式，持久化框架会立即为实体状态所对应的数据库对象申请长期的读锁或写锁。

实体操作可以使用的锁模型都定义在 `javax.persistence.LockModeType` 枚举类中，如表 17-1 所示。

表 17-1 并发实体访问的锁模式

锁模式	描述
`OPTIMISTIC`	为所有含有 version 属性的实体获得一个乐观读锁
`OPTIMISTIC_FORCE_INCREMENT`	为所有含有 version 属性的实体获得一个乐观读锁，并增加 version 属性的值
`PESSIMISTIC_READ`	立即获得一个长期读锁，防止数据被修改或删除。在维持该锁的过程中，其他事务可以读取数据，但不能修改或删除数据 当申请读锁的时候，允许持久化框架获得一个数据库写锁，但是反之不行
`PESSIMISTIC_WRITE`	立即获得一个长期写锁，防止数据被修改或删除
`PESSIMISTIC_FORCE_INCREMENT`	立即获得一个长期锁，防止数据被修改或删除，并增加实体 version 属性的值
`READ`	与 `OPTIMISTIC` 相同。对于新应用程序推荐使用 `LockModeType.OPTIMISTIC`
`WRITE`	与 `OPTIMISTIC_FORCE_INCREMENT` 相同。对于新应用程序推荐使用 `LockModeType.OPTIMISTIC_FORCE_INCREMENT`
`NONE`	不对数据库中的数据进行锁操作

设置锁模式

可以通过如下几种方式来设置锁模式：

- 调用 `EntityManaged.lock` 方法，并将锁模式作为一个参数：
  ```
  EntityManager em = ...;
  Person person = ...;
  em.lock(person, LockModeType.OPTIMISTIC);
  ```
- 调用 `EntityManager.find` 方法，并将锁模式作为一个参数：
  ```
  EntityManager em = ...;
  String personPK = ...;
  Person person = em.find(Person.class, personPK,
          LockModeType.PESSIMISTIC_WRITE);
  ```
- 调用 `EntityManager.refresh` 方法，并将锁模式作为一个参数：

```
EntityManager em = ...;
String personPK = ...;
Person person = em.find(Person.class, personPK);
...
em.refresh(person, LockModeType.OPTIMISTIC_FORCE_INCREMENT);
```

- 调用 Query.setLockMode 或者 TypedQuery.setLockMode 方法，并将锁模式作为一个参数：
```
Query q = em.createQuery(...);
q.setLockMode(LockModeType.PESSIMISTIC_FORCE_INCREMENT);
```
- 向 @NamedQuery 注解添加一个 lockMode：
```
@NamedQuery(name="lockPersonQuery",
  query="SELECT p FROM Person p WHERE p.name LIKE :name",
  lockMode=PESSIMISTIC_READ)
```

使用悲观锁

不管实体是否含有 version 属性，都可以为其指定悲观锁。

要使用悲观锁来锁住实体，可以将锁模式设置为 PESSIMISTIC_READ、PESSIMISTIC_WRITE 或者 PESSIMISTIC_FORCE_INCREMENT。

如果数据库中的数据行不能够获得悲观锁，并且由于加锁失败导致了事务回滚，那么会抛出一个 PessimisticLockException 异常。如果不能获得悲观锁，但是加锁失败没有导致数据库回滚，会抛出一个 LockTimeoutException 异常。

如果使用 PESSIMISTIC_FORCE_INCREMENT 来锁住一个含有 version 的实体，即使实体数据没有修改，也会增加 version 属性的值。当通过悲观锁锁住一个含有 version 的实体时，持久化框架会执行乐观锁时的版本检查，如果版本检查失败会抛出一个 OptimisticLockException 异常。使用 PESSIMISTIC_FORCE_INCREMENT 来试图锁住一个不含 version 的实体，会导致应用程序无法移植，并且如果持久化框架只支持使用 version 的乐观锁时，会抛出一个 PersistenceException 异常。使用 PESSIMISTIC_WRITE 锁住一个含有 version 的实体，如果事务成功提交，会增加 version 属性的值。

悲观锁超时

你可以使用 javax.persistence.lock.timeout 属性来指定持久化框架等待获得数据库表锁的时间，单位为毫秒。如果它获取锁所用的时间，超过了该属性设置的值，那么会抛出一个 LockTimeoutException 异常，但是当前事务不会回滚。如果该属性被设置为 0，那么如果持久化框架无法立即获得一个锁，应该抛出一个 LockTimeoutException 异常。

> **注意**：如果想要应用程序是可移植的，那么你不应该依赖于 `javax.persistence.lock.timeout` 属性，因为锁策略和底层数据库可能会不支持超时设置。`javax.persistence.lock.timeout` 的值只是一个提示，不是保证。

你可以通过编程的方式，将该属性作为参数传递给 `EntityManager` 中允许指定锁模式的方法、`Query.setLockMode`、`TypedQuery.setLockMode` 方法以及 `@NamedQuery` 注解，或者将其作为 `Persistence.createEntityManagerFactory` 方法参数中的一个属性值。你还可以通过 `persistence.xml` 部署描述符来设置超时时间。

如果在多个地方设置了 `javax.persistence.lock.timeout`，那么会按照如下顺序来决定应该使用哪个值：

1. `EntityManager` 或者 `Query` 方法的参数。
2. `@NamedQuery` 注解中的设置。
3. `Persistence.createEntityManager` 方法的参数。
4. `persistence.xml` 部署描述符中的值。

第 18 章

在 Java 持久化 API 应用程序中使用二级缓存

本章会介绍如何通过修改二级缓存模式的设置，来提高使用 Java 持久化 API 的应用程序的性能。

本章包含以下主题：

- 二级缓存概述
- 指定缓存模式设置以提高性能

二级缓存概述

二级缓存是实体数据在本地的一份存储，由持久化框架管理，用来提高应用程序的性能。二级缓存通过避免昂贵的数据库调用、将实体数据保存在应用程序本地，来提高性能。二级缓存通常对应用程序都是透明的，因为它们由持久化框架管理，并且处于应用程序的持久化上下文之下。这意味着，应用程序根本不需要知道缓存的存在，依然通过普通的 entity manager 来读取和提交数据。

> **注意**：持久化框架并不一定要提供二级缓存。可移植的应用程序不应该依赖于持久化框架对二级缓存的支持。

一个持久化单元的二级缓存有多种模式。以下是 Java 持久化 API 中定义的缓存模式。

表 18-1　二级缓存的缓存模式

缓存模式设置	描述
ALL	该存储单元的所有实体数据都存在二级缓存中
NONE	存储单元中不缓存数据。持久化框架不能缓存任何数据
ENABLE_SELECTIVE	对显式指定@Cacheable 注解的实体启用缓存
DISABLE_SELECTIVE	对除了显式指定@Cacheable(false)注解以外的所有实体启用缓存
UNSPECIFIED	没有定义该持久化单元的缓存行为，使用持久化框架的默认缓存行为

在应用程序中使用二级缓存的一个结果是，底层数据库表中的数据可能已经变化，但是缓存中的值没有变，这种情况称为脏读。要避免脏读，可以通过更改二级缓存的缓存模式设置，控制要缓存哪些实体（参见在本章后面"控制实体是否可能被缓存"小节），或者通过更改缓存的读取或存储模式（参见本章后面"设置缓存读取或存储模式"小节）。选择哪种策略能最大程度避免脏读，依赖于具体的应用程序。

控制实体是否可能被缓存

`javax.persistence.Cacheable` 注解表示，当使用 ENABLE_SELECTIVE 或者 DISABLE_SELECTIVE 缓存模式时，实体类及其子类都有可能被缓存。子类可以通过添加 @Cacheable 注解来覆盖父类的@Cacheable 设置。

要指定一个实体可能被缓存，需要在类级别上添加一个@Cacheable 注解：

```
@Cacheable
@Entity
public class Person { ... }
```

默认情况下，@Cacheable 注解会设置为 true。以下示例同上例相同：

```
@Cacheable(true)
@Entity
public class Person{ ... }
```

要指定一个实体不能被缓存，需要添加一个@Cacheable 注解并将其设置为 false：

```
@Cacheable(false)
@Entity
public class OrderStatus { ... }
```

如果将缓存模式设置为 ENABLE_SELECTIVE 时，持久化框架会缓存所有含有 @Cacheable(true)注解的实体，以及该实体所有没有覆盖该注解设置的子类。持久化框架不会缓存含有@Cacheable(false)注解或不含@Cacheable 注解的实体。这意味着，ENABLE_SELETIVE 模式只会缓存显式指定了@Cacheable 注解的实体。

如果将缓存模式设置为 DISABLE_SELECTIVE，缓存框架会缓存所有不含

`@Cacheable(false)` 注解的实体。所有没有标注 `@Cacheable` 注解以及所有指定了 `@Cacheable(true)` 注解的实体都会被缓存。这意味着，`DISABLE_SELECTIVE` 模式会缓存所有没有显式指定不缓存的实体。

如果缓存模式设置为 `UNDEFINED` 或者没有设置，表示没有定义 `@Cacheable` 实体的缓存行为。如果缓存模式被设置为 `ALL` 或者 `NONE`，那么持久化框架会忽略 `@Cacheable` 注解的值。

指定缓存模式设置以提高性能

为了调整某个持久化单元的缓存模式设置，你可以在 `persistence.xml` 部署描述符的 `shared-cache-mode` 元素中指定一个缓存模式（如粗体所示）：

```xml
<persistence-unit name="examplePU" transaction-type="JTA">
  <provider>org.eclipse.persistence.jpa.PersistenceProvider</provider>
  <jta-data-source>jdbc/__default</jta-data-source>
  <shared-cache-mode>DISABLE_SELECTIVE</shared-cache-mode>
</persistence-unit>
```

> **注意**：由于 Java Persistence API 规范不要求持久化框架一定支持二级缓存，所以当持久化框架没有实现二级缓存时，`persistence.xml` 中的二级缓存模式设置是不起作用的。

另一方面，你可以将 `javax.persistence.sharedCache.mode` 属性设置为共享缓存模式之一：

```
EntityManagerFactor emf =
    Persistence.createEntityManagerFactory(
        "myExamplePU", new Properties().add(
            "javax.persistence.sharedCache.mode", "ENABLE_SELECTIVE"));
```

设置缓存读取和存储模式

如果通过设置共享缓存模式，已经为一个持久化单元启用了二级缓存，那么之后可以通过设置 `javax.persistence.cache.retrieveMode` 和 `javax.persistence.cache.storeMode` 属性来修改二级缓存的行为。你可以在持久化上下文中，将属性名和值传递给 `EntityManager.setProperty` 方法来设置这些属性，也可以在每个 `EntityManger` 的方法（例如 `EntityManager.find` 或者 `EntityManager.refresh`）上或者每次查询时进行设置。

缓存读取模式

缓存读取模式由 `javax.persistence.retrieveMode` 属性设置,用来控制如何从调用 `EntityManage.find` 方法的缓存中或者从查询中读取数据。

`retrieveMode` 属性可以设置为 `javax.persistence.CacheRetrieveMode` 枚举中定义的常量,例如 `USE`(默认)或者 `BYPASS`。当设置为 `USE` 时,如果二级缓存中有数据,就从二级缓存中获取。如果数据不在缓存中,持久化框架会从数据库中读取数据。当它设置为 `BYPASS` 时,持久化框架会忽略二级缓存直接从数据库中读取数据。

缓存存储模式

缓存存储模式由 `javax.persistence.storeMode` 属性设置,用来控制数据如何在缓存中存储。

`storeMode` 属性可以设置为 `javax.persistence.CachestoreMode` 枚举中定义的常量,例如 `USE`(默认)、`BYPASS` 或者 `REFRESH`。当缓存模式设置为 `USE` 时,从数据库读取数据或将数据提交到数据库会创建或更新缓存数据。如果数据已经存在于缓存中,并且存储模式设置为 `USE`,那么从数据库读取数据时就不会强制刷新缓存。

当存储模式设置为 `BYPASS` 时,从数据库读取或提交到数据库的数据,不会被插入或更新到缓存中。这意味着缓存无法更改。

当存储模式设置为 `REFRESH` 时,从数据库读取数据或将数据提交到数据库会创建或更新缓存数据,并且当从数据库读取数据时会强制刷新缓存中的数据。

设置缓存读取或存储模式

要设置持久化上下文的缓存读取或存储模式,你可以调用 `EntityManager.setProperty` 方法,指定相应属性的名/值对:

```
EntityManager em = ...;
em.setProperty("javax.persistence.cache.storeMode", "BYPASS");
```

要想在调用 `EntityManager.find` 或者 `EntityManager.refresh` 方法时,设置缓存读取和存储模式,首先要创建一个 `Map<String,Object>` 实例,然后按照如下代码来添加一个名/值对。

```
EntityManager em = ...;
Map<String, Object> props = new HashMap<String, Object>();
props.put("javax.persistence.cache.retrieveMode", "BYPASS");
String personPK = ...;
Person person = em.find(Person.class, personPK, props);
```

指定缓存模式设置以提高性能

> **注意**：当调用 `EntityManager.refresh` 方法时会忽略缓存读取模式，因为该方法总是会从数据库中读取数据，而不是从缓存中。

要在使用查询时设置缓存和读取模式，可以根据查询的类型来调用 `Query.setHint` 或者 `TypedQuery.setHint` 方法。

```
EntityManager em = ...;
CriteriaQuery<Person> cq = ...;
TypedQuery<Person> q = em.createQuery(cq);
q.setHint("javax.persistence.cache.storeMode", "REFRESH");
...
```

在查询中或者调用 `EntityManager.find` 或 `EntityManager.refresh` 方法时设置读取或存储模式，可以覆盖 entity manager 中的设置。

用编程方式控制二级缓存

`javax.persistence.Cache` 接口定义了通过编程方式与二级缓存交互的方法。Cache 接口定义的方法包括检查特定实体是否有已经被缓存的数据、从缓存中删除一个特定的实体、从缓存中删除某个实体类的所有实例（以及子类的实例），以及清除所有实体数据的缓存。

> **注意**：如果已经禁用了二级缓存，除了 `contains` 方法会一直返回 `false` 之外，调用 `Cache` 接口的方法不会有任何效果。

检查实体的数据是否被缓存

`Cache.contains` 方法用来检查当前二级缓存中是否存在特定的实体。如果实体数据已经被缓存，那么 `contains` 方法会返回 `true`，否则返回 `false`：

```
EntityManager em = ...;
Cache cache = em.getEntityManagerFactory().getCache();
String personPK = ...;
if (cache.contains(Person.class, personPK)) {
    // 数据被缓存
} else {
    // 数据没有被缓存
}
```

从缓存中删除实体

`Cache.evict` 方法用来从二级缓存中删除一个特定的实体或者指定类型的所有实体。要从缓存中删除某个特定实体，调用 `evict` 方法，并传入实体类和该实体的主键作为参数：

```
EntityManager em = ...;
Cache cache = em.getEntityManagerFactory().getCache();
```

```
String personPK = ...;
cache.evict(Person.class, personPK);
```

要删除某个特定的实体类(包括子类)的所有实例,调用 evict 方法并指定实体类:

```
EntityManager em = ...;
Cache cache = em.getEntityManagerFactory().getCache();
cache.evict(Person.class);
```

Person 实体类的所有实例会从缓存中删除。如果 Person 实体有子类 Student,那么上述方法也会从缓存中删除所有 Student 的实例。

从缓存中删除所有数据

Cache.evictAll 方法用来完全清空二级缓存。

```
EntityManager em = ...;
Cache cache = em.getEntityManagerFactory().getCache();
cache.evictAll();
```

第VII部分

安全

第VII部分介绍了有关安全的高级概念。本部分包含以下章节：

- 第 19 章　Java EE 安全：高级篇

第 19 章

Java EE 安全：高级篇

本章将介绍关于保护 Java EE 应用程序安全的高级内容。

本章包含以下主题：

- 使用数字签名
- 认证机制
- 在 JavaServer Faces Web 应用程序中使用基于表单的登录
- 使用 JDBC 域进行用户认证
- 保护 HTTP 资源的安全
- 保护应用程序客户端的安全
- 保护企业信息系统应用程序的安全
- 使用部署描述符来配置安全选项
- 关于安全的更多信息

使用数字签名

我们已经生成了可用于 GlassFish Server 的数字签名，位于 *domain-dir*/`config/` 目录下。这些数字签名都是自签名证书，只能用于开发环境而非生产环境。对于生产环境，你应该生成自己的证书并由证书认证机构（CA）来签名。

为了使用安全套接字层（SSL），应用程序或者 web 服务器必须有一个与每个外部接口或者 IP 地址关联的证书，用来接收安全连接。这个设计背后的原理是，一个服务器应该在接收任何敏感信息之前，提供某种类型的合理保证，证明它的所有者与你认为的所有者是同一个。如果将证书看作是互联网地址的"数字驾照"，可能更有助你理解。证书声明了网站所属的公司，以及网站所有者或者管理者的一些基本联系信息。

数字证书由其所有者通过加密的方式签名，其他人很难伪造。对于电子商务网站，或者其他任何认为身份确认很重要的业务交易网站来说，可以从知名的 CA 例如 VeriSign 或者 Thawte 来购买证书。如果你的服务器证书是自签名的，你必须将它安装在 GlassFish Server 的 keystore 文件（`keystore.jks`）中。如果你的客户端证书是自签名的，你应该将其安装到 GlassFish Server 的 truststore 文件（`cacerts.jks`）中。

有些时候，身份认证并不是真正担心的问题。例如，管理员可能只是希望保证服务器发送和接收的数据都是保密的，不能被其他嗅探连接的人所截取。在这种情况下，你可以节约一些获取 CA 证书的时间和花费，只需要使用一个自签名证书即可。

SSL 使用基于密钥对的公钥加密方式。密钥对包含一个公钥和一个私钥。通过一个密钥加密的数据，可以被密钥对中的另一个密钥解密。这是建立交易中信用和私密的基础。例如，通过使用 SSL，服务器计算出一个值并使用其私钥对其进行加密。加密后的值被称为数字签名。客户端使用服务器的公钥将加密后的值解密，然后将它与原来计算出的值进行比较。如果两个值相等，客户端就会相信该签名是经过认证的，因为只有私钥能够生成这样的签名。

在 HTTPS 中，数字签名用来认证 web 客户端。大多数 web 服务器的 HTTPS 服务，只有在安装了数字签名后才会运行。你可以使用下一节所概括的步骤来安装一个数字证书，为应用程序或者 web 服务器启用 SSL。

`keytool` 是一个可以用来安装数字证书的工具，它是随 JDK 一起发布的一个密钥和证书管理工具。该工具可以让用户管理他们自己的公钥/密钥对以及自认证中使用的相关证书，这样用户就可以在其他用户或服务，或者数据一致性和身份认证服务面前，使用数字签名来认证自己的身份。该工具还允许用户以证书的形式，缓存通信对端的公钥。

为了更好地了解 `keytool` 和公钥加密算法，请参考本章后面"关于安全的更多信息"一节中 `keytool` 的文档链接。

创建服务器证书

我们已经创建了 GlassFish Server 的服务器证书，位于 *domain-dir*/`config`/目录下。服务器证书在 `keystore.jks` 中。`cacerts.jks` 文件包含了所有可信的证书，包括客户端证书。

如果有必要，你可以使用 `keytool` 来生成证书。`keytool` 工具会将密钥和证书存储在一个称为 keystore 的文件中，它相当于一个用于标识客户端或者服务器证书的仓库。通常来说，keystore 是一个包含了客户端或者服务器标识的文件。keystore 通过一个密码来保护私钥。

如果你在指定 keystore 文件名时没有指定目录，那么会在运行 `keytool` 命令的目录下创建

keystore 文件。它可以是应用程序的目录，也可以是多个应用程序的公共目录。

创建一个服务器证书的一般步骤如下所示：

1．创建 keystore。

2．从 keystore 中导出证书。

3．签名证书。

4．将证书导出到一个 truststore 中。truststore 是一个用来存储证书的地方，这些证书来自于你期望与之通信的对方，或者用于验证对方的可信认证机构。客户端会使用该 truststore 来验证证书是否由服务器所发送。一个 truststore 通常都包含一个以上的证书。

下一节将介绍如何使用 keytool 工具来执行这些步骤。

▼ 使用 keytool 来创建服务器证书

运行 keytool，在默认开发环境中的 keystore 文件——keystore.jks 中生成一个新的密钥对。该示例会使用别名 server-alias 来生成一个新的公钥/密钥对，并且将公钥存储到 keystore.jks 中的一个自签名证书中。该密钥对由 RSA 算法生成，其中包含一个默认密码 changeit。关于创建和管理 keystore 文件的更多信息和其他示例，请阅读 keytool 文档。

> **注意**：RSA 是一个由 RSA Data Secury 公司开发的公钥加密技术。

在你希望创建密钥对的目录下，按照以下步骤运行 keytool 工具。

1．生成服务器证书。

在一行中输入 keytool 命令：

java-home/bin/keytool -genkey -alias server-alias -keyalg RSA -keypass changeit -storepass changeit -keystore keystore.jks

当你按下回车键时，keytool 会提示你输入服务器名称、组织机构单元、组织机构、地区、州和国家代码。

你必须输入服务器名称以响应 keytool 的第一个提示，它会要求你输入名和姓。出于测试目的，我们可以输入 localhost。

当你运行示例程序时，在 keystore 中指定的主机（服务器名称）必须与 *tut-install*/examples/bp-project/build.properties 文件中指定的 javaee.server.name 属性值一致（默认为 localhost）。

2. 将 `keystore.jks` 中生成的服务器证书，导出到文件 `server.cer` 中。

在一行中输入 `keytool` 命令：

```
java-home/bin/keytool -export -alias server-alias -storepass changeit
-file server.cer -keystore keystore.jks
```

3. 如果你希望由 CA 来签名证书，请阅读 `keytool` 文档中的示例。

4. 为了将服务器证书添加到 truststore 文件——`cacerts.jks` 中，在你创建 keystore 和服务器证书的目录下运行 `keytool`。

使用如下参数：

```
java-home/bin/keytool -import -v -trustcacerts -alias server-alias
-file server.cer -keystore cacerts.jks -keypass changeit -storepass changeit
```

会显示如下所示的证书信息：

```
Owner: CN=localhost, OU=My Company, O=Software, L=Santa Clara, ST=CA, C=US
Issuer: CN=localhost, OU=My Company, O=Software, L=Santa Clara, ST=CA, C=US
Serial number: 3e932169
Valid from: Mon Nov 26 18:15:47 EST 2012 until: Sun Feb 24 18:15:47 EST 2013
Certificate fingerprints:
       MD5: 52:9F:49:68:ED:78:6F:39:87:F3:98:B3:6A:6B:0F:90
       SHA1: EE:2E:2A:A6:9E:03:9A:3A:1C:17:4A:28:5E:97:20:78:3F:
       SHA256: 80:05:EC:7E:50:50:5D:AA:A3:53:F1:11:9B:19:EB:0D:20:67:C1:12:
AF:42:EC:CD:66:8C:BD:99:AD:D9:76:95
       Signature algorithm name: SHA256withRSA
       Version: 3
       ...
Trust this certificate? [no]:
```

5. 输入 `yes` 然后按下回车键。

会显示以下信息：

```
Certificate was added to keystore
[Storing cacerts.jks]
```

将用户添加到证书域中

在证书域中，用户标识由 GlassFish Server 安全上下文建立，并根据从客户端证书（通过密码验证通过）获取的用户数据来生成。关于如何创建该类型的证书，请参考本章前面"使用数字签名"一节中的说明。

在 GlassFish Server 中使用不同的服务器证书

按照本章前面"创建服务器证书"一节中所述的步骤来创建你自己的服务器证书，将它用

CA 签名，并将证书导入到 `keystore.jks` 中。

确定当你创建证书时，遵循了如下规定：

- 当创建服务器证书时，`keytool` 会提示你输入名和姓。为响应该提示，你必须输入服务器的名称。出于测试目的，你可以输入 `localhost`。
- keystore 中指定的 server/host 必须与 *tut-install*/examples/bp-project/build. properties 文件中 javaee.server.name 属性指定的主机名称一致。
- `keystore.jks` 中密钥/证书的密码应该与 `keystore.jks` 文件的密码相匹配。由于 Java SDK 的一个 bug，如果它们不匹配，SDK 将无法读取到证书，并且你会收到一个 "tampered" 消息。
- 如果你希望替换已有的 `keystore.jks` 证书，必须将你的 keystore 的密码更改为默认密码（`changeit`），或者将默认密码更改为你 keystore 证书的密码。

▼ 指定不同的服务器证书

要让 GlassFish Server 使用新的 keystore 来进行认证和授权，你必须设置 GlassFish Server 的 JVM 选项，这样它才能识别新的 keystore。如果出于开发目的要使用一个不同的 keystore，请执行以下步骤。

1. 请先启动 GlassFish Server。关于如何启动 GlassFish Server 的信息可以参考第 2 章中"启动及停止 GlassFish Server"一节。

2. 在浏览器中，输入 `http://localhost:4848` 打开 GlassFish Server 管理控制台。

3. 展开 Configurations 项，然后展开 server-config 项，再单击 JVM Settings。

4. 选择 JVM Options 选项卡。

5. 修改以下 JVM 选项，让它们指向新 keystore 的位置和名称。当前的设置如下所示：
   `-Djavax.net.ssl.keyStore=${com.sun.aas.instanceRoot}/config/keystore.jks`
   `-Djavax.net.ssl.trustStore=${com.sun.aas.instanceRoot}/config/cacerts.jks`

6. 如果你已经更改了 keystore 的密码，需要同时指定密码选项：
   `-Djavax.net.ssl.keyStorePassword=your-new-password`

7. 单击 Save 按钮，然后重新启动 GlassFish Server。

认证机制

本节将讨论客户端认证和双向认证机制。

客户端认证

通过客户端认证，web 服务器可以使用客户端的公钥证书来认证客户端。客户端认证比基本认证（Basic Authentication）或者基于表单的认证更安全。它使用基于 SSL 之上的 HTTP（HTTPS），由服务器使用客户端的公钥证书来验证客户端。SSL 技术提供了数据加密、服务器认证、消息一致性，以及用于 TCP/IP 连接的客户端认证（可选）等功能。你可以将公钥证书想象成等同于现实护照的数字护照。证书由可信的证书认证机构（CA）颁发，为通信双方提供了身份标识。

在使用客户端认证之前，请确保客户端有一个有效的公钥证书。更多关于如何创建和使用公钥证书的信息，请阅读本章前面的"使用数字签名"一节。

以下示例演示了如何在部署描述符中声明客户端验证：

```
<login-config>
    <auth-method>CLIENT-CERT</auth-method>
</login-config>
```

双向认证

通过双向认证，服务器端和客户端会互相验证彼此。双向认证有两种类型：

- 基于证书 （请参考图 19-1）。
- 基于用户的姓名/密码（请参考图 19-2）。

当使用基于证书的双向认证时，会发生以下动作。

1. 一个客户端请求访问一个受保护的资源。

2. web 服务器将它的证书发给客户端。

3. 客户端验证服务器的证书。

4. 如果成功，客户端将其证书发给服务器。

5. 服务器端验证客户端的证书。

6. 如果成功，服务器端会授予客户端访问受保护资源的权限。

图 19-1 展示了在基于证书的双向验证过程中所发生的行为。

认证机制

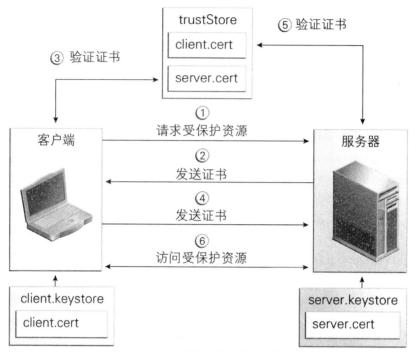

图 19-1 基于证书的双向验证

在基于用户名/密码的双向认证中，会发生以下动作。

1．一个客户端请求一个受保护的资源。

2．web 服务器将它的证书发给客户端。

3．客户端验证服务器的证书。

4．如果成功，客户端将自己的用户名和密码发给服务器。

5．服务器验证客户端的身份。

6．如果验证成功，服务器会授予客户端访问受保护资源的权限。

图 19-2 演示了在基于用户名/密码的双向认证过程中发生的行为。

认证机制

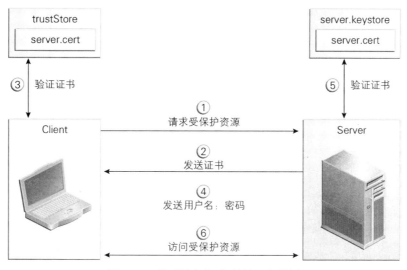

图 19-2 基于用户名/密码的双向验证

在 SSL 上启用双向认证

本节会讨论如何建立客户端认证。在服务器端和客户端同时启用认证时被称为双向认证，或者双路认证。在客户端认证中，客户端需要提交由证书认证机构所颁发的证书。

至少有两种方式可以在 SSL 上启用双向认证：

- 较常用的方式是在 `web.xml` 应用程序部署描述符中设置认证方式为 `CLIENT_CERT`。这种通过修改指定应用程序部署描述符的方式，会强制使用双向认证。在这种方法中，客户端认证只对由安全约束控制的某个指定资源启用，并且只有当应用程序需要客户端认证时才会进行检查。
- 如果你希望 SSL 在接收连接之前，要求客户端提供一个有效的证书链，那么可以使用另一种较少用到的方法，即将证书域中的 `clientAuth` 属性设置为 `true`。如果该属性值为 `false`（默认）则不会要求证书链，除非客户端访问的资源，由使用 `CLIENT-CERT` 认证的安全约束所保护。当你通过将 `clientAuth` 属性设置为 `true` 来启用客户端认证时，所有通过 SSL 指定端口的请求都会被要求进行客户端认证。如果你将 `clientAuth` 打开，那么它将一直打开，这会严重降低应用程序的性能。

当使用这两种方式同时启用客户端认证时，客户端认证会被执行两次。

为双向认证创建客户端证书

如果你有一个由可信证书授权机构（CA，例如 Verisign）签名的证书，并且 GlassFish Server 的 `cacerts.jks` 文件包含了一个该 CA 验证过的证书，那么你无须完成此步骤。只有当你的证书是自签名时,你才需要将你的证书安装到 GlassFish Server 证书文件中。

在你希望创建客户端证书的目录下,运行 `keytool` 工具。当你按下回车键时,`keytool` 会提示你输入服务器名称、组织机构单元、组织机构、地区、州以及国家代码。

你必须输入服务器名称以响应 `keytool` 的第一个提示,即要求你输入名和姓。出于测试目的,我们可以输入 `localhost`。在 keystore 中指定的主机(服务器名称),必须与 *tut-install*/examples/bp-project/build.properties 文件中指定的 `javaee.server. name` 属性值一致(默认为 `localhost`)。如果你使用该示例来验证双向认证,并且接收到了一个表示 HTTPS 主机名错误的运行时错误,需要重新创建客户端证书,并保证使用与运行时一样的主机名称。例如,如果你的机器名是 `duke`,那么当提示输入名和姓时,输入 `duke` 作为证书 CN。当访问应用程序时,输入指向同一位置的 URL(例如,`https://duke:8181/ mutualauth/hello`)。这一步是必需的,因为在 SSL 握手的过程中,服务器会通过比对证书名与生成证书的主机名,来验证客户端证书。

▼ 创建客户端证书和 keystore

要创建一个包含 `client.cer` 客户端证书的 keystore 文件——`client_keystore.jks`,请执行以下步骤:

1. 创建一个服务器 truststore 文件的备份。要完成这一步,需要执行以下操作:

    a. 切换到包含服务器 keystore 和 truststore 文件的目录 *domain-dir*\config。
    b. 将 cacerts.jks 复制一份,新文件取名为 cacerts.backup.jks。
    c. 将 keystore.jks 复制一份,新文件取名为 keystore.backup.jks。

    不要将客户端证书放在 cacerts.jks 文件中。你向 cacerts 文件添加的任何证书,对于所有证书链都是一个可信的根证书。当你完成开发后,请删除 cacerts 文件的开发版本并使用原来的拷贝将其覆盖。

2. 生成客户端证书。在你希望生成客户端证书的目录下输入如下命令:

    java-home\bin\keytool -genkey -alias client-alias -keyalg RSA
    -keypass changeit -storepass changeit -keystore client_keystore.jks

3. 将生成的客户端证书导出到文件 `client.cer` 中:

    java-home\bin\keytool -export -alias client-alias -storepass changeit
    -file client.cer -keystore client_keystore.jks

4. 将证书添加到 truststore 文件 *domain-dir*/config/cacerts.jks 中。在你希望创建 keystore 和客户端证书的目录下,使用以下参数来运行 keytool:

    java-home\bin\keytool -import -v -trustcacerts -alias client-alias

```
-file client.cer -keystore domain-dir/config/cacerts.jks
-keypass changeit -storepass changeit
```

keytool 工具会返回如下所示的消息：

```
Owner: CN=localhost, OU=My Company, O=Software, L=Santa Clara, ST=CA, C=US
Issuer: CN=localhost, OU=My Company, O=Software, L=Santa Clara, ST=CA, C=US
Serial number: 3e39e66a
Valid from: Tue Nov 27 12:22:47 EST 2012 until: Mon Feb 25 12:22:47 EST 2013
Certificate fingerprints:
     MD5: 5A:B0:4C:88:4E:F8:EF:E9:E5:8B:53:BD:D0:AA:8E:5A
     SHA1:90:00:36:5B:E0:A7:A2:BD:67:DB:EA:37:B9:61:3E:26:B3:89:46:32
     Signature algorithm name: SHA1withRSA
     Version: 3
Trust this certificate? [no]: yes
Certificate was added to keystore
[Storing cacerts.jks]
```

5. 重新启动 GlassFish Server。

在 JavaServer Faces Web 应用程序中使用基于表单的登录

本节会介绍在 JavaServer Faces 应用程序中如何实现基于表单的登录。

在 JavaServer Faces 表单中使用 j_security_check

在 web 应用程序中，登录表单是用来认证用户的最常用方式。如 *The Java EE 6 Tutorial: Basic Concepts* 中 Form-Based Authentication 一节所述，Java EE 安全为登录表单定义了 j_security_check 动作。这允许 web 容器能够认证来自于众多不同 web 应用程序资源的用户。但是，使用 h:form、h:inputText 以及 h:inputSecret 标签的 Facelets 表单，会自动生成动作和输入域 ID，这意味着开发人员无法为表单指定 j_security_check 动作，也不能将用户名输入域和密码输入域的 ID，分别设置成 j_username 和 j_password。

通过使用标准的 HTML 表单标签，开发人员能够为表单指定正确的动作和输入域 ID。

```
<form action="j_security_check" method="POST">
  <input type="text" name="j_username" />
  <input type="secret" name="j_password" />
  ...
</form>
```

但是，这个表单不能访问 JavaServer Faces 应用程序提供的功能，例如自动本地化字符串，以及使用模板来定义页面的外观。一个结合了 Facelets 和 HTML 标签的标准 HTML 表单，不仅允许开发人员为输入域标签指定本地化字符串，同时又能保证表单使用标准的 Java EE 安全：

```
<form action="j_security_check" method="POST">
    <h:outputLabel for="j_username">#{bundle['login.username']}:</h:outputLabel>
    <h:inputText id="j_username" size="20" />
    <h:outputLabel for="j_password">#{bundle['login.password']}:</h:outputLabel>
    <h:inputSecret id="j_password" size="20"/>
    <input type="submit" value="#{bundle['login.submit']}" />
</form>
```

在 JavaServer Faces 应用程序中使用 managed bean 进行认证

由于 managed bean 可以认证 Java Server Faces 应用程序的用户,这使得我们只需要使用一般的 Facelets 表单标签来进行认证,而不用结合使用标准 HTML 和 Facelets 标签。在这种情况下,应该由 managed bean 定义 `login` 和 `logout` 方法,再由 Facelets 表单的 `action` 属性调用这些方法。managed bean 的方法可以调用 `javax.servlet.http.HttpServletRequest.login` 和 `HttpServletRequest.logout` 方法,来管理用户认证。

在下面这个 managed bean 中,一个无状态的 session bean 会使用传递给 `login` 方法的用户身份信息来认证用户,并在调用 `logout` 方法时重置请求的调用者标识。

```
@Stateless
@Named
public class LoginBean {
    private String username;
    private String password;

    public String getUsername() {
       return this.username;
    }

public void setUserName(String username) {
  this.username = username;
}

    public String getPassword() {
        return this.password;
    }

    public void setPassword() {
        this.password = password;
    }
...
    public String login () {
       FacesContext context = FacesContext.getCurrentInstance();
```

```java
        HttpServletRequest request = (HttpServletRequest)
            context.getExternalContext().getRequest();
        try {
            request.login(this.username, this.password);
        } catch (ServletException e) {
            ...
            context.addMessage(null, new FacesMessage("Login failed."));
            return "error";
        }
        return "admin/index";
    }

    public void logout() {
        FacesContext context = FacesContext.getCurrentInstance();
        HttpServletRequest request = (HttpServletRequest)
            context.getExternalContext().getRequest();
        try {
            request.logout();
        } catch (ServletException e) {
            ...
            context.addMessage(null, new FacesMessage("Logout failed."));
        }
    }
}
```

Facelets 表单会调用这些方法进行用户的登录和注销。

```
<h:form>
    <h:outputLabel for="usernameInput">
        #{bundle['login.username']}:
    </h:outputLabel>
    <h:inputText id="usernameInput" value="#{loginBean.username}"
                 required="true" />
    <br />
    <h:outputLabel for="passwordInput">
        #{bundle['login.password']}:
    </h:outputLabel>
    <h:inputSecret id="passwordInput" value="#{loginBean.password}"
                   required="true" />
    <br />
    <h:commandButton value="${bundle['login.submit']}"
                     action="#{loginBean.login}" />
</h:form>
```

使用 JDBC 域进行用户认证

使用 JDBC 域进行用户认证

认证域，有时也被称为安全策略域或者安全域，是一个应用程序服务器，用来定义或强制执行常用安全策略的作用域。域中包含了一个用户集合，这些用户有可能被分配到某个组。GlassFish Server 会预先配置文件域、证书域以及管理域。管理员还可以建立 LDAP 域、JDBC 域、摘要域，或者自定义域。

应用程序可以在部署描述符中指定使用哪个域。如果应用程序没有指定域，GlassFish Server 会使用其默认域，即文件域。如果应用程序指定为用户认证使用 JDBC 域，GlassFish 服务器会从数据库中获取用户身份信息。应用程序服务器会使用在配置文件中指定的数据库信息以及启用的 JDBC 域选项。

数据库提供了一个简单的方式，能够在运行时添加、修改或删除用户，并且允许用户不需要任何管理员协助就可以创建他们自己的账户。使用数据库还有另外一个好处，就是它提供了一个安全的地方来存储其他用户的信息。一个域可以被想象成是一个含有用户名和密码的数据库，用来标识一个或一组 web 应用程序的有效用户，以及每个用户所关联的角色列表。访问指定 web 应用程序资源的权限，会被授予特定角色中的所有用户，而非个别用户。一个用户名可以关联任意数量的角色。

第 26 章和第 27 章中的两个教程示例，使用了 JDBC 域来进行用户认证。在适当的地方，我们将会引用这些示例程序作为参考。

▼ 配置一个 JDBC 认证域

GlassFish Server 允许管理员在 JDBC 域中指定一个用户的身份信息（用户名和密码），而非在连接池中指定。这防止了其他应用程序浏览含有用户信息的数据库表。默认情况下，JDBC 域不支持明文存储密码。一般情况下，密码不应该以明文形式存储。

1. 创建用来存储域中用户信息的数据库表。

如何创建数据库表取决于你使用的数据库。Duke's Forest 示例在其 `build.xml` 文件中使用了一个 Ant 任务 `create-tables` 来创建数据库。

该任务会执行一个 SQL 脚本 `create.sql` 来创建 FOREST.PERSON、FOREST.GROUPS，以及 FOREST.PERSON_GROUPS 这几张数据库表，如下所示：

```
CREATE TABLE "FOREST"."PERSON"
(
    ID int NOT NULL PRIMARY KEY GENERATED ALWAYS AS IDENTITY
        (START WITH 1, INCREMENT BY 1),
```

```
    FIRSTNAME varchar(50) NOT NULL,
    LASTNAME varchar(100) NOT NULL,
    EMAIL varchar(45) NOT NULL UNIQUE,
    ADDRESS varchar(45) NOT NULL,
    CITY varchar(45) NOT NULL,
    PASSWORD varchar(100),
    DTYPE varchar(31)
)
;
CREATE UNIQUE INDEX SQL_PERSON_EMAIL_INDEX ON "FOREST"."PERSON"(EMAIL)
;
CREATE UNIQUE INDEX SQL_PERSON_ID_INDEX ON "FOREST"."PERSON"(ID)
;
CREATE TABLE "FOREST"."GROUPS"
(
    ID int NOT NULL PRIMARY KEY GENERATED ALWAYS AS IDENTITY
        (START WITH 1, INCREMENT BY 1),
    NAME varchar(50) NOT NULL,
    DESCRIPTION varchar(300)
)
;
CREATE TABLE "FOREST"."PERSON_GROUPS"
(
    GROUPS_ID int NOT NULL,
    EMAIL varchar(45) NOT NULL
)
;
ALTER TABLE "FOREST"."PERSON_GROUPS"
ADD CONSTRAINT FK_PERSON_GROUPS_PERSON
FOREIGN KEY (EMAIL)
REFERENCES "FOREST"."PERSON"(EMAIL)
;
ALTER TABLE "FOREST"."PERSON_GROUPS"
ADD CONSTRAINT FK_PERSON_GROUPS_GROUPS
FOREIGN KEY (GROUPS_ID)
REFERENCES "FOREST"."GROUPS"(ID)
;
CREATE INDEX SQL_PERSONGROUPS_EMAIL_INDEX ON "FOREST"."PERSON_GROUPS"(EMAIL)
;
CREATE INDEX SQL_PERSONGROUPS_ID_INDEX ON "FOREST"."PERSON_GROUPS"(GROUPS_ID)
;
```

Duke's Tutoring 案例研究使用了一个单例 bean——ConfigBean，来代替 SQL 命令创建数据库表。

使用 JDBC 域进行用户认证

2. 向你创建的数据库表中添加用户身份信息。

如何向数据库表中添加用户信息取决于你所使用的数据库。Duke's Forest 使用了一个 Ant 任务来添加数据。Ant 任务 `create-tables` 会将用户信息添加到由之前步骤所创建的数据库表中：

```
INSERT INTO "FOREST"."PERSON" (FIRSTNAME,LASTNAME,EMAIL,ADDRESS,CITY,
PASSWORD,DTYPE) VALUES ('Robert','Exampler','robert@example.com',
'Example street','San Francisco','81dc9bdb52d04dc20036dbd8313ed055',
'Customer');
INSERT INTO "FOREST"."PERSON" (FIRSTNAME,LASTNAME,EMAIL,ADDRESS,CITY,
PASSWORD,DTYPE) VALUES ('Admin','Admin','admin@example.com','Example street',
'Belmont','81dc9bdb52d04dc20036dbd8313ed055','Administrator');
INSERT INTO "FOREST"."PERSON" (FIRSTNAME,LASTNAME,EMAIL,ADDRESS,CITY,
PASSWORD,DTYPE) VALUES ('Jack','Frost','jack@example.com','Example Blvd',
'San Francisco','81dc9bdb52d04dc20036dbd8313ed055','Customer');
INSERT INTO "FOREST"."PERSON" (FIRSTNAME,LASTNAME,EMAIL,ADDRESS,CITY,
PASSWORD,DTYPE) VALUES ('Payment','User','paymentUser@dukesforest.com',
'-','-','58175e1df62779046a3a4e2483575937','Customer');

INTO "FOREST"."GROUPS" (NAME, DESCRIPTION)
VALUES('USERS', 'Users of the store');
INTO "FOREST"."GROUPS" (NAME, DESCRIPTION)
VALUES('ADMINS', 'Administrators of the store');
INTO "FOREST"."PERSON_GROUPS" (GROUPS_ID,EMAIL)
VALUES(1,'robert@example.com');
INTO "FOREST"."PERSON_GROUPS" (GROUPS_ID,EMAIL)
VALUES(2,'admin@example.com');
INTO "FOREST"."PERSON_GROUPS" (GROUPS_ID,EMAIL)
VALUES(1,'jack@example.com');
INTO "FOREST"."PERSON_GROUPS" (GROUPS_ID,EMAIL)
VALUES(1,'paymentUser@dukesforest.com');
```

Duke's Tutoring 案例研究使用了一个单例 bean——ConfigBean，来代替 SQL 命令将数据插入到数据库表中。

3. 为数据库创建一个 JDBC 连接池

Duke's Forest 使用一个 Ant 任务 `create-forest-pool`，来为数据库创建 JDBC 连接池 `derby_net_forest_forestPool`：

```
<target name="create-forest-pool"
    description="create JDBC connection pool">
    <antcall target="create-jdbc-connection-pool">
        <param name="pool.name" value="derby_net_forest_forestPool" />
    </antcall>
```

```
    </target>
```

你还可以使用管理控制台或者命令行来创建一个连接池。

4．为数据库创建一个 JDBC 资源。

Duke's Forest 使用了一个 Ant 任务 `create-forest-resource` 来创建数据库 JDBC 资源 `jdbc/forest`。

```
    <target name="create-forest-resource" depends="create-forest-pool"
        description="create JDBC resource">
        <antcall target="create-jdbc-resource">
            <param name="pool.name" value="derby_net_forest_forestPool" />
            <param name="jdbc.resource.name" value="jdbc/forest" />
        </antcall>
    </target>
```

你还可以使用管理控制台或者命令行来创建一个 JDBC 资源。

5．创建一个域。

Duke's Forest 使用一个 Ant 任务 `create-forest-realm` 来创建用来认证用户的 JDBC 域 `jdbcRealm`。

```
    <target name="create-forest-realm" depends="create-forest-resource"
        description="create JDBC realm">
        <antcall target="create-jdbc-realm">
            <param name="jdbc.resource.name" value="jdbc/forest" />
            <param name="jdbc.realm.name" value="jdbcRealm" />
            <param name="user.table.name" value="forest.PERSON" />
            <param name="user.name.column" value="email" />
            <param name="password.column" value="password" />
            <param name="group.table" value="forest.GROUPS" />
            <param name="group.name.column" value="name" />
            <param name="assign.groups" value="USERS,ADMINS" />
            <param name="digest.algorithm" value="MD5" />
        </antcall>
    </target>
```

该任务将资源与域关联起来，不仅定义了用于认证用户和组的数据库表和列，而且定义了在数据库中用来存储密码的数字算法。

你还可以使用管理控制台或者命令行来创建一个域。

6．修改应用程序的部署描述符来指定 JDBC 域：

- 对于 EAR 文件中的企业应用程序，需要修改 `glassfish-application.xml` 文件。
- 对于 WAR 文件中的 web 应用程序，需要修改 `web.xml` 文件。

- 对于 EAR JAR 文件中的 enterprise bean，需要修改 `glassfish-ejb-jar.xml` 文件。

例如，Duke's Forest 应用程序在 `web.xml` 文件中指定了 `jdbcRealm` 域：

```xml
<login-config>
    <auth-method>FORM</auth-method>
    <realm-name>jdbcRealm</realm-name>
    <form-login-config>
        <form-login-page>/login.xhtml</form-login-page>
        <form-error-page>/login.xhtml</form-error-page>
    </form-login-config>
</login-config>
<security-constraint>
    <web-resource-collection>
        <web-resource-name>Secure Pages</web-resource-name>
        <description/>
        <url-pattern>/admin/*</url-pattern>
    </web-resource-collection>
    <auth-constraint>
        <role-name>ADMINS</role-name>
    </auth-constraint>
</security-constraint>
```

该域为 `/admin` 路径下的所有 web 页面都指定了基于表单的登录认证。只有 `ADMINS` 角色中的用户才能访问这些页面。

7. 为域中的用户或者用户组分配安全角色。

要为一个组或一个用户分配安全角色，需要在应用程序服务器指定的部署描述符中，添加一个 `security-role-mapping` 元素，例如下面的 `glassfish-web.xml` 文件所示：

```xml
<security-role-mapping>
    <role-name>USERS</role-name>
    <group-name>USERS</group-name>
</security-role-mapping>
<security-role-mapping>
    <role-name>ADMINS</role-name>
    <group-name>ADMINS</group-name>
</security-role-mapping>
```

由于在创建用户的过程中，我们已经将 GlassFish Server 用户分配到了各个组中，所以这样会比将安全角色映射到各个用户的效率更高。

保护 HTTP 资源的安全

当一个请求 URL 与多个受约束的 URL 模式匹配时,会选择其中与请求 URL 模式匹配度最

保护 HTTP 资源的安全

好的约束。Java Servlet 3.0 规范的第 12 章 "将请求映射到 Servlet" 中定义了 servlet 的匹配规则，用来确定与请求 URL 匹配度最好的 URL 模式。对于没有与受约束的 URL 模式相匹配的请求 URL，不会受到保护。如何选择与请求匹配度最好的 URL 模式，与请求的 HTTP 方法没有关系。

当在约束定义中列举了 HTTP 方法时，只会保护所列举的方法。

当没有在约束定义中列举 HTTP 方法时，会保护所有的 HTTP 方法，包括 HTTP 扩展方法。

Java Servlet 3.0 规范的 13.8.1 节 "合并约束" 中，定义了当带有不同保护需求的约束应用到同一个 URL 模式和 HTTP 方法上时，如何合并这些保护规则。

要正确保护一个 web 应用程序，请遵守以下指导：

- 不要在约束定义中列举 HTTP 方法。这是避免你遗忘保护某些 HTTP 方法的最简单的办法。例如：

```xml
<!-- SECURITY CONSTRAINT #1 -->
<security-constraint>
    <display-name>Do not enumerate Http Methods</display-name>
    <web-resource-collection>
        <url-pattern>/company/*</url-pattern>
    </web-resource-collection>
    <auth-constraint>
        <role-name>sales</role-name>
    </auth-constraint>
</security-constraint>
```

如果你在约束中列举了方法，所有其他没列举的方法，包括扩展方法都不会受到保护。

以下示例演示了一个只列举了 GET 方法的约束，因此它不会保护任何使用其他 HTTP 方法的请求。尽量不要使用这种约束，除非你非常确定需要定义这样的保护规则。

```xml
<!-- SECURITY CONSTRAINT #2 -->
<security-constraint>
    <display-name>
        Protect GET only, leave all other methods unprotected
    </display-name>
    <web-resource-collection>
        <url-pattern>/company/*</url-pattern>
        <http-method>GET</http-method>
    </web-resource-collection>
    <auth-constraint>
        <role-name>sales</role-name>
    </auth-constraint>
</security-constraint>
```

- 如果你需要对指定 HTTP 方法应用某种类型的保护，请确认你为每个希望允许访问的方法（相应的 URL 模式）都定义了约束。如果你有想禁止访问的方法，也必须创建一个约束来禁止对这些方法的访问。示例请参考后面的安全约束#5。

例如，要允许 GET 和 POST 方法（POST 方法需要认证而 GET 方法不需要认证），你需要定义以下约束：

```xml
<!-- SECURITY CONSTRAINT #3 -->
<security-constraint>
    <display-name>Allow unprotected GET</display-name>
    <web-resource-collection>
        <url-pattern>/company/*</url-pattern>
        <http-method>GET</http-method>
    </web-resource-collection>
</security-constraint>

<!-- SECURITY CONSTRAINT #4 -->
<security-constraint>
    <display-name>Require authentication for POST</display-name>
    <web-resource-collection>
        <url-pattern>/company/*</url-pattern>
        <http-method>POST</http-method>
    </web-resource-collection>
    <auth-constraint>
        <role-name>sales</role-name>
    </auth-constraint>
</security-constraint>
```

- 要想确保禁止访问除允许以外的所有 HTTP 方法，最简单的方法是使用 `http-method-omission` 元素，从安全策略上忽略这些 HTTP 方法，同时定义一个不包含任何角色的 `auth-constraint` 元素。除了 omission 元素中定义的 HTTP 方法之外，安全约束会应用到其他所有方法，并且约束只会应用到与约束中模式相匹配的资源上。

例如，以下约束只允许对与模式/company/*相匹配资源的 GET 和 POST 访问。

```xml
<!-- SECURITY CONSTRAINT #5 -->
<security-constraint>
    <display-name>Deny all HTTP methods except GET and POST</display-name>
    <web-resource-collection>
        <url-pattern>/company/*</url-pattern>
        <http-method-omission>GET</http-method-omission>
        <http-method-omission>POST</http-method-omission>
    </web-resource-collection>
    <auth-constraint/>
</security-constraint>
```

如果你希望将这些约束扩展到应用程序中其他尚未约束的部分，请再添加一个 URL 模式 "/"：

```
<!-- SECURITY CONSTRAINT #6 -->
<security-constraint>
    <display-name>Deny all HTTP methods except GET and POST</display-name>
    <web-resource-collection>
        <url-pattern>/company/*</url-pattern>
        <url-pattern>/</url-pattern>
        <http-method-omission>GET</http-method-omission>
        <http-method-omission>POST</http-method-omission>
    </web-resource-collection>
    <auth-constraint/>
</security-constraint>
```

- 如果你希望 web 应用程序只允许访问由你明确定义的约束，除此之外不能访问其他任何资源，那么你可以定义一个不含角色的 `auth-constraint` 元素，并将它与 URL 模式 / 关联起来。URL 模式 /是最弱的匹配模式。不要在该约束下添加任何 HTTP 方法。

```
<!-- SECURITY CONSTRAINT #7 -->
<security-constraint>
   <display-name>
        Switch from Constraint to Permission model
        (where everything is denied by default)
   </display-name>
   <web-resource-collection>
       <url-pattern>/</url-pattern>
   </web-resource-collection>
   <auth-constraint/>
</security-constraint>
```

保护应用程序客户端的安全

应用程序客户端的 Java EE 认证要求与其他的 Java EE 组件相同，并且相同的认证技术也可以用于其他 Java EE 应用程序组件。当访问未受保护的 web 资源时，不需要进行认证。

当访问受保护的 web 资源时，通常可以使用这几种认证方式：HTTP 基本验证、HTTP 登录表单认证或者 SSL 客户端认证。*The Java EE 6 Tutorial: Basic Concepts* 中的 Specifying an Authentication Mechanism in the Deployment Descriptor 一节已经介绍了如何指定 HTTP 基本认证和 HTTP 登录表单认证。本章前面的"客户端认证"一节介绍了如何指定 SSL 客户端认证。

当访问受保护的 enterprise bean 时，需要进行认证。在 *The Java EE 6 Tutorial: Basic Concepts* 中的 Securing Enterprise Beans 一节讨论了 enterprise bean 的认证机制。

应用程序客户端可以使用由应用程序客户端容器提供的认证服务，来认证其用户。通过使用单点登录功能,可以将容器的服务与本地平台的认证系统相整合。容器可以在应用程序启动完成时、或者是受保护资源被访问时对用户进行认证。

应用程序客户端可以提供一个称为登录模块的类,来收集认证数据。如果选择这种方式,必须实现 `javax.security.auth.callback.CallbackHandler` 接口,并且在部署描述符中指定该类名。应用程序的回调方法必须完全支持在 `javax.security.auth.callback` 包中指定的 `Callback` 对象。

使用登录模块

应用程序客户端可以使用 Java 认证和授权服务 (JAAS),来创建用于认证的登录模块。基于 JAAS 的应用程序会实现 `javax.security.auth.callback.CallbackHandler` 接口,因此它可以与用户交互,由用户指定认证数据(例如用户名和密码)或者向用户显示错误和警告消息。

应用程序会实现 `CallbackHandler` 接口并将其传递给登录上下文,再由登录上下文将其直接传递给底层的登录模块。登录模块使用回调函数来收集用户的输入,例如密码或者信用卡 PIN 码,并向用户提供状态等信息。由于应用程序指定了回调函数,所以底层的登录模块可以不依赖于应用程序与用户之间的交互方式。

例如,一个 GUI 应用程序的回调函数实现,可能会显示一个窗口来获取用户的输入,而一个命令行工具的回调函数实现,可能只是简单地要求用户直接在命令行中输入。

登录模块会将一个回调对象数组传递给回调函数的 `handle` 方法,例如表示用户名的 `NameCallback` 和表示密码的 `PasswordCallback` 对象。回调函数会执行用户请求的交互,并在回调对象中设置适当的值。例如,要处理一个 `NameCallback` 对象,`CallbackHandler` 可能会弹出一个提示框,获取由用户输入的名称,然后调用 `NameCallback` 对象的 `setName` 方法来存储名称。

关于在登录模块中使用 JAAS 进行认证的更多内容,请参考本章后面"关于安全的更多信息"一节中列举的文档。

使用编程式登录

编程式登录允许使用客户端代码来提供用户的身份信息。如果你正在使用一个 EJB 客户端,可以使用 `com.sun.appserv.security.ProgrammaticLogin` 类及其 `login` 和 `logout` 方法。编程式登录只能用于特定的服务器。

保护企业信息系统应用程序的安全

在企业信息系统（EIS）应用程序中，组件会请求一个到 EIS 资源的连接。作为该连接的一部分，EIS 可以要求请求者登录之后才能访问资源。为此，应用程序组件提供了两种设计 EIS 登录的方式。

- **由容器管理的登录**：应用程序组件让容器来负责配置并管理 EIS 登录。容器会决定能够建立到 EIS 实例连接所使用的用户名和密码。更多信息，请参考本章后面的"由容器管理的登录"小节。
- **由组件管理的登录**：通过在 EIS 中引入执行登录过程的代码，由应用程序组件代码来管理 EIS 登录。更多信息，请参考本章后面的"由组件管理的登录"小节。

你还可以为资源适配器配置安全策略，请参考本章后面的"配置资源适配器安全"小节。

由容器管理的登录

在由容器管理的登录中，应用程序组件不必向 `getConnection()` 方法传递任何登录安全信息。如下例所示（方法调用通过粗体标注），安全信息会由容器提供：

```
// 应用程序组件的业务方法
Context initctx = new InitialContext();
// 执行 JNDI 查找以获得一个连接工厂
javax.resource.cci.ConnectionFactory cxf =
    (javax.resource.cci.ConnectionFactory)initctx.lookup(
    "java:comp/env/eis/MainframeCxFactory");
// 调用工厂来获得一个连接。安全信息没有被传递给 getConnection 方法
javax.resource.cci.Connection cx = cxf.getConnection();
...
```

由组件管理的登录

在由组件管理的登录中，应用程序组件负责将所需的登录安全信息传递给 `getConnection` 方法。例如，安全信息可能是一组用户名和密码，如下所示（方法调用通过粗体标注）：

```
// 应用程序组件中的方法
Context initctx = new InitialContext();

//执行 JNDI 查找以获得一个连接工厂
javax.resource.cci.ConnectionFactory cxf =
    (javax.resource.cci.ConnectionFactory)initctx.lookup(
    "java:comp/env/eis/MainframeCxFactory");
```

```
// 获得一个新的 ConnectionSpec 对象
com.myeis.ConnectionSpecImpl properties = //..

// 调用工厂来获得一个连接
properties.setUserName("...");
properties.setPassword("...");
javax.resource.cci.Connection cx =
    cxf.getConnection(properties);
...
```

配置资源适配器安全

资源适配器是一个系统级的软件组件,通常用来实现到一个外部资源管理器的网络连接。资源适配器可以通过实现一个 Java EE 标准服务 API（例如一个 JDBC 驱动）,或者通过定义和实现与一个外部应用程序系统的连接器适配器,来扩展 Java EE 平台的功能。资源适配器还可以提供完全本地化的服务,与本地资源进行交互。资源适配器通过 Java EE 服务器提供方接口(Java EE SPI) 与 Java EE 平台交互。一个通过 Java EE SPI 接入到 Java EE 平台的资源适配器,可以用于所有的 Java EE 产品。

要配置资源适配器的安全设置,你需要编辑资源适配器描述符文件 `ra.xml`。以下是一个 `ra.xml` 示例文件的部分内容,其中配置了资源适配器的安全属性:

```
<authentication-mechanism>
    <authentication-mechanism-type>
        BasicPassword
    </authentication-mechanism-type>
    <credential-interface>
        javax.resource.spi.security.PasswordCredential
    </credential-interface>
</authentication-mechanism>
<reauthentication-support>false</reauthentication-support>
```

你可以查看 *as-install*/`lib/dtds/connector_1_0.dtd` 文件,找到用于配置资源适配器安全的更多选项。你可以在资源适配器部署描述符文件中配置以下元素。

- **认证机制**：使用 `authentication-mechanism` 元素来指定资源适配器支持的认证机制。这指定的仅是资源适配器所支持的机制,而非底层 EIS 实例的安全机制。

  资源适配器支持以下两种安全机制类型。

  - `BasicPassword`,支持以下接口：
    `javax.resource.spi.security.PasswordCredential`
  - `Kerbv5`,支持以下接口：

```
javax.resource.spi.security.GenericCredential
```
GlassFish Server 当前不支持该安全机制类型。

- **重新认证支持**：使用 `reauthentication-support` 元素来指定，资源适配器实现是否支持对已有 `Managed-Connection` 实例的重新认证。可选值为 `true` 或者 `false`。
- **安全权限**：使用 `security-permission` 元素来指定资源适配器代码所需的安全权限。对安全权限的支持不是必要的功能，而且当前版本的 GlassFish Server 也不支持该功能。但是，你可以手动更新 `server.policy` 文件，为资源适配器添加相关的权限。

  部署描述符中所列举的安全权限，不同于连接器规范中所指定的默认权限集合。

  关于安全权限规范实现的更多信息，请参考本章后面"关于安全的更多信息"一节中关于安全策略文件的文档。

除了在 `ra.xml` 文件中指定资源适配器的安全设置以外，你还可以为连接器连接池创建一个安全映射，将应用程序的用户或用户组映射到后端的 EIS 用户上。通常，如果需要一个或多个 EIS 后端用户来执行由应用程序不同用户或用户组所发起的操作（在 EIS 上），那么就需要使用安全映射。

▼ 将应用程序用户映射到 EIS 用户

当使用 GlassFish Server 时，在由容器管理、基于事务的场景中，你可以使用安全映射将应用程序的调用者标识（即用户或者用户组），映射到适当的 EIS 用户上。当应用程序用户向某个 EIS 发起一个请求时，GlassFish Server 首先会使用为连接器连接池所定义的安全映射，来检查是否有准确匹配的用户，以确定映射到后端的 EIS 用户。如果没有准确匹配的用户，GlassFish Server 会使用通配符来确定映射到后端的 EIS 用户。当应用程序用户需要执行一个由 EIS 中指定用户才能执行的操作时，就会使用安全映射。

要使用安全映射，需要使用管理员控制台。在管理员控制台中，请按照以下几个步骤来访问安全映射页面。

1. 在导航树中，展开 Resource 节点。
2. 展开 Connectors 节点。
3. 选择 Connector Connection Pools 节点。
4. 在 Connector Connection Pools 页面上，单击你希望用来创建安全映射的连接池的名称。
5. 单击 Security Maps 选项卡。
6. 单击 New 按钮来为该连接池创建一个新的安全映射。

7. 输入一个用来指代安全映射的名字，以及其他所需的信息。

   单击 Help 按钮可查看个别选项的更多信息。

使用部署描述符来配置安全选项

在 Java EE 6 平台中，配置安全的推荐方式是使用注解。如果你想在部署时覆盖注解中所指定的安全设置，可以在 web.xml 部署描述符中使用设置安全的相应元素。本节会介绍如何使用部署描述符来指定基本认证，以及如何覆盖默认的用户−角色映射。

在部署描述符中指定基本认证

如果在部署描述符中添加了用于基本认证的元素，那么服务器或浏览器会执行以下任务：

- 发送一个标准的登录窗口来收集用户名和密码数据。
- 验证用户是否有访问应用程序的权限。
- 如果有权访问，则向用户显示 servlet。

以下示例代码演示了在部署描述符中如何使用基本认证的元素。你可以在 *tut-install*examples/security/hello2_basicauth/ 目录下找到该示例。

```xml
<security-constraint>
    <display-name>SecurityConstraint</display-name>
    <web-resource-collection>
         <web-resource-name>WRCollection</web-resource-name>
        <url-pattern>/greeting</url-pattern>
    </web-resource-collection>
    <auth-constraint>
        <role-name>TutorialUser</role-name>
    </auth-constraint>
    <user-data-constraint>
         <transport-guarantee>CONFIDENTIAL</transport-guarantee>
    </user-data-constraint>
</security-constraint>
<login-config>
    <auth-method>BASIC</auth-method>
    <realm-name>file</realm-name>
</login-config>
    <security-role>
        <role-name>TutorialUser</role-name>
    </security-role>
```

该部署描述符指定了只有拥有 TutorialUser 角色的用户，在输入其用户名和密码并通过认证之后，才能访问请求 URI /greeting。用户名和密码将会通过受保护的传输协议来发送，以免它在传输过程中被他人窃取。

在部署描述符中覆盖默认的用户-角色映射

要将应用程序或模块所允许的角色名映射到服务器中定义的用户和用户组上，你需要在运行时部署描述文件（`glassfish-application.xml`、`glassfish-web.xml` 或者 `glassfish-ejb.jar.xml`）中指定 `security-role-mapping` 元素。该元素需要在应用程序所使用的安全角色和 GlassFish 服务器域中所定义的一个或多个用户（组）之间，声明一个映射。以下是 `glassfish-web.xml` 文件的一个例子：

```
<glassfish-web-app>
    <security-role-mapping>
        <role-name>DIRECTOR</role-name>
        <principal-name>schwartz</principal-name>
    </security-role-mapping>
    <security-role-mapping>
        <role-name>DEPT-ADMIN</role-name>
        <group-name>dept-admins</group-name>
    </security-role-mapping>
</glassfish-web-app>
```

角色名可以映射到一个指定的用户或用户组，或者同时映射到这两者上。所引用的用户或用户组，必须是在 GlassFish Server 当前默认域中有效的用户或用户组。本例中的 `role-name` 属性必须与相应 `web.xml` 文件中 `security-role` 元素的 `role-name` 属性一致，或者与 `@DeclareRoles` 和/或 `@RolesAllowed` 注解中所定义的角色名一致。

关于安全的更多信息

关于安全的更多信息，请参考：

- keytool 命令的文档：
  http://docs.oracle.com/javase/6/docs/technotes/tools/solaris/keytool.html
- Java 认证和授权服务（JAAS）参考指南：
  http://docs.oracle.com/javase/6/docs/technotes/guides/security/jaas/JAASRefGuide.html
- Java 认证和授权服务（JAAS）：LoginModule 开发人员指南：
  http://docs.oracle.com/javase/6/docs/technotes/guides/security/jaas/JAASLMDevGuide.html
- 安全策略文件的语法文档：
  http://docs.oracle.com/javase/6/docs/technotes/guides/security/PolicyFiles.html#FileSyntax

第Ⅷ部分

Java EE 的其他技术

第Ⅷ部分介绍了其他一些支持 Java EE 平台的高级技术。本部分包括以下章节：

- 第 20 章　Java 消息服务概念
- 第 21 章　Java 消息服务示例
- 第 22 章　Bean Validation：高级主题
- 第 23 章　使用 Java EE 拦截器
- 第 24 章　资源适配器示例

第 20 章

Java 消息服务概念

本章将介绍 Java 消息服务（JMS）API，一个允许应用程序使用可靠的、异步的、松耦合的通信，来创建、发送、接收以及读取消息的 Java API。本章包含以下主题：

- JMS API 概述
- JMS API 基础概念
- JMS API 编程模型
- 创建健壮的 JMS 应用程序
- 在 Java EE 应用程序中使用 JMS API
- 关于 JMS 的更多信息

JMS API 概述

本节定义了消息传递的概念，介绍了 JMS API 以及它的适用范围，以及如何在 Java EE 平台中使用 JMS API。

什么是消息传递

消息传递是一种在软件组件或应用程序之间通信的方式。消息传递系统是点对点的：一个消息客户端既可以向其他客户端发送消息，也可以接收来自其他客户端的消息。每个客户端都会连接到一个提供创建、发送、接收以及读取消息等功能的消息代理。

消息传递带来了松耦合的分布式通信。一个组件可以将一条消息发往一个目的地，同时接收者可以从目的地获取该消息。不过，发送者和接收者并不需要在同一时间进行通信。事实上，发送者根本不需要知道任何与接收者有关的事情，同样接收者也不需要知道任何有关于发送者的事情。发送者和接收者只需要了解消息的格式以及使用的目的地。从这个角度来说，消息传递与紧耦合的技术，例如远程方法调用（RMI）不同，后者需要应用程序知道远程应用程序的方法。

消息传递也同电子邮件不同，后者是一种在人之间或者在软件应用程序和人之间通信的方式。消息传递用来在软件应用程序或软件组件之间通信。

什么是 JMS API

Java 消息服务是一个允许应用程序创建、发送、接收并读取消息的 Java API。它由 Sun 和其他伙伴公司一同设计，定义了一组允许由 Java 编程语言编写的程序与其他消息传递实现之间互相通信的公共接口和相关语义。

JMS API 最大程度上减少了编程人员为使用消息传递产品所要学习的各种概念，同时提供了足够的功能来支持复杂的消息传递应用程序。它还尽可能地为同一消息域中各 JMS 提供方之间的 JMS 应用程序，提供了最大程度的可移植性。

JMS API 不仅支持松耦合的通信，还支持以下内容。

- **异步的通信**：当客户端到达时，JMS 提供方可以将消息分发给它们，客户端不需请求消息即可接收它们。
- **可靠的通信**：JMS API 可以保证消息只被分发一次。对于能够承受丢失消息或者重复消息的应用程序，可以选择较低级别的可靠性。

当前 JMS 规范的版本是 1.1。你可以从 JMS 网站(http://www.oracle.com/technetwork/java/index-jsp-142945.html) 上下载该规范。

什么时候可以使用 JMS API

在以下情形时，企业应用程序提供方应该选择消息传递 API，而不是像远程方法调用（RPC）那样的紧耦合 API：

- 提供方希望组件不依赖于其他组件的接口信息，这样组件可以很容易地被替换掉。
- 不管是否所有组件都同时启动并运行，提供方希望应用程序都可以运行。
- 应用程序业务模型允许一个组件向另一个组件发送信息，并且它在没有接收到即时响应的情况下，仍能够继续工作。

以一个汽车制造商的企业应用程序为例，其组件可以在以下这些情况中使用 JMS API：

- 当某个产品的库存级别低于特定值时，库存组件可以向工厂组件发送一条消息，这样工厂就可以生产更多的汽车。

JMS API 概述

- 工厂组件可以向零件组件发送一条消息，这样工厂就可以组装所需的零件。
- 零件组件反过来也可以向所属的库存组件和订单组件发送消息，来更新它们的库存数量并从供应商处采购新的零件。
- 不管是工厂组件还是零件组件，都可以向会计组件发送消息来更新预算。
- 企业可以将更新后的目录项发布给其销售队伍。

对这些任务使用消息传递，可以使不同的组件之间高效地进行交互，而不用依赖于网络或其他资源。图 20-1 说明了这个简单的示例是如何工作的。

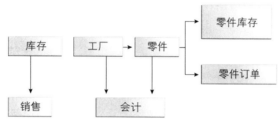

图 20-1　企业应用程序中的消息传递

制造业只是企业如何使用 JMS API 的一个例子。零售业、财务服务、健康服务以及其他行业的应用程序都可以使用消息传递。

JMS API 如何与 Java EE 平台一起工作

当 JMS API 在 1998 年被引入时，它最重要的目的是允许 Java 应用程序访问已有的面向消息传递的中间件（MOM）系统，例如 IBM 的 MQSeries。从那时起，许多厂商已经采纳并实现了 JMS API，因此现在 JMS 产品可以为企业提供完整的消息传递能力。

从 Java EE 平台 1.3 版本开始，JMS API 已经成为了平台的一个组成部分，并且应用程序开发人员已经能够通过它在 Java EE 组件之间进行消息传递了。

Java EE 平台中的 JMS API 包含以下功能。

- 应用程序客户端、Enterprise JavaBeans（EJB）组件，以及 web 组件都可以发送或同步接收 JMS 消息。此外，应用程序客户端还可以异步接收 JMS 消息。（但是，Applet 不要求支持 JMS API。）
- message-driven bean 是 enterprise bean 的一种，能够异步处理消息。JMS 提供方可以通过 message-driven bean 实现对消息的并发处理。
- 发送和接收消息的操作可以用于分布式事务中，其允许在一个事务中同时存在 JMS 操作和数据库访问。

JMS API 通过简化企业级开发增强了 Java EE 平台，它允许在 Java EE 组件和带有消息传递功能的遗留系统之间，构建松耦合的、可靠的以及异步的交互。通过新增一个操作指定业务事件的 message-driven bean，开发人员可以轻易地为 Java EE 应用程序添加新的行为。此外，Java EE 平台还通过支持分布式事务和允许并发处理消息，增强了 Java EE 平台。更多信息，请参考 Enterprise JavaBeans 规范 v3.1。

JMS 提供方可以与使用 Java EE Connector 架构的应用程序服务器集成。你可以通过一个资源适配器来访问 JMS 提供方。这不仅允许 JMS 提供方可以被插入到多个应用程序服务器中，也允许应用程序服务器支持多个 JMS 提供方。更多信息，请参考 Java EE Connector 架构规范 v1.6。

JMS API 基础概念

本节会介绍最基础的 JMS API 概念，你必须在了解它们以后才能使用 JMS API 来编写简单的应用程序客户端。

下一节会介绍 JMS API 的编程模型。稍后的章节会介绍更多的高级概念，包括如何使用 message-driven bean 来编写应用程序。

JMS API 架构

JMS 应用程序由以下部分组成。

- JMS 提供方是一个实现了 JMS 接口并提供管理和控制功能的消息系统。Java EE 平台的实现会包含一个 JMS 提供方。
- JMS 客户端是由 Java 编写的程序或组件，用来生成和处理消息。任何 Java EE 应用程序组件都可以作为一个 JMS 客户端。
- 消息是在 JMS 客户端之间通信的对象。
- 管理对象是管理员为客户端所创建的预配置 JMS 对象。本章后面 "JMS 管理对象" 一节介绍了两种 JMS 管理对象，分别是目的地和连接工厂。

图 20-2 展示了这些部分交互的方式。管理工具允许你将目的地与连接工厂绑定到一个 JNDI 命名空间。JMS 客户端可以使用资源注入来访问该命名空间中的管理对象，然后通过 JMS 提供方建立一个到相同对象的逻辑连接。

JMS API 基础概念

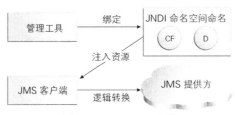

图 20-2　JMS API 架构

消息传递域

在 JMS API 出现之前,大多数消息产品都通过点对点或者发布/订阅的方式来实现消息传递。JMS 规范为这两种方式分别提供了一个单独的域,并且为每个域定义了规范。一个单独的 JMS 提供方可以实现一个或两个域。Java EE 提供方必须实现这两个域。

事实上,大多数 JMS API 的实现都支持点对点和发布/订阅域,并且一些 JMS 客户端可以在一个应用程序中同时使用这两个域。在这种方式下,JMS API 已经扩展了已有消息产品的功能和灵活性。

JMS 规范还进一步提供了一些公用接口,允许你在没有指定任何域的情况下也可以使用 JMS API。以下章节介绍了这两个消息域,以及如何使用公用接口。

点对点消息传递域

点对点(PTP)产品或者应用程序构建于消息队列、发送者和接收者的概念之上。每个消息都会发往指定的队列,再由接收客户端从该队列中提取出属于自己的消息。队列会一直持有这些消息,直到它们被接收或者过期。

如图 20-3 所示,点对点消息传递有如下特点:

- 每个消息只能有一个消费者,也就是接收者。
- 消息的发送者和接收者之间没有时间上的依赖关系。接收者无论在客户端发送消息时是否正在运行,它都可以获取消息。
- 消息成功处理后,接收者会发出应答。

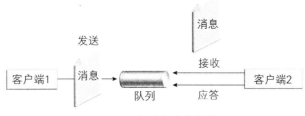

图 20-3　点对点消息传递

JMS API 基础概念

如果你要求发送的每条消息都必须被成功处理，应使用点对点消息传递。

发布/订阅消息传递域

在一个发布/订阅（pub/sub）产品或应用程序中，客户端会将消息发送给一个主题（topic），其功能就类似于一个公告栏。发布者和订阅者通常都是匿名的，并且可以动态发布或订阅内容层次。该系统负责将从主题的多个发布者接收到的消息，分发给主题的多个订阅者。主题会保留消息，直到将其分发给当前的订阅者。

发布/订阅消息传递有以下特点。

- 每个消息可以有多个消费者。
- 发布者和订阅者有时间上的依赖关系。一个订阅主题的客户端，只有在创建订阅之后才能接收由发布者发布的消息，并且订阅者必须保持活动状态，才能不断地接收消息。

JMS API 会允许订阅者创建可持续的订阅，即当订阅者处于非活动状态时也能接收消息，这样就降低了时间上的依赖关系。可持续订阅提供了队列的灵活性和可靠性，但是仍然允许客户端向多个接收者发送消息。关于可持续订阅的更多内容，请查看本章后面的"创建可持续的订阅"一节。

如果你希望每个消息可以被任意数量的（或者没有）订阅者处理时，应当使用发布/订阅消息传递。图 20-4 展示了发布/订阅消息传递的过程。

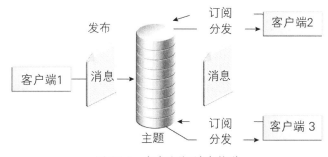

图 20-4　发布/订阅消息传递

使用公用接口进行编程

JMS API 1.1 版本允许你不需要修改代码，就可以在点对点或发布/订阅域下发送和接收消息。此时，目的地依然与域相关，但应用程序的行为会部分依赖于使用队列还是主题。由于代码本身是可以被两个域所公用的，这样应用程序就同时具有了灵活性和可重用性。本教程会介绍并演示这些公用的接口。

消息接收

消息产品天生就是异步的：一条消息的产生和接收之间不存在必然的时间依赖。不过，JMS 规范更精确地使用了这个词。消息可以通过以下两种方式来接收。

- **同步的**：订阅者或者接收者通过调用 `receive` 方法，显式地从目的地获取消息。`receive` 方法可以一直阻塞到消息到达，或者当消息没有在指定期限内到达时超时。
- **异步的**：客户端可以用消费者来注册一个消息监听器。消息监听器和事件监听器类似。不管消息何时到达目的地，JMS 提供方都会通过调用监听器的 `onMessage` 方法，根据消息的内容来分发消息。

JMS API 编程模型

构成 JMS 应用程序的基本单元包括如下几项。

- 管理对象：包括连接工厂和目的地
- 连接
- 会话
- 消息生产者
- 消息消费者
- 消息

图 20-5 展示了如何将这些对象组成一个 JMS 客户端应用程序。

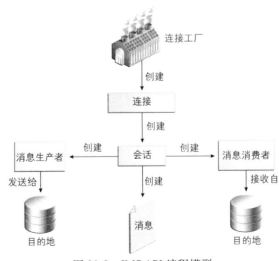

图 20-5　JMS API 编程模型

本节会简单介绍这些对象，并提供一些示例命令和代码片段来演示如何创建及使用这些对象。最后一节会介绍 JMS API 的异常处理。

稍后章节会通过一些示例来演示如何在应用程序中使用这些对象。更多详细信息，请参考 Java EE API 文档的 JMS API 部分。

JMS 管理对象

最好通过管理方式来维护 JMS 应用程序的目的地和连接工厂，而不是用编程的方式。这些对象底层所使用的技术，不同 JMS API 的实现之间可能有很大的差异。因此，各 JMS 提供方对这些对象的管理方式也各不相同。

JMS 客户端会通过可移植接口来访问这些对象，因此客户端应用程序不需要（或者很少）修改就可以运行在不同的 JMS API 实现上。通常，管理员会将这些对象配置到一个 JNDI 命名空间中，然后在 JMS 客户端使用资源注入来访问它们。

通过使用 GlassFish Server，你可以使用 `asadmin create-jms-resource` 命令或者管理控制台，以连接器资源的形式来创建 JMS 管理对象。你还可以在应用程序中使用 `glassfish-resources.xml` 文件来指定资源。

NetBeans IDE 提供了一个向导，用来为 GlassFish Server 创建 JMS 资源。详细信息请参考第 21 章中的"使用 NetBeans IDE 创建 JMS 资源"一节。

JMS 连接工厂

连接工厂是客户端用来创建到提供方连接的对象。一个连接工厂封装了一组由管理员定义的连接配置参数。每个连接工厂都是 `ConnectionFactory`、`QueueConnectionFactory` 或者 `TopicConnectionFactory` 接口的实例。要了解如何创建连接工厂的更多信息，请参考第 21 章中的"使用 NetBeans IDE 创建 JMS 资源"一节。

在 JMS 客户端程序的开头，你通常要将一个连接工厂资源注入到 `ConnectionFactory` 对象中。例如，以下代码片段指定了一个 JNDI 名为 `jms/ConnectionFactory` 的资源，并将它赋给了一个 `ConnectionFactory` 对象。

```
@Resource(lookup = "jms/ConnectionFactory")
private static ConnectionFactory connectionFactory;
```

在一个 Java EE 应用程序中，JMS 管理对象通常位于 `jms` 的命名子上下文中。

JMS 目的地

目的地是客户端用来指定消息的产生目标及其接收来源的对象。在点对点的消息传递域中，目的地被称为队列。在发布/订阅消息传递域中，目的地被称为主题。JMS 应用程序可以使用多个列队或者主题（或者同时使用二者）。要了解如何创建目的地资源，请参考第 21 章中"使用 NetBeans IDE 创建 JMS 资源"一节。

要使用 GlassFish Server 来创建一个目的地，你需要创建一个 JMS 目的地资源并为其指定一个 JNDI 名称。

在 JMS 的 GlassFish Server 实现中，每个目的地资源都指向一个物理的目的地。当然你可以显式地创建一个物理目的地，但是你并不需要如此，因为应用程序服务器会在需要使用目的地的时候创建一个物理目的地，并且在你删除目的地资源时将它删除。

除了在客户端程序中注入连接工厂资源外，你通常还会注入一个目的地资源。同连接工厂不同，不同域的目的地也不同。为了使应用程序能够同时用于主题和队列，你需要将目的地赋给一个 `Destination` 对象。

下面的代码指定了两个资源，一个队列和一个主题。资源名需要与在 JNDI 命名空间中所创建的目标资源对应。

```
@Resource(lookup = "jms/Queue")
private static Queue queue;

@Resource(lookup = "jms/Topic")
private static Topic topic;
```

通过公用接口，你可以混合或结合使用连接工厂和目的地。即除了使用 `ConnectionFactory` 接口之外，你还可以在使用主题时，注入并使用一个 `QueueConnectionFactory` 资源，或者在使用队列时，注入并使用一个 `TopicConnectionFactory` 资源。应用程序的行为依赖于你使用的目的地类型，而不依赖于连接工厂的类型。

JMS 连接

连接封装了由 JMS 提供方提供的一个虚拟连接。例如，一个连接可以表示客户端和提供方服务后台进程之间打开的一个 TCP/IP socket 连接。你可以使用一个连接来创建一个或多个会话。

> **注意**：在 Java EE 平台中，一个连接能够创建多少个会话，受限于应用程序的客户端。在 web 和 enterprise bean 组件中，一个连接最多只能创建一个会话。

连接实现了 `Connection` 接口。你可以使用 `ConnectionFactory` 对象来创建一个连接：
`Connection connection = connectionFactory.createConnection();`

在应用程序结束之前，你必须关闭所有已创建的连接。

关闭连接失败可能会导致资源无法被 JMS 提供方释放。关闭一个连接同时也会关闭它打开的会话，以及会话的消息生产者和消息消费者。

```
connection.close();
```

为了使应用程序能够处理消息,你必须调用连接的 `start` 方法。更多细节请参考本章后面的 "JMS 消息消费者" 一节。如果你希望在不关闭连接的情况下临时停止分发消息,可以调用 `stop` 方法。

JMS 会话

会话是一个用来产生和消费消息的单线程上下文。你可以使用会话来创建:

- 消息生产者
- 消息消费者
- 消息
- 队列浏览器
- 临时队列和主题(请参考本章后面的 "创建临时目的地" 一节)

会话会串行执行消息监听器。更多细节请参考本章后面的 "JMS 消息监听器" 一节。

会话提供了一个事务性的上下文,将一组发送和接收操作组成一个原子单元。更多细节请参考本章后面 "使用 JMS API 本地事务" 一节。

会话实现了 `Session` 接口。当你创建一个 `Connection` 对象后,你可以用它来创建一个会话:

```
Session session = connection.createSession(false,
    Session.AUTO_ACKNOWLEDGE);
```

第一个参数表示会话不是事务的,第二个参数表示当消息成功接收后,会话会自动应答消息。(更多信息请参考本章后面 "控制消息应答" 一节。)

要创建一个事务消息,请使用如下代码:

```
Session session = connection.createSession(true, 0);
```

这里,第一个参数表示会话是事务的,第二个参数表示没有为事务会话指定消息应答。更多关于事务的信息,请参考本章后面 "使用 JMS API 本地事务" 一节。关于 JMS 事务在 Java EE 应用程序中如何工作的信息,请参考本章后面 "在 Java EE 应用程序中使用 JMS API" 一节。

JMS 消息生产者

消息生产者是一个由会话创建、用来将消息发送给目的地的对象。它实现了 `MessageProduct` 接口。

你可以使用会话来为某个目的地创建一个 `MessageProducer` 对象。以下示例展示了你可以为一个 `Destination` 对象、`Queue` 对象或者 `Topic` 对象来创建生产者。

```
MessageProducer producer = session.createProducer(dest);
MessageProducer producer = session.createProducer(queue);
MessageProducer producer = session.createProducer(topic);
```

你可以在 `createProducer` 方法中指定 `null` 作为参数，来创建一个未标识的生产者。使用未标识的生产者时，你需要在发送消息时指定目的地。

当创建完消息生产者后，你可以调用其 `send` 方法来发送消息：

```
producer.send(message);
```

你必须首先创建消息，请参考本章后面的"JMS 消息"一节。

如果你已经创建了一个未标识的生产者，可以使用 `send` 的一个重载方法，指定目的地作为第一个参数。如下所示：

```
MessageProducer anon_prod = session.createProducer(null);
anon_prod.send(dest, message);
```

JMS 消息消费者

消息消费者是一个由会话创建、用来接收目的地消息的对象。它实现了 `MessageConsumer` 接口。

消息消费者允许 JMS 客户端通过 JMS 提供方来注册自己所关心的目的地。JMS 提供方负责将消息从目的地分发给注册的消费者。

例如，你可以使用一个 `Session` 对象，为一个 `Destination` 对象、`Queue` 对象或者 `Topic` 对象创建 `MessageConsumer` 对象。

```
MessageConsumer consumer = session.createConsumer(dest);
MessageConsumer consumer = session.createConsumer(queue);
MessageConsumer consumer = session.createConsumer(topic);
```

你可以使用 `Session.createDurableSubscriber` 方法来创建一个可持续的主题订阅者。该方法只有在使用主题时才能使用。相关细节请参考本章后面的"创建可持续的订阅"一节。

当你创建完一个消息消费者之后，它会变为活动状态并且可以用来接收消息。你可以使用 `MessageConsumer` 的 `close` 方法将它变为不活动状态。只有当你通过调用连接的 `start` 方法启动连接后，才会开始分发消息。（记住，一定要调用 `start` 方法，忘记启动连接是一个最常见的 JMS 编程错误。）

你可以使用 `receive` 方法来同步接收消息。当你调用 `start` 方法后，可以在任何时候使用这个方法。

```
connection.start();
```

```
Message m = consumer.receive();
connection.start();
Message m = consumer.receive(1000); // 1 秒后超时
```

要异步接收消息，你可以使用一个消息监听器，如下节所述。

JMS 消息监听器

消息监听器对象用来作为消息的异步事件处理程序。该对象实现了 `MessageListener` 接口，其中包含一个方法 `onMessage`。在 `onMessage` 方法中，你可以定义消息到达时所执行的动作。

你需要调用 `setMessageListener` 方法，将消息监听器注册到指定的 `MessageConsumer` 上。例如，如果你定义了一个 `Listener` 类并且实现了 `MessageListener` 接口，可以通过如下方式来注册消息监听器：

```
Listener myListener = new Listener();
consumer.setMessageListener(myListener);
```

> **注意**：在 Java EE 平台中，`MessageListener` 只能用于应用程序客户端，而不能用于 web 组件或者 enterprise bean。

当注册消息监听器后，你需要调用 `Connection` 对象的 `start` 方法开始分发消息。（如果你在注册消息监听器之前调用了 `start` 方法，可能会丢失消息。）

当消息开始分发后，一旦有消息被分发，JMS 提供方会自动调用消息监听器的 `onMessage` 方法。`onMessage` 方法接受一个 `Message` 对象作为参数，你可以在实现方法中将它转换为任何其他的消息类型（请参考本章后面的"消息体"一节）。

消息监听器与目的地类型无关。一个消息监听器可以获取来自队列或者主题的消息，这取决于创建消息消费者时所指定的目的地类型。但是，一个消息监听器通常只能用于一种消息类型和格式。

在 `onMessage` 方法中应该处理所有的异常。它禁止抛出检查期异常，并且会认为抛出 `RuntimeException` 是一种编程错误。

用来创建消息消费者的会话，会串行执行所有注册在该会话上的消息监听器。不管任何时候，该会话中只有一个消息监听器正在运行。

在 Java EE 平台中，message-driven bean 是一种特殊类型的消息监听器。相关细节请参考本章后面"使用 Message-Driven Bean 来异步接收消息"一节。

JMS API 编程模型

JMS 消息选择器

你可以使用一个 JMS API 消息选择器来过滤所接收到的消息,由消息消费者指定自己所关心的消息。消息选择器会将过滤消息的工作委托给 JMS 提供方,而非应用程序。关于应用程序如何使用消息选择器的例子,请参考第 21 章中的"使用 JMS API 和 Session Bean 的应用程序"一节。

消息选择器是一个包含表达式的字符串。表达式的语法是基于 SQL92 条件表达式语法的一个子集。下面示例中的消息选择器会选择所有含有 `NewsType` 属性,并且值为 `'Sports'` 或者 `'Opinion'` 的消息:

```
NewsType = 'Sports' OR NewsType = 'Opinion'
```

你在创建消息消费者时,可以在 `createConsumer` 和 `createDurableSubscriber` 方法中指定一个消息选择器作为参数。

随后,消息消费者只会接收头信息和属性与选择器相匹配的消息(请参考本章后面的"消息头信息"和"消息属性"一节)。消息选择器不能基于消息体的内容来选择消息。

JMS 消息

JMS 应用程序的最终目的是生产和消费可用于其他软件程序的消息。JMS 消息有一个简单但高度灵活的基本格式,因此对于异构平台上的非 JMS 应用程序来说,你可以创建与其格式相匹配的消息。

JMS 消息可以拥有三个部分:头信息、属性和消息体。只有头信息是必需的。下面几节会介绍这些部分。

有关消息头信息、属性和消息体的完整文档,请参考 API 文档中的 `Message` 接口文档。

消息头信息

JMS 消息头信息包含了许多预定义字段,用于客户端和提供方确认及分发消息。表 20-1 列举了 JMS 头信息的字段以及如何设置它们的值。例如,每个消息都有一个唯一的标识符,由头信息字段中的 `JMSMessageID` 表示。另一个头信息字段 `JMSDestination` 的值,表示了消息发送到的队列或主题。其他字段包括了时间戳和优先级。

每个头信息字段都有关联的 setter 和 getter 方法,你可以查看它们在 `Message` 接口文档中的描述。虽然客户端可以设置一些头信息字段,但是大多数字段都由 `send` 或 `publish` 方法自动来设置,并覆盖任何由客户端设置的值。

表 20-1　如何设置 JMS 消息头信息字段

头信息字段	设置来源
JMSDestination	由 send 或者 publish 方法设置
JMSDeliveryMode	由 send 或者 publish 方法设置
JMSExpiration	由 send 或者 publish 方法设置
JMSPriority	由 send 或者 publish 方法设置
JMSMessageID	由 send 或者 publish 方法设置
JMSTimestamp	由 send 或者 publish 方法设置
JMSCorrelationID	客户端
JMSReplyTo	客户端
JMSType	客户端
JMSRedelivered	JMS 提供方

消息属性

如果头信息中的值不能满足你的需求，你可以为消息创建并设置属性。消息属性可以用来兼容其他的消息系统，或者用来创建消息选择器（请参考本章前面的"JMS 消息选择器"一节）。关于如何将消息属性用作消息选择器的示例，请参考第 21 章中的"使用 JMS API 和 Session Bean 的应用程序"一节。

JMS API 提供了一些提供方能够支持的预定义属性名。你可以选择是否使用这些预定义属性，或者由用户定义的属性。

消息体

JMS API 定义了 5 种消息体格式，也被称为消息类型，不仅允许发送并接收多种不同格式的消息，而且能够兼容已有的消息格式。表 20-2 列举了这些消息类型。

表 20-2　JMS 消息类型

消息类型	消息体包含的内容
TextMessage	一个 java.lang.String 对象（例如，一个 XML 文件的内容）
MapMessage	一组名-值对，其中名称是 String 对象，而值是 Java 中的原始类型。你可以遍历访问它的每一条记录，或者通过名称来随机访问其中某一条记录。这些名-值对之间没有顺序关系
BytesMessage	一个未解析的字节流。该消息类型用来对一个消息体进行编码，以匹配已有的消息格式
StreamMessage	一个由 Java 原始类型值组成的流，按照依次顺序进行设置或读取
ObjectMessage	一个 Java 编程语言中的 Serializable 对象
Message	无。该消息只由头信息字段和属性组成。通常用于不需要消息体的情况

JMS API 提供了一些方法，用来创建每种类型的消息并设置其内容。例如，你可能会使用以下代码来创建并发送一个 `TextMessage`：

```
TextMessage message = session.createTextMessage();
message.setText(msg_text);    // msg_text 是一个字符串
producer.send(message);
```

在接收到消息后，你必须将它从一般的 `Message` 对象转换成合适的消息类型。你可以使用一个或多个 getter 方法来提取消息的内容。以下代码片段使用了 `getText` 方法：

```
Message m = consumer.receive();
if (m instanceof TextMessage) {
    TextMessage message = (TextMessage) m;
    System.out.println("Reading message: " + message.getText());
} else {
    //处理错误
}
```

JMS 队列浏览器

发往队列的消息会一直保存在队列中，直到该队列的消息消费者将它们接收。JMS API 提供了一个 `QueueBrowser` 对象来查看队列中的消息，以及显示每个消息的所有头信息。请使用 `Session.createBrowser` 方法来创建一个 `QueueBrowser` 对象，如下所示：

```
QueueBrowser browser = session.createBrowser(queue);
```

关于如何使用 `QueueBrowser` 对象的示例，请参考第 21 章中的"浏览队列中消息的简单示例"一节。

当创建 `QucucBrowser` 对象时，`createBrowser` 方法允许你指定一个消息选择器作为第二个参数。关于消息选择器的信息请参考本章前面的"JMS 消息选择器"一节。

JMS API 没有提供浏览主题的机制。主题中的消息通常刚出现就消失了：如果没有消息消费者接收它们，JMS 提供方会删除它们。虽然可持续订阅允许当消息消费者处于非活动状态时，将消息保存在主题中，但是暂时还没有方法能够查看它们。

JMS 异常处理

JMS API 方法抛出异常的基类是 `JMSException`。通常，处理所有与 JMS 相关异常的办法就是捕获 `JMSException`。

`JMSException` 类包括以下子类，具体细节请参考 API 文档：

- IllegalStateException
- InvalidClientIDException
- InvalidDestinationException
- InvalidSelectorException
- JMSSecurityException
- MessageEOFException
- MessageFormatException
- MessageNotReadableException
- MessageNotWriteableException
- ResourceAllocationException
- TransactionInProgressException
- TransactionRolledBackException

本书中的所有 JMS 示例程序，都会在适当的时候捕获并处理 JMSException。

创建健壮的 JMS 应用程序

本节会介绍如何使用 JMS API 的功能，来创建一个可靠的、能够达到性能要求的应用程序。许多人选择实现 JMS 应用程序，是因为他们不能忍受丢失消息或收到重复的消息，并且要求每条消息都只能被接收一次。JMS API 提供了这个功能。

产生一个消息的最可靠方式，是在事务中发送一个"持久化"的消息。JMS 消息默认都是持久化的。事务是由一系列操作（例如发送和接收消息）组合成的工作单元，因此要么所有操作全部成功，要么全部失败。更多细节，请参考本章后面的"指定消息持久化"一节和"使用 JMS API 本地事务"一节。

不管是从队列还是主题的可持续订阅中接收消息，最可靠的方式也是在事务中进行。关于细节，请参考本章后面的"创建临时目的地"、"创建可持续的订阅"与"使用 JMS API 本地事务"小节。

对于其他应用程序来说，更低级别的可靠性可以降低消耗并提高性能。你可以使用不同的优先级来发送消息（请参考本章后面的"设置消息优先级"一节），并且可以设置它们在一定时间后过期（请参考本章后面的"允许消息过期"一节）。

JMS API 提供了不同类型和程度的可靠性。本节会将它们划分为两个类型，基础型和高级型。

以下章节会介绍如何在 JMS 客户端应用这些功能。一些功能在各个 Java EE 应用程序中的工作方式不同，本章后面的"在 Java EE 应用程序中使用 JMS API"一节会注明并解释这些区别。

使用基础的可靠性机制

能够达到或影响消息可靠分发的基础机制包括以下几种。

- **控制消息应答**：你可以指定控制消息应答的不同级别。
- **指定消息持久化**：你可以使用持久化消息，这样即使提供方出现失败，它们也不会丢失。
- **设置消息优先级**：你可以设置消息的各种优先级，从而影响消息分发的顺序。
- **允许消息过期**：你可以为消息指定一个过期时间，这样当它们过期后就不会再被发送。
- **创建临时目的地**：你可以创建只存在于某个连接过程期间的临时目的地。

控制消息应答

只有当 JMS 消息被应答后，才会认为被成功接收。消息的成功接收通常需要三个阶段。

1．客户端接收消息。

2．客户端处理消息。

3．应答消息。根据会话的应答模式，由 JMS 提供方或者客户端来发起应答。

在事务会话（请参考本章后面"使用 JMS API 本地事务"一节）中，当事务提交时会自动发送应答。如果事务被回滚，所有已接收的消息都会被重新分发。

在非事务会话中，什么时候应答消息以及如何应答消息，依赖于 `createSession` 方法中的第二个参数。该参数有以下三个可用的值。

- `Session.AUTO_ACKNOWLEDGE`：不管客户端从调用的接收方法成功返回，还是从用来处理消息的 `MessageListener` 成功返回，会话都会自动应答客户端的消息接收。

  虽然我们之前介绍了消息接收是一个三阶段的过程，但是有一个例外，就是在一个 `AUTO_ACKNOWLEDGE` 会话中同步接收消息。在这种情况下，接收和应答都发生在处理消息前的同一个步骤中。

- `Session.CLIENT_ACKNOWLEDGE`：客户端调用消息的 `acknowledge` 方法来应答消息。在该模式下，应答会发生在会话级别上：应答一个已接收的消息，会自动应答该会话已经接收的所有消息。例如，如果一个消息消费者接收了 10 条消息，然后应答第 5 条消息，那么所有 10 条消息都会被应答。

  > **注意**：在 Java EE 平台中，`CLIENT_ACKNOWLEDGE` 会话只能用于应用程序客户端，不能用于 web 组件或 enterprise bean。

- `Session.DUPS_OK_ACKNOWLEDGE`：该选项会指示会话延迟应答消息分发。当 JMS

提供方失败时，这可能会导致一些消息被重复发送，因此它应该只用于能够容忍接收重复消息的消费者。(如果 JMS 提供方重新发送消息，它必须将 `JMSRedelivered` 消息头字段设置为 `true`。)该选项通过将会话为防止重复发送消息所需的工作降低到最小程度，来减少会话的消耗。

如果消息已经从队列中接收，但是在会话结束时没有被应答，那么 JMS 提供方会保留它们，直到消费者下次访问队列时再次将它们分发。对于拥有一个可持续 `TopicSubscriber` 的已终止会话，提供方也会保留它的未应答消息。非持续 `TopicSubscriber` 的未应答消息，会在会话关闭时被丢弃。

如果你使用一个队列或可持续订阅，可以通过 `Session.recover` 方法来停止一个非事务会话，并用它的第一个未应答消息来重启会话。这样，该会话的已发送消息序列会被重置到最后一条应答消息之后的时间点。如果消息已过期或者有更高级别的消息到达，此时分发的消息可能会与之前的消息不同。对于非持续 `TopicSubscriber`，提供方可能会在会话恢复时丢弃未应答的消息。

第 21 章的"消息应答示例"一节中的示例程序，演示了两种能够确保消息处理完毕之后才应答消息的方式。

指定消息持久化

JMS API 提供了两种分发模式，用来指定如果 JMS 提供方失败，消息是否会丢失。这两种发送方式都是 `DeliveryMode` 接口的字段。

- 默认的 `PERSISTENT` 分发模式，表示当 JMS 提供方失败后，需要额外的工作来保证传输中的消息不会丢失。通过这种模式分发的消息，会在发送时被记录到稳定的存储中。
- `NON_PERSISTENT` 分发模式不需要 JMS 提供方存储消息，也不保证失败时不丢失消息。

你可以通过以下两种方式来指定分发模式。

- 你可以使用 `MessageProducer` 接口的 `setDeliveryMode` 方法，来设置生产者分发消息的模式。例如，以下代码会将生产者的分发模式设置为 `NON_PERSISTENT`：
  `producer.setDeliveryMode(DeliveryMode.NON_PERSISTENT);`
- 你可以使用含有更多参数的 `send` 或 `publish` 方法，来设置具体指定消息的分发模式。第二个参数用来设置分发模式。例如，以下代码会将一条消息的分发模式设置为 `NON_PERSISTENT`：
  `producer.send(message, DeliveryMode.NON_PERSISTENT, 3, 10000);`

第三个和第四个参数用来设置优先级和过期时间，我们会在后面介绍它们。

如果你没有指定分发模式，默认是 `PERSISTENT`。使用 `NON_PERSISTENT` 模式可能会提高性能，并降低存储消耗，但是你应该只在能够允许丢失消息的情况下使用它。

设置消息优先级

你可以使用消息优先级来指示 JMS 提供方首先分发紧急的消息。可以通过以下两种方式设置优先级。

- 可以使用 `MessageProducer` 接口的 `setPriority` 方法，来设置生产者所发送消息的优先级。例如，如下代码会将生产者的优先级设置为 7：
  ```
  producer.setPriority(7);
  ```
- 可以使用含有更多参数的 `send` 或者 `publish` 方法，来设置指定消息的优先级。第三个参数用来设置优先级。例如，以下 `send` 方法会将消息的优先级设置为 3：
  ```
  producer.send(message, DeliveryMode.NON_PERSISTENT, 3, 10000);
  ```

优先级分为从 0（最低）到 9（最高）共 10 个级别。如果你没有指定优先级，默认级别是 4。JMS 提供方会试图优先发送高优先级的消息，但是并不保证一定按照优先级顺序来发送消息。

允许消息过期

默认情况下，消息永不过期。不过，如果你希望消息在一段时间后过期，可以设置一个超时时间。你可以通过以下两种方式来设置。

- 可以使用 `MessageProducer` 接口的 `setTimeToLive` 方法，为生产者所发送的所有消息设置一个默认的过期时间。例如，以下代码会设置消息的过期时间为 1 分钟。
  ```
  producer.setTimeToLive(60000);
  ```
- 可以使用含有更多参数的 `send` 或者 `publish` 方法，为指定的消息设置一个过期时间。第 4 个参数用来设置过期时间，单位为毫秒。例如，以下 `send` 方法会设置该消息的过期时间为 10 秒：
  ```
  producer.send(message, DeliveryMode.NON_PERSISTENT, 3, 10000);
  ```

如果 `timeToLive` 的值指定为 0，那么消息永不过期。

当发送消息时，会在当前时间上加上指定的 `timeToLive`，计算出过期的时间。任何在过期时间前未分发的消息，都会被销毁。过期消息的销毁会占用存储并消耗资源。

创建临时目的地

一般来说，你应该通过管理的方式，而非编程方式来创建 JMS 目的地（队列和主题）。JMS 提供方会提供一个创建和删除目的地的工具，并且通常目的地都是长期的。

JMS API 也允许你创建只存在于某个连接过程期间的目的地（`TemporaryQueue` 和 `TemporaryTopic` 对象）。你可以使用 `Session.createTemporaryQueue` 和 `Session.`

createTemporaryTopic 方法来动态创建这些目的地。

要想接收来自临时目的地的消息，消息消费者必须使用与目的地相同的连接来创建。如果你关闭了临时目的地所属的连接，那么目的地也会被关闭，其中的内容也会丢失。

你可以用临时目的地来实现一个简单的请求/回复机制。如果你创建一个临时目的地，并在发送消息时将其设置为 JMSReplyToMessage 头字段的值，然后消息消费者就可以将 JMSReplyTo 字段作为它发送回复的目的地。消费者还可以将回复消息的 JMSCorrelationID 头字段，设置为原请求中 JMSMessageID 头字段的值，来引用原来的请求。例如，因为 onMessage 方法可以创建一个会话，所以可以用它来发送一个对接收消息的回复。使用的代码如下所示：

```
producer = session.createProducer(msg.getJMSReplyTo());
replyMsg = session.createTextMessage("Consumer " +
    "processed message: " + msg.getText());
replyMsg.setJMSCorrelationID(msg.getJMSMessageID());
producer.send(replyMsg);
```

更多示例，请参考第 21 章。

使用高级的可靠性机制

更多用来实现可靠消息分发的机制包括如下几个。

- **创建可持续订阅**：你可以创建可持续的主题订阅，即当订阅者处于非活动状态时还可以接收消息。可持续订阅为发布/订阅消息域提供了队列的稳定性。
- **使用本地事务**：你可以使用本地事务将一系列发送和接收操作组成一个工作原子单元。事务会在操作失败的时候回滚。

创建可持续的订阅

要确保发布/订阅应用程序可以接收所有发布的消息，你需要为发布者和订阅者的可持续订阅指定 PERSISTENT 分发模式。

如果主题被指定为目的地，那么 Session.createConsumer 方法会创建一个不可持续的订阅者。一个不可持续的订阅者只能接收在活动状态时发布的消息。

你可以使用 Session.createDurableSubscriber 方法来创建一个可持续订阅者，当然这会带来更高的资源消耗。可持续订阅同一时间只能有一个活动的订阅者。

可持续订阅者可以通过指定一个 JMS 提供方保留的唯一标识，来注册一个可持续订阅。拥有相同标识的后续订阅者对象，会恢复前一订阅者最后的订阅状态。如果可持续订阅没有任何活动的订阅者，JMS 提供方会保留所有的订阅消息，直到它们被订阅接收或者过期。

创建健壮的 JMS 应用程序

可以通过如下设置,为可持续订阅者建立唯一标识:

- 为连接设置一个客户端 ID。
- 为订阅者设置一个主题和订阅名。

你可以使用命令行或管理控制台,为一个客户端的连接工厂设置客户端 ID。

在使用该连接工厂创建连接和会话之后,你可以调用含有两个参数的 `createDurableSubscriber` 方法,这两个参数分别是主题和订阅名:

```
String subName = "MySub";
MessageConsumer topicSubscriber =
    session.createDurableSubscriber(myTopic, subName);
```

当你启动 `Connection` 或者 `TopicConnection` 后,订阅者就会变为活动状态。

稍后,你可能会关闭这个订阅者:

```
topicSubscriber.close();
```

同存储发送到队列的消息一样,JMS 提供方会存储发送或发布到主题的消息。如果本程序或者其他应用程序调用 `createDurableSubscriber` 方法,并指定相同的连接工厂、连接工厂客户端 ID、主题以及订阅名,那么订阅会被重新激活,并且 JMS 提供方会将所有在订阅者处于非活动状态期间发布的消息,分发出去。

要删除一个可持续订阅,首先要关闭订阅者,然后将订阅名作为参数,调用 `unsubscribe` 方法:

```
topicSubscriber.close();
session.unsubscribe("MySub");
```

`unsubscribe` 方法会删除 JMS 提供方为订阅者维护的状态。

图 20-6 和图 20-7 描绘了非持续订阅者和可持续订阅者之间的区别。对于一个普通的、非持续的订阅者来说,订阅者和订阅都在同一时间点开始和结束,实际上它们是一样的。当订阅者关闭时,订阅也会结束。这里,创建表示调用带有 `Topic` 参数的 `Session.createConsumer` 方法,而关闭表示调用 `MessageConsumer.close` 方法。任何在订阅者第一次关闭和第二次创建之间发布的消息,都不会被订阅者接收。在图 20-6 中,订阅者会接收消息 M1、M2、M5 和 M6,但是消息 M3 和 M4 会丢失。

可持续订阅者也可以被关闭并重新创建,但是订阅会继续存在并持有消息,直到应用程序调用 `unsubscribe` 方法。在图 20-7 中,创建表示调用 `Session.createDurableSubscriber` 方法,而关闭表示调用 `MessageConsumer.close` 方法,取消订阅表示调用 `Session.unsubscribe` 方法。当订阅者被重新创建之后,会接收所有在其关闭期间发布的消息,因此即使消息 M2、M4 和 M5 在订阅者关闭期间到达,它们也不会丢失。

创建健壮的 JMS 应用程序

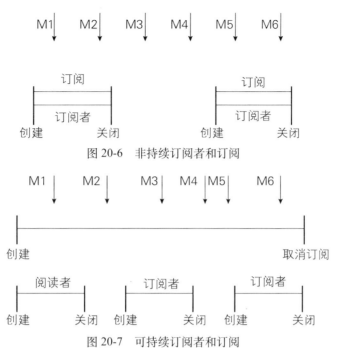

图 20-6 非持续订阅者和订阅

图 20-7 可持续订阅者和订阅

请参考第 21 章中"消息应答示例"、"可持续订阅示例"以及"使用 JMS API 和 Session Bean 的应用程序"小节中的 Java EE 应用程序示例，了解如何使用可持续的订阅。

使用 JMS API 本地事务

将一系列操作组合成一个原子工作单元，称之为一个事务。如果其中任何一个操作失败，那么会回滚整个事务，并且从头开始再次尝试操作。如果所有操作都成功，则提交事务。

在一个 JMS 客户端中，你可以使用本地事务将消息的发送和接收组合在一起。JMS API Session 接口提供了可以在 JMS 客户端中使用的 commit 和 rollback 方法。事务提交意味着所有产生的消息都被发送，并且所有接收的消息都被应答。事务回滚意味着所有产生的消息都被销毁，并且所有接收的消息都会恢复并重新发送，除非它们已经过期（请参考本章前面的"允许消息过期"一节）。

在事务中总是会引入一个事务会话。一旦调用 commit 或者 rollback 方法，就会结束一个事务并开始另一个事务。关闭一个事务会话会回滚正在进行中的事务，包括所有等待发送和接收的消息。

在一个 enterprise JavaBean 组件中，你不能使用 Session.commit 和 Session.rollback 方法。但是你可以使用本章后面"在 Java EE 应用程序中使用 JMS API"一节中介绍的分布式事务。

你可以将多个发送和接收操作组合到一个 JMS API 本地事务中。如果这样做,你需要注意操作的顺序。如果事务全部由发送或者接收操作组成,或者所有接收操作都在发送操作之前执行,那么没有什么问题。但是,如果你试图使用请求/回复机制,即发送一条消息然后在同一事务中接收该消息的回复,那么程序会挂起,因为只有当事务提交后才能执行发送操作。以下代码片段说明了该问题:

```
// 不要这么做!
outMsg.setJMSReplyTo(replyQueue);
producer.send(outQueue, outMsg);
consumer = session.createConsumer(replyQueue);
inMsg = consumer.receive(); session.commit();
```

由于在事务提交之前,在事务中发送的消息不会真正被发送,所以一个事务中不能包含任何依赖于发送消息的接收操作。

此外,对消息的生产和消费也不能在同一事务中。因为事务只能发生在消息生产和消费过程中的客户端和 JMS 提供方之间。图 20-8 说明了这种交互。

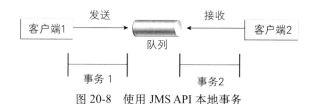

图 20-8　使用 JMS API 本地事务

客户端 1 将一条或多条消息发送到一个或多个目的地的操作,可以形成一个单独的事务,因为它只通过一个单独会话与 JMS 提供方进行单独的一组交互。类似的,客户端 2 从一个或多个目的地接收一条或多条消息的操作,也可以形成一个使用单独会话的事务。但是由于这两个客户端之间没有直接的交互,并且分别使用两个不同的会话,所以在它们之间不能形成事务。

另外要说明的是,在一个会话中生产和/或消费消息的行为可以是事务的,但是在不同会话中生产和消费指定消息的行为不是事务的。

这是消息传递与同步处理之间最本质的区别。除了将发送和接收数据紧密耦合在一起,消息生产者和消费者还使用另一种方法来提高可靠性,即由 JMS 提供方来保证一次且仅有一次的消息分发。

当创建一个会话时,你需要指定它是否是事务的。`createSession` 的第一个参数是一个 `boolean` 值。`true` 表示会话是事务的,`false` 表示它不是事务的。第二个参数是应答模式,只用于非事务会话中(请参考本章前面"控制消息应答"一节)。如果会话是事务的,那么第二个参数会被忽略，因此将它指定为 0 可以使代码的意义更加清晰。例如：

```
session = connection.createSession(true, 0);
```

本地事务的 `commit` 和 `rollback` 方法与会话相关。如果你使用同一会话来进行操作，那么可以将队列和主题的操作组合在一个事务中。例如，你可以使用同一会话从队列中接收消息，并在同一事务中将消息发送给一个主题。

你可以将一个客户端程序的会话传递给消息监听器的构造方法，从而用它来创建一个消息生产者。通过这种方式，可以在异步的消息消费者接收和发送消息时使用同一会话。

第 21 章中的"本地事务示例"一节中提供了一个如何使用 JMS API 本地事务的例子。

在 Java EE 应用程序中使用 JMS API

本节将介绍如何在 enterprise bean 或者 web 应用程序中使用 JMS API，以及与在应用程序客户端中使用 JMS API 的区别。

下面这条 Java EE 平台规范中的普遍规则，也适用于所有在 EJB 或者 web 容器中使用 JMS API 的 Java EE 组件，即：web 和 EJB 容器中的应用程序组件在每个连接中只能创建一个活动的（未关闭的）`Session` 对象。

该规则不适用于应用程序客户端。应用程序客户端可以为每个连接创建多个会话。

在 enterprise bean 或 web 容器中使用 @Resource 注解

当你在一个应用程序客户端组件中使用 `@Resource` 注解时，通常需要将 JMS 资源声明为静态成员：

```
@Resource(lookup = "jms/ConnectionFactory")
private static ConnectionFactory connectionFactory;

@Resource(lookup = "jms/Queue")
private static Queue queue;
```

但是，当你在一个 session bean、message-driven bean 或者 web 组件中使用该注解时，不要将资源声明为静态的：

```
@Resource(lookup = "jms/ConnectionFactory")
private ConnectionFactory connectionFactory;

@Resource(lookup = "jms/Topic")
private Topic topic;
```

如果你在这些组件中将资源声明为静态的，那么会导致运行时错误。

使用 session bean 来生产和同步接收消息

应用程序可以使用 session bean 来产生或同步接收消息。第 21 章中"使用 JMS API 和 Session Bean 的应用程序"一节通过一个无状态的 session bean 将消息发布给一个主题。

由于阻塞的同步接收会占用很大的服务器资源，因此在 enterprise bean 中使用这种方法并不是好的编程实践。相反，你应该使用一个计时的同步接收，或者使用 message-driven bean 来异步接收消息。关于阻塞和计时同步接收，请参考第 21 章中"为同步接收示例编写客户端"一节。

在 enterprise bean 中使用 JMS API 的很多方式，与在应用程序客户端中相似。最主要的区别是资源管理的范围和事务。

在 session bean 中管理 JMS 资源

JMS API 资源包括一个 JMS API 连接和一个 JMS API 会话。一般来说很重要的一点是，当不再使用 JMS 资源时，应该将它们释放。以下是一些有用的实践经验：

- 如果你只想在业务方法的生命周期中维护 JMS API 资源，那么应该在方法中的 `finally` 块中关闭资源。
- 如果你想在一个 enterprise bean 实例的生命周期中维护一个 JMS API 资源，那么应该使用 `@PostConstruct` 回调方法来创建资源，并且使用 `@PreDestroy` 回调方法来关闭资源。如果你使用了有状态的 session bean，并且希望在一个已缓存的状态中维护 JMS API 资源，你必须在 `@PrePassivate` 回调方法中关闭资源，将其设置为 `null`，然后在一个 `@PostActivate` 回调方法中再次创建它。

在 session bean 中管理事务

除了使用本地事务以外，你还可以在执行发送和接收的 bean 方法中使用由容器管理的事务，从而由 EJB 容器来处理事务界定。由于默认会使用由容器管理的事务，所以你不需要指定任何注解。

你可以使用由 bean 管理的事务，以及 `javax.transaction.UserTransaction` 接口的事务界定方法，但是只有当应用程序有特殊要求并且你是使用事务的专家时，才应该采取这种方式。通常，使用由容器管理的事务，就能够获得最有效、最正确的行为。本教程不提供由 bean 管理的事务示例。

使用 Message-Driven Bean 来异步接收消息

The Java EE 6 Tutorial: Basic Concepts 中的 What Is a Message-Driven Bean? 一节和本章前面"JMS API 如何与 Java EE 平台一起工作？"一节，介绍了 Java EE 平台如何支持 enterprise bean 的特殊类型——message-driven bean 来异步处理 JMS 消息。session bean 只允许你同步发送和接

收消息。

message-driven bean 是一个可以从队列或可持续订阅中稳定接收消息的消息监听器。这些消息可以由任意的 Java EE 组件（一个应用程序客户端、enterprise bean 或者 web 组件）或者没有使用 Java EE 技术的应用程序或系统发出。

同应用程序客户端中的消息监听器相似，message-driven bean 含有一个 `onMessage` 方法，当消息到达时会自动调用该方法。同消息监听器相似，`message-driven bean` 类可以实现供 `onMessage` 方法调用的辅助方法，来帮助处理消息。

但是，message-driven bean 与应用程序客户端消息监听器有以下区别：

- EJB 容器会执行一定的安装任务。
- bean 类使用 `@MessageDriven` 注解来为 bean 或者连接工厂指定属性，例如目的地类型、可持续订阅、消息选择器或者应答模式。第 21 章中的示例程序演示了 JMS 资源适配器如何在 GlassFish Server 中工作。

EJB 容器会自动执行一些单机客户端必须执行的安装任务：

- 创建一个消息消费者来接收消息。与在代码中创建消息消费者不同，你需要在部署时将 message-driven bean 与一个目的地和一个连接工厂相关联。如果你希望指定一个可持续订阅，或者使用一个消息选择器，也可以在部署时进行。
- 注册消息监听器。你不能调用 `setMessageListener` 方法。
- 指定一个消息应答模式，除非通过设置属性来覆盖默认值，否则默认模式为 `AUTO_ACKNOWLEDGE`。

如果 JMS 已经通过资源适配器与应用程序服务器集成，那么由 JMS 资源适配器来为 EJB 容器处理这些任务。

你的 message-driven bean 类必须实现 `javax.jms.MessageListener` 接口和 `onMessage` 方法。

它还可以通过实现一个 `@PostConstruct` 回调方法来创建一个连接，以及实现一个 `@PreDestroy` 回调方法来关闭连接。通常，如果它需要产生消息或者从其他目的地同步接收消息，就需要实现这些方法。

bean 类一般会注入一个 `MessageDrivenContext` 资源，由它来提供一些用于事务管理的额外方法。

message-driven bean 和 session bean 之间的主要区别在于，message-driven bean 没有本地或远程接口，它只有一个 bean 类。

message-driven bean 与无状态 session bean 在某些方面很相似：实例存活时间相对较短，并且不会保留客户端的状态。message-driven bean 实例的实例变量，可以包含一些在处理客户端消息整个过程中都需要的状态：例如，一个 JMS API 连接、一个打开的数据库连接，或者对某个 enterprise bean 对象的引用。

像一个无状态的 session bean 一样，message-driven bean 在同一时间也可以有许多可互换的实例。容器会将这些实例放到一个缓冲池中，这样可以并发处理消息流。容器会试图按照时间顺序来分发消息，这样不会影响消息的并发处理，但是无法保证 message-driven bean 接收到的消息顺序与分发的顺序完全一致。因为并发会影响消息分发的顺序，所以你的应用程序应该能够处理乱序到达的消息。

例如，你的应用程序可以使用应用程序级的序列号来管理会话。如果在使用应用程序级的会话控制机制的基础上，能够再持久化会话的状态，那么就可以在处理较早消息时先将后续的消息缓存起来，等较早消息处理完毕后再执行后续的消息。

另一个保证顺序的方式是让会话中的每条消息或每组消息都要求发送者接收一条确认消息，否则发送者就一直阻塞。这样就将保证顺序的职责强制转移回发送者，并且使发送者和 message-driven bean 之间的耦合更紧。

要新建一个 message-driven bean 的实例，容器需要执行以下步骤：

- 实例化 bean。
- 执行所需的资源注入。
- 如果有@PostConstruct 回调方法，则调用它。

要删除 message-driven bean 的一个实例，容器会调用@PreDestroy 回调方法。

图 20-9 展示了 message-driven bean 的生命周期。

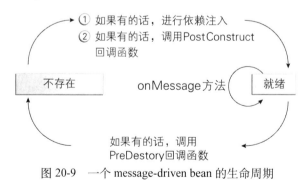

图 20-9　一个 message-driven bean 的生命周期

管理分布式事务

JMS 客户端应用程序使用 JMS API 本地事务（如本章前面"使用 JMS API 本地事务"一节中所述），允许将指定 JMS 会话中的一些发送和接收方法组合到一起。通常，Java EE 应用程序会使用分布式事务来保证访问外部资源的完整性。例如，分布式事务允许多个应用程序对同一数据库进行原子更新操作，也允许单个应用程序对多个数据库进行原子更新操作。

在使用 JMS API 的 Java EE 应用程序中，你可以使用事务将消息的发送与接收操作与数据库的更新操作和其他资源的管理操作结合起来。你可以让多个应用程序组件在一个事务中访问资源。例如，一个 servlet 可以启动一个事务，访问多个数据库，调用一个发送 JMS 消息的 enterprise bean，然后调用另一个 enterprise bean，修改某个使用 Connector 架构的 EIS 系统，最后提交事务。但是，应用程序不能在一个事务中同时发送一个 JMS 消息并接收该消息的回复。本章前面"使用 JMS API 本地事务"一节中介绍的限制在此处依然适用。

EJB 容器提供了以下两种类型的分布式事务。

- **由容器管理的事务**：由 EJB 容器控制事务的完整性，你不需要调用 `commit` 或 `rollback` 方法。

对于使用 JMS API 的 Java EE 应用程序，推荐使用由容器管理的事务。你可以为 enterprise bean 的方法指定适当的事务属性。

使用 `Required` 事务属性（默认）来确保方法总是事务的一部分。如果当方法被调用时事务正在进行，那么该方法就是事务的一部分，否则会在调用方法之前启动一个新的事务，并当方法返回时提交该事务。

- **由 bean 管理的事务**：你可以结合使用 `javax.transaction.UserTransaction` 接口，它提供了自己的 `commit` 和 `rollback` 方法，用来划定事务边界。

  由 bean 管理的事务只推荐对事务编程有丰富经验的开发人员使用。

你可以在 message-driven bean 中使用由容器管理的事务或者由 bean 管理的事务。如果要确保所有消息都在一个事务的上下文中被接收并处理，那么请使用由容器管理的事务，并在 `onMessage` 方法上使用 `Required` 事务属性（默认）。这意味着即使当前没有事务正在进行，也会在方法调用前启动一个事务，并当方法返回时提交该事务。

当你使用由容器管理的事务时，可以调用 `MessageDrivenContext` 的以下方法。

- `setRollbackOnly`：使用该方法来处理错误。如果产生异常，`setRollbackOnly` 会对当前事务进行标记，这样该事务只能回滚。
- `getRollbackOnly`：该方法用来测试当前事务是否被标记为回滚。

如果你使用由 bean 管理的事务，那么向 onMessage 方法分发消息的操作会发生在分布式事务上下文之外。当你在 onMessage 方法中调用 UserTransaction.begin 方法时会开始事务，当调用 UserTransaction.commit 或者 UserTransaction.rollback 时会结束事务。必须在事务中调用 Connection.createSession 方法。如果你调用 UserTransaction.rollback，那么消息不会被重新分发。而当使用由容器管理的事务时，调用 setRollbackOnly 会重新分发消息。

不管是 JMS API 规范还是 Enterprise JavaBean 规范（http://jcp.org/en/jsr/detail?id=318），都规定了在事务边界外如何来处理对 JMS API 的调用。Enterprise JavaBean 规范明确声明了，对于使用由 bean 管理的事务的 message-driven bean，由 EJB 容器负责应答消息已经成功被其 onMessage 方法处理。由 bean 管理的事务允许你使用多个事务来处理消息，或者在事务上下文以外来处理某些消息。但是，在大多数情况下，由容器管理的事务会提供更好的可靠性，因此应该优先考虑使用。

当你在 enterprise bean 中创建了一个会话时，容器会忽略你指定的参数，因为由它来管理 enterprise bean 的所有事务属性。不过，指定 createSession 方法的参数为 true 和 0 依然是一个很好的做法，因为它能清楚地表示这种情况：

```
session = connection.createSession(true, 0);
```

当你使用由容器管理的事务时，通常需要对 enterprise bean 的业务方法使用 Required 事务属性（默认）。

当你创建一个使用由容器管理的事务的 message-driven bean 时，不需要指定消息的应答模式。容器会在提交事务时自动应答消息。

如果 message-driven bean 使用由 bean 管理的事务，由于在由 bean 管理的事务中无法接收消息，因此容器只能在事务外应答消息。

如果 onMessage 方法抛出一个 RuntimeException，那么容器不会应答消息。在这种情况下，JMS 提供方会在将来重新分发未被应答的消息。

在应用程序客户端和 web 组件中使用 JMS API

Java EE 应用程序客户端使用 JMS API 的方式，与单独的客户端程序非常相似。它可以产生消息，也可以同步接收或使用消息监听器来接收消息。关于应用程序客户端生产消息的示例，请参考第 11 章。关于使用应用程序客户端生产并接收消息的示例，请参考第 21 章中的"在两个服务器上部署 Message-Driven Bean 的应用程序示例"小节。

Java EE 平台规范并没有对 web 组件应该如何使用 JMS API 定义严格的约束。在 GlassFish Server 中，一个 web 组件可以发送消息并同步接收消息，但是不能异步接收消息。

由于阻塞的同步接收会消耗服务器的资源,所以在 web 组件中使用这种接收调用并不是很好的编程实践。你应该使用计时的同步接收。关于阻塞和计时的同步接收,请参考第 21 章中的"为同步接收示例编写客户端"小节。

关于 JMS 的更多信息

更多关于 JMS 的信息,请参考:

- Java 消息服务的网站:
http://www.oracle.com/technetwork/java/index-jsp-142945.html
- Java 消息服务的规范 1.1 版:
http://www.oracle.com/technetwork/java/docs-136352.html

第 21 章

Java 消息服务示例

本章会提供一些示例程序，演示在不同类型的 Java EE 应用程序中如何使用 JMS API。本章包含以下主题：

- 编写简单的 JMS 应用程序
- 编写健壮的 JMS 应用程序
- 使用 JMS API 和 Session Bean 的应用程序
- 使用 JMS API 和实体的应用程序
- 从远程服务器接收消息的应用程序示例
- 在两个服务器上部署 Message-Driven Bean 的应用程序示例

示例程序位于 *tut-install*/examples/jms/ 目录下。

构建和运行每个示例程序的步骤如下：

1. 使用 NetBeans IDE 或者 Ant 来编译并打包示例程序。
2. 使用 NetBeans IDE 或者 Ant 来部署示例程序并为其创建资源。
3. 使用 NetBeans IDE、appclient 命令或者 Ant 来运行客户端。

每个示例都有一个 build.xml 文件引用 *tut-install*/examples/bp-project/ 目录下的文件。

每个示例程序都有一个用来创建资源的 setup/glassfish-resources.xml 文件。

第 11 章中演示了一个更简单的、使用 JMS API 的 Java EE 应用程序。

编写简单的 JMS 应用程序

本节会展示如何创建、打包及运行简单的 JMS 客户端。我们会将它们打包为应用程序客户端，并部署到一个 Java EE 服务器中。这些客户端会演示一个 JMS 应用程序必须执行的一些基本任务，如下所示：

- 创建一个连接和会话。
- 创建消息生产者和消费者。
- 发送和接收消息。

在一个 Java EE 应用程序中，容器会执行部分或全部这些任务。如果了解了这些任务，你就会对 JMS 应用程序如何在 Java EE 平台上工作有一个良好的基本理解。

每个示例都使用两个客户端：一个发送消息，另一个接收消息。你可以在 NetBeans IDE 或者两个终端窗口中运行这两个客户端。

当你编写一个运行在 enterprise bean 应用程序中的 JMS 客户端时，你会用到很多在应用程序客户端中使用的方法，甚至调用顺序都一样。但是，它们之间又有一些显著的区别。第 20 章中的"在 Java EE 应用程序中使用 JMS API"一节中介绍了这些区别，本章会提供一些示例来说明它们。

本节的示例位于 *tut-install*/examples/jms/simple/ 目录下的 4 个子目录中：

```
producer
synchconsumer
asynchconsumer
messagebrowser
```

同步消息接收的简单示例

本节通过一个使用 `receive` 方法来同步接收消息的示例，介绍了发送和接收客户端。然后本节讲解了如何使用 GlassFish Server 编译、打包并运行客户端。

以下章节介绍了创建和运行示例程序的步骤。

为同步接收示例编写客户端

发送客户端 `producer/src/java/Producer.java` 会执行以下步骤：

1. 为一个连接工厂、队列和主题注入资源：

   ```
   @Resource(lookup = "jms/ConnectionFactory")
   private static ConnectionFactory connectionFactory;
   @Resource(lookup = "jms/Queue")private static Queue queue;
   ```

编写简单的 JMS 应用程序

```java
@Resource(lookup = "jms/Topic")private static Topic topic;
```

2. 获取并验证指定目的地类型的命令行参数以及参数数量：

```java
final int NUM_MSGS;
String destType = args[0];
System.out.println("Destination type is " + destType);
if ( ! ( destType.equals("queue") || destType.equals("topic") ) ) {
    System.err.println("Argument must be \"queue\" or " + "\"topic\"");
    System.exit(1);
}
if (args.length == 2){
    NUM_MSGS = (new Integer(args[1])).intValue();
}
else {
    NUM_MSGS = 1;
}
```

3. 基于指定的目的地类型，将队列或主题赋给一个目的地对象：

```java
Destination dest = null;
try {
    if (destType.equals("queue")) {
        dest = (Destination) queue;
    } else {
        dest = (Destination) topic;
    }
}
catch (Exception e) {
    System.err.println("Error setting destination: " + e.toString());
    e.printStackTrace();
    System.exit(1);
}
```

4. 创建一个 Connection 和 Session 对象：

```java
Connection connection = connectionFactory.createConnection();
Session session = connection.createSession(
        false,
        Session.AUTO_ACKNOWLEDGE);
```

5. 创建一个 MessageProducer 和 TextMessage 对象：

```java
MessageProducer producer = session.createProducer(dest);
TextMessage message = session.createTextMessage();
```

6. 向目的地发送一条或多条消息：

```java
for (int i = 0; i < NUM_MSGS; i++) {
    message.setText("This is message " + (i + 1) + " from producer");
```

```
System.out.println("Sending message: " + message.getText());
producer.send(message);
}
```

7. 发送一个空白的控制消息来表示消息流的结尾:

   ```
   producer.send(session.createMessage());
   ```

   发送一个没有指定类型的空白消息,是一种向消费者表示最终消息已达到的简便方式。

8. 在 `finally` 块中关闭连接,它会自动关闭会话和 `MessageProducer`。

   ```
   } finally {
       if (connection != null) {
           try { connection.close(); }
           catch (JMSException e) { }
       }
   }
   ```

接收客户端 synchconsumer/src/java/SynchConsumer.java 会执行以下步骤:

1. 为一个连接工厂、队列或者主题注入资源。

2. 基于指定的目的地类型,将队列或者主题赋给一个目的地对象。

3. 创建一个 `Connection` 和 `Session` 对象。

4. 创建一个 `MessageConsumer`:

   ```
   consumer = session.createConsumer(dest);
   ```

5. 创建连接并开始分发消息:

   ```
   connection.start();
   ```

6. 接收向目的地发送的消息,直到接收到表示消息流结束的控制消息。

   ```
   while (true) {
       Message m = consumer.receive(1);
       if (m != null) {
           if (m instanceof TextMessage) {
               message = (TextMessage) m;
               System.out.println("Reading message: " + message.getText());
           } else {
               break;
           }
       }
   }
   ```

   由于控制消息不是一个 `TextMessage` 对象,所以接收客户端会在接收到控制消息后,终止 `while` 循环并停止接收消息。

7. 在一个 `finally` 块中关闭连接，并自动关闭会话和 `MessageConsumer`。

有多种使用 `receive` 方法来同步接收消息的方式。如果你没有指定参数或者指定了一个参数 0，那么该方法会一直阻塞直到有消息到达：

```
Message m = consumer.receive();
Message m = consumer.receive(0);
```

对于一个简单的客户端，这可能没什么问题。但是如果你不想让应用程序无谓地消耗系统资源，请使用计时的同步接收。请使用以下两种方式之一：

- 在调用 `receive` 方法时使用一个大于 0 的超时参数：
  ```
  Message m = consumer.receive(1); // 1毫秒
  ```
- 调用 `receiveNoWait` 方法，只有当有消息到达时才接收消息：
  ```
  Message m = consumer.receiveNoWait();
  ```

`SynchConsumer` 客户端使用了一个无限 `while` 循环来接收消息，并在调用 `receive` 方法时指定了一个超时参数。这与调用 `receiveNoWait` 方法的效果是一样的。

启动 JMS 提供方

当你使用 GlassFish Server 时，你的 JMS 提供方是 GlassFish Server。请参考第 2 章中"启动及停止 GlassFish Server"一节中介绍的方式来启动服务器。

同步接收示例中的 JMS 管理对象

该示例使用了如下 JMS 管理对象：

- 一个连接工厂。
- 两个目的地资源：一个主题和一个队列。

当你部署应用程序时，NetBeans IDE 和该 JMS 示例的 Ant 任务会使用 `setup/glassfish-resources.xml` 文件来创建所需的 JMS 资源。创建该文件最简单的方式是使用 NetBeans IDE，当然你也可以手工来创建它。

你还可以使用 `asadmin create-jms-resource` 命令来创建资源，使用 `asadmin list-jms-resources` 命令来显示它们的名称，以及使用 `asadmin delete-jms-resource` 命令来删除它们。

▼ 使用 NetBeans IDE 创建 JMS 资源

按照以下步骤，使用 NetBeans IDE 在 GlassFish Server 中创建一个 JMS 资源。为每个需要创建的资源重复这些步骤。

本章的示例程序中已经包含了资源，因此只有当你在创建自己的应用程序时，才需要执行这些步骤。

1. 右键单击想要创建资源的项目，选择 New 项，然后选择 Other 项。

   打开 New File 向导。

2. 在 Categories 下选择 GlassFish。

3. 在 FileTypes 下选择 JMS Resource。

   打开 General Attributes – JMS Resource 页面。

4. 在 JNDI Name 文本域中，输入资源的名称。

   一般按照约定，JMS 资源名称由 jms/开始。

5. 选择资源类型。

   一般来说，选择 javax.jms.Queue、javax.jms.Topic 或者 javax.jms. ConnectionFactory。

6. 单击 Next。

   打开 JMS Properties 页面。

7. 对于一个队列或主题，在 Value 文本域中输入一个物理队列的名称，作为 Name 属性的值。

   你可以在这个必填的文本域中输入任何值。

   连接工厂没有必须填写的属性。在后续章节中会讨论，某些情况下你可能需要指定一个属性。

8. 单击 Finish。

   在项目的 `setup` 目录下会创建一个名为 glassfish-resources.xml 的文件。在项目面板中，你可以在 Server Resources 节点下找到该文件。如果存在该文件，当部署项目时 NetBeans IDE 会自动创建资源。

▼ **使用 NetBeans IDE 删除 JMS 资源**

1. 在 Services 面板中，展开 Servers 节点，然后展开 GlassFish Server 3+节点。

2. 展开 Resources 节点，然后展开 Connector Resources 节点。

3. 展开 Admin Object Resources 节点。

4. 右键单击任何你想要删除的目的地，然后选择 Unregister。

编写简单的 JMS 应用程序

5. 展开 Connector Connection Pools 节点。

6. 右键单击你想要删除的任何连接工厂，然后选择 Unregister。

   每个连接工厂都有一个连接器连接池和一个关联的连接器资源。当你删除连接器连接池时，连接器资源也会被自动删除。可以通过展开 Connector Resources 节点来验证资源是否删除成功。

为同步接收示例运行客户端

要使用 GlassFish Server 来运行这些示例，你需要将它们分别打包为一个应用程序客户端 JAR 文件。应用程序客户端 JAR 文件除了包含 `.class` 文件外，还需要在 `src/conf` 目录下包含一个 manifest 文件。

每个示例的 `build.xml` 文件都包含了编译、打包及部署该示例程序的 Ant target。这些 target 会将示例的 `.class` 文件放置于 `build/jar` 目录下。然后这些 target 使用 `jar` 命令，将类文件和 manifest 文件打包到一个应用程序客户端 JAR 文件中。

因为这些示例都使用了公用的接口，所以你可以使用队列或者主题来运行它们。

▼ 使用 NetBeans IDE 构建并打包同步接收示例的客户端

1. 从 File 菜单中选择 Open Project。

2. 在 Open Project 对话框中，导航到目录：

   tut-install/examples/jms/simple/

3. 选择 producer 目录。

4. 选择 Open as Main Project 复选框。

5. 单击 Open Project。

6. 在 Projects 选项卡中，右键单击项目，然后选择 Build 项。

7. 从 File 菜单中，再次选择 Open Project。

8. 选择 synchconsumer 目录。

9. 选择 Open as Main Project 复选框。

10. 单击 Open Project。

11. 在 Projects 选项卡中，右键单击项目并选择 Build 项。

▼ 使用 NetBeans IDE 部署并运行同步接收示例的客户端

1. 部署并运行 Producer 示例：

    a. 右键单击 producer 项目并选择 Properties。

    b. 从 Categories 树中选择 Run。

    c. 在 Arguments 文本域中输入以下内容：

    ```
    queue 3
    ```

    d. 单击 OK。

    e. 右键单击项目并选择 Run 项。
    程序的输出应该如下所示（以及一些其他的输出）：

    ```
    Destination type is queue
    Sending message: This is message 1 from producer
    Sending message: This is message 2 from producer
    Sending message: This is message 3 from producer
    ```

现在消息已经在队列中，等待被接收。

> **注意**：当你运行应用程序客户端时，该命令通常需要较长时间才能结束。

2. 现在部署并运行 SynchConsumer 示例：

    a. 右键单击 synchconsumer 项目并选择 Properties。

    b. 从 Categories 树中选择 Run。

    c. 在 Arguments 文本域中输入以下内容：

    ```
    queue
    ```

    d. 单击 OK。

    e. 右键单击项目并选择 Run 项。
    程序的输出应该如下所示（以及一些其他的输出）：

    ```
    Destination type is queue
    Reading message: This is message 1 from producer
    Reading message: This is message 2 from producer
    Reading message: This is message 3 from producer
    ```

3. 现在试图以相反的顺序运行程序。右键单击 synchconsumer 项目并选择 Run 项。Output 面板会显示出目的地类型，然后停止不动，等待消息到达。

4. 右键单击 producer 项目并选择 Run 项。

当消息发出后,SynchConsumer 客户端会接收它们并退出。Output 面板会在两个不同的选项卡中,同时显示这两个程序的输出。

5. 现在使用主题来代替队列运行 Producer 示例。

   a. 右键单击 producer 项目并选择 Properties 项。
   b. 从 Categories 树中选择 Run。
   c. 在 Arguments 文本域中,输入以下内容:

   ```
   topic 3
   ```

   d. 单击 OK。
   e. 右键单击项目并选择 Run 项。
   程序的输出应该如下所示(以及一些其他的输出):

   ```
   Destination type is topic
   Sending message: This is message 1 from producer
   Sending message: This is message 2 from producer
   Sending message: This is message 3 from producer
   ```

6. 现在使用主题来运行 SynchConsumer 示例。

   a. 右键单击 synchconsumer 项目并选择 Properties。
   b. 从 Categories 树中选择 Run 项。
   c. 在 Arguments 文本域中输入以下内容:

   ```
   topic
   ```

   d. 单击 OK。
   e. 右键单击项目并选择 Run 项。

   但是,这次的结果却与之前不同。因为使用的是主题,所以无法接收启动消费者之前所发送的消息(详细信息请参考第 20 章中"发布/订阅消息传递域"一节)。程序不会接收消息,而是挂起停止响应。

7. 再次运行 Producer 示例。右键单击 producer 项目并选择 Run 项。
   现在 SynchConsumer 示例会接收到如下消息:

   ```
   Destination type is topic
   Reading message: This is message 1 from producer
   Reading message: This is message 2 from producer
   Reading message: This is message 3 from producer
   ```

▼ 使用 Ant 来构建并打包同步接收客户端

1. 打开一个终端窗口，切换到 producer 目录：

   `cd producer`

2. 输入以下命令：

   ant

3. 在另一个终端窗口中切换到 synchconsumer 目录：

   `cd ../synchconsumer`

4. 输入以下命令：

   ant

这两个 target 会分别将应用程序客户端 JAR 文件放置于每个示例的 dist 目录下。

▼ 使用 Ant 和 appclient 命令来部署并运行同步接收示例的客户端

你可以通过使用 `appclient` 命令来运行客户端。每个项目的 `build.xml` 都包含了一个 target，用来创建资源、部署客户端并获取 `appclient` 命令使用的客户端存根。每个客户端都接受一个或多个命令行参数：一个目的地类型和一些用于 `Producer` 的消息。

要使用 Ant 和 `appclient` 命令来构建、部署和运行 `Producer` 和 `SynchConsumer` 示例，请执行以下步骤：

要运行客户端，你需要打开两个终端窗口。

1. 在一个终端窗口中，切换到 producer 目录：

   `cd ../producer`

2. 创建全部所需的资源，将客户端 JAR 文件部署到 GlassFish Server 中，然后获取客户端存根：

   ant getclient

   忽略应用程序已经在某个 URL 部署的消息提示。

3. 运行 Producer 程序，向队列发送三条消息：

   appclient -client client-jar/producerClient.jar queue 3

   程序的输出应该如下所示（以及一些其他的输出）：

   ```
   Destination type is queue
   Sending message: This is message 1 from producer
   Sending message: This is message 2 from producer
   Sending message: This is message 3 from producer
   ```

现在消息已经在队列中,等待被接收。

> **注意**:当你运行应用程序客户端时,该命令通常需要较长时间才能结束。

4. 在同一个窗口中,切换到 synchconsumer 目录:

   ```
   cd ../synchconsumer
   ```

5. 将客户端 JAR 文件部署到 GlassFish Server 中,然后获取客户端存根:

   ant getclient

   忽略应用程序已经在某个 URL 部署的消息提示。

6. 运行 SynchConsumer 客户端,同时指定队列:

   appclient -client client-jar/synchconsumerClient.jar queue

   程序的输出应该如下所示(以及一些其他的输出):

   ```
   Destination type is queue
   Reading message: This is message 1 from producer
   Reading message: This is message 2 from producer
   Reading message: This is message 3 from producer
   ```

7. 现在试着按照相反的顺序来运行客户端。运行 SynchConsumer 客户端:

   appclient -client client-jar/synchconsumerClient.jar queue

   客户端会显示目的地类型,然后停止响应,等待消息到达。

8. 在另一个终端窗口中,运行 Producer 客户端。

   cd *tut-install*/examples/jms/simple/producer
   appclient -client client-jar/producerClient.jar queue 3

   当消息发送之后,SynchConsumer 客户端会接收消息并退出。

9. 现在使用主题代替队列来运行 Producer 客户端:

   appclient -client client-jar/producerClient.jar topic 3

   程序的输出应该如下所示(以及一些其他的输出):

   ```
   Destination type is topic
   Sending message: This is message 1 from producer
   Sending message: This is message 2 from producer
   Sending message: This is message 3 from producer
   ```

10. 现在使用主题来运行 SynchConsumer 客户端:

    appclient -client client-jar/synchconsumerClient.jar topic

但是，这次结果不同。因为使用的是一个主题，所以无法接收启动消费者之前的消息。（详细信息请查看第 20 章中"发布/订阅消息传递域"一节）客户端不会接收消息，而是挂起停止响应。

11. 重新运行 Producer 客户端。

    现在 SynchConsumer 客户端接收到了消息（以及一些其他的输出）：

    ```
    Destination type is topic
    Reading message: This is message 1 from producer
    Reading message: This is message 2 from producer
    Reading message: This is message 3 from producer
    ```

异步消息接收的简单示例

本节演示了一个接收客户端如何使用消息监听器异步接收消息。然后，本节会讲解如何使用 GlassFish Server 来编译并运行该客户端。

为异步接收示例编写客户端

发送客户端仍为我们在本章前面"同步消息接收的简单示例"一节中使用的客户端 `producer/src/java/Producer.java`。

异步消费者通常会一直在运行。本示例会一直运行，直到用户输入字符 q 或者 Q 来停止客户端。

接收客户端 `asynchconsumer/src/java/AsynchConsumer.java` 会执行以下操作：

1. 注入连接工厂、队列以及主题等资源。

2. 基于指定的目的地类型，为队列或主题分配一个目的地对象。

3. 创建一个 `Connection` 对象和一个 `Session` 对象。

4. 创建一个 `MessageConsumer` 对象。

5. 创建一个 `TextListener` 类的实例，并将它注册为 `MessageConsumer` 对象的消息监听器：

    ```
    listener = new TextListener();consumer.setMessageListener(listener);
    ```

6. 启动连接，开始分发消息。

7. 监听向目的地发布的消息，当用户输入字符 q 或者 Q 时停止。

    ```
    System.out.println("To end program, type Q or q, " + "then <return>");
    inputStreamReader = new InputStreamReader(System.in);
    while (!((answer == 'q') || (answer == 'Q'))) {
    ```

```
        try {
            answer = (char) inputStreamReader.read();
        } catch (IOException e) {
            System.out.println("I/O exception: " + e.toString());
        }
    }
```

8. 关闭连接,同时自动关闭会话和 MessageConsumer 对象。

消息监听器 asynchconsumer/src/java/TextListener.java 会执行以下操作:

1. 当消息达到时,自动调用 onMessage 方法。

2. onMessage 方法将接收的消息转换为一个 TextMessage 对象,并显示其内容。如果消息不是一个文本消息,它会如实报告:

```
    public void onMessage(Message message) {
        TextMessage msg = null;
        try {
            if (message instanceof TextMessage) {
                msg = (TextMessage) message;
                  System.out.println("Reading message: " + msg.getText());
            } else {
                System.out.println("Message is not a " + "TextMessage");
            }
        } catch (JMSException e) {
            System.out.println("JMSException in onMessage(): " + e.toString());
        } catch (Throwable t) {
            System.out.println("Exception in onMessage():" + t.getMessage());
        }
    }
```

对于该示例,你将会使用在本章前面"同步消息接收的简单示例"一节中创建的连接工厂和目的地。

▼ 使用 NetBeans IDE 构建并打包 AsynchConsumer Client 示例

1. 从 File 菜单中选择 Open Project 项。

2. 在 Open Project 对话框中导航到:

    tut-install/examples/jms/simple/

3. 选择 asynchconsumer 目录。

4. 选择 Open as Main Project 复选框。

5. 单击 Open Project。

6. 在 Projects 选项卡中，右键单击项目并选择 Build 项。

▼ **使用 NetBeans IDE 部署并运行 Asynchronous Receive 示例的客户端**

1. 运行 AsynchConsumer 示例。

    a. 右键单击 asynchconsumer 项目并选择 Properties 项。

    b. 从 Categories 树中选择 Run。

    c. 在 Arguments 文本域中输入以下内容：

    ```
    topic
    ```

    d. 单击 OK。

    e. 右键单击项目并选择 Run 项。

    客户端会显示如下几行输出，然后挂起停止响应：

    ```
    Destination type is topic
    To end program, type Q or q, then <return>
    ```

2. 现在运行 Producer 示例：

    a. 右键单击 producer 项目并选择 Properties 项。

    b. 从 Categories 树中选择 Run 项。

    c. 在 Arguments 文本域中输入如下内容：

    ```
    topic 3
    ```

    d. 单击 OK。

    e. 右键单击项目并选择 Run 项。

    客户端输出如下所示：

    ```
    Destination type is topic
    Sending message: This is message 1 from producer
    Sending message: This is message 2 from producer
    Sending message: This is message 3 from producer
    ```

    在另一个选项卡中，AsynchConsumer 客户端会显示如下输出：

    ```
    Destination type is topic
    To end program, type Q or q, then <return>
    Reading message: This is message 1 from producer
    Reading message: This is message 2 from producer
    ```

```
Reading message: This is message 3 from producer
Message is not a TextMessage
```

之所以显示最后一行,是因为客户端接收到了一条由 Producer 客户端发送的非文本控制消息。

3. 在 Output 窗口中输入 Q 或者 q,然后按下回车键,停止客户端。

4. 现在使用主题来运行 Producer 客户端。

   同运行同步示例一样,你可以先运行 Producer 客户端,因为在发送者和接收者之间没有任何时间上的依赖关系。

   a. 右键单击 producer 项目并选择 Properties 项。

   b. 从 Categories 树中选择 Run 项。

   c. 在 Arguments 字段中输入以下内容:

   queue 3

   d. 单击 OK。

   e. 右键单击项目并选择 Run 项。

   客户端输出如下所示:

   ```
   Destination type is queue
   Sending message: This is message 1 from producer
   Sending message: This is message 2 from producer
   Sending message: This is message 3 from producer
   ```

5. 运行 AsynchConsumer 客户端。

   a. 右键单击 asynchconsumer 项目并选择 Properties 项。

   b. 从 Categories 树中选择 Run。

   c. 在 Arguments 文本域中,输入如下内容:

   queue

   d. 单击 OK。

   e. 右键单击项目并选择 Run 项。

   该客户端输出如下所示:

   ```
   Destination type is queue
   To end program, type Q or q, then <return>
   Reading message: This is message 1 from producer
   ```

```
Reading message: This is message 2 from producer
Reading message: This is message 3 from producer
Message is not a TextMessage
```

6. 在 Output 窗口中输入 Q 或者 q 并按下回车键,停止该客户端。

▼ 使用 Ant 构建并打包 AsynchConsumer 客户端

1. 在一个终端窗口中,切换到 asynchconsumer 目录下:

    ```
    cd ../asynchconsumer
    ```

2. 输入如下命令:

    ```
    ant
    ```

    该 target 会将主类和消息监听器类打包到一个 JAR 文件中,然后将该文件放置于示例程序的 `dist` 目录下。

▼ 使用 Ant 和 appclient 命令部署并运行异步接收客户端

1. 将客户端 JAR 文件部署到 GlassFish Server 中,然后获取客户端存根:

    ```
    ant getclient
    ```

    忽略应用程序已经在某个 URL 上部署的消息提示。

2. 运行 AsynchConsumer 客户端,指定主题目的地类型。

    ```
    appclient -client client-jar/asynchconsumerClient.jar topic
    ```

    客户端会显示以下输出(以及一些其他的输出),然后挂起停止响应:

    ```
    Destination type is topic
    To end program, type Q or q, then <return>
    ```

3. 在你之前运行 Producer 客户端的终端窗口中,再次运行客户端,发送三条消息。

    ```
    appclient -client client-jar/producerClient.jar topic 3
    ```

    该客户端的输出如下所示(以及一些其他的输出):

    ```
    Destination type is topic
    Sending message: This is message 1 from producer
    Sending message: This is message 2 from producer
    Sending message: This is message 3 from producer
    ```

    在另一个窗口中,AsynchConsumer 客户端会显示如下输出(以及一些其他的输出):

    ```
    Destination type is topic
    To end program, type Q or q, then <return>
    Reading message: This is message 1 from producer
    Reading message: This is message 2 from producer
    Reading message: This is message 3 from producer
    Message is not a TextMessage
    ```

之所以显示最后一行,是因为客户端接收到由 Producer 客户端发送的非文本控制消息。

4. 输入 Q 或者 q 并按下回车键,停止客户端。

5. 现在使用队列来运行客户端。

   与同步示例一样,你可以先运行 Producer 客户端,因为在发送者和接收者之间没有任何时间上的依赖关系:

   ```
   appclient -client client-jar/producerClient.jar queue 3
   ```

   客户端的输出如下所示:

   ```
   Destination type is queue
   Sending message: This is message 1 from producer
   Sending message: This is message 2 from producer
   Sending message: This is message 3 from producer
   ```

6. 运行 AsynchConsumer 客户端:

   ```
   appclient -client client-jar/asynchconsumerClient.jar queue
   ```

   该客户端输出如下所示(以及一些其他的输出):

   ```
   Destination type is queue
   To end program, type Q or q, then <return>
   Reading message: This is message 1 from producer
   Reading message: This is message 2 from producer
   Reading message: This is message 3 from producer
   Message is not a TextMessage
   ```

7. 输入 Q 或 q 来停止客户端。

浏览队列中消息的简单示例

本节介绍的示例程序,正如第 20 章中"JMS 队列浏览器"一节所述,会创建一个 QueueBrowser 对象来检查队列中的消息。然后会讲解如何编译、打包以及使用 GlassFish Server 来运行该示例程序。

为 QueueBrowser 示例编写客户端

要为队列创建一个 QueueBrowser 对象,需要将队列作为参数,调用 Session.createBrowser 方法。你可以通过一个 Enumeration 对象来获取队列中的所有消息,然后遍历该 Enumeration 对象并显示每条消息的内容。

客户端 messagebrowser/src/java/MessageBrowser.java 会执行以下操作:

1. 为连接工厂和队列注入资源。

2. 创建一个 `Connection` 对象和一个 `Session` 对象。

3. 创建一个 `QueueBrowser` 对象：
   ```
   QueueBrowser browser = session.createBrowser(queue);
   ```

4. 获取包含消息的 `Enumeration` 对象。
   ```
   Enumeration msgs = browser.getEnumeration();
   ```

5. 验证 `Enumeration` 对象是否包含消息，然后显示各条消息的内容：
   ```
   if ( !msgs.hasMoreElements() ) {
       System.out.println("No messages in queue");
   } else {
       while (msgs.hasMoreElements()) {
           Message tempMsg = (Message)msgs.nextElement();
           System.out.println("Message: " + tempMsg);
       }
   }
   ```

6. 关闭连接，同时自动关闭会话和 `QueueBrowser`。

   消息内容的显示格式与实现有关。在 GlassFish Server 中，消息格式类似于如下所示：
   ```
   Message contents:
   Text: This is message 3 from producer
   Class: com.sun.messaging.jmq.jmsclient.TextMessageImpl
   getJMSMessageID():ID:14-128.149.71.199(f9:86:a2:d5:46:9b)-40814-1255980521747
   getJMSTimestamp(): 1129061034355
   getJMSCorrelationID(): null
   JMSReplyTo: null
   JMSDestination: PhysicalQueue
   getJMSDeliveryMode(): PERSISTENT
   getJMSRedelivered(): false
   getJMSType(): null
   getJMSExpiration(): 0
   getJMSPriority(): 4
   Properties: null
   ```

在该示例中，你仍将使用在本章前面"同步消息接收的简单示例"一节中创建的连接工厂和队列。

▼ **使用 NetBeans IDE 运行 MessageBrowser 客户端**

要使用 NetBeans IDE 来构建、打包、部署并运行 `MessageBrowser` 示例，请执行以下步骤。

你还需要使用 `Producer` 示例程序向队列发送消息，并使用一个消费者客户端来接收消息。

如果你还没有这样做，请将这些示例一起打包。

1. 从 File 菜单中，选择 Open Project 项。

2. 在 Open Project 对话框中，导航到目录：

   tut-install/examples/jms/simple/

3. 选择 messagebrowser 文件夹。

4. 选择 Open as Main Project 复选框。

5. 单击 Open Project 项。

6. 在 Projects 选项卡中，右键单击项目并选择 Build 项。

7. 运行 Producer 客户端，向队列发送一条消息：

   a. 右键单击 producer 项目并选择 Properties 项。

   b. 从 Categories 树中选择 Run 项。

   c. 在 Arguments 文本域中输入如下内容：

      queue

   d. 单击 OK。

   e. 右键单击项目并选择 Run 项。

      客户端输出如下所示：
      ```
      Destination type is queue
      Sending message: This is message 1 from producer
      ```

8. 运行 MessageBrowser 客户端。右键单击 messagebrowser 项目并选择 Run。

   客户端输出如下所示：
   ```
   Message:
   Text: This is message 1 from producer
   Class: com.sun.messaging.jmq.jmsclient.TextMessageImpl
   getJMSMessageID():ID:12-128.149.71.199(8c:34:4a:1a:1b:b8)-40883-1255980521747
   getJMSTimestamp(): 1129062957611
   getJMSCorrelationID(): null
   JMSReplyTo: null
   JMSDestination: PhysicalQueue
   getJMSDeliveryMode(): PERSISTENT
   getJMSRedelivered(): false
   getJMSType(): null
   ```

```
getJMSExpiration(): 0
getJMSPriority(): 4
Properties: null
Message:
Class: com.sun.messaging.jmq.jmsclient.MessageImpl
getJMSMessageID():ID:13-128.149.71.199(8c:34:4a:1a:1b:b8)-40883-1255980521747
getJMSTimestamp(): 1129062957616
getJMSCorrelationID(): null
JMSReplyTo: null
JMSDestination: PhysicalQueue
getJMSDeliveryMode(): PERSISTENT
getJMSRedelivered(): false
getJMSType(): null
getJMSExpiration(): 0
getJMSPriority(): 4
Properties: null
```

第一条消息是一个 `TextMessage` 对象，而第二条是一个非文本的控制消息。

9. 运行 SynchConsumer 客户端来接收消息。

   a．右键单击 synchconsumer 项目并选择 Properties 项。

   b．从 Categories 树中选择 Run 项。

   c．在 Arguments 文本域中输入如下内容：

   queue

   d．单击 OK。

   e．右键单击项目并选择 Run 项。

   客户端输出如下所示：

   ```
   Destination type is queue
   Reading message: This is message 1 from producer
   ```

▼ 使用 Ant 和 appclient 命令运行 MessageBrowser 客户端

要使用 Ant 来构建、打包、部署并运行 `MessageBrowser` 示例程序，请执行以下步骤。

你还需要使用 `Producer` 示例程序向队列发送消息，并使用一个消费者客户端来接收消息。如果你还没有这样做，请将这些示例一起打包。

要运行客户端，你需要两个终端窗口。

1. 在一个终端窗口中，切换到 messagebrowser 目录。

编写简单的 JMS 应用程序

```
cd ../messagebrowser
```

2. 输入如下命令：

   ant

   该 target 会将应用程序客户端 JAR 文件放置于该示例的 dist 目录下。

3. 在另一个终端窗口中，切换到 producer 目录。

4. 运行 Producer 客户端，向队列发送一条消息：

   appclient -client client-jar/producerClient.jar queue

   客户端的输出应该如下所示（以及一些其他的输出）：

   ```
   Destination type is queue
   Sending message: This is message 1 from producer
   ```

5. 切换到 messagebrowser 目录。

6. 将客户端 JAR 文件部署到 GlassFish Server 中，然后获取客户端存根：

   ant getclient

   忽略应用程序在某个 URL 上部署的消息。

7. 由于该示例没有命令行参数，所以你可以使用如下命令来运行 MessageBrowser 客户端。

   ant run

   或者输入如下命令：

   appclient -client client-jar/messagebrowserClient.jar

   客户端的输出如下所示（以及一些其他的输出）：

   ```
   Message:
   Text: This is message 1 from producer
   Class: com.sun.messaging.jmq.jmsclient.TextMessageImpl
   getJMSMessageID(): ID:12-128.149.71.199(8c:34:4a:1a:1b:b8)-40883-1255980521747
   getJMSTimestamp(): 1255980521747
   getJMSCorrelationID(): null
   JMSReplyTo: null
   JMSDestination: PhysicalQueue
   getJMSDeliveryMode(): PERSISTENT
   getJMSRedelivered(): false
   getJMSType(): null
   getJMSExpiration(): 0
   getJMSPriority(): 4
   Properties: null
   Message:
   Class: com.sun.messaging.jmq.jmsclient.MessageImpl
   getJMSMessageID(): ID:13-128.149.71.199(8c:34:4a:1a:1b:b8)-40883-1255980521767
   ```

```
getJMSTimestamp(): 1255980521767
getJMSCorrelationID(): null
JMSReplyTo: null
JMSDestination: PhysicalQueue
getJMSDeliveryMode(): PERSISTENT
getJMSRedelivered(): false
getJMSType(): null
getJMSExpiration(): 0
getJMSPriority(): 4
Properties: null
```

第一条消息是 TextMessage 对象，而第二条是一个非文本的控制消息。

8. 切换到 synchconsumer 目录下。

9. 运行 SynchConsumer 客户端来接收消息。

   appclient -client client-jar/synchconsumerClient.jar queue

   客户端的输出如下所示（以及一些其他的输出）

   ```
   Destination type is queue
   Reading message: This is message 1 from producer
   ```

在多个系统上运行 JMS 客户端

当使用 GlassFish Server 的多个 JMS 客户端运行在网络中的不同系统上时，它们之间可以互相交换消息。这些系统之间必须能够通过名称（UNIX 主机名或者 Microsoft Windows 计算机名）互相访问，并且必须都运行 GlassFish Server。

> **注意**：这些系统之间所有的信息交换机制，都只适用于 Java EE 服务器的实现。因此，本教程介绍了如何使用 GlassFish Server。

假设你希望在一个名为 `earth` 的系统上运行 Producer 客户端，然后在另一个系统 `jupiter` 上运行 SynchConsumer 客户端。在这之前，你需要执行以下这些任务：

1. 新建两个连接工厂。

2. 修改其中一个系统的默认 JMS 主机名。

3. 编辑两个示例程序的源代码。

4. 重新编译并打包示例程序。

> 注意：GlassFish Server 中的 JMS 提供方有一个局限，对于使用动态主机配置协议（DHCP）来获取 IP 地址的系统，可能会无法创建与它之间的连接。但是，你可以创建一个从使用 DHCP 的系统到非 DHCP 系统之间的连接。在本教程的示例程序中，`earth` 是一个使用 DHCP 的系统，而 `jupiter` 是一个不使用 DHCP 的系统。

当你运行客户端时，它们会按照图 21-1 所示进行工作。运行在 `earth` 上的客户端只需要 `earth` 上的队列，因此资源可以成功注入。在 `jupiter` 上创建的连接、会话以及消息生产者，都会使用指向 `jupiter` 的连接工厂。从 `earth` 上发送的消息会被 `jupiter` 接收。

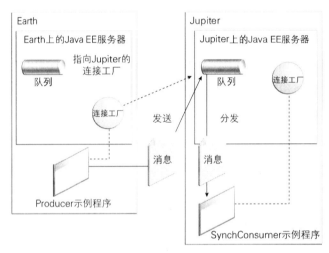

图 21-1 从一个系统向另一个系统发送消息

你可以参考本章后面的"从远程服务器接收消息的应用程序示例"和"在两个服务器上部署 Message-Driven Bean 的应用程序示例"小节中的示例程序，了解如何在两个不同的系统上部署更复杂的应用程序。

▼ 为多个系统创建管理对象

要运行这些客户端，你必须执行以下操作：

- 在 `earth` 和 `jupiter` 上各创建一个新的连接。
- 在 `earth` 和 `jupiter` 上各创建一个目的地资源。

你不需要在两个系统上都安装教程示例，但是必须能够访问它所安装的文件系统。如果两个系统使用不同的操作系统（例如 Windows 和 UNIX），那么在这两个系统上都安装教程示例可能会更方便一些。否则，当你每次在另一个系统上构建或运行客户端时，都必须修改 *tut-install*/examples/bp-project/build.properties 文件中 `javaee.home` 属性所指向的位置。

1. 在 earth 上启动 GlassFish Server。
2. 在 jupiter 上启动 GlassFish Server。
3. 要在 jupiter 上创建一个新的连接工厂，你需要执行以下步骤：

    a. 在 jupiter 上打开一个命令终端，并切换到 *tut-install*/examples/jms/simple/producer/目录。

    b. 输入如下命令：

    ant create-local-factory

create-local-factory 是在 Producer 示例 build.xml 文件中定义的一个 target，用来创建一个名为 jms/JupiterConnectionFactory 的连接工厂。

4. 要在 earth 上新建一个连接工厂，指向 jupiter 上的连接工厂，需要执行以下步骤：

    a. 在 earth 上打开一个命令终端，并切换到 *tut-install*/examples/jms/simple/producer/目录。

    b. 输入如下命令：

    ant create-remote-factory -Dsys=*remote-system-name*

请将 *remote-system-name* 替换为远程系统的实际名称。

create-remote-factory 是 Producer 示例 build.xml 中定义的一个 target，也会创建一个名为 jms/JupiterConnectionFactory 的连接工厂。此外，它还会将该工厂的 AddressList 属性设置为远程系统的名称。

当你部署应用程序时，会自动创建其他尚未创建的资源。

之所以没有在 glassfish-resources.xml 文件中指定 jms/JupiterConnectionFactory，是因为 earth 上的连接工厂需要设置 AddressList 属性，而 jupiter 上的连接工厂不需要。你可以检查 build.xml 文件中的 target 来了解细节区别。

修改默认主机名称

默认情况下，GlassFish Server 上 JMS 服务的默认主机名是 localhost。但是，如果要从其他系统访问 JMS 服务，你必须修改主机名。你可以将它修改为实际的主机名或者 0.0.0.0。

你可以使用管理控制台或者 asasdmin 命令来修改默认的主机名。

▼ 使用管理控制台修改默认主机名

1. 在 jupiter 上，打开浏览器并访问 `http://localhost:4848/`，打开管理控制台。
2. 在导航树中，展开 Configurations 节点，然后展开 server-config 节点。
3. 在 server-config 节点下，展开 Java Message Service 节点。
4. 在 Java Message Service 节点下，展开 JMS Hosts 节点。
5. 在 JMS Hosts 节点下，选择 default_JMS_host。

   打开 Edit JMS Host 页面。
6. 在 Host 文本域中，输入系统的名称或者 0.0.0.0。
7. 单击 Save 按钮。
8. 重新启动 GlassFish Server。

▼ 使用 asadmin 命令修改默认主机名

1. 使用以下其中一个命令：

   ```
   asadmin set server-config.jms-service.jms-host.default_JMS_host.host="0.0.0.0"
   asadmin set server-config.jms-service.jms-host.default_JMS_host.host="hostname"
   ```

2. 重新启动 GlassFish Server。

▼ 使用 NetBeans IDE 运行客户端

这些步骤假设你已经在两个系统上均安装了示例程序，并且这两个系统可以互相访问对方的文件系统。你需要编辑源文件，指定新的连接工厂，然后重新构建并运行客户端。

1. 要编辑源代码，请执行以下步骤：

   a. 在 earth 上的 NetBeans IDE 中打开如下文件：

   tut-install/examples/jms/simple/producer/src/java/Producer.java

   b. 找到如下代码行：

   ```
   @Resource(lookup = "jms/ConnectionFactory")
   ```

   c. 将该行修改为如下所示：

   ```
   @Resource(lookup = "jms/JupiterConnectionFactory")
   ```

   d. 保存文件。

   e. 在 jupiter 上的 NetBeans IDE 中打开如下文件：

tut-install/examples/jms/simple/synchconsumer/src/java/SynchConsumer.java

  f. 重复步骤 b 和步骤 c，然后保存文件。

2．要重新编译和打包 earth 上的 Producer 示例，右键单击 producer 项目并选择 Clean and Build 项。

3．要重新编译和打包 jupiter 上的 SynchConsumer 示例，右键单击 synchconsumer 项目并选择 Clean and Build 项。

4．执行如下步骤，在 earth 上部署并运行 Producer：

  a. 右键单击 producer 项目并选择 Properties 项。

  b. 从 Categories 树中选择 Run。

  c. 在 Arguments 文本域中输入如下内容：

    queue 3

  d. 单击 OK。

  e. 右键单击项目并选择 Run 项。

  程序输出如下所示（以及一些其他的输出）：

```
Destination type is topic
Sending message: This is message 1 from producer
Sending message: This is message 2 from producer
Sending message: This is message 3 from producer
```

5．执行如下步骤，在 jupiter 上运行 SynchConsumer：

  a. 右键单击 synchconsumer 项目并选择 Properties 项。

  b. 从 Categories 树中选择 Run。

  c. 在 Arguments 文本域中输入如下内容：

    queue

  d. 单击 OK。

  e. 右键单击项目并选择 Run 项。

  程序输出如下所示（以及一些其他的输出）：

```
Destination type is queue
Reading message: This is message 1 from producer
```

```
Reading message: This is message 2 from producer
Reading message: This is message 3 from producer
```

▼ 使用 Ant 和 appclient 命令来运行客户端

这些步骤假设你已经在两个系统上均安装了示例程序,并且这两个系统可以互相访问对方的文件系统。你需要编辑源文件,指定新的连接工厂,然后重新构建并运行客户端。

1. 要编辑源代码,请执行以下步骤。

    a. 在 earth 上的文本编辑器中打开以下文件:

    tut-install/examples/jms/simple/producer/src/java/Producer.java

    b. 找到如下代码行:

    ```
    @Resource(lookup = "jms/ConnectionFactory")
    ```

    c. 将该行修改为如下所示:

    ```
    @Resource(lookup = "jms/JupiterConnectionFactory")
    ```

    d. 保存并关闭文件。

    e. 在 jupiter 上的文本编辑器中打开以下文件:

    tut-install/examples/jms/simple/synchconsumer/src/java/SynchConsumer.java

    f. 重复步骤 b 和步骤 c,然后保存并关闭文件。

2. 要重新编译和打包 earth 上的 Producer 示例,输入以下命令:

    ant

3. 要重新编译和打包 jupiter 上的 SynchConsumer 示例,切换到 synchconsumer 目录并输入以下命令:

    ant

4. 执行以下步骤,在 earth 上部署并运行 Producer 示例。

    a. 在 earth 上的 producer 目录下创建全部所需的资源,将客户端 JAR 文件部署到 GlassFish Server 中,然后获取客户端存根:

    ant getclient

    忽略应用程序在某个 URL 上部署的消息。

    b. 要运行客户端,输入如下命令:

    appclient -client client-jar/producerClient.jar queue 3

    程序输出如下所示(以及一些其他的输出):

```
Destination type is topic
Sending message: This is message 1 from producer
Sending message: This is message 2 from producer
Sending message: This is message 3 from producer
```

5. 执行如下步骤，在 jupiter 上运行 SynchConsumer。

   a. 在 synchconsumer 目录下创建全部所需的资源，将客户端 JAR 文件部署到 GlassFish Server 中，然后获取客户端存根：

      ant getclient

      忽略应用程序在某个 URL 上部署的消息。

   b. 要运行客户端，输入以下命令：

      appclient -client client-jar/synchconsumerClient.jar queue

      程序输出如下所示（以及一些其他的输出）：

      ```
      Destination type is queue
      Reading message: This is message 1 from producer
      Reading message: This is message 2 from producer
      Reading message: This is message 3 from producer
      ```

取消部署并清理 JMS 示例

当运行完示例程序后，你可以取消部署并删除它们的构建工件。

还可以使用 `asadmin delete-jms-resource` 命令来删除之前创建的目的地和连接工厂。但是，推荐你保留它们，以便供本章的大多数示例程序使用。当你创建它们后，只要重新启动 GlassFish Server 就可以使用它们。

编写健壮的 JMS 应用程序

以下示例会演示如何使用 JMS API 中的一些更高级的特性。

消息应答示例

`AckEquivExample.java` 客户端展示了在以下两个场景中，如何确保只有当消息处理完毕后才对其应答。

- 在 AUTO_ACKNOWLEDGE 会话中使用异步消息消费者（消息监听器）。
- 在 CLIENT_ACKNOWLEDGE 会话中使用同步接收器。

编写健壮的 JMS 应用程序

> **注意**：在 Java EE 平台中，消息监听器和 `CLIENT_ACKNOWLEDGE` 会话只能用于应用程序客户端中，如该示例所示。

当使用消息监听器时，只有当 `onMessage` 方法返回时（即消息处理完成）才会自动应答。当使用同步接收器时，客户端会等到消息处理完成后再应答消息。如果你使用 `AUTO_ACKNOWLEDGE` 和同步接收，那么在调用 `receive` 方法后会立即发出应答。如果有任何后续处理步骤失败，那么消息将无法被重新发送。

本示例位于以下目录中：

tut-install/examples/jms/advanced/ackequivexample/src/java/

本示例包含了一个 `AsynchSubscriber` 类、`TextListener` 类、`MultiplePublisher` 类、`SynchReceiver` 类、`SynchSender` 类，一个 `main` 方法，以及一个运行其他类的线程的方法。

该示例会使用如下对象。

- jms/ConnectionFactory、jms/Queue 以及 jms/Topic：它们是在本章前面"同步消息接收的简单示例"一节中创建的资源。
- jms/ControlQueue：另一个队列。
- `jms/DurableConnectionFactory`：含有一个客户端 ID 的连接工厂（更多信息请参考第 20 章中的"创建可持续的订阅"一节）。

在部署时会创建新的队列和连接工厂。

你可以使用 NetBeans IDE 或者 Ant 来构建、打包、部署并运行 `ackequivexample`。

▼ 使用 NetBeans IDE 运行 ackequivexample

1. 要构建并打包客户端，请执行以下步骤。

    a. 从 File 菜单中选择 Open Project 项。

    b. 在 Open Project 对话框中，导航到目录：

    tut-install/examples/jms/advanced/

    c. 选择 ackequivexample 文件夹。

    d. 选择 Open as Main Project 复选框。

    e. 单击 Open Project。

    f. 在 Projects 选项卡中，右键单击项目并选择 Build 项。

2. 要运行客户端，右键单击 ackequivexample 项目并选择 Run 项。

   客户端输出如下所示（以及一些其他的输出）：

   ```
   Queue name is jms/ControlQueue
   Queue name is jms/Queue
   Topic name is jms/Topic
   Connection factory name is jms/DurableConnectionFactory
      SENDER: Created client-acknowledge session
      SENDER: Sending message: Here is a client-acknowledge message
      RECEIVER: Created client-acknowledge session
      RECEIVER: Processing message: Here is a client-acknowledge message
      RECEIVER: Now I'll acknowledge the message
   SUBSCRIBER: Created auto-acknowledge session
   SUBSCRIBER: Sending synchronize message to control queue
   PUBLISHER: Created auto-acknowledge session
   PUBLISHER: Receiving synchronize messages from control queue; count = 1
   PUBLISHER: Received synchronize message; expect 0 more
   PUBLISHER: Publishing message: Here is an auto-acknowledge message 1
   PUBLISHER: Publishing message: Here is an auto-acknowledge message 2
   SUBSCRIBER: Processing message: Here is an auto-acknowledge message 1
   PUBLISHER: Publishing message: Here is an auto-acknowledge message 3
   SUBSCRIBER: Processing message: Here is an auto-acknowledge message 2
   SUBSCRIBER: Processing message: Here is an auto-acknowledge message 3
   ```

3. 当你运行客户端之后，可以通过如下命令删除目的地资源 jms/ControlQueue：

   asadmin delete-jms-resource jms/ControlQueue

你需要其他资源用于其他的示例程序。

▼ 使用 Ant 运行 ackequivexample

1. 在终端窗口中，切换到以下目录：

   tut-install/examples/jms/advanced/ackequivexample/

2. 输入如下命令，编译并打包客户端：

   ant

3. 输入如下命令，创建所需的资源，将客户端 JAR 文件部署到 GlassFish Server，然后获取客户端存根：

   ant getclient

   忽略应用程序在某个 URL 上部署的提示消息。

4. 由于该示例没有命令行参数，你可以使用如下命令来运行客户端：

   ant run

除此之外，还可以输入如下命令：

`appclient -client client-jar/ackequivexampleClient.jar`

客户端输出如下所示（以及一些其他的输出）：

```
Queue name is jms/ControlQueue
Queue name is jms/Queue
Topic name is jms/Topic
Connection factory name is jms/DurableConnectionFactory
    SENDER: Created client-acknowledge session
    SENDER: Sending message: Here is a client-acknowledge message
    RECEIVER: Created client-acknowledge session
    RECEIVER: Processing message: Here is a client-acknowledge message
    RECEIVER: Now I'll acknowledge the message
SUBSCRIBER: Created auto-acknowledge session
SUBSCRIBER: Sending synchronize message to control queue
PUBLISHER: Created auto-acknowledge session
PUBLISHER: Receiving synchronize messages from control queue; count = 1
PUBLISHER: Received synchronize message; expect 0 more
PUBLISHER: Publishing message: Here is an auto-acknowledge message 1
PUBLISHER: Publishing message: Here is an auto-acknowledge message 2
SUBSCRIBER: Processing message: Here is an auto-acknowledge message 1
PUBLISHER: Publishing message: Here is an auto-acknowledge message 3
SUBSCRIBER: Processing message: Here is an auto-acknowledge message 2
SUBSCRIBER: Processing message: Here is an auto-acknowledge message 3
```

5. 当你运行客户端之后，可以通过如下命令删除目的地资源 jms/ControlQueue：

`asadmin delete-jms-resource jms/ControlQueue`

你还需要其他资源用于其他的示例程序。

可持续订阅示例

`DurableSubscriberExample.java` 演示了可持续订阅是如何工作的。它说明了即使订阅者处于非活动状态时，可持续订阅依然是活动的。该示例包含了一个 `DurableSubscriber` 类、`MultiplePublisher` 类、一个 main 方法，以及一个用来初始化这些类并依次调用其中方法的方法。

示例程序位于 *tut-install*/examples/jms/advanced/durablesubscriberexample/src/java/目录下。

该示例开始时与所有发布/订阅的客户端一样：订阅者启动，发布者发布一些消息，然后订阅者接收这些消息。此时，订阅者关闭自己。当订阅者处于非活动状态时，发布者再发布一些消息。然后订阅者重新启动并接收这些消息。

你可以使用 NetBeans IDE 或者 Ant 来构建、打包、部署并运行 durablesubscriberexample。

▼ **使用 NetBeans IDE 运行 durablessubscriberexample**

1. 要编译并打包客户端，请执行如下步骤：

    a. 从 File 菜单中选择 Open Project。

    b. 在 Open Project 对话框中导航到如下目录：

    tut-install/examples/jms/advanced/

    c. 选择 durablesubscriberexample 目录。

    d. 选择 Open as Main Project 复选框。

    e. 单击 Open Project。

    f. 在 Projects 选项卡中，右键单击项目并选择 Build 项。

2. 要运行客户端，右键单击 durablesubscriberexample 项目并选择 Run 项。

    输出如下所示（以及一些其他的输出）：

    ```
    Connection factory without client ID is jms/ConnectionFactory
    Connection factory with client ID is jms/DurableConnectionFactory
    Topic name is jms/Topic
    Starting subscriber
    PUBLISHER: Publishing message: Here is a message 1
    SUBSCRIBER: Reading message: Here is a message 1
    PUBLISHER: Publishing message: Here is a message 2
    SUBSCRIBER: Reading message: Here is a message 2
    PUBLISHER: Publishing message: Here is a message 3
    SUBSCRIBER: Reading message: Here is a message 3
    Closing subscriber
    PUBLISHER: Publishing message: Here is a message 4
    PUBLISHER: Publishing message: Here is a message 5
    PUBLISHER: Publishing message: Here is a message 6
    Starting subscriber
    SUBSCRIBER: Reading message: Here is a message 4
    SUBSCRIBER: Reading message: Here is a message 5
    SUBSCRIBER: Reading message: Here is a message 6
    Closing subscriber
    Unsubscribing from durable subscription
    ```

3. 当你运行客户端之后，可以使用如下命令来删除连接工厂 jms/DurableConnectionFactory：

编写健壮的 JMS 应用程序

```
asadmin delete-jms-resource jms/DurableConnectionFactory
```

▼ 使用 Ant 运行 durablesubscriberexample

1. 在终端窗口中，切换到以下目录：

   tut-install/examples/jms/advanced/durablesubscriberexample/

2. 要编译并打包客户端，输入如下命令：

   `ant`

3. 输入如下命令，创建全部所需的资源，将客户端 JAR 文件部署到 GlassFish Server，然后接收客户端存根：

   `ant getclient`

   忽略应用程序在某个 URL 上部署的提示消息。

4. 由于该示例没有命令行参数，你可以使用如下命令来运行客户端：

   `ant run`

   除此之外，你还可以输入如下命令：

   `appclient -client client-jar/durablesubscriberexampleClient.jar`

5. 当你运行客户端之后，可以使用如下命令来删除连接工厂 jms/DurableConnectionFactory。

   `asadmin delete-jms-resource jms/DurableConnectionFactory`

本地事务示例

`TransactedExample.java` 演示了如何在 JMS 客户端中使用事务。该示例位于 *tut-install*/examples/jms/advanced/transactedexample/src/java/ 目录下。

该示例演示了如何在一个单独事务中使用队列或者主题，以及如何将会话传递给一个消息监听器的构造方法。该示例代表了一个高度简化的电子商务应用程序，包含以下操作。

1. 零售商向供应商订单队列发送一个 `MapMessage`，预订一组计算机，然后等待供应商的答复：

```
producer = session.createProducer(vendorOrderQueue);
outMessage = session.createMapMessage();
outMessage.setString("Item", "Computer(s)");
outMessage.setInt("Quantity", quantity);
outMessage.setJMSReplyTo(retailerConfirmQueue);
producer.send(outMessage);
System.out.println("Retailer: ordered " + quantity + " computer(s)");
orderConfirmReceiver = session.createConsumer(retailerConfirmQueue);
connection.start();
```

编写健壮的 JMS 应用程序

2. 供应商接收到零售商的订单消息,在一个事务中将一条订单消息发送给生产商。这个 JMS 事务会使用一个单独的会话,因此你既可以从一个队列中接收消息,也可以向一个主题发送消息。以下代码使用同一个会话来创建一个队列的消费者和主题的生产者:

```
vendorOrderReceiver = session.createConsumer(vendorOrderQueue);
supplierOrderProducer = session.createProducer(supplierOrderTopic);
```

以下代码接收到达的消息,发出一条消息,然后提交会话。为了保持流程的简洁,我们删除了消息的处理过程:

```
inMessage = vendorOrderReceiver.receive();
// 处理接收的消息并格式化要发出的消息
...
supplierOrderProducer.send(orderMessage);
...
session.commit();
```

为简单起见,我们只提供了两个生产商,一个生产 CPU 而另一个生产硬盘。

3. 每个生产商都会接收来自订单主题的订单,检查它的库存,然后将预定的物品发送到由订单消息 JMSReplyTo 字段指定的队列。如果该货物库存不足,那么生产商会发送当前在库存中的货物。同步接收来自主题的消息,以及向队列发送消息都发生在一个事务中。

```
receiver = session.createConsumer(orderTopic);
...
inMessage = receiver.receive();
if (inMessage instanceof MapMessage) {
    orderMessage = (MapMessage) inMessage;
}
// 处理消息
MessageProducer producer =
    session.createProducer((Queue) orderMessage.getJMSReplyTo());
outMessage = session.createMapMessage();
// 向消息添加内容
producer.send(outMessage);
// 显示消息内容
session.commit();
```

4. 供应商会从其确认队列中接收生产商的回复,并更新订单的状态。消息均由一个异步的消息监听器来处理。该步骤演示了如何在消息监听器中使用 JMS 事务。

```
MapMessage component = (MapMessage) message;
...
orderNumber = component.getInt("VendorOrderNumber");
Order order = Order.getOrder(orderNumber).processSubOrder(component);
session.commit();
```

5. 当所有重要的回复都按顺序处理之后，供应商消息监听器会发出一条消息，通知零售商它是否能满足订单。

```
Queue replyQueue = (Queue) order.order.getJMSReplyTo();
MessageProducer producer = session.createProducer(replyQueue);
MapMessage retailerConfirmMessage = session.createMapMessage();
// 格式化消息
producer.send(retailerConfirmMessage);
session.commit();
```

6. 零售商接收来自供应商的消息：

```
inMessage = (MapMessage) orderConfirmReceiver.receive();
```

图 21-2 描绘了这些步骤。

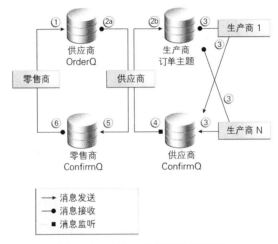

图 21-2 事务：JMS 客户端示例

该示例包含 5 个类：`GenericSupplier`、`Order`、`Retailer`、`Vendor` 以及 `VendorMessageListener`。它还包括一个 `main` 方法，以及一个运行 `Retailer`、`Vendor` 以及两个生产商类线程的方法。

所有这些消息都使用 `MapMessage` 消息类型。除了供应商在处理生产商的回复时以外，其他所有消息都使用同步接收的方式。异步处理这些回复展示了如何在一个消息监听器中使用事务。

每隔一段随机的时间，`Vendor` 类会抛出一个异常，来模拟数据库问题导致回滚。

除了 `Retailer` 以外的所有类都使用事务会话。

该示例使用了三个队列，分别命名为 `jms/AQueue`、`jms/BQueue` 和 `jms/CQueue`，以

及一个名为 `jms/OTopic` 的主题。

你可以使用 NetBeans IDE 或者 Ant 来构建、打包、部署并运行 `transactedexample`。

▼ 使用 NetBeans IDE 运行 transactedexample

1. 在终端窗口中，切换到以下目录：

    tut-install/examples/jms/advanced/transactedexample/

2. 要编译和打包客户端，请执行以下步骤：

    a. 从 File 菜单中选择 Open Project 项。

    b. 在 Open Project 对话框中，导航到目录：

    tut-install/examples/jms/advanced/

    c. 选择 transactedexample 目录。

    d. 选择 Open as Main Project 复选框。

    e. 单击 Open Project。

    f. 在 Projects 选项卡中，右键单击项目并选择 Build 项。

3. 要部署并运行客户端，请执行以下步骤：

    a. 右键单击 transactedexample 项目并选择 Properties 项。

    b. 从 Categories 树上选择 Run。

    c. 在 Arguments 文本域中，输入一个数字，指定要订购的计算机数量：

    3

    d. 单击 OK 按钮。

    e. 右键单击项目并选择 Run 项。

    输出如下所示（以及一些其他的输出）：
    ```
    Quantity to be ordered is 3
    Retailer: ordered 3 computer(s)
    Vendor: Retailer ordered 3 Computer(s)
    Vendor: ordered 3 CPU(s) and hard drive(s)
    CPU Supplier: Vendor ordered 3 CPU(s)
    CPU Supplier: sent 3 CPU(s)
      CPU Supplier: committed transaction
      Vendor: committed transaction 1
    ```

```
        Hard Drive Supplier: Vendor ordered 3 Hard Drive(s)
        Hard Drive Supplier: sent 1 Hard Drive(s)
        Vendor: Completed processing for order 1
          Hard Drive Supplier: committed transaction
        Vendor: unable to send 3 computer(s)
          Vendor: committed transaction 2
        Retailer: Order not filled
        Retailer: placing another order
        Retailer: ordered 6 computer(s)
        Vendor: JMSException occurred: javax.jms.JMSException:
        Simulated database concurrent access exception
        javax.jms.JMSException: Simulated database concurrent access exception
                at TransactedExample$Vendor.run(Unknown Source)
          Vendor: rolled back transaction 1
        Vendor: Retailer ordered 6 Computer(s)
        Vendor: ordered 6 CPU(s) and hard drive(s)
        CPU Supplier: Vendor ordered 6 CPU(s)
        Hard Drive Supplier: Vendor ordered 6 Hard Drive(s)
        CPU Supplier: sent 6 CPU(s)
          CPU Supplier: committed transaction
        Hard Drive Supplier: sent 6 Hard Drive(s)
          Hard Drive Supplier: committed transaction
          Vendor: committed transaction 1
        Vendor: Completed processing for order 2
        Vendor: sent 6 computer(s)
        Retailer: Order filled
          Vendor: committed transaction 2
```

4. 在运行客户端之后，你可以在 NetBeans IDE 中，或者使用如下命令来删除目的地资源：

   asadmin delete-jms-resource jms/AQueue
   asadmin delete-jms-resource jms/BQueue
   asadmin delete-jms-resource jms/CQueue
   asadmin delete-jms-resource jms/OTopic

▼ 使用 Ant 和 appclient 命令运行 transactedexample

1. 在终端窗口中，切换到如下目录：

   tut-install/examples/jms/advanced/transactedexample/

2. 要构建并打包应用程序，输入以下命令：

   ant

3. 创建所需的资源，将客户端 JAR 文件部署到 GlassFish Server，然后获取客户端存根：

   ant getclient

   忽略应用程序在某个 URL 上部署的提示消息。

4. 使用如下命令来运行客户端。

   这句代码指定了订单中计算机的数量。

   appclient -client client-jar/transactedexampleClient.jar 3

   输出如下所示（以及一些其他的输出）：

   ```
   Quantity to be ordered is 3
   Retailer: ordered 3 computer(s)
   Vendor: Retailer ordered 3 Computer(s)
   Vendor: ordered 3 CPU(s) and hard drive(s)
   CPU Supplier: Vendor ordered 3 CPU(s)
   CPU Supplier: sent 3 CPU(s)
     CPU Supplier: committed transaction
     Vendor: committed transaction 1
   Hard Drive Supplier: Vendor ordered 3 Hard Drive(s)
   Hard Drive Supplier: sent 1 Hard Drive(s)
   Vendor: Completed processing for order 1
     Hard Drive Supplier: committed transaction
   Vendor: unable to send 3 computer(s)
     Vendor: committed transaction 2
   Retailer: Order not filled
   Retailer: placing another order
   Retailer: ordered 6 computer(s)
   Vendor: JMSException occurred: javax.jms.JMSException:
   Simulated database concurrent access exception
   javax.jms.JMSException: Simulated database concurrent access exception
           at TransactedExample$Vendor.run(Unknown Source)
     Vendor: rolled back transaction 1
   Vendor: Retailer ordered 6 Computer(s)
   Vendor: ordered 6 CPU(s) and hard drive(s)
   CPU Supplier: Vendor ordered 6 CPU(s)
   Hard Drive Supplier: Vendor ordered 6 Hard Drive(s)
   CPU Supplier: sent 6 CPU(s)
     CPU Supplier: committed transaction
   Hard Drive Supplier: sent 6 Hard Drive(s)
     Hard Drive Supplier: committed transaction
     Vendor: committed transaction 1
   Vendor: Completed processing for order 2
   Vendor: sent 6 computer(s)
   Retailer: Order filled
     Vendor: committed transaction 2
   ```

5. 在运行客户端之后，可以使用如下命令来删除目的地资源：

   asadmin delete-jms-resource jms/AQueue
   asadmin delete-jms-resource jms/BQueue

```
asadmin delete-jms-resource jms/CQueue
asadmin delete-jms-resource jms/OTopic
```

使用 JMS API 和 Session Bean 的应用程序

本节会介绍如何编写、编译、打包、部署并运行一个使用 JMS API 和 session bean 的应用程序。该应用程序包含以下组件：

- 一个调用 session bean 的应用程序客户端。
- 一个向主题发布一些消息的 session bean。
- message-driven bean 会使用一个可持续主题订阅者和消息选择器，来接收并处理消息。

你可以在 *tut-install*/examples/jms/clientsessionmdb/ 目录下找到本节的源代码文件。本节中的路径名都相对于该目录。

为 clientsessionmdb 示例编写应用程序组件

该应用程序展示了如何从一个 enterprise bean（本例中为 session bean）发送消息，而不是如第 11 章中的示例程序所示，从应用程序客户端发送消息。图 21-3 描绘了该应用程序的结构。

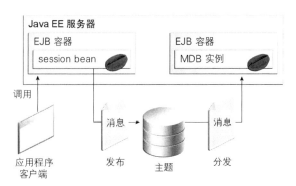

图 21-3 一个 enterprise bean 应用程序：客户端到 session bean，再到 message-driven bean

本示例中的 Publisher enterprise bean 是一个企业级的应用程序，相当于一个能够将新闻事件归类为 6 个新闻分类的无线服务新闻 feed。而 message-driven bean 可以表示一个负责体育新闻的编辑部，为所有与体育相关的新闻事件建立了一个订阅。

本示例中的应用程序客户端会注入 Publisher enterprise bean 的远程主接口，然后调用该 bean 的业务方法。enterprise bean 会创建 18 个文本消息。它会为每条消息设置一个 `String` 属性，值为 1 到 6 之间的随机数字，表示新闻分类，然后将消息发布到一个主题上。message-driven bean 会对该属性使用消息选择器，来限制接收的消息。

编写应用程序客户端：MyAppClient.java

应用程序客户端 `clientsessionmdb-app-client/src/java/MyAppClient.java` 中不执行任何 JMS API 操作，因此比第 11 章中的客户端还要简单。该客户端通过依赖注入来获取 Publisher enterprise bean 的业务接口：

```
@EJB(name="PublisherRemote")
static private PublisherRemote publisher;
```

然后，客户端会调用 bean 的业务方法两次。

编写 Publisher session bean

Publisher bean 是一个无状态的 session bean，包含一个业务方法。因为 Publisher bean 由应用程序客户端来访问，所以它使用了一个远程接口而不是本地接口。

远程接口 `clientsessionmdb-ejb/src/java/sb/PublisherRemote.java` 声明了一个单独的业务方法 `publishNews`。

bean 类 `clientsessionmdb-ejb/src/java/sb/PublisherBean.java` 中实现了 `publishNews` 方法及其辅助方法 `chooseType`。该 bean 类还注入了 `SessionContext`、`ConnectionFactory` 以及 `Topic` 资源，并实现了 `@PostConstruct` 和 `@PreDestroy` 回调方法。该 bean 类代码的开始部分如下所示：

```
@Stateless
@Remote({PublisherRemote.class})
public class PublisherBean implements PublisherRemote {

    @Resource
    private SessionContext sc;

    @Resource(lookup = "jms/ConnectionFactory")
    private ConnectionFactory connectionFactory;

    @Resource(lookup = "jms/Topic")
    private Topic topic;
    ...
```

该 bean 类的 `@PostConstruct` 回调方法 `makeConnection`，会创建该 bean 所使用的连接。业务方法 `publishNews` 方法会创建一个 `Session` 对象和一个 `MessageProducer` 对象，并发布消息。

`@PreDestroy` 回调方法 `endConnection`，会销毁在 `@PostConstruct` 回调方法中分配的资源。在这种情况下，该方法会关闭连接。

编写 Message-Driven Bean：MessageBean.java

message-driven bean 类 `clientsessionmdb-ejb/src/java/mdb/MessageBean.java` 几乎与第 11 章中的 bean 类一样。但是，它使用了不同的@MessageDriven 注解，因为该 bean 使用的是一个带有可持续订阅的主题而不是队列，并且它还使用了一个消息选择器。因此，该注解需要设置激活配置属性 `messageSelector`、`subscriptionDurability`、`clientId` 以及 `subscriptionName`，如下所示：

```
@MessageDriven(mappedName = "jms/Topic", activationConfig = {
    @ActivationConfigProperty(propertyName = "messageSelector",
            propertyValue = "NewsType = 'Sports' OR NewsType = 'Opinion'")
    , @ActivationConfigProperty(propertyName = "subscriptionDurability",
            propertyValue = "Durable")
    , @ActivationConfigProperty(propertyName = "clientId",
            propertyValue = "MyID")
    , @ActivationConfigProperty(propertyName = "subscriptionName",
            propertyValue = "MySub")
})
```

> **注意**：对于 message-driven bean 而言，目的地由 `mappedName` 元素指定，而不是 `lookup` 元素。

JMS 资源适配器会使用这些属性为该 message-driven 创建一个连接工厂，从而允许该 bean 使用一个可持续的订阅者。

为 clientsessionmdb 示例创建资源

该示例使用了之前示例中的主题 `jms/Topic` 和连接工厂 `jms/ConnectionFactory`。如果你之前删除了该连接工厂或者主题，在部署本示例时会重新创建它们。

运行 clientsessionmdb 示例

你可以使用 NetBeans IDE 或者 Ant 来构建、打包、部署并运行 `clientsessionmdb` 示例。

▼ 使用 NetBeans IDE 运行 clientsessionmdb 示例

1. 要编译和打包项目，请执行以下步骤：

    a. 从 File 菜单中选择 Open Project 项。

    b. 在 Open Project 对话框中，导航到如下目录：

    tut-install/examples/jms/

    c. 选择 clientsessionmdb 文件夹。

d. 选择 Open as Main Project 复选框以及 Open Required Projects 复选框。

e. 单击 Open Project。

f. 在 Projects 选项卡中，右键单击 clientsessionmdb 项目并选择 Build 项。该目标会创建以下文件：

- 一个应用程序客户端 JAR 文件，其中包含了客户端类文件、session bean 的远程接口，以及一个指定了主类并将 EJB JAR 文件加入到 classpath 中的 manifest 文件。
- 一个包含 session bean 和 message-driven bean 的 EJB JAR 文件。
- 一个包含这两个 JAR 文件的 EAR 文件。

2. 右键单击项目并选择 Run 项。

该命令会创建所需的资源，部署项目，返回一个 JAR 文件 `clientsessionmdbClient.jar`，然后执行它。

在 Output 面板中的应用程序客户端的输出应该如下所示（在应用程序客户端容器的输出之后）：

```
To view the bean output,
    check <install_dir>/domains/domain1/logs/server.log.
```

enterprise bean 的输出会出现在服务器日志（*domain-dir*/`logs/server.log`）中。Publisher session bean 会发送两组消息，每组 18 条消息，从数字 0 到数字 17。由于使用了消息选择器，message-driven bean 只能收到 `NewsType` 属性是 `Sports` 或者 `Opinion` 的消息。

▼ 使用 Ant 运行 clientsessionmdb 示例

1. 切换到如下目录：

    tut-install/examples/jms/clientsessionmdb/

2. 要编译源代码并打包应用程序，请使用以下命令：

    ant

    ant 命令会创建以下文件：

    - 一个应用程序客户端 JAR 文件，其中包含了客户端类文件、session bean 的远程接口，以及一个指定了主类并将 EJB JAR 文件加入到 classpath 中的 manifest 文件。
    - 一个包含 session bean 和 message-driven bean 的 EJB JAR 文件。
    - 一个包含这两个 JAR 文件的 EAR 文件。

    在 `dist` 目录下会创建一个名为 `clientsessionmdb.ear` 的文件。

3. 要创建所需的资源，部署应用程序并运行客户端，请使用以下命令：

```
ant run
```

忽略应用程序已经在某个 URL 上部署的提示消息。

客户端会显示以下这些输出（在应用程序客户端容器的输出之后）：

```
To view the bean output,
check <install_dir>/domains/domain1/logs/server.log.
```

enterprise bean 的输出会出现在服务器日志（`domain-dir/logs/server.log`）中。Publisher session bean 会发送两组消息，每组 18 条消息，从数字 0 到数字 17。由于使用了消息选择器，message-driven bean 只能收到 `NewsType` 属性是 `Sports` 或者 `Opinion` 的消息。

使用 JMS API 和实体的应用程序

本节会讲解如何编写、编译、打包、部署并运行一个使用 JMS API 和实体的应用程序。应用程序会使用以下组件：

- 一个可以发送并接收消息的应用程序客户端。
- 两个 message-driven bean。
- 一个实体类。

你可以在 *tut-install*/examples/jms/clientmdbentity/ 目录中找到本节示例的源代码文件。本节中的路径名都相对于该目录。

clientmdbentity 示例程序概述

该应用程序会以一种简化的方式，来模拟一个公司人力资源（HR）部门雇佣新员工的工作流程。该应用程序还会展示如何使用 Java EE 平台来完成一个许多 JMS 应用程序都需要完成的功能。

一个 JMS 客户端必须经常等待来自不同来源的多条消息，然后利用这些消息中的信息组合成另一个消息，再将其发往其他的目的地。这种处理通常被称为汇合消息。这种任务必须是事务的，即所有接收和发送操作都要在一个单独的事务中进行。如果不能成功接收所有的消息，那么应该回滚事务。你可以参考本章前面"本地事务示例"一节中的应用程序客户端示例程序。

在一个事务中，一个 message-driven bean 只能同时处理一条消息。为了提供汇合消息的功能，应用程序可以让 message-driven bean 将临时数据存储在一个实体中，然后由实体来决定是否所有的信息都已经被接收。如果是的话，实体可以将其报告给其中一个 message-driven bean，然后创建并将消息发送到其他的目的地。当实体完成这个任务后，会被删除。

应用程序的基本步骤如下所示。

1. HR 部门的应用程序客户端会为每个新的雇员生成一个雇员 ID，然后发布一条包含新雇员姓名、雇员 ID 以及职位的消息（M1）。客户端然后创建一个临时的队列 `ReplyQueue`，以及一个等待接收消息回复的消息监听器（更多信息请参考第 20 章的"创建临时目的地"一节。）

2. 两个 message-driven bean 会处理每条消息：其中 `OfficeMDB` 会为新雇员分配办公室号码，而 `EquipmentMDB` 会为新雇员分配办公设备。第一个处理消息的 bean 会创建并持久化一个名为 `SetupOffice` 的实体，然后调用该实体的业务方法来存储它已经生成的信息。第二个 bean 会找到已有的实体，并调用另一个业务方法来添加自己的信息。

3. 当办公室和设备都分配完毕后，实体的业务方法会返回给调用其的 message-driven bean 一个 true 值。message-driven bean 随后向回复队列中发送一条描述了分配情况的消息（M2），然后它将实体删除。应用程序客户端的消息监听器会接收到该信息。

图 21-4 展示了该应用程序的结构。当然，实际的 HR 应用程序会拥有更多的组件，包括其他用来设置工资、福利记录、安排入职培训等的 bean。

图 21-4 假设 `OfficeMDB` 是第一个接收客户端消息的 message-driven bean。`OfficeMDB` 会创建并持久化 `SetupOffice` 实体，然后将办公室的信息存储到该实体中。`EquipmentMDB` 然后会找到该实体，存储设备的信息，并了解到实体已经完成了它的工作。随后，`EquipmentMDB` 会向回复队列发送消息并删除实体。

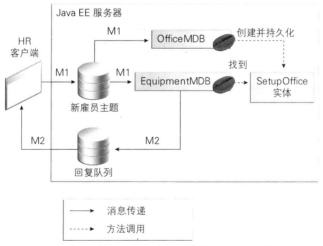

图 21-4　一个 enterprise bean 应用程序：从客户端到 message-driven bean，再到实体

为 clientmdbentity 示例编写应用程序组件

编写应用程序组件需要编写应用程序客户端、message-driven bean 以及实体类。

编写应用程序客户端：HumanResourceClient.java

应用程序客户端 `clientmdbentity-app-client/src/java/HumanResourceClient.java` 会执行以下操作：

1. 注入 `ConnectionFactory` 和 `Topic` 资源。

2. 创建一个 `TemporaryQueue` 来接收处理新雇员事件的通知。

3. 为 `TemporaryQueue` 创建一个 `MessageConsumer`，设置 `MessageConsumer` 的消息监听器并启动连接。

4. 创建一个 `MessageProducer` 和一个 `MapMessage` 对象。

5. 使用随机生成的姓名、职位以及 ID 号（依次顺序）创建 5 个雇员，并发布 5 条包含该信息的消息。

消息监听器 `HRListener` 会等待含有为每个雇员分配的办公室和设备信息的消息。当消息到达时，消息监听器会显示所接收的信息，并判断是否所有 5 条消息都已经到达。当 5 条消息都到达时，消息监听器会通知 `main` 方法，然后退出。

为 clientmdbentity 示例编写 Message-driven bean

该示例使用了两个 message-driven bean：

- clientmdbentity-ejb/src/java/eb/EquipmentMDB.java
- clientmdbentity-ejb/src/java/eb/OfficeMDB.java

这两个 bean 会执行如下步骤的操作：

1. 注入 `MessageDrivenContext` 和 `ConnectionFactory` 资源。

2. `onMessage` 方法会接收消息中的信息。`EquipmentMDB` 的 `onMessage` 方法会基于新雇员的职位来选择设备。`OfficeMDB` 的 `onMessage` 方法会随机生成一个办公室号码。

3. 为了模拟真实环境中的处理情况，我们延迟一小段时间，然后由 `onMessage` 方法调用一个辅助方法 `compose`。

4. `compose` 方法会执行以下操作：

    a. 创建并持久化 `SetupOffice` 实体，或者通过主键找到它。

    b. 调用 `doEquipmentList` 或者 `doOfficeNumber` 方法，通过实体将设备或办公室信息存储到数据库中。

    c. 如果业务方法返回 `true`，意味着所有信息都已经被存储。随后它会创建一个连接和会话,从消息中获取回复目的地信息,创建一个 `MessageProducer`,然后发送一条包含实体所存信息的回复消息。

d. 删除实体。

为 clientmdbentity 示例编写实体类

`clientmdbentity-ejb/src/java/eb/SetupOffice.java` 是一个实体类。该实体和 message-driven bean 被一起打包到 EJB JAR 文件中。该实体类的声明如下所示:

```
@Entity
public class SetupOffice implements Serializable {
```

该类包含了一个无参数的构造方法,以及一个接受两个参数——雇员 ID 和雇员姓名的构造方法。它还包含了雇员 ID、姓名、办公室号、设备列表等属性的 getter 和 setter 方法。雇员 ID 的 getter 方法上有一个表示该字段是主键的 `@Id` 注解:

```
@Id
public String getEmployeeId() {
    return id;
}
```

该类还实现了两个业务方法 `doEquipmentList` 和 `doOfficeNumber`,以及它们的辅助方法 `checkIfSetupComplete`。

message-driven bean 会调用业务方法和 getter 方法。

实体的 `persistence.xml` 文件指定了最基本的设置:

```xml
<?xml version="1.0" encoding="UTF-8"?>
<persistence version="2.0"
             xmlns="http://java.sun.com/xml/ns/persistence"
             xmlns:xsi="http://www.w3.org/2001/XMLSchema-instance"
             xsi:schemaLocation="http://java.sun.com/xml/ns/persistence
                http://java.sun.com/xml/ns/persistence/persistence_2_0.xsd">
<persistence-unit name="clientmdbentity-ejbPU" transaction-type="JTA">
    <provider>org.eclipse.persistence.jpa.PersistenceProvider</provider>
    <jta-data-source>jdbc/__default</jta-data-source>
    <class>eb.SetupOffice</class>
    <properties>
      <property name="eclipselink.ddl-generation"
                value="drop-and-create-tables"/>
    </properties>
  </persistence-unit>
</persistence>
```

使用 JMS API 和实体的应用程序

为 clientmdbentity 示例创建资源

该示例使用了连接工厂 `jms/ConnectionFactory` 和主题 `jms/Topic`，我们曾在本章前面的"使用 JMS API 和 Session Bean 的应用程序"一节中使用过它们。它还使用了启动 GlassFish Server 时默认启用的 JDBC 资源 `jdbc/__default`。

如果你删除了连接工厂或主题，当部署本示例时会重新创建它们。

运行 clientmdbentity 示例

你可以使用 NetBeans IDE 或者 Ant 来构建、打包、部署并运行 `clientmdbentity` 示例。

▼ 使用 NetBeans IDE 运行 clientmdbentity 示例

1. 从 File 菜单中选择 Open Project 项。

2. 在 Open Project 对话框中，导航到如下目录：

   tut-install/examples/jms/

3. 选择 clientmdbentity 文件夹。

4. 选择 Open as Main Project 和 Open Required Projects 复选框。

5. 单击 Open Project。

6. 在 Projects 选项卡中，右键单击 clientmdbentity 项目并选择 Build 项。

   该任务会创建以下文件：

   - 一个应用程序客户端 JAR 文件，其中包含了客户端类文件、监听器类文件，以及一个指定了主类的 manifest 文件。
   - 一个包含 message-driven bean、实体类以及 persistence.xml 文件的 EJB JAR 文件。
   - 一个包含这两个 JAR 文件以及一个 application.xml 文件的 EAR 文件。

7. 如果 Java DB 数据库尚未运行，你可以执行以下步骤：

   a. 单击 Services 选项卡。

   b. 展开 Databases 节点。

   c. 右键单击 Java DB 节点并选择 Start Server 项。

8. 在 Projects 选项卡中，右键单击项目并选择 Run 项。

该命令会创建全部所需的资源，部署项目，并返回一个名为 clientmdbentityClient.jar 的客户端 JAR 文件，然后执行该文件。

Output 面板中应用程序客户端的输出如下所示：

```
PUBLISHER: Setting hire ID to 50, name Bill Tudor, position Programmer
PUBLISHER: Setting hire ID to 51, name Carol Jones, position Senior Programmer
PUBLISHER: Setting hire ID to 52, name Mark Wilson, position Manager
PUBLISHER: Setting hire ID to 53, name Polly Wren, position Senior Programmer
PUBLISHER: Setting hire ID to 54, name Joe Lawrence, position Director
Waiting for 5 message(s)
New hire event processed:
  Employee ID: 52
  Name: Mark Wilson
  Equipment: PDA
  Office number: 294
Waiting for 4 message(s)
New hire event processed:
  Employee ID: 53
  Name: Polly Wren
  Equipment: Laptop
  Office number: 186
Waiting for 3 message(s)
New hire event processed:
  Employee ID: 54
  Name: Joe Lawrence
  Equipment: Java Phone
  Office number: 135
Waiting for 2 message(s)
New hire event processed:
  Employee ID: 50
  Name: Bill Tudor
  Equipment: Desktop System
  Office number: 200
Waiting for 1 message(s)
New hire event processed:
  Employee ID: 51
  Name: Carol Jones
  Equipment: Laptop
  Office number: 262
```

message-driven bean 和实体类的输出，会同其他日志信息一起显示在服务器日志中。

对于每个雇员，应用程序首先会创建实体，然后再找到它。你可能会在服务器日志中看见一些运行时错误，也可能发生事务回滚。如果两个 message-driven bean 同时发现实体不存在，

使用 JMS API 和实体的应用程序

那么它们都会试图创建它，从而产生错误。如果第一次尝试成功，那么第二次尝试会因为已经存在该 bean 而失败。在回滚之后，第二个 message-driven bean 会重新尝试并成功找到实体。

尽管有这些错误，但是由容器管理的事务不需要经过特殊的编程处理，就能够让应用程序按照正确的预期运行。

▼ 使用 Ant 运行 clientmdbentity 示例

1. 切换到如下目录：

   tut-install/examples/jms/clientmdbentity/

2. 要编译源文件并打包应用程序，请使用如下命令：

   `ant`

   该 ant 命令会创建以下文件：

   - 一个应用程序客户端 JAR 文件，其中包含了客户端类文件、监听器类文件，以及一个指定了主类的 manifest 文件。
   - 一个包含 message-driven bean、实体类以及 persistence.xml 文件的 EJB JAR 文件。
   - 一个包含这两个 JAR 文件以及一个 application.xml 文件的 EAR 文件。

3. 要创建全部所需的资源、部署应用程序并运行客户端，请使用如下命令：

   `ant run`

   该命令会启动数据库服务器（如果尚未运行），然后部署并运行应用程序。

   忽略应用程序在某个 URL 上部署的提示消息。

   终端窗口的输出如下所示（在应用程序客户端容器的输出之后）：

   ```
   running application client container.
   PUBLISHER: Setting hire ID to 50, name Bill Tudor, position Programmer
   PUBLISHER: Setting hire ID to 51, name Carol Jones, position Senior Programmer
   PUBLISHER: Setting hire ID to 52, name Mark Wilson, position Manager
   PUBLISHER: Setting hire ID to 53, name Polly Wren, position Senior Programmer
   PUBLISHER: Setting hire ID to 54, name Joe Lawrence, position Director
   Waiting for 5 message(s)
   New hire event processed:
      Employee ID: 52
      Name: Mark Wilson
      Equipment: PDA
      Office number: 294
   Waiting for 4 message(s)
   New hire event processed:
   ```

```
    Employee ID: 53
    Name: Polly Wren
    Equipment: Laptop
    Office number: 186
Waiting for 3 message(s)
New hire event processed:
    Employee ID: 54
    Name: Joe Lawrence
    Equipment: Java Phone
    Office number: 135
Waiting for 2 message(s)
New hire event processed:
    Employee ID: 50
    Name: Bill Tudor
    Equipment: Desktop System
    Office number: 200
Waiting for 1 message(s)
New hire event processed:
    Employee ID: 51
    Name: Carol Jones
    Equipment: Laptop
    Office number: 262
```

message-driven bean 和实体类的输出，会同其他日志信息一起显示在服务器日志中。

对于每个雇员，应用程序首先会创建实体，然后再找到它。你可能会在服务器日志中看见一些运行时错误，以及可能发生事务回滚。如果两个 message-driven bean 同时发现实体不存在，那么它们都会试图创建它，从而产生错误。如果第一次尝试成功，那么第二次尝试会因为已经存在该 bean 而失败。在回滚之后，第二个 message-driven bean 会重新尝试并成功找到实体。

尽管有这些错误，但是由容器管理的事务不需要特殊的编程处理，就能够让应用程序按照正确的预期运行。

从远程服务器接收消息的应用程序示例

本节及下一节会介绍如何编写、编译、打包、部署并运行一对在两个 Java EE 服务器上运行的 Java EE 模块，它们之间使用 JMS API 来交换消息。通常，我们会将一个企业应用程序的不同模块，部署在公司内的不同系统上。因此，我们通过这些示例，小范围地演示了如何对使用 JMS API 的应用程序实现这一点。

两个示例的工作方式稍微有些不同。在第一个示例中，message-driven bean 的部署信息中指定了接收消息的远程服务器。而在下一个示例中，如本章后面"在两个服务器上部署

Message-Driven Bean 的应用程序示例"中所述，在两个不同的服务器上部署了同一个 message-driven bean，因此由客户端模块指定了接收消息的服务器（一个本地，一个远程）。

第一个示例将第 11 章中的示例分成了两个模块：一个包含应用程序客户端，而另一个包含 message-driven bean。

你可以在 *tut-install*/examples/jms/consumeremote/目录下找到本节示例的源代码。本节中的路径名都相对于这个目录。

consumeremote 示例模块概述

该示例与第 11 章中的示例非常相似，唯一的区别是它被打包为两个独立的模块：

- 一个模块包含应用程序客户端，运行在远程系统上，并向一个队列发送 3 条消息。
- 另一个模块包含 message-driven bean，部署在本地服务器上，并且接收来自远程服务器上队列的消息。

这两个模块的基本步骤如下所示：

1. 管理员在两个系统上分别启动各自的 Java EE 服务器。
2. 管理员将指定了客户端远程服务器的 message-driven bean 模块，部署在本地服务器上。
3. 管理员将客户端 JAR 文件部署到远程服务器上。
4. 客户端模块向队列发送 3 条消息。
5. message-driven bean 接收这些消息。

图 21-5 描绘了该应用程序的结构。你可以看到，除了有两个 Java EE 服务器之外，它几乎与图 11-1 一样。虽然队列部署在远程服务器上，但是为了成功注入资源，该队列也必须存在于本地服务器上。

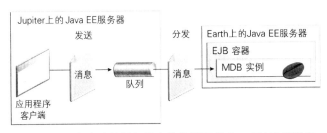

图 21-5　一个从远程服务器上接收消息的 Java EE 应用程序

为 consumeremote 示例编写模块组件

编写模块的组件需要：

- 编写应用程序客户端
- 编写 message-driven bean

应用程序客户端 jupiterclient/src/java/SimpleClient.java 几乎与第 11 章中的 "simplemessage 示例概述" 一节中的示例基本一样。

类似的，message-driven bean earthmdb/src/java/MessageBean.java 也几乎与第 11 章中的 "Message-Driven Bean 类" 一节中的类一样。唯一明显的区别是，激活配置属性中包含了一个用来指定远程系统名称的属性。你需要编辑源文件来指定系统的名称。

为 consumeremote 示例创建资源

应用程序客户端可以使用远程服务上已有的任意连接工厂。在本示例中，它使用了 jms/ConnectionFactory。两个组件都使用了在本章前面"同步消息接收的简单示例"中的队列 jms/Queue。message-driven bean 不需要使用一个已经创建出来的连接工厂，因为资源适配器会为它创建一个。

当你部署示例时，会创建所有缺失的资源。

为 consumeremote 示例使用两个应用程序服务器

如本章前面"在多个系统上运行 JMS 客户端"一节中所述，这两个服务器被命名为 earth 和 jupiter。

两个系统上必须都已经运行了 GlassFish Server。

在你运行示例之前，必须修改 jupiter 上默认的 JMS 名称，如本章前面"使用管理控制台修改默认主机名"一节中所述。如果你已经执行了该操作，这里就不需要再重复执行了。

用哪个系统来打包并部署模块，以及用哪个系统来运行客户端，依赖于你的网络配置（尤其是你可以远程访问的文件系统）。这些步骤指示都假设你可以从 earth 访问 jupiter 的文件系统，但是不能从 jupiter 访问 earth 的文件系统（你可以使用本章前面"在多个系统上运行 JMS 客户端"一节中所用的 earth 和 jupiter 系统。）

你可以在 earth 上打包两个模块，然后部署 message-driven bean。你需要在 jupiter 上进行的唯一操作，就是运行客户端模块。

从远程服务器接收消息的应用程序示例

运行 consumeremote 示例

你可以使用 NetBeans IDE 或者 Ant 来构建、打包、部署并运行 consumeremote 示例。

▼ 使用 NetBeans IDE 运行 consumeremote 示例

要使用 NetBeans IDE 来编辑 message-driven bean 的源文件，然后打包、部署并运行这两个模块，请执行以下步骤。

1. 从 File 菜单中选择 Open Project 项。

2. 在 Open Project 对话框中，导航到目录：

    tut-install/examples/jms/consumeremote/

3. 选择 earthmdb 目录。

4. 选择 Open as Main Project 复选框。

5. 单击 Open Project。

6. 执行以下步骤来编辑 MessageBean.java 文件。

    a. 在 Projects 选项卡中，展开 earthmdb、Source Packages 以及 mdb 节点，然后双击 MessageBean.java。

    b. 找到 @MessageDriven 注解中的如下代码行：
    ```
    @ActivationConfigProperty(propertyName = "addressList",
        propertyValue = "remotesystem"),
    ```

    c. 用你的远程系统名称替换 remotesystem。

7. 右键单击 earthmdb 项目并选择 Build 项。

    该命令会创建一个包含 bean 类文件的 JAR 文件。

8. 从 File 菜单中选择 Open Project。

9. 选择 jupiterclient 目录。

10. 选择 Open as Main Project 复选框。

11. 单击 Open Project。

12. 在 Projects 选项卡中，右键单击 jupiterclient 项目并选择 Build 项。

    该命令会创建一个包含客户端类文件和一个 manifest 文件的 JAR 文件。

13. 右键单击 earthmdb 项目并选择 Deploy 项。

14. 要将 jupiterclient 模块复制到远程系统上,请执行以下步骤:

   a. 切换到目录 jupiterclient/dist 下:

   cd *tut-install*/examples/jms/consumeremote/jupiterclient/dist

   b. 输入与如下类似的命令:

   ```
   cp jupiterclient.jar F:/
   ```

   该命令会将客户端 JAR 文件复制到远程文件系统上的一个位置。此外,你也可以使用文件系统的图形化用户界面来操作。

15. 要运行应用程序客户端,请执行以下步骤:

   a. 如果你之前没有在远程系统(jupiter)上创建队列和连接工厂,切换到远程系统上的 *tut-install*/examples/jms/consumeremote/jupiterclient/ 目录并输入如下命令:

   ```
   ant add-resources
   ```

   b. 在远程系统(jupiter)上,切换到之前复制客户端 JAR 文件的目录。

   c. 要部署客户端模块并接收客户端存根,请使用如下命令:

   ```
   asadmin deploy --retrieve . jupiterclient.jar
   ```

   该命令会部署客户端 JAR 文件,并获取 jupiterclientClient.jar 文件中的客户端存根。

   d. 要运行客户端,请输入如下命令:

   ```
   appclient -client jupiterclientClient.jar
   ```

   在 jupiter 上,appclient 命令的输出如下所示(在应用程序客户端容器的输出之后):

   ```
   Sending message: This is message 1 from jupiterclient
   Sending message: This is message 2 from jupiterclient
   Sending message: This is message 3 from jupiterclient
   ```

   在 earth 上,服务器日志中的输出如下所示(在日志信息之后):

   ```
   MESSAGE BEAN: Message received: This is message 1 from jupiterclient
   MESSAGE BEAN: Message received: This is message 2 from jupiterclient
   MESSAGE BEAN: Message received: This is message 3 from jupiterclient
   ```

   e. 当运行完毕后,可以使用如下命令来取消客户端的部署:

   ```
   asadmin undeploy jupiterclient
   ```

▼ 使用 Ant 运行 consumeremote 示例

要使用 Ant 来编辑 message-driven bean 源文件，然后打包、部署并运行模块，请执行以下步骤。

1. 在一个编辑器中打开如下文件：

   tut-install/examples/jms/consumeremote/earthmdb/src/java/mdb/MessageBean.java

2. 找到 @MessageDriven 注解中的如下代码：

   ```
   @ActivationConfigProperty(propertyName = "addressList",
       propertyValue = "remotesystem"),
   ```

3. 将 remotesystem 替换为远程系统名，然后保存并关闭该文件。
4. 切换到如下目录：

   tut-install/examples/jms/consumeremote/earthmdb/

5. 输入如下命令：

   ant

   该命令会创建一个包含 bean 类文件的 JAR 文件。

6. 输入如下命令：

   ant deploy

7. 切换到 jupiterclient 目录：

   cd ../jupiterclient

8. 输入如下命令：

   ant

   该命令创建了包含客户端类文件和一个 manifest 文件的 JAR 文件。

9. 要将 jupiterclient 模块复制到远程系统，请执行以下步骤。

   a. 切换到 jupiterclient/dist 目录：

   cd ../jupiterclient/dist

   b. 输入与如下类似的命令：

   cp jupiterclient.jar F:/

   该命令会将客户端 JAR 文件复制到远程文件系统上的一个位置。

10. 要运行应用程序客户端，执行以下步骤。

   a. 如果你之前没有在远程系统（jupiter）上创建队列和连接工厂，切换到远程系统的 *tut-install*/examples/jms/consumeremote/jupiterclient/ 目录，并输入如下命令：

   ```
   ant add-resources
   ```

   b. 在远程系统（jupiter）上，切换到之前复制客户端 JAR 文件的目录。

   c. 要部署客户端模块并获取客户端存根，请使用如下命令：

   ```
   asadmin deploy --retrieve . jupiterclient.jar
   ```

   该命令会部署客户端 JAR 文件并获取 jupiterclientClient.jar 中的客户端存根。

   d. 要运行客户端，请使用如下命令：

   ```
   appclient -client jupiterclientClient.jar
   ```

   在 jupiter 上，appclient 命令的输出类似于如下所示（在应用程序客户端容器的输出之后）：

   ```
   Sending message: This is message 1 from jupiterclient
   Sending message: This is message 2 from jupiterclient
   Sending message: This is message 3 from jupiterclient
   ```

   在 earth 上，服务器日志中的输出类似于如下所示（在日志信息之后）：

   ```
   MESSAGE BEAN: Message received: This is message 1 from jupiterclient
   MESSAGE BEAN: Message received: This is message 2 from jupiterclient
   MESSAGE BEAN: Message received: This is message 3 from jupiterclient
   ```

   e. 当运行完毕之后，可以使用如下命令取消客户端的部署：

   ```
   asadmin undeploy jupiterclient
   ```

在两个服务器上部署 Message-Driven Bean 的应用程序示例

本节与之前的章节类似，介绍了如何编写、编译、打包、部署，并在两个 Java EE 服务器上运行一对使用 JMS API 的 Java EE 模块。这些模块比前一示例中的模块更复杂一些。

这些模块使用了以下组件：

- 一个部署在本地服务器上的应用程序客户端。它使用了两个连接工厂（一个是普通的连接工厂，而另一个用来与远程服务器通信）来创建两个发布者和两个订阅者，以及发布和接收消息。

- 一个被部署两次的 message-driven bean：一次在本地服务器上，另一次在远程服务器上。它用来处理消息并发送回复。

在本节中，"本地服务器"表示部署了应用程序客户端和 message-driven bean 的服务器（在前例中即为 `earth`）。"远程服务器"表示只部署 message-driven bean 的服务器（在前例中为 `jupiter`）。

你可以在 *tut-install*/examples/jms/sendremote/ 目录下找到本节示例程序的源文件。本节中的路径名都相对于该目录。

sendremote 示例模块概述

这两个模块与本章前面"从远程服务器接收消息的应用程序示例"一节中的模块有些类似，只包含了一个客户端和一个 message-driven bean 组件。但是，本节的模块会以更复杂的方式来使用这些组件。另一个只包含 message-driven bean 的模块会在每个服务器上分别部署一次。

模块操作的基本步骤如下所示。

1．分别启动每个系统上的 Java EE 服务器。

2．在本地服务器（`earth`）上，创建两个连接工厂：一个本地连接工厂，另一个用来与远程服务器（`jupiter`）通信。在远程服务器上，创建一个连接工厂，该工厂的名称与同远程服务器通信的连接工厂一致。

3．应用程序客户端查找这两个连接工厂（本地连接工厂与同远程服务器通信的连接工厂）来创建两个连接、会话、发布者和订阅者。订阅者使用一个消息监听器。

4．每个发布者发布 5 条消息。

5．本地和远程 message-driven bean 接收 5 条消息并发送回复。

6．客户端的消息监听器接收回复。

图 21-6 展示了该应用程序的结构。M1 表示使用本地连接工厂发送的第一条消息，而 RM1 表示由本地 MDB 发送的第一条回复消息。M2 表示使用远程连接工厂发送的第一条消息，而 RM2 表示由远程 MDB 发送的第一条回复消息。

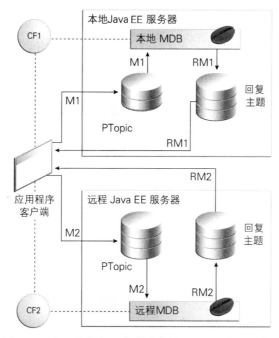

图 21-6 向两个服务器发送消息的 Java EE 应用程序

编写 sendremote 示例的模块组件

编写模块组件包括编写应用程序客户端和 message-driven bean。

编写应用程序客户端：MultiAppServerClient.java

在应用程序客户端类 `multiclient/src/java/MultiAppServerClient.java` 中进行了如下操作。

1．为两个连接工厂和一个主题注入资源。

2．为每个连接工厂创建一个连接、发布者会话、发布者、订阅者会话、订阅者以及用于回复的临时主题。

3．每个订阅者设置其消息监听器 `ReplyListener`，并且启动连接。

4．每个发布者发布 5 条消息，并创建一个监听器要接收的消息列表。

5．当每个回复到达时，消息监听器会显示其内容，并将它从监听器要接收的消息列表中删除。

6．当所有消息都到达后，客户端退出。

编写 message-driven bean：ReplyMsgBean.java

1. 使用 `@MessageDriven` 注解：

   `@MessageDriven(mappedName = "jms/Topic")`

2. 为 `MessageDriverContext` 和连接工厂注入资源。因为它使用所接收消息的 `JMSReplyTo` 头信息作为目的地，所以不需要注入目的地资源。

3. 使用 `@PostConstruct` 回调方法来创建连接，使用 `@PreDestroy` 回调方法来关闭连接。

message-driven bean 的 `onMessage` 方法会进行如下操作：

1. 将接收的消息转换为一个 `TextMessage`，并显示其文本内容。

2. 为回复消息创建一个连接、会话以及发布者。

3. 将消息发布到回复主题。

4. 关闭连接。

在两个服务器上，该 bean 会接收来自主题 `jms/Topic` 的消息。

为 sendremote 示例创建资源

本示例使用了连接工厂 `jms/ConnectionFactory` 和主题 `jms/Topic`。这些对象在本地和远程服务器上都必须存在。

本示例还使用了另外一个连接工厂 `jms/JupiterConnectionFactory`，用来与远程系统进行通信。我们已经在本章前面的"为多个系统创建管理对象"一节中创建了该连接工厂。本地服务器上必须拥有该连接工厂。

如果你在这之前删除了这些资源，可以使用 `multiclient` 模块 `build.xml` 文件中的 `target` 来创建它们。

要创建只有本地系统需要的资源，请使用如下命令：

ant create-remote-factory *-Dsys=remote-system-name*

当你部署应用程序时会创建其他资源。

▼ 在远程系统上启用部署

GlassFish Server 默认不允许从远程系统进行部署。你必须为管理员创建一个密码，然后在远程系统上执行一个 `asadmin` 命令，才能将 message-driven bean 部署在该系统上。

1. 在 jupiter 上，打开浏览器并输入 `http://localhost:4848/`，打开管理控制台。

2．在导航树中，展开 Configuration 节点，然后展开 server-config 界面。

3．展开 Security 节点。

4．展开 Realms 节点。

5．选择 admin-realm 节点。

6．在 Edit Realm 页面上单击 Manage Users。

7．在 File Users 表格中，单击 User ID 列中的 admin。

8．在 Edit File Realm Users 页面上，在 New Password 和 Confirm New Password 文本域中输入同一个密码（例如 jmsadmin），然后单击 Save 按钮。

9．在远程系统（jupiter）上打开一个命令提示窗口，运行如下命令：

```
asadmin enable-secure-admin
```

10．停止并重新启动 jupiter 上的服务器。

▼ 为 sendremote 示例使用两个应用程序服务器

如果你使用 NetBeans IDE，需要依次执行如下所示的步骤，来添加部署 message-driven bean 的远程服务器。

1．在 NetBeans IDE 中，单击 Services 选项卡。

2．右键单击 Servers 节点并选择 Add Server 项。在 Add Server Instance 对话框中，执行以下步骤：

    a．从 Server 列表中选择 GlassFish Server 3+。

    b．在 Name 文本域中，指定一个与本地服务器略有不同的名称，例如 GlassFish Server 3+ (2)。

    c．单击 Next 按钮。

    d．将 Server Location 指向远程系统上 GlassFish Server 的位置。必须可以从本地系统访问该位置。

    e．单击 Next 按钮。

    f．选择 Register Remote Domain 单选按钮。

    g．在 Host Name 文本域中，输入远程系统的名称。

    h．单击 Finish 按钮。

i. 在出现的对话框中，输入用户名称（admin）以及你之前创建的密码。

接下来的步骤：在你运行示例前，必须修改 `jupiter` 上 JMS 的默认名称，如本章前面"使用管理控制台修改默认主机名"一节中所述。如果你之前已经执行了该操作，就不必再重复执行了。

运行 sendremote 示例

你可以使用 NetBeans IDE 或者 Ant 来构建、打包、部署并运行 `sendremote` 示例。

▼ 使用 NetBeans IDE 运行 sendremote 示例

1. 要构建 replybean 模块，请执行以下步骤：

    a. 从 File 菜单中选择 Open Project 项。

    b. 在 Open Project 对话框中导航到目录：

    tut-install/examples/jms/sendremote/

    c. 选择 replybean 目录。

    d. 选择 Open as Main Project 复选框。

    e. 单击 Open Project。

    f. 在 Projects 选项卡中，右键单击 replybean 项目并选择 Build 项。

    该命令会创建一个含有 bean 类文件的 JAR 文件。

2. 要构建 multiclient 模块，请执行以下步骤：

    a. 从 File 菜单中选择 Open Project 项。

    b. 选择 multiclient 目录。

    c. 选择 Open as Main Project 复选框。

    d. 单击 Open Project。

    e. 在 Projects 选项卡中，右键单击 multiclient 项目并选择 Build 项。

    该命令会创建一个含有客户端类文件以及一个 manifest 文件的 JAR 文件。

3. 要创建所有所需的资源，并在本地服务器上部署 multiclient 模块，请执行以下步骤：

    a. 右键单击 multiclient 项目并选择 Properties 项。

    b. 从 Categories 树中选择 Run 项。

c. 从 Server 列表中选择 GlassFish Server 3+（本地服务器）。

d. 单击 OK 按钮。

e. 右键单击 multiclient 项目并选择 Deploy 项。

你可以在 Services 选项卡中，验证 multiclient 是否已经作为一个应用程序客户端模块，被部署到本地服务器上。

4．要在本地和远程服务器上部署 replybean 模块，请执行以下步骤：

a. 右键单击 replybean 项目并选择 Properties 项。

b. 从 Categories 树中选择 Run 项。

c. 从 Server 列表中选择 GlassFish Server 3+（本地服务器）。

d. 单击 OK 按钮。

e. 右键单击 replybean 项目并选择 Deploy 项。

f. 右键再次单击 replybean 项目并选择 Properties 项。

g. 从 Categories 树中选择 Run 项。

h. 从 Server 列表中选择 GlassFish Server 3+ (2)（远程服务器）。

i. 单击 OK 按钮。

j. 右键单击 replybean 项目并选择 Deploy 项。

你可以在 Services 选项卡，验证 replybean 是否已经作为一个 EJB 模块被部署到两台服务器上。

5．要运行应用程序客户端，右键单击 multiclient 项目并选择 Run 项。

该命令会返回一个名为 multiclientClient.jar 的 JAR 文件，然后执行它。

在本地系统上，`appclient` 命令的输出类似于如下所示：

```
running application client container.
...
Sent message: text: id=1 to local app server
Sent message: text: id=2 to remote app server
ReplyListener: Received message: id=1, text=ReplyMsgBean
text: id=1 to local app server
Sent message: text: id=3 to local app server
ReplyListener: Received message: id=3, text=ReplyMsgBean processed message:
text: id=3 to local app server
ReplyListener: Received message: id=2, text=ReplyMsgBean processed message:
text: id=2 to remote app server
Sent message: text: id=4 to remote app server
ReplyListener: Received message: id=4, text=ReplyMsgBean processed message:
text: id=4 to remote app server
Sent message: text: id=5 to local app server
```

```
ReplyListener: Received message: id=5, text=ReplyMsgBean processed message:
text: id=5 to local app server
Sent message: text: id=6 to remote app server
ReplyListener: Received message: id=6, text=ReplyMsgBean processed message:
text: id=6 to remote app server
Sent message: text: id=7 to local app server
ReplyListener: Received message: id=7, text=ReplyMsgBean processed message:
text: id=7 to local app server
Sent message: text: id=8 to remote app server
ReplyListener: Received message: id=8, text=ReplyMsgBean processed message:
text: id=8 to remote app server
Sent message: text: id=9 to local app server
ReplyListener: Received message: id=9, text=ReplyMsgBean processed message:
text: id=9 to local app server
Sent message: text: id=10 to remote app server
ReplyListener: Received message: id=10, text=ReplyMsgBean processed message:
text: id=10 to remote app server
Waiting for 0 message(s) from local app server
Waiting for 0 message(s) from remote app server
Finished
Closing connection 1
Closing connection 2
```

在本地系统上，message-driven bean 会接收到序号为奇数的消息，服务器日志中的输出应该类似如下所示（以及其他一些日志信息）：

```
ReplyMsgBean: Received message: text: id=1 to local app server
ReplyMsgBean: Received message: text: id=3 to local app server
ReplyMsgBean: Received message: text: id=5 to local app server
ReplyMsgBean: Received message: text: id=7 to local app server
ReplyMsgBean: Received message: text: id=9 to local app server
```

在远程系统上，message-driven bean 会接收到序号为偶数的消息，服务器日志中的输出如下所示（以及其他一些日志信息）：

```
ReplyMsgBean: Received message: text: id=2 to remote app server
ReplyMsgBean: Received message: text: id=4 to remote app server
ReplyMsgBean: Received message: text: id=6 to remote app server
ReplyMsgBean: Received message: text: id=8 to remote app server
ReplyMsgBean: Received message: text: id=10 to remote app server
```

▼ 使用 Ant 运行 sendremote 示例

1. 要打包模块，请执行以下步骤。

    a. 切换到如下目录：

    tut-install/examples/jms/sendremote/multiclient/

b. 输入如下命令：

ant

该命令会创建一个包含客户端类文件和一个 manifest 文件的 JAR 文件。

c. 切换到 replybean 的目录：

cd ../replybean

d. 输入如下命令：

ant

该命令会创建一个包含 bean 类文件的 JAR 文件。

2. 要在本地和远程服务器上部署 replybean 模块，执行以下步骤。

a. 确认当前在 replybean 目录下。

b. 输入如下命令：

ant deploy

忽略声明应用程序已经在某个 URL 部署的提示消息。

c. 输入如下命令：

ant deploy-remote -Dsys=*remote-system-name*

将 *remote-system-name* 替换为远程系统的真实名称。

3. 要部署客户端，请执行以下步骤。

a. 切换到 multiclient 目录：

cd ../multiclient

b. 输入如下命令：

ant getclient

4. 要运行客户端，输入如下命令：

ant run

在本地系统上，输出类似于如下所示：

```
running application client container.
...
Sent message: text: id=1 to local app server
Sent message: text: id=2 to remote app server
ReplyListener: Received message: id=1, text=ReplyMsgBean processed message:
text: id=1 to local app server
```

```
Sent message: text: id=3 to local app server
ReplyListener: Received message: id=3, text=ReplyMsgBean processed message:
text: id=3 to local app server
ReplyListener: Received message: id=2, text=ReplyMsgBean processed message:
text: id=2 to remote app server
Sent message: text: id=4 to remote app server
ReplyListener: Received message: id=4, text=ReplyMsgBean processed message:
text: id=4 to remote app server
Sent message: text: id=5 to local app server
ReplyListener: Received message: id=5, text=ReplyMsgBean processed message:
text: id=5 to local app server
Sent message: text: id=6 to remote app server
ReplyListener: Received message: id=6, text=ReplyMsgBean processed message:
text: id=6 to remote app server
Sent message: text: id=7 to local app server
ReplyListener: Received message: id=7, text=ReplyMsgBean processed message:
text: id=7 to local app server
Sent message: text: id=8 to remote app server
ReplyListener: Received message: id=8, text=ReplyMsgBean processed message:
text: id=8 to remote app server
Sent message: text: id=9 to local app server
ReplyListener: Received message: id=9, text=ReplyMsgBean processed message:
text: id=9 to local app server
Sent message: text: id=10 to remote app server
ReplyListener: Received message: id=10, text=ReplyMsgBean processed message:
text: id=10 to remote app server
Waiting for 0 message(s) from local app server
Waiting for 0 message(s) from remote app server
Finished
Closing connection 1
Closing connection 2
```

在本地系统上，message-driven bean 会接收序号为奇数的消息，服务器日志中的输出如下所示（以及其他一些日志信息）：

```
ReplyMsgBean: Received message: text: id=1 to local app server
ReplyMsgBean: Received message: text: id=3 to local app server
ReplyMsgBean: Received message: text: id=5 to local app server
ReplyMsgBean: Received message: text: id=7 to local app server
ReplyMsgBean: Received message: text: id=9 to local app server
```

在远程系统上，message-driven bean 会接收序号为偶数的消息，服务器日志中的输出如下所示（以及其他一些日志信息）：

```
ReplyMsgBean: Received message: text: id=2 to remote app server
ReplyMsgBean: Received message: text: id=4 to remote app server
ReplyMsgBean: Received message: text: id=6 to remote app server
```

```
ReplyMsgBean: Received message: text: id=8 to remote app server
ReplyMsgBean: Received message: text: id=10 to remote app server
```

▼ 在远程系统上禁用部署

当运行完该示例后,你可能希望将 `jupiter` 上的 GlassFish Server,重置回原来不需要管理员用户名和密码的状态。

1. 在远程系统(jupiter)上的一个命令提示窗口中输入以下命令:

   asadmin disable-secure-admin

   你需要输入管理员名称和密码。

2. 在 jupiter 上停止并重新启动 GlassFIsh Server。

3. 打开浏览器,访问 http://localhost:4848/,打开管理控制台,输入用户名和密码登录控制台。

4. 在导航树中,展开 Configurations 节点,然后展开 server-config 节点。

5. 展开 Security 节点。

6. 展开 Realms 节点。

7. 选择 admin-realm 节点。

8. 在 Edit Realm 页面中单击 Manage Users。

9. 在 File Users 表格中单击 User ID 列中的 admin。

10. 在 Edit File Realm Users 页面中单击 Save 按钮。

11. 在要求确认为指定用户设置空密码的对话框中,单击 OK 按钮。

    当你下次启动管理控制台或者运行 `asadmin` 命令时,就不需要再提供登录的身份信息了。

第 22 章

Bean Validation：高级主题

本章介绍如何创建自定义约束、自定义校验器消息，以及通过 JavaBeans Validation 的 Java API（Bean Validation）来创建约束组。

本章包含以下内容：

- 创建自定义约束
- 自定义校验器消息
- 约束分组

创建自定义约束

Bean Validation 定义了用来创建自定义约束的注解、接口以及类。

使用内置约束来创建新的约束

Bean Validation 包含了一些内置的约束，它们经过组合可以创建出新的、可重用的约束。开发人员可以定义一个由几个内置约束组成的自定义约束，然后通过一个注解应用到某些组件的属性上，从而简化约束的定义。

```
@Pattern.List({
  @Pattern(regexp = "[a-z0-9!#$%&'*+/=?^_`{|}~-]+(?:\\."
    +"[a-z0-9!#$%&'*+/=?^_`{|}~-]+)*"
    +"@(?:[a-z0-9](?:[a-z0-9-]*[a-z0-9])?\\.)+[a-z0-9](?:[a-z0-9-]*[a-z0-9])?")
})
@Constraint(validatedBy = {})
@Documented
@Target({ElementType.METHOD,
```

```
        ElementType.FIELD,
        ElementType.ANNOTATION_TYPE,
        ElementType.CONSTRUCTOR,
        ElementType.PARAMETER})
@Retention(RetentionPolicy.RUNTIME)
public @interface Email {

    String message() default "{invalid.email}";

    Class<?>[] groups() default {};

    Class<? extends Payload>[] payload() default {};

    @Target({ElementType.METHOD,
        ElementType.FIELD,
        ElementType.ANNOTATION_TYPE,
        ElementType.CONSTRUCTOR,
        ElementType.PARAMETER})
    @Retention(RetentionPolicy.RUNTIME)
    @Documented
    @interface List {
        Email[] value();
    }
}
```

随后,该自定义约束可以被应用到某个属性上。

```
...
@Email
protected String email;
...
```

自定义校验器消息

Bean Validation 默认包含了一个资源绑定,为内置的约束定义了默认的消息。你可以自定义这些消息,以及将它们本地化为英语以外的其他语言。

ValidationMessages 资源绑定

ValidationMessages 资源绑定及其各语言文件中所包含的字符串,会覆盖默认的校验消息。通常,ValidationMessages 资源绑定是一个名为 ValidationMessages.properties 的属性文件,位于应用程序的默认包中。

本地化校验消息

通过在 `ValidationMessages.properties` 文件名末尾追加一个下画线和语言环境前缀，作为该语言环境的消息文件。例如，用于西班牙的资源绑定文件名为 `ValidationMessages_es.properties`。

约束分组

约束可以被添加到一个或多个组中。约束组用来创建多个约束的子集，从而只校验指定对象的部分约束。默认情况下，所有约束都包含在一个名为 `Default` 的约束组中。

约束组由接口表示。

```
public interface Employee {}

public interface Contractor {}
```

约束组可以继承自其他组。

```
public interface Manager extends Employee {}
```

当一个约束被添加到一个元素中时，约束应该在其 `groups` 属性中声明所属约束组的接口类名。

```
@NotNull(groups=Employee.class)
Phone workPhone;
```

如果要声明多个组，可以使用花括号`{}`，并用逗号来分隔各个组。

```
@NotNull(groups={ Employee.class, Contractor.class })
Phone workPhone;
```

如果一个组继承自其他组,校验该组会同时校验其父组中的所有约束。例如,校验 `Manager` 组会导致校验 `workPhone` 字段，因为 `Employee` 是 `Manager` 的一个父接口。

自定义组校验顺序

默认情况下，约束组校验时没有特别的顺序。但是有些时候，我们可能需要在校验其他组之前校验某些组。例如，在某个特殊的类中，基础数据应该在校验高级数据之前进行校验。

要为一个约束组设置校验顺序，需要在接口定义上添加一个 `javax.validation.GroupSequence` 注解，列出校验的顺序。

```
@GroupSequence({Default.class, ExpensiveValidationGroup.class})
public interface FullValidationGroup {}
```

当校验 `FullValidationGroup` 时,首先会校验 `Default` 组。如果所有数据都通过校验,然后再校验 ExpensiveValidationGroup 组。如果一个约束同时处于 Default 和 ExpensiveValidationGroup 组中，那么当 Default 组校验过该约束后，不会再在 ExpensiveValidationGroup 组中进行校验。

第 23 章

使用 Java EE 拦截器

本章将介绍如何创建拦截器类和拦截器方法对目标类的方法调用或者生命周期事件进行拦截。

本章包含以下主题：

- 拦截器概述
- 使用拦截器
- interceptor 示例程序

拦截器概述

当结合使用拦截器和 Java EE 所管理的类时，开发人员可以在相关目标类的方法调用和生命周期事件上，调用拦截器方法。拦截器通常用于日志、审计和性能调优。

拦截器 1.1 规范是 Enterprise JavaBeans 3.1（JSR 318）最终版的一部分，你可以从 http://jcp.org/en/jsr/detail?id=318 上了解到它的内容。

在目标类中，拦截器可以被定义为一个拦截方法，或者定义为一个类，称之为拦截器类。拦截器类中包含了在目标类方法或者生命周期事件中所调用的方法。

你可以通过元数据注解，或者应用程序部署描述符（其中包含了拦截器和目标类）来定义拦截器类和方法。

> 注意：使用部署描述符来定义拦截器的应用程序，可能无法移植到其他 Java EE 服务器。

要标注目标类或拦截器类中的拦截方法，可以使用表 23-1 中的元数据注解。

表 23-1 拦截器元数据注解

拦截器元数据注解	描述
`javax.interceptor.AroundInvoke`	指定该方法为一个拦截器方法
`javax.interceptor.AroundTimeout`	指定该方法为一个超时拦截器，用于拦截 enterprise bean 定时器的 timeout 方法
`javax.annotation.PostConstruct`	指定该方法为 post-construct 生命周期事件的拦截器方法
`javax.annotation.PreDestroy`	指定该方法为 pre-destroy 生命周期事件的拦截方法

拦截器类

你可以使用 `javax.interceptor.Interceptor` 注解来标注拦截器类，但是这不是必需的。一个拦截器类必须有一个 public 且无参数的构造函数。

目标类可以关联任意数量的拦截器类。拦截器类的调用顺序，由 `javax.interceptor.Interceptors` 注解中定义的拦截器类顺序决定。但是，该顺序可以在部署描述符中被重新定义。

拦截器类可以被依赖注入。拦截器类实例被创建之后，会在所有 `@PostConstruct` 回调函数被调用之前，通过目标类的命名上下文被注入。

拦截器的生命周期

拦截器类与关联的目标类有相同的生命周期。当目标类实例被创建后，也会为该类中声明的所有拦截器类创建实例。换句话说，如果目标类声明了多个拦截器类，那么当创建目标类实例时，会为每个拦截器类都创建一个实例。目标类实例和所有的拦截器类实例，都会在调用 `@PostConstruct` 回调函数前被完全初始化，并且在调用 `@PreDestroy` 回调函数之后被销毁。

拦截器和 CDI

Java EE 平台的上下文依赖注入（CDI）构建于 Java EE 拦截器的基础功能之上。关于 CDI 拦截器的信息，包括对拦截器绑定类型的讨论，请参考第 14 章中"在 CDI 应用程序中使用拦截器"一节。

使用拦截器

在目标类中或者单独的拦截器类中，你可以使用表 23-1 中列举的拦截器元数据注解来声明一个拦截器。以下代码会在目标类中声明一个 `@AroundTimeout` 拦截器方法。

```
@Stateless
public class TimerBean {
...
    @Schedule(minute="*/1", hour="*")
    public void automaticTimerMethod() { ... }

    @AroundTimeout
    public void timeoutInterceptorMethod(InvocationContext ctx) { ... }
...
}
```

如果使用了拦截器类,那么需要在目标类的类级别或方法级别,使用 `javax.interceptor.Interceptors` 注解来声明一个或多个拦截器。以下代码在类级别声明了多个拦截器。

```
@Stateless
@Interceptors({PrimaryInterceptor.class, SecondaryInterceptor.class})
public class OrderBean { ... }
```

以下代码声明了一个方法级别的拦截器类。

```
@Stateless
public class OrderBean {
...
    @Interceptors(OrderInterceptor.class)
    public void placeOrder(Order order) { ... }
...
}
```

拦截方法调用

`@AroundInvoke` 注解用来为被管理对象的方法指定拦截器方法。每个类只允许有一个 around-invoke 拦截器方法。

around-invoke 拦截器方法的形式如下所示:

```
@AroundInvoke
visibility Object method-name(InvocationContext) throws Exception { ... }
```

例如

```
@AroundInvoke
public void interceptOrder(InvocationContext ctx) { ... }
```

around-invoke 拦截器方法必须有 public、private、protected 或者包级别的访问权限,并且不能被声明为 static 或者 final。

一个 around-invoke 拦截器可以调用被拦截的目标方法所能调用的所有组件或资源,拥有与目标方法相同的安全和事务上下文，并且与目标方法运行在相同的 Java 虚拟机调用栈中。

around-invoke 拦截器可以抛出目标方法所允许的任意异常。它们也可以捕获和忽略异常，然后调用 InvocationContext.proceed 方法恢复运行。

使用多个方法拦截器

使用 @Interceptors 注解为目标类或目标方法声明多个拦截器。

```
@Interceptors({PrimaryInterceptor.class, SecondaryInterceptor.class,
        LastInterceptor.class})
public void updateInfo(String info) { ... }
```

@Interceptors 注解中指定的拦截器顺序，就是调用拦截器的顺序。

在部署描述符中也可以定义多个拦截器。部署描述符中定义拦截器的顺序，就是调用拦截器的顺序。

```
...
<interceptor-binding>
    <target-name>myapp.OrderBean</target-name>
    <interceptor-class>myapp.PrimaryInterceptor.class</interceptor-class>
    <interceptor-class>myapp.SecondaryInterceptor.class</interceptor-class>
    <interceptor-class>myapp.LastInterceptor.class</interceptor-class>
    <method-name>updateInfo</method-name>
</interceptor-binding>
...
```

要显式地将控制权传递给拦截器链中的下一个拦截器，需要调用 InvocationContext.proceed 方法。

可以在拦截器之间共享的数据有如下一些。

- 对于目标方法来说，拦截器链中的拦截器方法会使用相同的 InvocationContext 实例作为输入参数。InvocationContext 实例的 contextData 属性可以用来在拦截器方法之间传递数据。contextData 属性是一个 java.util.Map<String, Object> 对象。contextData 中存储的数据，可以被拦截器链中后续的拦截器方法访问。
- contextData 中存储的数据不能在目标类方法调用之间共享。对于目标类方法的每次调用，都会创建一个不同的 InvocationContext 对象。

从拦截器类中访问目标方法参数

传递给每个 around-invoke 方法的 InvocationContext 实例，都可能会被用来访问并修改目标方法的参数。InvocationContext 的 parameters 属性是一个 Object 实例的数组，与目标方法的参数顺序对应。例如，对于如下的目标方法，传递给 PrimaryInterceptor 中 around-invoke 拦截器方法的 InvocationContext 实例，其 parameters 属性是一个包含两

个 `String` 对象 (`firstName` 和 `lastName`) 和一个 `Date` 对象 (`date`) 的 `Object` 数组：

```
@Interceptors(PrimaryInterceptor.class)
public void updateInfo(String firstName, String lastName, Date date) { ... }
```

`InvocationContext.getParameters` 和 `InvocationContext.setParameters` 方法可以分别用来访问和修改 `parameters` 属性。

拦截生命周期回调事件

生命周期回调事件的拦截器 (post-create 和 pre-destroy) 可以被定义在目标类或拦截器类中。`@PostCreate` 注解用来将一个方法声明为 post-create 生命周期事件拦截器。`@PreDestroy` 注解用来将一个方法声明为 pre-destroy 生命周期事件拦截器。

在目标类中定义生命周期事件拦截器的形式如下所示：

void *method-name*() { ... }

例如：

```
@PostCreate
void initialize() { ... }
```

在拦截器类中定义生命周期事件拦截器的形式如下所示：

void <method-name>(InvocationContext) { ... }

例如：

```
@PreDestroy
void cleanup(InvocationContext ctx) { ... }
```

生命周期拦截器方法可以有 public、private、protected 或者包级别的访问权限，但是不能被声明为 static 或者 final 的。

生命周期拦截器方法是在一个未指定的安全和事务上下文中被调用的。因此，如果希望编写可移植的 Java EE 应用程序，那么不应假设生命周期拦截器方法能够访问一个安全或者事务上下文。每个类中的每个生命周期事件（post-create 和 pre-destroy）只允许有一个拦截器方法。

使用多个生命周期回调拦截器

通过在 `@Interceptors` 注解中指定拦截器类，可以为目标类定义多个生命周期拦截器：

```
@Interceptors({PrimaryInterceptor.class, SecondaryInterceptor.class,
        LastInterceptor.class})
@Stateless
public class OrderBean { ... }
```

拦截器的调用顺序与 `@Interceptors` 注解中指定的拦截器类顺序一致。

在 `InvocationContext` 的 `contextData` 属性中存储的数据,无法被不同的生命周期事件共享。

拦截超时事件

你可以在目标类的方法上或者在拦截器类中使用`@AroundTimeout`注解,来为 EJB 定时器服务的超时方法定义拦截器。每个类只允许有一个`@AroundTimeout`方法。

超时拦截器的形式如下所示:

```
Object <method-name>(InvocationContext) throws Exception { ... }
```

例如:

```
@AroundTimeout
protected void timeoutInterceptorMethod(InvocationContext ctx) { ... }
```

超时拦截器方法可以有 public、private、protected 或者包级别的访问权限,但是不能被声明为 static 或者 final。

超时拦截器可以调用目标超时方法能够调用的所有组件或资源,以及与目标方法在同一个事务和安全上下文中的组件和资源。

超时拦截器可以通过 `InvocationContext` 实例的 `getTimer` 方法,来访问与目标超时方法关联的定时器对象。

使用多个超时拦截器

你可以在目标类类级别的`@Interceptors`注解中,指定多个含有`@AroundTimeout`拦截器方法的拦截器类,来为该目标类定义多个超时拦截器。

如果目标类在拦截器类中指定了超时拦截器,并且其自身还有一个`@AroundTimeout`拦截器方法,那么首先会调用拦截器类中的超时拦截器,然后再调用目标类中定义的超时拦截器。例如,在以下示例中,假设 `PrimaryInterceptor` 和 `SecondaryInterceptor` 类都拥有超时拦截器方法。

```
@Interceptors({PrimaryInterceptor.class, SecondaryInterceptor.class})
@Stateful
public class OrderBean {
...
    @AroundTimeout
    private void last(InvocationContext ctx) { ... }
...
}
```

`PrimaryInterceptor` 中 的 超 时 拦 截 器 首 先 会 被 调 用 , 然 后 再 调 用

SecondaryInterceptor 中的超时拦截器，最后调用目标类中定义的 last 方法。

interceptor 示例程序

interceptor 示例演示了如何使用一个拦截器类，它包括了一个@AroundInvoke 拦截器方法，以及一个无状态的 session bean。

HelloBean 是一个无状态的 session bean，也是一个简单的 enterprise bean。它含有两个业务方法 getName 和 setName，用来获取和修改一个字符串。setName 方法上的 @Interceptors 注解为其指定了一个拦截器类 HelloInterceptor。

```
@Interceptors(HelloInterceptor.class)
public void setName(String name) {
    this.name = name;
}
```

HelloInterceptor 类定义了一个@AroundInvoke 拦截器方法 modeifyGreeting，将传递给 HelloBean.setName 的字符串转换为小写字母。

```
@AroundInvoke
public Object modifyGreeting(InvocationContext ctx) throws Exception {
    Object[] parameters = ctx.getParameters();
    String param = (String) parameters[0];
    param = param.toLowerCase();
    parameters[0] = param;
    ctx.setParameters(parameters);
    try {
        return ctx.proceed();
    } catch (Exception e) {
        logger.warning("Error calling ctx.proceed in modifyGreeting()");
        return null;
    }
}
```

该方法首先调用 InvocationContext.getParameters 方法，获取到传递给 HelloBean.setName 的参数，并将它们存储在一个 Object 数组中。由于 setName 只有一个参数，因此它就是数组中第一个也是唯一一个元素。字符串会被转换为小写字母并存储在参数数组中，然后被传递给 InvocationContext.setParameters 方法。最后，调用 InvocationContext.proceed 方法将控制权返回给 session bean。

interceptor 的用户界面是一个 JavaServer Faces web 应用程序，由两个 Facelets 视图组成，index.xhtml 页面包含了一个用来输入名称的表单，而 response.xhtml 页面用来显示最终的名称。

运行 interceptor 示例

你可以使用 NetBeans IDE 或者 Ant 来构建、打包、部署并运行 interceptor 示例。

▼ 使用 NetBeans IDE 运行 interceptor 示例

1. 从 File 菜单中，选择 Open Project 项。

2. 在 Open Project 对话框中，导航到目录 *tut-install*/examples/ejb/。

3. 选择拦截器目录并单击 Open Project。

4. 在 Projects 选项卡中，右键单击拦截器项目并选择 Run。

   这将编译、部署并运行拦截器示例，并在浏览器中打开 http://localhost:8080/ interceptor/ 页面。

5. 在表单中输入一个名称并选择 Submit。

   该名称会被 HelloInterceptor 类中定义的拦截器方法转换为小写字母。

▼ 使用 Ant 运行拦截器示例

1. 切换到如下目录：

   tut-install/examples/ejb/interceptor/

2. 要编译源文件并打包应用程序，请使用如下命令：

   ant

   该命令会调用默认 target 来构建应用程序，并将其打包为 dist 目录下一个名为 interceptor.war 的 WAR 文件。

3. 要使用 Ant 来部署并运行示例程序，请使用如下命令：

   ant run

   该命令会部署并运行拦截器示例，并在浏览器中打开 `http://localhost:8080/ interceptor` 页面。

4. 在表单中输入名称并选择 Submit。

   该名称会被 HelloInterceptor 类中定义的拦截器方法转换为小写字母。

第 24 章

资源适配器示例

`mailconnector` 示例将会演示如何使用一个资源适配器、一个 message-driven bean (MDB)，以及 JavaServer Faces 技术来创建一个可以发送并浏览电子邮件消息的应用程序。该示例使用了 JavaMail API 的一个模拟实现，称为 `mock-javamail`。MDB 和 web 应用程序会被打包到一个 EAR 文件，但是资源适配器会与它们分开进行部署。

本章包括了以下主题：

- 资源适配器
- Message-Driven Bean
- Web 应用程序
- 运行 mailconnector 示例

资源适配器

`mailconnector` 资源适配器允许 MDB 接收被发送到邮件服务器上指定文件夹的电子邮件消息。它还为客户端提供了连接工厂对象，用于获取连接对象，以便同步查询邮件服务器上指定文件夹中是否有新的消息。

在这个示例中，MDB 会激活资源适配器，但是它不会接收电子邮件消息。相反，该示例允许用户同步查询邮件服务器上是否有新的消息。

资源适配器包含以下组件：

- `mailconnector.ra`：mailconnector 资源适配器的基类。
- `mailconnector.ra/inbound`：实现了 inbound 资源适配器的一些类，用来向 MDB

分发 JavaMail 消息。
- `mailconnector.ra/outbound`：实现了 outbound 资源适配器的一些类，用来支持对邮件服务器的同步查询。
- `mailconnector.api`：一些由与资源适配器相关的 MDB，以及由 outbound 资源适配器所提供的 `Connection` 和 `ConnectionFactory` 实现的接口。
- `mailconnector.share`：实现了 `ConnectionSpec` 接口的 JavaBean 类，允许将属性传递给 outbound 资源适配器。

当部署资源适配器后，它会使用 Work Management 工具启动一个线程，来监视邮件文件夹中是否有新的消息。该资源适配器线程会每隔 30 分钟轮询一次，监视邮件文件夹中是否有新的消息。

Message-Driven Bean

`mailconnector` 示例中的 message-driven bean——`JavaMailMessageBean` 会激活资源适配器。当部署 MDB 时，应用程序服务器会将该 MDB 的激活配置属性（在本例中被注释掉了）传递给 `mailconnector` 资源适配器，再由其转发给轮询线程。当取消 MDB 部署时，应用程序服务器首先会通知资源适配器，再由适配器通知轮询线程停止监视相关的邮件文件夹。

MDB 会被打包到一个 EJB JAR 文件中。

Web 应用程序

`mailconnector` 示例中的 web 应用程序包含了一个 HTML 页面（`index.html`）、几个 Facelets 页面和 managed bean，用于登录、向邮件文件夹发送邮件消息，以及通过由 `mailconnector` 资源适配器提供的连接接口来查询新邮件。

应用程序会在 `web.xml` 文件中指定一个安全约束，使用基于表单的身份认证来保护 Facelets 页面。

Web 应用程序会被打包到一个 WAR 文件中。

运行 mailconnector 示例

你可以使用 NetBeans IDE 或者 Ant 来构建、打包、部署并运行 `mailconnector` 示例程序。

▼ **在部署 mailconnector 示例之前**

在你部署 `mailconnector` 应用程序之前，需要执行以下操作。

运行 mailconnector 示例

1. 从 http://download.java.net/maven/2/org/jvnet/mock-javamail/mock-javamail/1.9/下载 mock-javamail-1.9.jar。

2. 将该 JAR 文件复制到 *as-install*/lib 目录下。

3. 重启 GlassFish Server。

4. 在 web 浏览器中输入 http://localhost:4848，打开 GlassFish Server 管理控制台。

5. 在管理控制台中，展开 Configuration 节点，然后展开 server-config 节点。

6. 选择 Security 节点。

7. 选择 Default Principal to Role Mapping Enabled 复选框。

8. 单击 Save 按钮。

▼ 使用 NetBeans IDE 构建、打包以及部署 mailconnector 示例

1. 从 File 菜单中选择 Open Project 项。

2. 在 Open Project 对话框中，导航到目录：
   tut-install/examples/connectors/mailconnector/

3. 选择 mailconnector-ra 目录并单击 Open Project。

4. 在 Projects 选项卡中，右键单击 mailconnector-ra 项目并选择 Build 项。
   该命令会构建资源适配器。它还会在目录 mailconnector 下生成两个内容相同但名称不同的文件，分别是 mailconnector.rar 和 mailconnector.jar。

5. 在 Projects 选项卡中，右键单击 mailconnector-ra 项目并选择 Deploy 项。

6. 从 File 菜单中选择 Open Project 项。

7. 在 Open Project 对话框中，导航到目录：
   tut-install/examples/connectors/mailconnector/

8. 选择 mailconnector-ear 目录。

9. 选择 Open Required Projects 复选框并单击 Open Project。

10. 在 Projects 选项卡中，右键单击 mailconnector-ear 项目并选择 Build 项。

11. 在终端窗口中，导航到目录：
    tut-install/examples/connectors/mailconnector/mailconnector-ear/

12. 输入如下命令来创建资源和用户：

```
ant setup
```

13．在 NetBeans IDE 中的 Projects 选项卡中，右键单击 mailconnector-ear 项目并选择 Deploy 项。

▼ 使用 Ant 构建、打包以及部署 mailconnector 示例

1．在终端窗口中，切换到目录：

tut-install/examples/connectors/mailconnector/mailconnector-ear/

2．输入如下命令：

```
ant all
```

该命令会构建并部署 mailconnector-ra RAR 文件，创建用户和资源，然后构建并部署 mailconnector-ear EAR 文件。它还会在 mailconnector 目录下生成两个内容相同但名称不同的文件，分别是 mailconnector.rar 和 mailconnector.jar。

▼ 运行 mailconnector 示例

1．在 web 浏览器中，导航到如下 URL：

http://localhost:8080/mailconnector-war/

2．使用用户名 user1、user2、user3 或者 user4 登录。密码与用户名相同。

你可以发送消息并浏览所发出的消息。你发出的消息会被系统保留 30 秒。

例如，你可以用 user1 登录，然后向 user4 发送一条消息，然后用 user4 登录并查看消息。你可以在浏览消息的表单中确认所有字段都正确，然后单击 Browse 按钮。

可以通过查看服务器日志来跟踪应用程序的运行流程。大多数类和方法都含有日志信息，因此可以很容易地跟踪事件的执行顺序。

3．在取消部署应用程序之前，在一个终端窗口中导航到 *tut-install*/examples/connectors/ mailconnector/mailconnector-ear/目录，然后输入如下命令删除资源和用户：

```
ant takedown
```

在运行该命令之前，不能取消部署资源适配器。

接下来的步骤：当清理应用程序时，还可以从 mailconnector 目录删除 `mailconnector.rar` 和 `mailconnector.jar` 文件。

如果还准备运行其他使用 JavaMail API 的应用程序（例如，第 13 章中的 "async 示例程序" 一节介绍的），请删除 *as-install*/lib 目录下的 `mock-javamail-1.9.jar` 文件。

第IX部分

案例研究

第IX部分展示了几个使用各种Java EE技术的案例。该部分包括以下章节：

- 第25章　Duke's Bookstore 案例研究示例
- 第26章　Duke's Tutoring 案例研究示例
- 第27章　Duke's Forest 案例研究示例

第 25 章

Duke's Bookstore 案例研究示例

Duke's Bookstore 示例是一个简单的电子商务应用程序，展示了 Java Server Faces 技术的一些高级特性，并结合了 Java EE 平台上下文与依赖注入（CDI）、enterprise beans 以及 Java 持久化 API 等技术。用户可以从一个图像映射中选择图书，查看书店的分类以及购买图书。在该应用程序中没有使用安全特性。

本章会介绍以下内容：

- Duke's Bookstore 的设计和架构
- Duke's Bookstore 的接口
- 运行 Duke's Bookstore 案例研究应用程序

Duke's Bookstore 的设计和架构

Duke's Bookstore 是一个简单的 web 应用程序，使用了很多的 JavaServer Faces 技术和其他一些 Java EE 6 特性：

- JavaServer Faces 技术，以及 Java EE 平台上下文和依赖注入（CDI）：
  - 一组 Facelets 页面和一个模板，为应用程序提供用户界面。
  - CDI managed bean 与每个 Facelets 页面都相关。
  - 前端页面上的自定义图像映射组件，允许你通过选择一本书来进入书店页面。每个映射区域都由一个 JavaServer Faces managed bean 来表示。它还为无障碍使用提供了文本超链接。
  - 在图像映射和文本超链接上注册了动作监听器。这些监听器会获取所选图书的 ID 值，将它们存储在会话映射中，供下一个页面的 managed bean 使用。

- h:dataTable 标签用于动态渲染图书分类和购物车的内容。
- 在结账页面 bookcashier.xhtml 中的信用卡文本域上注册了一个自定义转换器，它还使用了一个 f:validateRegEx 标签来确保输入符合正确的格式。
- 在 bookcashier.xhtml 页面名称文本域上注册了值改变监听器，该监听器会将名称保存在一个参数中，供下一个页面 bookreceipt.xhtml 使用。
- Enterprise bean：本地的、无界面视图的无状态 session bean 和单例 bean。
- 一个 Java 持久化 API 实体。

Duke's Bookstore 应用程序的源程序包，位于 *tut-install*/examples/case-studies/dukes-bookstore/src/java/dukesbookstore/ 目录下，包括以下几个包。

- components：包括自定义 UI 组件类，MapComponent 和 AreaComponent 类。
- converters：包括自定义转换器类 CreditCardConverter。
- ejb：包括两个 enterprise bean。
    - 一个单例 bean ConfigBean，用来初始化数据库中的数据。
    - 一个无状态 session bean BookRequestBean，包含用于管理实体的业务逻辑。
- entity：包括 Book 实体类。
- exceptions：包括三个异常类。
- listeners：包括事件处理程序和事件监听器类。
- model：包括一个模型 JavaBeans 类。
- renderers：包括自定义 UI 组件类的自定义渲染器。
- web.managedbeans：包括用于 Facelets 页面的各个 managed bean。
  web.messages：包括用于本地化消息的资源绑定文件。

Duke's Bookstore 的接口

本节会提供关于 Duke's Bookstore 示例的更多细节内容，以及它们之间是如何交互的。

Java 持久化 API 实体 Book

实体 Book 位于 dukesbookstore.entity 包下，封装了由 Duke's Bookstore 示例存储的图书数据。

Book 实体定义了以下属性：

- 图书 ID
- 作者的名
- 作者的姓

- 书名
- 价格
- 该图书是否在售
- 出版年份
- 图书介绍
- 库存数量

`Book` 实体还定义了一个简单的命名查询 `findBooks`。

Duke's Bookstore 中使用的 Enterprise beans

`dukesbookstore.ejb` 包下的两个 enterprise bean 为示例程序提供了业务逻辑。

`BookRequestBean` 是一个包含应用程序业务逻辑的无状态 session bean，其中包含了创建、获取、购买图书，以及更新图书库存的方法。为了获取图书列表，`getBooks` 方法会调用 `Book` 实体中定义的命名查询 `findBooks`。

`ConfigBean` 是一个单例 session bean，在应用程序初始部署时用来创建分类中的图书。它会调用 `BookRequestBean` 中定义的 `createBook` 方法。

Duke's Bookstore 中使用的 Facelets 页面和 Managed Beans

Duke's Bookstore 应用程序使用了 Facelets 及其模板功能来显示用户界面。Facelets 页面会与一组 CDI managed beans 进行交互，这些 bean 为用户界面提供了底层的属性和方法。前端页面也会与应用程序的自定义组件进行交互。

应用程序使用的 Facelets 页面位于 *tut-install*/examples/case-studies/dukes-bookstore/web/ 目录下：

`bookstoreTemplate.xhtml`	模板文件，指定了每个页面所使用的页头和样式表。该模板还会获取 web 浏览器中设置的语言。 该页面使用了 managed bean——`LocaleBean`。
`index.xhtml`	登录页，使用 `faces-config.xml` 文件中配置的 managed bean，来展示自定义的映射和区域组件，并且允许用户选择一本图书，进而跳转到 `bookstore.xhtml` 页面。
`bookstore.xhtml`	该页面允许用户获取所选图书或推荐图书的详细信息，并且将图书添加到购物车中，进而跳转到

	bookcatalog.xhtml 页面。
	该页面使用了 managed bean——BookstoreBean。
bookdetails.xhtml	该页面显示从 bookstore.xhtml 或其他页面所选图书的详细信息，并且允许用户将图书添加到购物车中，进而选择是否跳转到 bookcatalog.xhtml 页面。
	该页面使用了 managed bean——BookDetailsBean。
bookcatalog.xhtml	该页面显示分类图书，并且允许用户将图书添加到购物车中、查看任意图书的详细信息、查看购物车、清空购物车或者购买购物车中的图书。
	该页面使用了 managed bean ——CatalogBean 和 ShoppingCart。
bookshowcart.xhtml	该页面显示购物车的内容，允许用户删除购物车中的图书、查看购物车中图书的详细信息、清空购物车、购买购物车中的图书，或者返回到分类页面。
	该页面使用了 managed bean ——ShowCartBean 和 ShoppingCart。
bookcashier.xhtml	该页面允许用户购买图书、指定配送方式、订阅新闻邮件，或者当购买一定金额以上时加入 Duke 书友俱乐部。
	该页面使用了 managed bean——CashierBean 和 ShoppingCart。
bookreceipt.xhtml	该页面用来确认用户的购买行为，并允许用户返回分类页面，继续购买其他图书。
	该页面使用了 managed bean ——CashierBean。

除了 Facelets 模板和页面使用的 managed beans 以外，应用程序还使用了以下 managed bean。

AbstractBean	包含被其他 managed bean 调用的工具方法。
ShoppingCartItem	包含被 ShoppingCart、CatalogBean 和 ShowCartBean 调用的工具方法。

Duke's Bookstore 中使用的自定义组件和其他自定义对象

Duke's Bookstore 中自定义的映射和区域组件、相关的渲染器、监听器和模型类，都定义在 *tut-install*/examples/case-studies/dukes-bookstore/src/java/dukesbookstore/ 目录下的以下包中。

components	包含 MapComponent 和 AreaComponent 类，请参考第 6 章中的"创建自定义组件类"一节。
listeners	包含 AreaSelectedEvent 类以及其他监听器类。请参考第 6 章中"处理自定义组件的事件"一节。
model	包含 ImageArea 类，请参考第 6 章中"配置模型数据"一节。
renderers	包含 MapRenderer 和 AreaRenderer 类。请参考第 6 章中的"将渲染工作委托给渲染器"一节。

tut-install/examples/case-studies/dukes-bookstore/src/java/dukesbookstore/目录下还包括一个自定义转换器，以及其他一些没有与自定义组件绑定的自定义监听器。

converters	包含 CreditCardConverter 类，请参考第 6 章中的"创建和使用自定义转换器"一节。
listeners	包含 LinkBookChangeListener、MapBookChangeListener 以及 NameChanged 类。请参考第 6 章中的"实现事件监听器"一节。

Duke's Bookstore 中使用的属性文件

Duke's Bookstore 应用程序中使用的字符串，都被封装到资源绑定文件中，从而能够为不同的语言环境显示本地化字符串。属性文件都位于 *tut-install*/examples/case-studies/dukes-bookstore/src/java/dukesbookstore/web/messages/目录下，包括一个默认的英语文件，以及三个用于其他语言环境的文件：

Messages.properties	默认文件，包含英语字符串。
Messages_de.properties	包含德语字符串的文件。
Messages_es.properties	包含西班牙语字符串的文件。
Messages_fr.properties	包含法语字符串的文件。

用户 web 浏览器中的语言设置决定了使用哪个区域的资源绑定。bookstoreTemplate.xhtml 中的 html 标签会从 LocaleBean 的 lanaguage 属性中获取到语言设置。

```
<html lang="#{localeBean.language}"
...
```

关于资源绑定的更多信息，请参考第 9 章。

在 faces-config.xml 文件中配置的资源绑定如下所示：

```
<application>
    <resource-bundle>
        <base-name>dukesbookstore.web.messages.Messages</base-name>
        <var>bundle</var>
    </resource-bundle>
    <locale-config>
        <default-locale>en</default-locale>
        <supported-locale>de</supported-locale>
        <supported-locale>fr</supported-locale>
        <supported-locale>es</supported-locale>
    </locale-config>
</application>
```

按照该配置，可以在 Facelets 页面中使用前缀 bundle 和 Messages_*locale*.propertes 文件中的键，来获取本地化的消息，例如 index.xhtml 页面中的代码：

```
<h:outputText style="font-weight:bold"
              value="#{bundle.ChooseBook}" />
```

在 Messages.properties 中，键字符串的定义如下所示：

```
ChooseBook=Choose a Book from our Catalog
```

Duke's Bookstore 中使用的部署描述符

Duke's Bookstore 中使用了以下部署描述符：

src/conf/persistence.xml	Java 持久化 API 配置文件。
web/WEB-INF/beans.xml	用于启用 CDI 运行时的空白部署描述符文件。
web/WEB-INF/bookstore.taglib.xml	用于自定义组件的标签库描述符文件。
web/WEB-INF/faces-config.xml	JavaServer Faces 配置文件，用来配置映射组件所使用的 managed bean，以及应用程序的资源绑定。
web/WEB-INF/glassfish-web.xml	GlassFish 的配置文件。

```
web/WEB-INF/web.xmlweb            应用程序配置文件。
```

运行 Duke's Bookstore 案例研究应用程序

你可以使用 NetBeans IDE 或者 Ant 来构建、打包、部署并运行 Duke's Bookstore 应用程序。

▼ 使用 NetBeans IDE 构建并部署 Duke's Bookstore

在开始之前

你必须已经在 NetBeans IDE 中将 GlassFish Server 配置为一个 Java EE 服务器，如第 2 章中的"在 NetBeans IDE 中将 GlassFish Server 添加为服务器"一节中所述。

1. 从 File 菜单中选择 Open Project 项。

2. 在 Open Project 对话框中导航到目录：

   tut-install/examples/case-studies/

3. 选择 Open as Main Project 复选框。

4. 单击 Open Project。

5. 在项目面板中右键单击 dukes-bookstore 并选择 Deploy 项。

这将会构建、打包 Duke's Bookstore 并将它部署到 GlassFish Server 中，然后启动 Java DB 数据库和 GlassFish Server（如果它们还未启动）。

▼ 使用 Ant 构建并部署 Duke's Bookstore

在开始之前

请确认 GlassFish Server 和 Java DB 服务器已经启动，如第 2 章中的"启动及停止 GlassFish Server"和"启动和停止 Java DB 服务"章节中所述。

1. 在终端窗口中切换到目录：

   tut-install/examples/case-studies/dukes-bookstore/

2. 输入如下命令：

   ```
   ant all
   ```

   该命令会构建、打包 Duke's Bookstore 并将它部署到 GlassFish Server。

▼ 运行 Duke's Bookstore

1. 在 web 浏览器中输入如下 URL：

    http://localhost:8080/dukesbookstore/

2. 在 Duke's Bookstore 主页上，单击图片中的图书，或者单击页面底部的链接。

3. 使用应用程序中的页面来查看并购买图书。

第 26 章

Duke's Tutoring 案例研究示例

Duke's Tutoring 示例程序是一个用于学生辅导中心的跟踪系统。学生及其监护人可以签到和离开。辅导中心可以跟踪考勤和状态更新，以及存储监护人和学生的联系信息。

本章涉及以下主题：

- Duke's Tutoring 的设计和架构
- 主界面
- 管理界面
- 运行 Duke's Tutoring 案例研究应用程序

Duke's Tutoring 的设计和架构

Duke's Tutoring 是一个集合了多种 Java EE 技术的 web 应用程序。它对外提供了一个主界面（为学生、监护人以及辅导中心工作人员）和一个管理界面（为管理该系统的工作人员）。这两个界面的业务逻辑都由 enterprise bean 提供。这些 enterprise bean 使用 Java 持久化 API 来创建应用程序数据，并将这些数据存储在数据库中。

Duke's Tutoring 应用程序由两个主要项目组成，分别是 `dukes-tutoring-common` 库和 web 应用程序 `dukes-tutoring-war`。`dukes-tutoring-common` 库项目包含 `dukes-tutoring-war` web 应用程序需要使用的实体类和辅助类，并且 `dukes-tutoring-common` 会与 `dukes-tutoring-war` 一起打包及部署。其他应用程序也可以使用该 JAR 文件中的实体类和辅助类，例如一个 JavaFX 客户端应用程序。

图 26-1 展示了应用程序的架构。

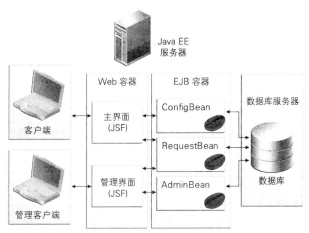

图 26-1　Duke's Tutoring 示例程序的架构

Duke's Tutoring 使用了 Java EE 6 平台的以下功能：

- Java 持久化 API 实体。
  - 在实体上使用 Java API for JavaBeans Validation（Bean Validation）注解来验证数据。
  - 一个自定义的 Bean Validation 注解 `@Email`，用来验证电子邮件地址。
- Enterprise beans。
  - 本地的、无界面视图的 session bean 和单例 bean。
  - session bean 中的 JAX-RS 资源。
  - 在管理界面的业务方法上使用了 Java EE 安全约束。
  - 所有 enterprise bean 都被打包到 WAR 文件中。
- JavaServer Faces 技术，为 web 前端使用 Facelets。
  - 模板。
  - 复合组件。
  - 自定义格式化，`PhoneNumberFormatter`。
  - 管理界面上的安全约束。
  - 带有 AJAX 功能的 Facelets 组件。
  - 用户界面组件中实体类所使用的自定义转换器。

Duke's Tutoring 应用程序包含两个主要的用户界面，都被打包在一个单独的 WAR 文件中：

- 为学生、监护人以及工作人员提供的主界面。
- 为管理学生和监护人的工作人员提供的管理界面，能够生成考勤报告。

除了主界面和管理界面，示例程序还包括一个 JUnit 测试，演示了如何使用嵌入式 EJB 容器来测试 session bean 的业务逻辑。

主界面

学生和工作人员可以使用主界面来记录学生签到和离开的时间,以及记录学生离开教学楼到外面操场上去的时间。

主界面中使用的 Java 持久化 API 实体

主界面中使用的实体封装了由 Duke's Tutoring 存储和操作的数据,位于 dukes-tutoring-common 项目的 dukestutoring.entity 包下。

`Person` 实体定义了学生、监护人以及管理员的公共属性。这些属性包括个人的姓名和联系信息,例如手机号码和电子邮件地址。手机号码和电子邮件地址属性都标注了 Bean Validation 注解,保证了提交的数据必须符合正确的格式。电子邮件地址属性还使用了一个自定义的验证类 `dukestutoring.util.Email`。`Person` 实体有 3 个子类,分别是 `Student`、`Guardian` 和 `Administrator`。`PersonDetails` 实体用来存储所有人的其他公共数据,例如照片和生日。出于性能的考虑,我们没有将这些属性包含在 `Person` 实体中。

`Student` 实体会为每个来上学的学生记录一些特定属性,包括学生的年龄和学校。`Guardian` 实体的属性专门用于学生的父母或监护人。学生和监护人之间是多对多的关系,即一个学生可能有一个或多个监护人,而一个监护人也可能有一个或多个学生。`Administrator` 实体用于管理辅导中心的工作人员。

`Address` 实体表示一个与 `Person` 实体相关联的地址。地址和人之间是多对一的关系,即一个人可能有多个地址。

`TutoringSession` 实体表示在辅导中心的一天。`TutoringSession` 对象可以跟踪当天哪些学生参加了辅导,哪些学生去了操场。与 `TutoringSession` 相关联的是 `StatusEntry` 实体,它记录了一个学生的状态变化。当学生们在某个辅导日签到、去操场或者离开时,状态都会发生改变。`StatusEntry` 允许辅导中心的工作人员准确跟踪哪些学生参加了辅导、他们签到和离开的时间、哪些学生在参加辅导期间去了操场,以及他们何时从操场回来。

关于如何创建 Java 持久化 API 实体的更多信息,请参考 *The Java EE 6 Tutorial: Basic Concepts* 中的第 19 章。关于如何校验实体数据的信息,请参考 *The Java EE 6 Tutorial: Basic Concepts* 中 Validating Persistent Fields and Properties 以及本书第 22 章等章节。

主界面中使用的 enterprise bean

主界面中使用的 enterprise bean 为 Duke's Tutoring 提供了业务逻辑,它们位于 dukes-tutoring-war 项目的 dukestutoring.ejb 包中。

`ConfigBean` 是一个单例 session bean，当应用程序初始部署完成后，它会创建默认的学生、监护人和管理员，以及一个自动的 EJB 定时器，用来在每个工作日创建 `TutoringSession` 对象。

`RequestBean` 是一个包含了主界面中业务方法的无状态 session bean。学生或工作人员可以记录签到、离开、去操场以及从操场返回的时间。该 bean 还包含用来获取学生列表的业务方法。`RequestBean` 中的业务方法使用强类型的 Criteria API 查询来获取数据库中的数据。

关于如何创建和使用 enterprise bean 的信息，请参考 *The Java EE 6 Tutorial: Basic Concepts* 中的第Ⅳ部分。关于如何创建强类型 Criteria API 查询的内容，请参考 *The Java EE 6 Tutorial: Basic Concepts* 中的第 22 章。

主界面中使用的 Facelets 文件

Dukes'Tutoring 应用程序使用 Facelets 来显示用户界面，并大量使用了 Facelets 的模板功能。Facelets 是 JavaServer Faces 默认的展现技术，由位于 *tut-install*/examples/case-studies/dukes-tutoring/dukes-tutoring-war/web/ 目录下的 XHTML 文件组成。

以下是在主界面中使用的 Facelets 文件。

`template.xhtml`

  主界面的模板文件。

`error.xhtml`

  如果发生错误会显示该错误文件。

`index.xhtml`

  主界面的登录页面。

`park.xhtml`

  该页面会显示当前在操场上的所有人员。

`current.xhtml`

  该页面会显示参加当日辅导课程的所有人员。

`statusEntries.xhtml`

  该页面会详细显示当日课程的状态日志。

`resources/components/allStudentsTable.xhtml`

  该复合组件是一个表格，用来显示所有活动的学生。

`resources/components/currentSessionTable.xhtml`

主界面

该复合组件是一个表格，用来显示参加当日课程的所有学生。

`resources/components/parkTable.xhtml`

该复合组件是一个表格，用来显示当前在操场上的所有学生。

`WEB-INF/includes/navigation.xhtml`

显示主界面导航栏的 XHTML 代码片段。

`WEB-INF/includes/footer.xhtml`

显示主界面页脚的 XHTML 代码片段。

关于如何使用 Facelets 的信息，请参考 *The Java EE 6 Tutorial: Basic Concepts* 中第 5 章的内容。

主界面中使用的辅助类

主界面中使用了如下辅助类，位于 `dukes-tutoring-common` 项目的 `dukestutoring.util` 包中。

`CalendarUtil`	该类提供了一个方法，用来截取 `java.util.Calendar` 实例中不必要的时间数据。
`Email`	一个自定义 Bean Validation 注解类，用来验证 `Person` 实体中的电子邮件地址。
`StatusType`	一个枚举类型，定义了学生可能拥有的不同状态。可能的值有 `IN`、`OUT` 以及 `PARK`。`StatusType` 在整个应用程序（例如在 `StatusEntry` 实体中）和主界面中都会用到。`StatusType` 还定义了一个 `toString` 方法，根据语言环境来返回状态值的本地化翻译。

JavaServer Faces 应用程序使用了以下辅助类，位于 `dukes-tutoring-war` 项目的 `dukestutoring.web.util` 包中。

`EntityConverter`	`StudentConverter` 和 `GuardiantConvert` 的父类，定义了在转换 JavaServer Faces 用户界面组件时，用来存储实体类的缓存。该缓存能够帮助提高性能，它被存储在 JavaServer Faces 的上下文中。
`StudentConverter`	一个用于 `Student` 实体类的 JavaServer Faces 转换器。该类中的方法能够在 `Student` 实例和字符串之间互相进行转换，因此可以

用于应用程序的用户界面组件中。

`GuardianConverter` 同 `StudentConverter` 类似,该类是用于 Guardian 实体类的转换器。

属性文件

在主界面中使用的字符串都被封装到了资源绑定文件中,以便根据语言环境显示不同的本地化字符串。每个属性文件都有用于各个语言环境的文件(文件名中包含语言环境代码),包含了该语言翻译后的字符串。例如,`Messages_es.properties` 文件包含了西班牙语的本地化字符串。

`dukes-tutoring-common` 项目的 `dukestutoring.util` 包包含以下资源绑定。

`StatusMessages` 默认语言环境下,为 `StatusType` 枚举中每个状态类型指定的字符串。每个支持的语言环境都对应一个名如 `StatusMessages_`*localeprefix*`.properties` 的属性文件,包含了该语言环境下本地化翻译后的字符串。例如,西班牙语的字符串都位于 `StatueMessages_es.properties` 文件中。

`dukes-tutoring-war` 项目包含以下资源绑定。

`ValidationMessages.properties`

默认语言环境下,Bean Validation 运行时显示校验消息的字符串。根据 Bean Validation 规范的规定,该文件必须被命名为 `ValidationMessages.properties` 并位于默认包下。每个支持的语言环境都对应一个名如 `ValidationMessages_`*localeprefix*`.properties` 的属性文件,包含了该语言环境下本地化翻译后的字符串。例如,德语的字符串都位于 `ValidationMessages_de.properties` 文件中。

`dukestutoring/web/messages/Messages.properties`

默认语言环境下,用于主界面和管理界面 Facelets 中的字符串。每个支持的语言环境都对应一个名如 `Messages_`*localeprefix*`.properties` 的属性文件,包含了该语言环境下本地化翻译后的字符串。例如,中文的字符串都位于 `Messages_zh.properties` 文件中。

关于如何对 web 应用程序进行本地化的信息,请参考第 7 章中的"注册应用程序消息"一节。

Duke's Tutoring 中使用的部署描述符

Duke's Tutoring 的 `dukes-tutoring-war` 项目使用了以下部署描述符文件。

管理界面

`src/conf/beans.xml`	用于启用 CDI 运行时的空白部署描述符文件。
`web/WEB-INF/faces-config.xml`	JavaServer Faces 配置文件。
`web/WEB-INF/glassfish-web.xml`	GlassFish 配置文件。
`web/WEB-INF/web.xml`	web 应用程序配置文件。

Duke's Tutoring 的 `dukes-tutoring-common` 项目使用了以下部署描述符：

`src/META-INF/persistence.xml`	Java 持久化 API 配置文件。

在 Duke's Tutoring 中没有使用 enterprise bean 部署描述符，而是在 enterprise bean 类文件中通过注解来配置 enterprise bean。

管理界面

辅导中心的工作人员会使用 Duke's Tutoring 的管理界面，来管理由主界面录入的数据：学生、监护人以及地址。管理界面使用了许多与主界面相同的组件。这里只介绍在管理界面中额外使用的组件。

管理界面中使用的 enterprise bean

管理界面使用了 `dukestutoring.ejb` 包中的以下 enterprise bean。

`AdminBean`

一个包含管理界面所有业务逻辑的无状态 session bean。它还包含了安全约束的注解，因此只有授权的用户才能调用其中的业务方法。

管理界面中使用的 Facelets 文件

在管理界面中使用了以下 Faceles 文件：

`admin/adminTemplate.xhtml`	管理界面的模板文件。
`admin/index.xhtml`	管理界面的登录页。
`admin/login.xhtml`	为管理界面提供安全约束的登录页面。
`admin/loginError.xhtml`	管理用户身份认证失败后显示的页面。
`admin/address directory`	包含新建、编辑和删除 `Address` 实体的页面。

`admin/guardian directory`	包含新建、编辑和删除 Guardian 实体的页面。
`admin/student directory`	包含新建、编辑和删除 Student 实体的页面。
`resources/components/formLogin.xhtml`	登录表单的复合组件,使用了 Java EE 安全特性。
`WEB-INF/includes/adminNav.xhtml`	管理界面中导航条的 XHTML 框架。

运行 Duke's Tutoring 案例研究应用程序

本节介绍了如何构建、打包、部署并运行 Duke's Tutoring 应用程序。

设置 GlassFish Server

在运行 Duke's Tutoring 应用程序之前,你需要为 Duke's Tutoring 的用户和组设置安全域。要登录 Duke's Tutoring 的管理界面,需要使用该安全域中设置的用户名和密码。

Duke's Tutoring 的安全域会将 `Administrator` 实体的成员,映射到 `AdminBean` 安全约束注解中使用的 `Administrator` 角色上。

▼ 在 GlassFish Server 中创建 JDBC 域

在 GlassFish Server 中创建 `tutoringRealm JDBC` 域。

在开始之前

确认已经如第 2 章中"启动及停止 GlassFish Server"和"启动和停止 Java DB 服务"章节中所述,启动了 GlassFish Server 和 Java DB。

1. 在终端窗口中,切换到目录:

   tut-install/examples/case-studies/dukes-tutoring/dukes-tutoring-war/

2. 输入如下命令:

   ant create-tutoring-realm

   该命令会使用 dukes-tutoring-war 部署后创建的 JDBC 资源 jdbc/tutoring,来创建一个 JDBC 域。

运行 Duke's Tutoring

你可以使用 NetBeans IDE 或者 Ant 来构建、打包、部署并运行 Duke's Tutoring。

▼ 使用 NetBeans IDE 构建并部署 Duke's Tutoring

在开始之前

你必须已经如第 2 章中"在 NetBeans IDE 中将 GlassFish Server 添加为服务器"一节中所述，在 NetBeans IDE 中将 GlassFish Server 配置为了一个 Java EE 服务器。

1. 从 File 菜单中选择 Open Project 项。

2. 在 Open Project 对话框中，导航到目录：

    tut-install/examples/case-studies/dukes-tutoring/

3. 选择 dukes-tutoring-war 目录。

4. 选择 Open as Main Project 复选框和 Open Required Projects 复选框。

    由于 dukes-tutoring-war 需要使用 dukes-tutoring-common 库，所以该项目也会随着 dukes-tutoring-war 一起打开。

5. 单击 Open Project。

    > 注意：当你第一次在 NetBeans 中打开 Duke's Tutoring 时，会在项目面板中看到错误图标。不用在意，这是因为尚未生成 Criteria API 查询 enterprise bean 所需的元数据文件。

6. 右键单击项目面板中的 dukes-tutoring-war 项目并选择 Run 项。

    这将会构建并打包 dukes-tutoring-common 和 dukes-tutoring-war 项目，将 dukes-tutoring-war 部署到 GlassFish Server 中，并且启动 Java DB 数据库和 GlassFish Server（如果它们还未启动）。在部署时会创建 jdbc/tutoring JDBC 资源。当应用程序成功部署后，如果已经将 NetBeans IDE 配置为在 web 浏览器中打开 web 应用程序，那么会在一个 web 浏览器中打开 Duke's Tutoring 的主界面。

▼ 使用 Ant 构建并部署 Duke's Tutoring

在开始之前

确认已经如第 2 章中"启动及停止 GlassFish Server"和"启动和停止 Java DB 服务"中所述，启动了 GlassFish Server 和 Java DB。

1. 在终端窗口中，切换到目录：

   tut-install/examples/case-studies/dukes-tutoring/dukes-tutoring-war/

2. 输入如下命令：

   `ant all`

   该命令会构建并打包 dukes-tutoring-common 和 dukes-tutoring-war 项目，然后将 dukes-tutoring-war 部署到 GlassFish Server 中。

使用 Duke's Tutoring

当 Duke's Tutoring 在 GlassFish Server 上运行后，你可以在主界面上记录学生签到、离开，或者去操场的时间。

▼ 使用 Duke's Tutoring 的主界面

1. 在浏览器中输入如下 URL，打开主界面：

   http://localhost:8080/dukes-tutoring/

2. 使用主界面来记录学生签到、离开，以及去操场的时间。

▼ 使用 Duke's Tutoring 的管理界面

你可以按照以下步骤来登录 Duke's Tutoring 的管理界面，并添加新的学生、监护人和地址。

1. 在 web 浏览器中，输入如下 URL，打开管理界面：

   http://localhost:8080/dukes-tutoring/admin/index.xhtml

   这会将你重定向到登录页面。

2. 在登录页面上，输入用户名 admin@example.com 和密码 javaee。

3. 使用管理界面来添加或修改学生、监护人或地址。

第 27 章

Duke's Forest 案例研究示例

Duke's Forest 是一个简单的电子商务应用程序,包含了两个 web 应用程序,演示了如何使用以下几种 Java EE 6 API:

- JavaServer Faces 技术,包括 Ajax
- Java EE 平台上下文和依赖注入(CDI)
- Java API for XML Web Services(JAX-WS)
- Java API for RESTful Web Services(JAX-RS)
- Java 持久化 API(JPA)
- Java API for JavaBeans Validation(Bean Validation)
- Enterprise JavaBeans(EJB)技术

该应用程序由以下项目组成:

- Duke's Store:一个包含产品分类、客户自助注册以及购物车的 web 应用程序。它还有一个能够管理产品、分类以及用户的管理界面。该项目的名称是 `dukes-store`。
- Duke's Shipment:一个提供订单配送管理界面的 web 应用程序。该项目的名称是 `dukes-shipment`。
- Duke's Payment:一个 web service 应用程序,包含了一个用于支付订单的 JAX-WS 服务。该项目的名称是 `dukes-payment`。
- Duke's Resource:一个简单的 Java 归档项目,包含了其他 web 项目所需的全部资源。它包含了消息、CSS 样式表、图片、JavaScript 文件,以及 JavaServer Faces 复合组件。该项目的名称是 `dukes-resources`。
- Entities: 一个简单的 Java 归档项目,包含了所有的 JPA 实体。该项目被其他使用实体的项目所共享。该项目的名称是 `entities`。

- Events：一个简单的 Java 归档项目，包含了一个作为 CDI 事件的 POJO 类。该项目的名称是 events。

本章包含以下主题：

- Duke's Forest 的设计和架构
- 构建并部署 Duke's Forest 案例研究应用程序
- 运行 Dukes' Forest 应用程序

Duke's Forest 的设计和架构

Duke's Forest 是一个复杂的应用程序，由三个主项目和三个子项目组成。图 27-1 展示了将要部署的三个主项目——Duke's Store、Duke's Shipment 和 Duke's Payment 的架构。它还展示了如何在 Duke's Store 中使用 Events 和 Entities 项目。

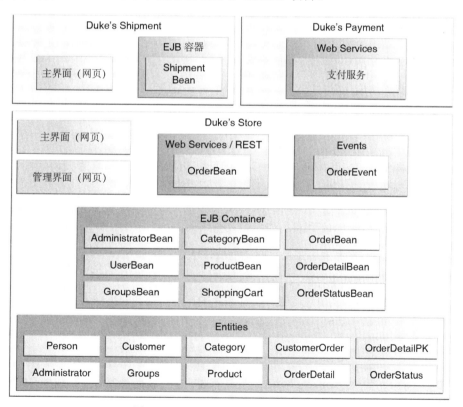

图 27-1　Duke's Forest 示例程序的架构

Duke's Forest 使用了 Java EE 6 平台的以下功能。

- Java 持久化 API 实体：
  - 用于校验实体数据的 Bean Validation 注解。
  - 用于 Java API for XML Binding（JAXB）序列化的 XML 注解。
- Web services：
  - 一个用于支付、带有安全约束的 JAX-WS web service。
  - 一个基于 EJB 的 JAX-RS web service。
- Enterprise beans：
  - 本地 session bean。
  - 所有 enterprise bean 都被打包到 WAR 文件中。
- 上下文和依赖注入（CDI）：
  - 用于 JavaServer Faces 组件的 CDI 注解。
  - 一个用作购物车的 CDI managed bean，其作用域为会话作用域。
  - 修饰符。
  - 事件和事件处理程序。
- Servlets：
  - 一个 Servlet 3.0 文件上传示例。
  - 一个动态展现图片的 servlet。
- JavaServer Faces 技术，使用 Facelets 作为 web 前端。
  - 模板。
  - 复合组件。
  - 所有资源都被打包到 JAR 文件中，这样可以被加载到 classpath 中。
- 安全：
  - 为管理界面的业务方法（enterprise beans）指定的 Java EE 安全约束。
  - 为客户和管理员（web 组件）指定的安全约束。

Duke's Forest 应用程序有两个主要界面，都被打包到 Duke's Store 的 WAR 文件中：

- 为客户和访客提供的主界面。
- 为执行后台操作提供的管理界面，例如将新的产品添加到分类中。

Duke's Shipment 应用程序也有一个用户界面，可以由管理员访问。

图 27-2 展示了 web 应用程序与 web service 之间是如何交互的。

如图 27-2 所示，客户与 Duke's Store 的主界面进行交互，而管理员与管理界面进行交互。这两个界面都访问一个由 managed bean 和无状态 session bean 组成的 facade，由该 facade 与代表数据库表的实体进行交互。该 facade 还与 Duke's Payment 的 web service API 进行交互。管理员也可以直接通过 Duke's Shipment，或者从 Duke's Store 的管理界面通过 web service 与 Duke's

Shipment 的界面进行交互。

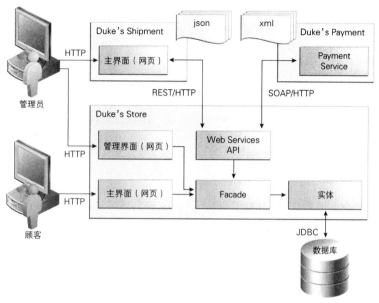

图 27-2　Duke's Forest 组件之间的交互

该应用程序最核心的基础是 Events 和 Entities 项目，它们与 Duke's Resources 项目一起被用于 Duke's Store 和 Duke's Shipment 项目。

events 项目

Events 是 Duke's Forest 的核心组件之一。events 虽然是应用程序中最简单的一个项目，但是被其他三个主项目引用。它虽然只有一个类 `OrderEvent`，但是该类负责了应用程序对象之间绝大多数的消息传递。

应用程序可以向不同组件发送基于事件的消息，并且根据事件的限定方式对组件产生影响。应用程序支持以下限定符。

`@LoggedIn`：用于通过身份验证的用户。

`@New`：当购物车新建订单时使用。

`@Paid`：当订单已经支付过并且准备配送时使用。

Duke's Store 的 `PaymentHandler` 类中的代码片段展示了如何处理`@Paid`事件：

`@Inject @Paid Event<OrderEvent> eventManager;`

...

```
public void onNewOrder(@Observes @New OrderEvent event) {

    if (processPayment(convertForWS(event))) {
       orderBean.setOrderStatus(event.getOrderID(),
             OrderBean.Status.PENDING_PAYMENT.getStatus());
       logger.info("Payment Approved");
       eventManager.fire(event);
    } else {
       orderBean.setOrderStatus(event.getOrderID(),
             OrderBean.Status.CANCELLED_PAYMENT.getStatus())
       logger.info("Payment Denied");
    }
}
...
```

为了允许用户方便地向项目中增加事件类型，或者为事件类添加字段以支持新的客户端，我们将该组件划分为一个单独的项目。

entities 项目

entities 项目是 Duke's Store 和 Duke's Shipment 公用的一个 Java 持久化 API（JPA）项目。它由图 27-3 所示的数据库 schema 生成，同时也作为 web service 使用 JAXB 转换实体的基础。基于不同的业务需求，每个实体都通过 Bean Validation 来定义自己的校验规则。

该数据库 schema 包含 8 张表：

- PERSON 表，与 PERSON_GROUPS 表和 CUSTOMER_ORDER 表是一对多的关系。
- GROUPS 表，与 PERSON_GROUPS 表是一对多的关系。
- PERSON_GROUPS 表，与 PERSON 表和 GROUPS 表是多对一的关系（它是这两张表的关联表）。
- PRODUCT 表，与 CATEGORY 表是多对一的关系，与 ORDER_DETAIL 表是一对多的关系。
- CATEGORY 表，与 PRODUCT 表是一对多的关系。
- ORDER_DETAIL 表，与 PRODUCT 表和 CUSTOMER_ORDER 表是多对一的关系（它是这两张表的关联表）。
- CUSTOMER_ORDER 表，与 ORDER_DETAIL 表是一对多的关系，与 PERSON 表和 ORDER_STATUS 表是多对一的关系。
- ORDER_STATUS 表，与 CUSTOMER_ORDER 表是一对多的关系。

第 27 章 Duke's Forest 案例研究示例

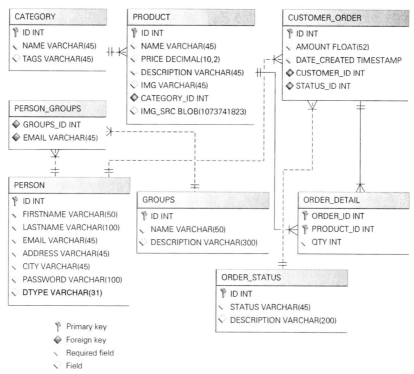

图 27-3 Duke's Forest 数据库各表和它们之间的关系

这些表对应的实体类如下所示:

- `Person` 实体,定义了顾客和管理员的公共属性。这些属性包括姓名和联系信息,例如街道和邮件地址。邮件地址属性有一个 Bean Validation 注解,保证了所提交数据的格式都是正确的。`Person` 实体所对应的表中还有一个 `DTYPE` 字段,用来区分该人员所属的子类(顾客还是管理员)。
- `Customer` 实体,`Person` 实体的一个具体类别,包含一个 `CustomerOrder` 对象字段。
- `Administrator` 实体,`Person` 实体的一个具体类别,包含一些与管理权限相关的字段。
- `Groups` 实体,表示用户所属的组(USERS 或者 ADMINS)。
- `Product` 实体,定义了产品的属性。这些属性包括名称、价格、描述、相关图片和分类。
- `Category` 实体,定义了产品分类的属性。这些属性包括一个名称和一组标签。
- `CustomerOrder` 实体,定义了顾客所下订单的属性。这些属性包括订单的总价、日期,以及顾客和订单详情的 id 值。
- `OrderDetail` 实体,定义了订单详情的属性。这些属性包括订单中产品的数量,以及产品和顾客的 id 值。
- `OrderStatus` 实体，为每个订单定义了一个状态属性。

dukes-payment 项目

`dukes-payment` 是一个 web 项目，只含有一个简单的、用于支付的 web service。由于这是一个示例程序，因此它不会获取任何真实的信用信息或者顾客状态，来检查支付是否成功。在这个支付系统中，唯一引入的规则就是拒绝所有 1000 美元以上的付款。该应用程序演示了一个常见的情景，即通过第三方支付服务来验证信用卡或银行付款。

该项目使用 HTTP 基础认证和 JAAS（Java 认证和授权服务），将顾客的身份信息发往 JAX-WS web service 进行认证。实现自身暴露了一个简单的方法 `processPayment`，它通过参数 `OrderEvent` 对象来决定同意或者拒绝订单支付。该方法会在 Duke's Store 的结账过程中被调用。

dukes-resource 项目

`dukes-resources` 项目包含许多同时被 Duke's Store 和 Duke's Shipment 项目使用的文件，它们都被打包到 classpath 路径下的一个 JAR 文件中。资源文件都位于 `src/META-INF/resources` 目录下：

`src/META-INF/resources/css`	两个样式表 `default.css` 和 `jsfcrud.css`。
`src/META-INF/resources/img`	其他项目所使用的图片。
`src/META-INF/resources/js`	一个 JavaScript 文件 `util.js`。
`src/META-INF/resources/util`	被其他项目所使用的复合组件。

Duke's Store 项目

Duke's Store 是一个 web 应用程序，也是 Duke's Forest 示例的核心程序。它负责为顾客提供商店的主界面和管理界面。

在 Duke's Store 的主界面中，用户能够执行以下操作：
- 浏览产品分类。
- 注册为一个新顾客。
- 将产品添加到购物车中。
- 结账。
- 查看订单状态。

在 Duke's Store 的管理界面中，管理员能够执行以下操作：

- 产品维护（新增、编辑、更新、删除）。
- 分类维护（新增、编辑、更新、删除）。
- 顾客维护（新增、编辑、更新、删除）。
- 用户组维护（新增、编辑、更新、删除）。

该项目还使用无状态 session bean 作为与 JPA 实体（如本章前面"entities 项目"一节所述）交互的 facade，并使用 CDI managed bean 作为与 Facelets 页面交互的控制器。因此，该项目遵循了 MVC（模型-视图-控制器）模式并将其应用到所有的页面和实体中，如下所示：

- `AbstractFacade` 是一个以泛型类 `Type<T>` 作为参数的抽象类，其中`<T>`是一个 JPA 实体，它实现了该类常用的操作（增、删、改、查）。
- `ProductBean` 是一个继承 `AbstractFacade` 的无状态 session bean，它将 Product 类作为 `Type<T>`，并为 `EntityManager` 注入了 `PersistenceContext`。该 bean 实现了所有与 Product 实体交互或者调用自定义查询的方法。
- `ProductController` 是一个 CDI managed bean，它通过与必要的 enterprise bean 和 Facelets 页面进行交互，来控制数据的显示方式。

`ProductBean` 代码的开始部分如下所示：

```
@Stateless
public class ProductBean extends AbstractFacade<Product> {
    private static final Logger logger =
            Logger.getLogger(ProductBean.class.getCanonicalName());
    @PersistenceContext(unitName="forestPU")
    private EntityManager em;

    @Override
    protected EntityManager getEntityManager() {
        return em;
    }
    ...
```

Duke's Store 中使用的 enterprise bean

Duke's Store 项目中使用的 enterprise bean 均位于 `com.forest.ejb` 包下，它们为应用程序提供了业务逻辑。所有这些 enterprise bean 都是无状态的 session bean。

`AbstractFacade` 不是一个 enterprise bean，而是一个实现了 `Type<T>` 常用操作的抽象类，其中`<T>`是一个 JPA 实体。

其他大多数 bean 都会继承 `AbstractFacade`，注入 `PersistenceContext`，并实现所

需的自定义方法：

- AdministratorBean
- CategoryBean
- GroupsBean
- OrderBean
- OrderDetailBean
- OrderStatusBean
- ProductBean
- ShoppingCart
- UserBean

`ShoppingCart` 虽然也在 `ejb` 包中，但它是一个拥有会话作用域的 CDI managed bean，这意味着请求信息会在多个请求之间持久化。除此之外，`ShoppingCart` 还负责启动顾客订单的事件链，如本章前面"events 项目"一节所述。

Duke's Store 主界面中使用的 Facelets 文件

与其他案例研究示例程序类似，Duke's Store 使用 Facelets 来显示用户界面。主界面使用了大量的 Facelets 页面来显示不同的区域。按照所处理的模块，这些页面被划分到对应的目录下。

`template.xhtml`	模板文件，用于主界面和管理界面。它首先对用户的浏览器进行检查，看是否支持 HTML 5。然后将屏幕划分为多个区域，为每个区域指定相应的客户端页面。
`topbar.xhtml`	位于屏幕顶部的登录区域页面。
`top.xhtml`	标题区域的页面。
`left.xhtml`	左侧边栏的页面。
`index.xhtml`	主屏幕内容的页面。
`login.xhtml`	登录页面在 `web.xml` 中指定。主登录界面由 `topbar.xhtml` 提供，但是如果登录出错则会显示该登录页面。
`admin` 目录	与管理界面有关的页面，如本章后面"Duke's Store 管理界面中使用的 Facelets 文件"一节中所述。
`customer` 目录	与顾客有关的页面（`Create.xhtml`、`Edit.xhtml`、`List.xhtml`、`Profile.xhtml` 和 `View.xhtml`）。
`order` 目录	与订单有关的页面（`Create.xhtml`、`List.xhtml`、`MyOrders.`

	xhtml 和 View.xhtml)。
orderDetail 目录	允许用户查看订单详细信息的弹出页面 (View_popup.xhtml)。
orderStatus 目录	与订单状态有关的页面 (Create.xhtml、Edit.xhtml、List.xhtml 和 View.xhtml)。
product 目录	与产品有关的页面 (List.xhtml、ListCategory.xhtml 和 View.xhtml)。

Duke's Store 管理界面中使用的 Facelets 文件

Duke's Store 管理界面中的 Facelets 页面均位于 web/admin 目录下。

administrator 目录	与管理员管理有关的页面 (Create.xhtml、Edit.xhtml、List.xhtml、View.xhtml)。
category 目录	与产品分类管理有关的页面 (Create.xhtml、Edit.xhtml、List.xhtml、View.xhtml)。
customer 目录	与顾客管理有关的页面 (Create.xhtml、Edit.xhtml、List.xhtml、Profile.xhtml、View.xhtml)。
groups 目录	与用户组管理有关的页面 (Create.xhtml、Edit.xhtml、List.xhtml、View.xhtml)。
order 目录	与订单管理有关的页面 (Create.xhtml、Edit.xhtml、List.xhtml、View.xhtml)。
orderDetail 目录	允许管理员查看订单详细情况的弹出页面 (View_popup.xhtml)。
product 目录	与产品管理有关的页面 (Confirm.xhtml、Create.xhtml、Edit.xhtml、List.xhtml、View.xhtml)

Duke's Store 中使用的 Managed bean

Duke's Store 使用了以下几个与 enterprise bean 对应的 CDI managed bean。这些 bean 位于 com.forest.web 包下。

- AdministratorController
- CategoryController
- CustomerController
- CustomerOrderController
- GroupsController

- OrderDetailController
- OrderStatusController
- ProductController
- UserController

Duke's Store 中使用的辅助类

Duke's Store 主界面中的 CDI managed bean 使用了以下几个辅助类。这些类位于 `com.forest.web.util` 包下：

`AbstractPaginationHelper`	一个含有其他 managed bean 所调用方法的抽象类。
`FileUploadServlet`、`ImageServlet`	用于图片处理的类。 `FileUploadServlet` 用来上传一幅图片，并将图片内容存储在数据库中。 `ImageServlet` 用来从数据库中获取并显示图片的内容。（JavaServer Faces 技术并没有提供该功能，因此需要一个 servlet。）
`JsfUtil`	`JavaServer Faces` 执行操作（例如对 FacesContext 实例上的消息排队）时使用的类。
`MD5Util`	`CustomerController` 用来为用户生成加密密码的类。

Duke's Store 中使用的修饰符

Duke's Store 在 `com.forest.qualifiers` 包中定义了以下修饰符：

`@LoggedIn`	限定一个用户已经登录。
`@New`	限定订单是新建的。
`@Paid`	限定订单已经支付。

Duke's Store 中使用的事件处理程序

Duke's Store 定义了与本章前面"events 项目"中 OrderEvent 类相关的事件处理程序，它们位于 `com.forest.handlers` 包中：

`IOrderHandler`	`IOrderHandler` 接口定义了一个方法 onNewOrder，由其他两个具体的事件处理程序类来实现。
`PaymentHandler`	`ShoppingCart` bean 会触发一个由 @New 限定的 OrderEvent

事件。

`PaymentHandler` 的 `onNewOrder` 方法会观察这些事件,当它拦截到事件时,会调用 Duke's Payment 项目的 web service 来处理支付过程。当 web service 成功响应之后,`PaymentHandler` 会再次触发 `OrderEvent` 事件,但是这一次该事件被限定为 `@Paid`。

`DeliveryHandler` `DeliverHandler` 的 `onNewOrder` 方法会观察所有限定为 `@Paid` 的 `OrderEvent` 事件(表示已经支付并且准备发货的订单),并且将订单状态修改为 `PENDING_SHIPMENT`。当管理员访问 Duke's Shipment 项目时,它会调用一个名为 Order Service 的 RESTful web service,并在数据库中查询所有准备发货的订单。

Duke's Store 中使用的属性文件

Duke's Store 主界面和管理界面中使用的字符串,均被封装到了资源绑定文件中,以便根据语言环境显示不同的本地化字符串。资源绑定文件都位于默认的包下。

`Bundle.properties`	应用程序消息的英语版本。
`Bundle_es.properties`	应用程序消息的西班牙语版本。
`ValidationMessages.properties`	Bean Validation 消息的英语版本。
`ValidationMessages_es.properties`	Bean Validation 消息的西班牙语版本。

Duke's Store 中使用的部署描述符

Duke's Store 使用了以下部署描述符,均位于 `web/WEB-INF` 目录下:

`beans.xml`	用于启用 CDI 运行时的空白部署描述符文件。
`faces-config.xml`	JavaServer Faces 配置文件。
`glassfish-web.xml`	GlassFish Server 配置文件。
`jaxws-catalog.xml`	JAX-WS web service 客户端部署描述符。
`web.xml`	web 应用程序配置文件。

Duke's Shipment 项目

Duke's Shipment 是一个包含登录页面、主 Facelets 页面以及其他一些对象的 web 应用程序。只有管理员能够访问该应用程序。它会调用 Order Service(由 Duke's Store 暴露的 RESTful web service),并列出当前状态为 Pending 或 Shipped 的所有订单。管理员可以同意或拒绝一个 pending 状态的订单。如果同意,该订单会变为 Shipped 状态,并出现在 Shipped 列下。如果拒绝,该订单会从页面上消失,在顾客的订单列表页面上会显示该订单被取消。

在等待列表上还有一个齿轮图标，用来向 Order Service 发起一个 Ajax 调用，从而不需要刷新整个页面就可以刷新列表。代码如下所示：

```
<h:commandLink>
    <h:graphicImage library="img" title="Check for new orders"
                    style="border:0px" name="refresh.png"/>
    <f:ajax execute="refresh" render="out" />
</h:commandLink>
```

Duke's Shipment 中使用的 enterprise bean

Duke's Shipment 中的 enterprise bean——`UserBean` 为应用程序提供了业务逻辑，位于 `com.forest.shipment.session` 包下。它是一个无状态的 session bean。

同 Duke's Store 项目类似，Duke's Shipment 项目也使用了 `AbstractFacade` 类。该类并不是一个 enterprise bean，而是一个实现了对 `Type<T>` 常用操作的一个抽象类，其中 `<T>` 是一个 JPA 实体。

Duke's Shipment 中使用的 Facelets 文件

Duke's Shipment 只有一个页面，因此它的 Facelets 文件要比 Duke's Store 少。

`template.xhtml`	模板文件，同 Duke's Store 项目中的模板类似，它首先检查用户的浏览器是否支持 HTML5，然后将屏幕分为几个区域，为每个区域指定客户端页面。
`topbar.xhtml`	位于屏幕顶部的登录区域页面。
`top.xhtml`	标题区域的页面。
`left.xhtml`	左侧边栏页面（在 Duke's Shipment 项目中没有使用）。
`index.xhtml`	初始化主屏幕内容的页面。
`login.xhtml`	登录页面在 `web.xml` 中指定。主登录界面由 `topbar.xhtml` 提供，但是如果登录出错则会显示该登录页面。
`admin/index.xhtml`	登录成功之后显示主屏幕内容的页面。

Duke's Shipment 中使用的 managed bean

Duke's Shipment 使用了以下 CDI managed bean，均位于 `com.forest.shipment` 包中：

`control.ShippingBean`	作为 Order Service 客户端的 managed bean。
`web.UserController`	与 session bean UserBean 对应的 managed bean。

Duke's Shipment 中使用的辅助类

Duke's Shipment managed bean 只使用了一个辅助类，位于 `com.forest.shipment.web.util` 包中：

`JsfUtil`	JavaServer Faces 执行操作（例如对 FacesContext 实例上的消息排队）时使用的类。

Duke's Shipment 中使用的修饰符

Duke's Shipment 在 `com.forest.qualifiers` 包中定义了以下修饰符：

`@LoggedIn`	限定用户已经登录。

Duke's Shipment 中使用的属性文件

Duke's Shipment 项目的属性文件位于默认包中，分别是包含英语字符串的 `Bundle.properties` 和包含西班牙语字符串的 `Bundle_es.properties` 文件。它们都与 Duke's Store 中的文件一样。

Duke's Shipment 中使用的部署描述符

Duke's Shipment 使用了如下部署描述符。

`web/WEB-INF/beans.xml`	用于启用 CDI 运行时的空白部署描述符文件。
`web/WEB-INF/faces-config.xml`	JavaServer Faces 配置文件。
`web/WEB-INF/glassfish-web.xml`	GlassFish Server 配置文件。
`web/WEB-INF/web.xml`	Web 应用程序配置文件。
`src/conf/persistence.xml`	Java 持久化 API 配置文件。

构建并部署 Duke's Forest 案例研究应用程序

你可以使用 NetBeans IDE 或者 Ant 来构建和部署 Duke's Forest。前提条件是需要安装 Ant。

前提条件

在开始之前，你必须已经如第 2 章中"在 NetBeans IDE 中将 GlassFish Server 添加为服务器"一节中所述，在 NetBeans IDE 中将 GlassFish Server 配置为一个 Java EE 服务器。

▼ 创建 JDBC 域并生成数据库

1. 如果你之前没有启用 GlassFish Server 上默认的角色映射，请执行以下步骤：

    a．在管理控制台中展开 Configurations 节点，然后展开 server-config 节点。
    b．选择 Security 节点。
    c．选择 Default Principal to Role Mapping Enabled 复选框。
    d．单击 Save 按钮。

2. 在终端窗口中，切换到如下目录：

    tut-install/examples/case-studies/dukes-forest/entities/

3. 执行 Ant 任务 create-forest-realm：

    `ant create-forest-realm`

    该任务会创建一个 JDBC 连接池、JDBC 资源以及 JDBC 域。

4. 执行 Ant 任务：

    `ant`

    该任务会创建所有的表（首先删除所有已经存在的表），然后构建 JAR 文件。
    第一次运行该任务时请忽略所有的错误信息。

▼ 使用 NetBeans IDE 构建并部署 Duke's Forest 应用程序

1. 从 File 菜单中选择 Open Project 项。

2. 在 Open Project 对话框中，导航到目录：

    tut-install/examples/case-studies/dukes-forest/

3. 选择 dukes-store 文件夹。

4. 选择 Open Required Projects 复选框。

5. 单击 Open Project。
    IDE 会打开 dukes-store、dukes-resources、entities 和 events 项目。
    项目打开后会有一个提示数据源错误的消息。

6. 右键单击项目并选择 Resolve Data Source Problem 项。

7. 在打开的对话框中，选择 jdbc/forest 并单击 Add Connection 项。

8. 单击 Finish 按钮。
    现在已经建立了到 forest 数据库的连接。

如果项目仍然提示存在数据源问题，但是对话框中并没有显示缺少连接，关闭并重新打开该项目。

9. 重复步骤 1-5 打开 dukes-shipment 项目。

10. 重复步骤 1-5 打开 dukes-payment 项目。

11. 右键单击 events 项目并选择 Build 项。

12. 右键单击 dukes-resources 项目并选择 Build 项。

13. 右键单击 dukes-payment 项目并选择 Deploy 项。

14. 右键单击 dukes-store 项目并选择 Deploy 项。

15. 右键单击 dukes-shipment 项目并选择 Deploy 项。
    dukes-shipment 项目需要使用 *as-install*/lib/modules/目录下的 jersey-client.jar 文件。如果第一次构建 dukes-shipment 时提示 Resolve References 错误，可以通过指定该文件的位置来解决这个错误。

▼ 使用 Ant 构建并部署 Duke's Forest 应用程序

1. 在一个终端窗口中，切换到如下目录：

   tut-install/examples/case-studies/dukes-forest/events/

2. 输入如下命令来构建 events.jar 文件：

   `ant`

3. 进入 dukes-resources 目录：

   `cd ../dukes-resources`

4. 输入如下命令来构建 dukes-resources.jar 文件：

   `ant`

5. 进入 dukes-payment 目录：

   `cd ../dukes-payment`

6. 输入如下命令：

   `ant all`

7. 进入 dukes-store 目录：

   `cd ../dukes-store`

8. 输入如下命令：

```
ant all
```

9. 进入 dukes-shipment 目录：

```
cd ../dukes-shipment
```

10. 输入如下命令：

```
ant all
```

运行 Duke's Forest 应用程序

运行 Duke's Forest 应用程序涉及以下几个任务，其中包括：

- 注册成为 Duke's Store 的一位顾客。
- 作为一个顾客，购买一些产品。
- 作为一个管理员，同意产品发货。
- 作为一个管理员，创建一个新的产品。

▼ 注册成为 Duke's Store 的一位顾客

1. 在 web 浏览器其中，输入如下 URL：

   ```
   http://localhost:8080/dukes-store
   ```

   打开 Duke's Forest – Store 页面。

2. 单击页面顶部的 Sign Up 按钮。

3. 填写表单字段然后单击 Save 按钮。
   所有字段都必须填写，并且 Password 的值必须多于 7 个字符。

▼ 购买产品

1. 要使用刚创建的用户或者数据库中已有的两个用户之一登录应用程序，请输入用户名和密码并单击 Log In。

   已经存在的两个用户分别是 jack@example.com 和 robert@example.com，密码均是 1234。

2. 单击左侧边栏中的 Products。

3. 在出现的页面上，单击其中一个分类（Plants、Food、Services 或者 Tools）。

4. 选择一个产品然后单击 Add to Cart。

   你可以只购买分类中的一个产品，也可以购买不同分类下的多个产品。这些产品及总价会出现在左侧边栏中的购物车中。

5. 当你选择完要购买的产品后，单击 Checkout。
   然后会出现一条消息，提示正在处理你的订单。

6. 单击左侧边栏中的 Orders 来确认你的订单。
   如果订单的总价超过了 1000 美元，那么订单的状态会是"Order cancelled"，因为 Payment web service 会拒绝超过该限额的订单。如果总价没超过 1000 美元，那么订单的状态会是"Ready to ship"。

7. 当你完成订单后，单击页面顶部的 Logout 按钮。

▼ 同意产品发货

1. 以管理员身份登录 Duke's Store。
   管理员的用户名是 admin@example.com，密码是 1234。
   在主管理界面中可以查看分类、顾客、管理员、用户组、产品和订单。除了订单之外，还可以为其他类型的数据创建新的对象。

2. 在页面底部，单击 Approve Shipment。
   单击后页面会跳转到 Duke's Shipment 页面。

3. 在页面顶部使用 admin@example.com 登录 Duke's Shipment。

4. 在 Pending 列表中，选择一个订单并单击 Approve 同意该订单，它会被移动到页面的 Shipped 区域。
   如果你单击了 Deny，那么该订单会从页面上消失。如果你再次使用顾客身份登录到 Duke's Store，它会在 Orders 列表中显示"Order Cancelled"。

接下来的步骤：

要从 Duke's Shipment 界面上返回到 Duke's Store，单击 Reture to Duke's Store。

▼ 创建一个新的产品

你可以为产品和其他类型数据创建新的对象。创建产品的过程要比创建其他对象复杂一些。

1. 以管理员身份登录到 Duke's Store。

2. 在主管理界面上，单击 Create New Product。

3. 在 Name、Price 和 Description 字段中填写值。

4. 选择一个分类，然后单击 Next 按钮。

5. 在 Upload the Product Image 页面上，单击 Browse 按钮，在文件浏览器中选择文件系统中的一张图片。

6. 单击 Next 按钮。

7. 在下一页面上查看产品的字段，然后单击 Done。

8. 单击左侧边栏中的 Products，然后单击之前选择的分类，确认产品已经添加成功。

9. 单击页面顶部的 Administration 返回到主管理页面，然后单击 Logout 注销。